Design of Wetland Park

湿地公园设计

成玉宁　张　祎　张亚伟　戴丹骅　编著

湿地公园设计

Design of Wetland Park

| 成玉宁　张　祎　张亚伟　戴丹骅　编著 |

中国建筑工业出版社

图书在版编目（CIP）数据

湿地公园设计/成玉宁等编著. —北京：中国建筑工业出版社，2012.1（2021.2重印）
ISBN 978-7-112-13997-2

Ⅰ.①湿… Ⅱ.①成… Ⅲ.①沼泽化地-公园-园林设计 Ⅳ.①TU986.2

中国版本图书馆CIP数据核字（2012）第013424号

责任编辑：陈 桦
责任设计：陈 旭
责任校对：王誉欣 王雪竹

国家自然科学基金资助项目：
基于量化技术的集约型风景园林设计方法研究
（项目批准号：50978053）

湿地公园设计
Design of Wetland Park
成玉宁 张 祎 张亚伟 戴丹骅 编著

*
中国建筑工业出版社出版、发行（北京西郊百万庄）
各地新华书店、建筑书店经销
北京嘉泰利德公司制版
天津图文方嘉印刷有限公司印刷
*
开本：880×1230毫米 1/16 印张：$16^3/_4$ 字数：536千字
2012年5月第一版 2021年2月第四次印刷
定价：99.00元
ISBN 978-7-112-13997-2
（22053）

目　录

第1章 湿地公园及其进展

与传统景观设计比较，现代景观设计具有多目标的特点，其中“空间、生态、功能与文化”是现代景观设计的四个基本方面。景观设计是在对场地评价的基础上，满足多目标设计要求[①]。湿地公园作为城市生态系统的重要组成部分受到社会的广泛关注和重视，与其他景观环境相比，湿地公园具有特殊作用及价值：就公园本体而言，除独特的湿地景观外，湿地公园还具有物种及其栖息地保护，生态旅游和生态教育等特殊功能；从大尺度来讲，作为流域中的生态斑块，其空间构型及人为干扰强度状况的变化又会影响到周边土地的利用、植被的覆盖以及非点源污染强度等。湿地公园的建设是在对场地评价以及整体资源整合的基础上，优化原有湿地生态系统，建构景观空间并满足使用要求，实现对湿地环境的可持续利用与保护。

① 成玉宁．现代景观设计理论与方法 [M]．南京：东南大学出版社，2010：58．

1.1 湿地与湿地公园

1.1.1 所谓“湿地”

湿地兼有水陆两种生态系统的基本属性，其生境特殊，物种多样，是地球上最具生产力的生态系统之一。

1.1.1.1 广义的湿地

国际上最为公认的广义的湿地是1971年由苏联、加拿大、澳大利亚、英国等国在伊朗签署的国际重要湿地条约《拉姆萨尔公约》，把湿地定义为“不论是天然或人工的、永久的或暂时的、静止的或流动的水域，淡的、稍咸的或咸的水域，泥沼地、沼泽地、泥炭地，包括退潮时水深不超过6m的水域。”

1.1.1.2 狭义的湿地

1979年美国鱼类和野生动物保护协会将湿地定义为：“陆地和水域的交汇处，水位接近或处于地表面，或有浅层积水，至少有一至几个以下特征：①至少周期性地以水生植物为植物优势种；②底层土主要是湿土；③在每年的生长季节，底层有时被水淹没。”定义明确指出：湖泊与湿地以低水位时水深2m为界。

加拿大国家湿地工作组对湿地的定义为：被水淹或地下水位接近地表，或浸润时间足以促进湿成或水成过程并以水成土壤、水生植被和适应潮湿环境的生物活动为标志的土地。

我国也有专家从不同角度对湿地的内涵加以说明，认为湿地是“陆缘为含60%以上湿生的植被区，水缘为海平面以下6m的近海区域，包含内陆与外江河流域中自然的或人工的、咸水的或淡水的所有富水区域，枯水期水深2m以上的水域除外，不论区域内的水是流动的还是静止的、间歇的还是永久的”[①]。

综上所述，狭义的湿地强调水文、土壤以及湿地植被三要素的同时存在，水深一般不超过2m，湿生或水生植被占优势，土壤为水成土，即受地表积水或地下水浸润，具有明显生物积累及潜育化特征，有利于水生植物生长和繁殖的无氧条件的土壤。而那些枯水期水深超过2m，水下无湿生植被生长的大型河道，湖泊以及海洋则属于水生生态系统。

1.1.2 湿地公园及其内涵

1.1.2.1 湿地公园

我国关于湿地公园概念与界定分别由建设部和国家林业局颁布了两套体系，包括四个定义：

——建设部发布的《国家城市湿地公园管理办法》[②]以及《城市湿地公园规划设计导则》[③]中对国家城市湿地公园以及城市湿地公园进行了限定：

■ 城市湿地公园，是指利用纳入城市绿地系统规划的适宜作为公园的天然湿地类型，通过合理的保护利用，形成保护、科普、休闲等功能于一体的公园。城市湿地公园应具有一定的规模，一般不应小于$20hm^2$。

■ 国家城市湿地公园应具有以下条件：

（1）能供人们观赏、游览，开展科普教育和进行科学文化活动，并具有较高保护、观赏、文化和科学价值的；

（2）纳入城市绿地系统规划范围的；

（3）占地500亩（$33.33hm^2$）以上能够作为公园的；

（4）具有天然湿地类型的，或具有一定的影响及代表性的。

① 陆健健，何文珊，童春富等．湿地生态学[M]．北京：高等教育出版社，2006：58．

② 建城[2005]16号．国家城市湿地公园管理办法（试行）[S]．建设部，2005．

③ 建城[2005]97号．城市湿地公园规划设计导则[S]．建设部，2005．

——国家林业局发布的《关于做好湿地公园发展建设工作的通知》[①]以及《国家湿地公园建设规范》[②]中提出了湿地公园与国家湿地公园的概念：

■ 湿地公园是拥有一定规模和范围，以湿地景观为主体，以湿地生态系统保护为核心，兼顾湿地生态系统服务功能展示、科普宣教和湿地合理利用示范，蕴涵一定文化或美学价值，可供人们进行科学研究和生态旅游，予以特殊保护和管理的湿地区域。

■ 国家湿地公园的面积应在 20hm^2 以上；国家湿地公园中的湿地面积一般应占总面积的 60% 以上；国家湿地公园的建筑设施、人文景观及整体风格应与湿地景观及周围的自然环境相协调。国家湿地公园中的湿地生态系统应具有一定的代表性，可以是受到人类活动影响的自然湿地或人工湿地。

除上述建设规范与设计导则外，国内其他学者也对湿地公园的内涵进行了说明：

——湿地公园是以具有一定规模的湿地景观为主体，在对湿地生态系统及生态功能进行充分保护的基础上，对湿地进行适度开发（不排除其他自然景观和人文景观在非严格保护区内的辅助性出现），可供人们开展科学研究、科普教育以及适度生态旅游的湿地区域，是基于生态保护的一种可持续的湿地管理和利用方式[③]。

——湿地公园既不是自然保护区，也不同于一般意义的城市公园，它是兼有物种及栖息地保护、生态旅游和生态教育功能的湿地景观区域，体现"在保护中利用，在利用中保护"的一个综合体，是湿地与公园的复合体。湿地公园应保持该区域特殊的自然生态系统并趋近于自然景观状态，维持系统内不同动植物种的生态平衡和种群协调发展，并在尽量不破坏湿地自然栖息地的基础上建设不同类型的辅助设施，将生态保护、生态旅游和生态环境教育的功能有机结合起来，突出主题性、自然性和生态性三大特点，集生态保护、生态观光休闲、生态科普教育、湿地研究等多功能的生态型主题公园[④]。

——湿地公园是利用自然湿地或人工湿地，运用湿地生态学原理和湿地恢复技术，借鉴自然湿地生态系统的结构、特征、景观、生态过程进行规划设计、建设和管理的绿地；是将保护和利用相统一的，融合自然、园林景观、历史文化等要素的绿色空间，具有生态、景观、游憩、科普教育和文化等多种功能[⑤]。

针对湿地公园的生态、空间及游憩特征，建构具有特殊性的评价设计方法具有重要的现实意义。无论湿地公园规模的大小，相同基底条件下，湿地的生态特征、空间形态是类似的，因此采取从生态条件功能需求等方面对湿地公园加以限定，依据生境特征、空间特征以及使用需求的特征构建湿地公园设计体系。湿地公园是利用自然湿地或具有典型湿地特征的场地，以生态环境的修复以及地域化湿地景观的营建为目标，模拟自然湿地生态系统的结构、特征和生态过程进行规划与设计，形成兼有物种栖息地保护、生态旅游以及科普教育等功能的湿地景观区域，是对湿地的一种保护、开发利用的合理模式，应具有以下特征：

（1）具有一定规模的湿生与沼生生态系统，湿地景观占公园的主体；

（2）具有较完好的湿地生态过程和显著的湿地生态学特征，湿地生态过程是该湿地区域内控制性、主导性的自然生态过程，或尽管湿地生境遭到一定程度的破坏，但具备湿地生态恢复的潜在条件；

（3）兼有物种及其栖息地保护，生态旅游和生态教育等特殊功能。

1.1.2.2 湿地公园与湿地、湿地保护区及其他水景公园

1）自然湿地与湿地公园

自然湿地形成的湿地斑块连接度较高，破碎化程度较低，湿地中水文环境受区域中地形地貌以及气候综合作用影响。而湿地公园中的湿地通常是经过人为干扰，并出于营造特殊景观的需要，往往湿地斑块分布不

① 林护发 [2005]118 号．关于做好湿地公园发展建设工作的通知 [S]．国家林业局，2005．
② LY/T 1755-2008．国家湿地公园建设规范 [S]．国家林业局，2008．
③ 崔丽娟，中国的湿地保护和湿地公园建设探索 [A]．湿地公园——湿地保护与可持续利用论文交流文集 [C]．
④ 黄成才，杨芳．湿地公园规划设计的探讨 [J]．中南林业调查规划，2004.3：26-29．
⑤ 崔心红，钱又宇．浅论湿地公园产生、特征及功能 [J]．上海建设科技，2003.3：43-50．

均匀，面积较小，斑块之间连接度较低。

自然湿地是以生态服务功能为主，并且其功能可以测定与评价，而湿地公园中的湿地除了一定程度上的生态功能之外，还有为游客提供休闲、娱乐和科普教育等作用，这些是自然湿地所不具有的，同时这类服务功能也难以进行计算评估（图 1–1）。

2）**湿地保护区与湿地公园**

通常而言，湿地保护区与湿地公园都具有典型的湿地景观，同时二者都具有保护湿地环境的作用，但其也有较多差别：

（1）面积。湿地自然保护区面积较大，通常涵盖了整个水域，而湿地公园规模一般较小，属于自然保护区中的实验区域。

（2）功能。湿地自然保护区主要以湿地的保护、恢复为主，而湿地公园在此之外同时还要满足游憩、休闲的需求。

（3）湿地构成。湿地自然保护区是以自然形成的湿地环境为主，未经人为干扰或干扰较小，而湿地公园中可采取多种方式恢复、改造、优化环境，从而形成具有典型湿地特征的场地环境，因此人工干预下的场地面积较大（图 1–2）。

3）**湿地公园与水景公园**

湿地公园的生物多样性以及具有较大规模的湿生或沼生生态系统是与水景公园最大的区别，湿地公园强调对湿地特征的展示，突出体现湿地的生态作用，以保护、恢复湿地环境为主要目的。而一般水景公园通常只是具有较大面积的水体以及少量的湿地景观，是以旅游、休闲为主的景观环境（图 1–3）。

镇江扬中自然湿地

西溪国家湿地公园

图 1–1　自然湿地与湿地公园

珍宝岛湿地自然保护区

兰州黄河银滩湿地公园

图 1–2　湿地保护区与湿地公园

图 1–3　水景公园与湿地公园

1.2　湿地及湿地公园的环境特征

1.2.1　湿地生态系统特征

1）水体系统和陆地系统的过渡

湿地分布广泛、类型多样，但其成因都是水体系统和陆地系统相互作用的结果，主要包括水体陆化以及陆地沼泽化两种类型（图 1–4）。前者是由于水体系统水位、地形、流域的营养状况、植物地理条件等发生变化，泥沙淤积，水体变浅，并伴随水生物的发育形成湿地；而后者则是由于陆地上河流泛滥、排水不良或地下水位升高而形成的湿地，如盆地或河谷等。因此，湿地同时具有陆生系统和水生系统的结构与功能特征：一方面，湿地具有深水水体系统的某些性质，如厌氧环境和藻类、脊椎动物和无脊椎动物，多数湿地具有维管束植物为优势种的植物区系；另一方面，湿地又可供陆生植被与动物生长与栖息；同时，湿地在空间上也同样具有过渡性，其充当了水体系统与陆地系统的自然界面。

2）生物多样性特征

湿地类型的多样性和湿地分布区域景观的复杂性，为生物创造了多样的生境，同时湿地本身作为水生生态系统与陆生生态系统之间的生态交错带，由于特有的边缘效应，其具有生物多样性的特征（图 1–5）。湿地物种富集，植物种类丰富，净初级生产力高；水陆交错带周期性的淹没过程为鱼类栖息提供了丰富的

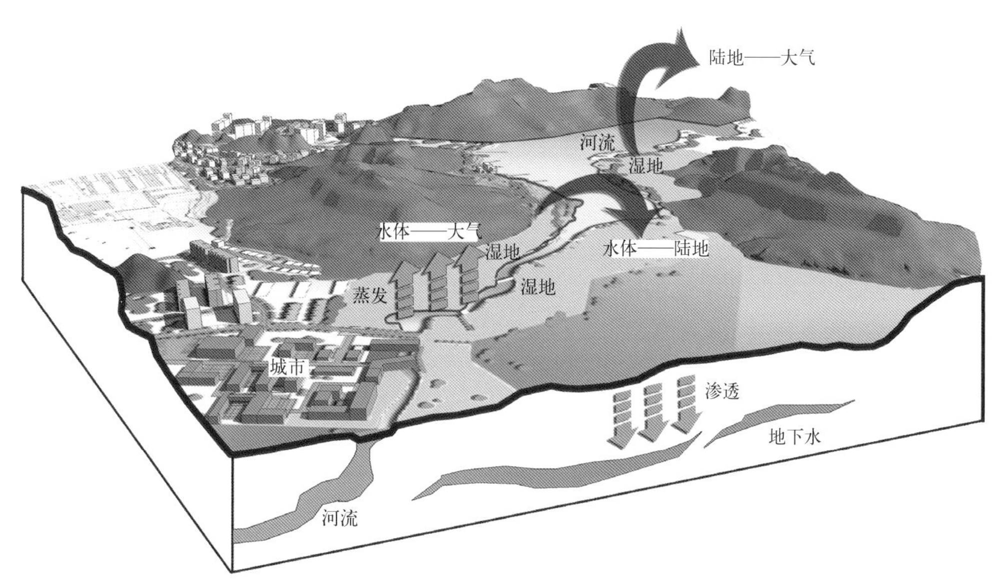

图 1–4　水体系统和陆地系统的过渡

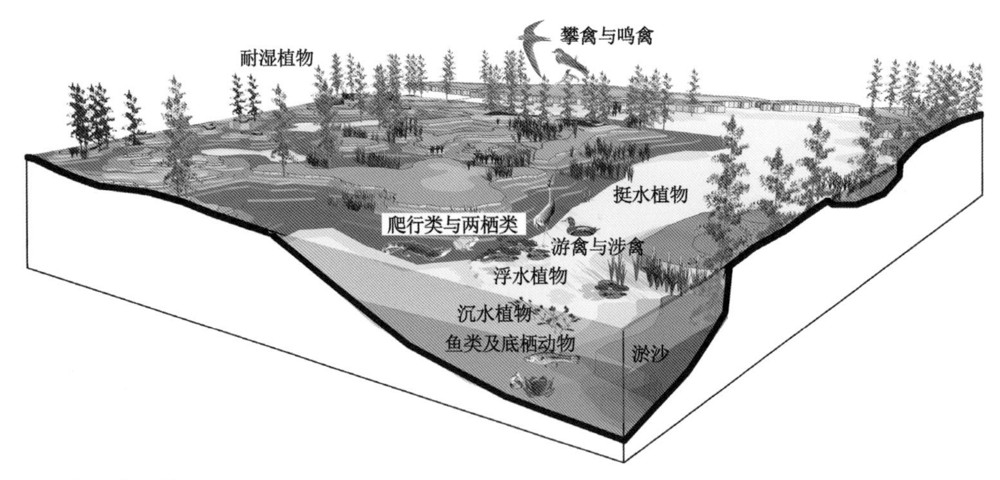

图 1-5　湿地的生物多样性

生境，鱼类种群多样；湿地周期性过水为许多水鸟提供了食源以及繁殖地，同时也是鸟类迁徙途中的歇脚地。因此，湿地环境容纳了大量的陆生与水生动物、植物和微生物资源，对于保护物种资源、维持生物多样性具有难以替代的生态价值。湿地植物类主要包括浮水植物、挺水植物、沉水植物等；动物类主要包括水禽、鱼、虾、贝、蟹、两栖、爬行类等；湿地生物还包含大量厌氧微生物。

3）功能多样性特征

湿地生态系统的功能，是指湿地生态系统中发生的各种物理、化学和生物学过程及其外在表征。湿地生态系统具有多类型功能，主要可分为水文功能、生物地球化学循环以及生态功能。水文功能包括了湿地在蓄水补水、调蓄洪水、减缓水流风浪侵蚀、滞留沉积物、净化污染以及调节局域气候等方面的作用；生物地球化学循环主要是指生态系统中化学物质的传输与转化，湿地生物地球化学循环可分为两类：湿地系统内的循环，湿地与周边环境的化学交换，这两类循环起到了对湿地中养分输入与输出的转换，调节二氧化碳、甲烷排放等功能；而湿地生态功能主要是对生态系统及食物链的稳定性方面起到的作用，包括维持食物链；满足物种，尤其是珍稀物种栖息，形成物种基因库；对大区域生态变化起到缓冲作用。

4）动态变化特征（系统的脆弱性）

一方面，就大尺度环境而言，在相对的长时间尺度内，湿地是生态系统演化过程中的一个阶段，逐渐从浅水区域，历经沉水阶段—浮水阶段—挺水阶段—湿生阶段—灌木阶段向森林顶级群落演替的过渡阶段①。另一方面，就湿地本体而言，其形成、发育以及生态功能都是以水为主导因素，水文条件直接影响了湿地中有机物质的积累和营养循环，调节湿地植被、营养动力学和碳通量之间的相互作用。由于湿地水文在时间与空间上均具有较大的可变性，这也就造成了湿地的面积、结构以及生态功能等会随着区域水分条件的变化而经常处于变化之中（图 1-6）。

5）特殊的物质循环规律

与陆地生态系统不同，湿地将更多的养分存储在有机沉积物中，并随着泥炭沉积或有机物输出等形成自己的特殊循环规律（图 1-7）。而较之于水生生态系统，湿地环境物质循环较慢，因此储存了更多的养分。从大尺度来看，陆地系统在物质输移过程中，主要起到营养"源"的功能，其在外力作用下向湿地和水生生态系统输送养分，而水生生态系统则起到"汇"的功能。而湿地同时具有以上两种功能，充当着两者之间的"养分泵"，一方面，湿地植物从沉积物中获取营养，将养分从厌氧性的沉积物中带到地表系统；另一方面，浮游植物从有氧区域带走养分，死亡后又将养分储存在沉积物中。

同时，较之于陆地生态系统，湿地的食物链也具有其自身的特点，见表 1-1。

① 陆健健，何文珊，童春富，王伟．湿地生态学 [M]．北京：高等教育出版社，2006．

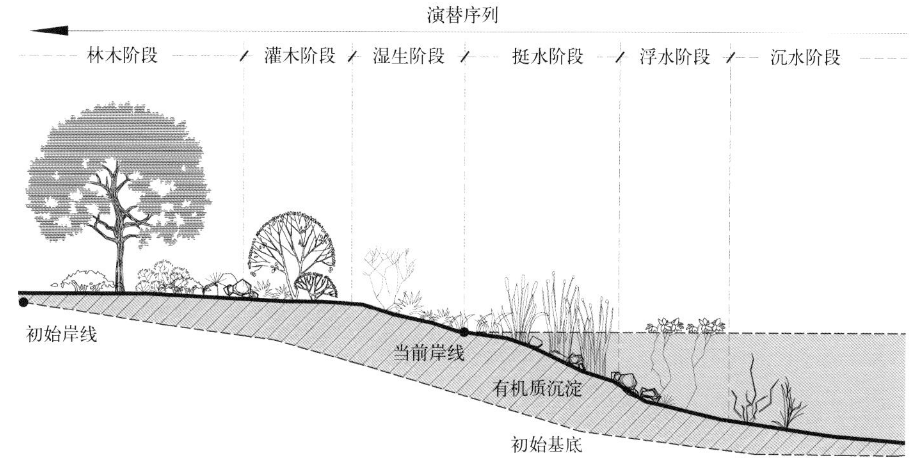

图 1-6　湿地的动态变化

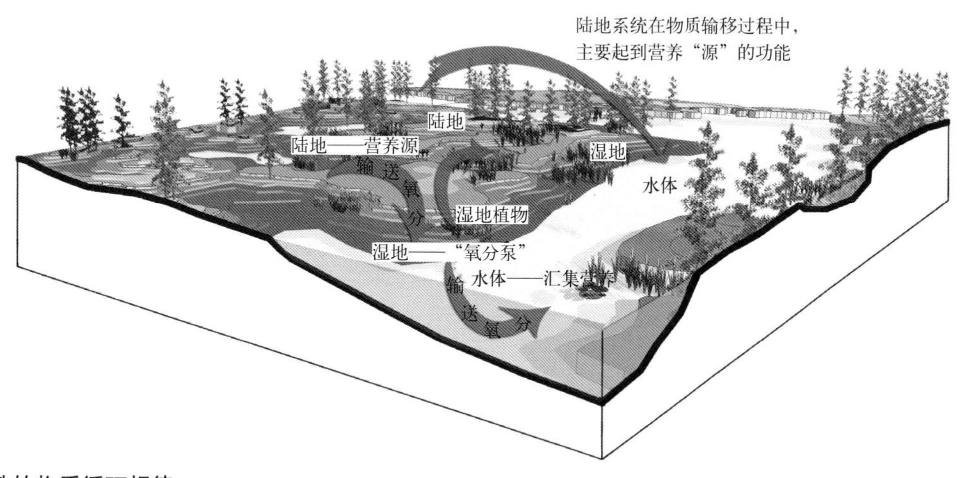

图 1-7　特殊的物质循环规律

湿地食物链与森林食物链对照表　　表 1-1

食物链类型	构成基础	长　度	复杂程度
湿地食物链	较为低等，以水生藻类及微生物为主	物种相对单调，掠食方式与森林食物链大同小异，构成食物链基础的物种不如森林丰富，所以不容易形成多层次的食物链	湿地中由于物种分布的关系食物链相对简单，一种高级的掠食动物几乎可以捕食所有其余物种，比如蛇类既可以吃鱼也可以捕食水鸟，食物链较单一
森林食物链	乔灌木及草本植物	森林所供养的植物种类较多，食物选择性更丰富，可以形成层次分明的长食物链	森林中捕食者与被捕食者可以存在多种对应关系，比如老鼠有鹰、狐狸等多种捕食者，而且比较普遍

1.2.2　湿地公园的环境特征

1.2.2.1　湿地公园的生态特征

1）受人为干扰影响大

湿地公园是具有一定使用功能的人工与自然相叠合的游憩环境，相对于自然湿地受到较多人为干扰，在对场地造成一定破坏的同时也适度地改善了环境的原有缺陷。一方面由于游憩、科普以及展示的需求，湿地公园中湿地分布相对不均，湿地类型多样，斑块面积较小且连接度低，生态敏感性高，系统的结构脆弱；植物多由人工种植，群落结构不合理；水位调节以及水体净化等主要依靠人工手段调节，水体的自净能力差，湿地水文功能得不到有效发挥。另一方面，人为的适度干预也有效地调整场地内部的生态环境，改善场地原

图 1–8　湿地公园动植物种类多样

有缺陷，如采取人为土壤熟化的方式以改善淤泥质土，降低过水速度，调整河流蜿蜒性以扩大滩地以及引入适宜性物种等。

2）空间异质性高，动植物种类多

与大规模的湿地保护区相比，湿地公园虽然规模较小，但由于受人为干扰较多，环境内湿地分布不均匀，面积通常较小，会出现孤岛式的湿地斑块，空间与生境的异质性程度高。同时针对观赏、游憩需求，湿地公园中往往会营造多种类型的湿地景观，如森林湿地景观、芦苇丛湿地景观、泥沼湿地景观等，因此出于造景的需求，湿地公园中植被种类以及动物种类的数量都远远高于植被群落单一的自然湿地（图 1–8）。

3）类型多样，具有地域特色

受场地自然条件、地形地貌以及文化背景等因素的影响，不同区域不同类型的湿地公园呈现出多样的景观特征（图 1–9）。从宏观而言，不同地域、不同文化背景、不同的气候条件形成多样的环境特色。从微观而言，不同的水体环境、土壤基底、动植物栖息等又构成了丰富的生态景观；各类地形地貌、不同植物种群的天际线也营造出湿地公园竖向变化的特色景观；不同的游憩类型、科普观览以及公园主题为游客提供了多种类型的认知与体验。

图 1–9　湿地公园类型多样

4）植被生长量大，生态不稳定

湿地作为由陆生系统向湿生系统过渡的特殊生态环境，其本身并不稳定。而湿地公园由于人工的干扰，其植被抗干扰能力差。

一方面湿地公园通常会选择一种或几种植物作为优势种（或基调植物种）栽植，以利于形成较为系统的景观效果，但在实际应用过程中，当人工湿地略为干旱时，杂草便大量地入侵，并抑制栽种植物的生长，影响生长速度，造成植被群落的衰退①。另一方面，湿地公园往往会通过密植以快速提高绿量，实现景观效果，单位区域内绿化密度过高，如湿地公园中大量栽植禾本科植物，每年的代谢量远远大于自然湿地。如长三角地区的芦苇荡每年每亩的代谢量约为 800 ~ 1000kg 的芦苇和芦竹。大量植物残体、鸟类粪便以及果实等堆积，如不采取适当的人为清理，湿地会快速地被死亡植物体的有机物逐渐填埋，从而向陆生系统转化，造成湿地的退化（图 1–10）。

1.2.2.2 湿地公园的空间特征

1）空间较为均质

由于湿地公园多以自然植被群落为主导，景区内建筑比例较少，建筑规模较小，因此湿地公园常常以单一的自然植被形态为主，空间形态较为均质，特别是由于湿地公园中湿地植被生长旺盛，空间破碎度高，缺少视野的开合变化，空间层次单一（图 1–11）。

南京高淳濑株洲湿地公园

南京七桥瓮湿地公园

图 1–10 湿地公园植物代谢量大

太湖湖滨湿地公园——建筑物少，规模小

西溪国家湿地公园——空间较均质

图 1–11 湿地公园空间均质

① 张玲，李广贺，张旭等. 滇池人工湿地的植物群落学特征研究 [J]. 长江流域资源与环境，2005.9：570–573.

图 1-12　竖向变化较少

图 1-13　斑块破碎度高

2）竖向变化较少

由于湿地本身通常位于大区域的负地形地带，因此湿地公园通常地势平坦，并且由于环境内人工建（构）筑物规模小，分布分散，而水体面积较大，由此形成的空间形态往往竖向变化较少、天际线平缓（图 1-12）。

3）斑块破碎度高

与其他的公园类型相比，湿地公园斑块破碎程度更高（图 1-13）。作为一类特殊的生态环境，湿地处于陆生系统与水生系统的中间过渡状态，因此半陆地半水面的状态是湿地公园的典型空间特征，曲折的水面岸线与高密度的岛屿数量使得湿地呈现较高的破碎度，一定程度上的斑块破碎度有利于湿地典型空间特征的营造，此外，分散的湿地岛屿易于避开一些易受人类干扰的区域，有利于两栖类动物筑巢与栖息。

1.3 湿地公园及规划设计进展

1.3.1 多视角的规划理论研究

随着湿地本身所具有的生态作用以及独特的景观效果逐渐为人们所重视，湿地公园的建设受到了政府与社会越来越大的关注与支持，对湿地公园规划与营建的相关理论增多，研究领域扩大，研究的视角多样，涵盖了湿地公园的生态、功能以及游憩行为等多个方面，但尚未形成综合性的理论成果，相当一部分的基础理论问题仍在不断的探讨中。

1.3.1.1 基于生态恢复的湿地公园设计理论

湿地的生态恢复理论，是湿地公园营建过程中的重要方面。该规划设计理论强调湿地公园的生态作用，将公园作为湿地保育的一种辅助措施，依据恢复生态学理论、基础生态学理论以及景观生态学理论，将对湿地生态系统的结构和功能进行有效的保护与恢复作为设计主体。运用生态工程的手法，平衡场地中生态系统的物质循环和能量流动，在满足适度游憩功能的同时，有效改善原有湿地生态条件，同时避免因公园建设而造成湿地的二次破坏。该理论将生态学作为核心理念贯穿于湿地公园设计过程中，即设计策略要根据生态学原理进行评估后制定，湿地公园的每一个组成元素的选择和结构的设置都从生态恢复的角度来确定。同时，其又与相关领域的规划与设计相区别，既不同于单纯的保护，也并非以人工景观为主设计，更不是大区域的土地规划，该理论强调湿地公园设计的综合性以及复杂性，针对不同的场地条件和各类湿地环境，湿地公园设计的目标以及保护或恢复的侧重点不同，不同的设计目标有不同的设计策略与手法，更有针对性地对湿地生态系统进行有效的保护和设计。

以湿地公园生态恢复为主体的实践项目较多，主要措施是对场地环境分析与认知的基础上，恢复湿地功能，以及原有的动植物生长栖息环境。如在绍兴镜湖湿地公园的设计中，对场地进行植被群落与动物栖息地的营建，同时整治水体，调整空间结构，恢复场地原有历史文脉[①]；在海南新盈红树林国家湿地公园总体规划中，设计者制定公园各阶段的建设计划，确立各阶段的目标和任务，以恢复、保育为主，实现红树林湿地生态恢复与环境景观的改善，同时利用现有资源优势，营造多类型的景观环境[②]。与大量实践相对应的是，相关规划途径在此基础上逐渐发展形成。如但新球、骆临川提出湿地公园规划中必须遵循综合保护、利用、提高三个指标进行系统规划的理念，并建立了“三圈四区七层”的设计模型，并结合东江湖国家湿地公园、莲花湖湿地公园等概念性规划实践提出了这种理念的实践途径[③]。吴江、周年兴、黄金文等以江苏、上海沿海湿地自然保护区为例，尝试从湿地公园建设与湿地旅游资源保护的关系入手，提出一种两者之间的协调机制和实施途径，从理念、目标、规划与政策、技术和管理、决策调控五个层面提出协调机制实施的基本模式[④]。

1.3.1.2 湿地生态旅游开发理论

生态旅游是一种基于自然生态环境的旅游活动，其核心是强调区域生态环境的可持续发展和可持续利用，其通过评估确定旅游生态环境容量，满足旅游者游憩需求，同时把旅游带给资源和环境的负面影响控制在一

---

① 王向荣，林箐．湿地的恢复与营造 [J]．景观设计，2006（4）．

② 陈云文，李晓文．红树林湿地的生态恢复与景观营造 [J]．中国园林，2009（3）．

③ 但新球，骆临川．湿地公园规划新理念及应用 [J]．湿地科学与管理，2006（9）．

④ 吴江、周年兴、黄金文等．湿地公园建设与湿地旅游资源保护的协调机制研究 [J]．人文地理，2007（5）．

定的阈值范围内，充分利用场地所具有的特殊景观和生物多样性资源，开展生态旅游已成为国际上湿地保护与合理利用的一种有效途径。由于湿地是水陆交接的过渡区域，本身生态条件不稳定，其生态承载力较低，具有一定的特殊性，由此针对湿地公园生态旅游分析与评价、开发模式以及功能区划等研究随之产生。这类规划理论强调湿地旅游应基于可持续发展，重视湿地旅游业门槛人口与湿地环境容量之间的关系，倡导湿地旅游与环境保护协调发展。规划主要针对生态保护、游憩规划、社区发展等方面的内容，从生态、社会、经济以及文化等多个方面进行综合考虑，凸显湿地旅游的参与性、专业性以及教育性等特点。一方面强调湿地公园应对游客数量进行控制，采取限制性开放的策略引导游客行为，同时加强对生态环境的科学监测，保护原有环境以及历史文化，兼顾经济效益与生态效益两方面，以实现利益的长期性。

目前，对湿地公园生态旅游理论的研究主要集中在对湿地环境承载力的评价，对生态旅游资源的分析，湿地生态旅游的开发模式等方面。主要是结合相应的实践项目，在对场地环境资源分析与评估的基础上提出相应的调整与设计策略。如陈久和、徐彩娣对西溪国家湿地公园环境容量进行评估，估算基本旅游空间以及生态自净能力，提出公园应尽快限制游客量，以实现环境的可持续性；周国忠简要分析绍兴镜湖湿地公园开发与保护中存在的城市发展、原住居民生产生活、生态系统保护与游客利益四者之间的关系，对其生态旅游开发与保护模式进行了总结①；候国林、黄震方等对湿地社区居民参与旅游开发的态度和行为进行了调查，在此基础上提出了社区居民参与生态旅游的决策规划模式、经营管理模式、产品开发模式以及利益分配模式，并提出了居民参与旅游开发的保障机制②。除此之外，还有采用旅行费用法和条件价值法相结合，对湿地公园游憩价值所包含的直接利用价值和非利用价值进行评价；引入 ROS（游憩机会序列）原理进行景区划分和功能布局等方式，为湿地公园的生态旅游开发提供决策参考。

1.3.1.3 湿地公园游憩空间与行为模式设计理论

在满足湿地环境保护与恢复的前提下，人们逐渐开始重视“游憩”这一需求，对湿地公园的空间以及人的行为模式等方面开展了相关的研究。目前，湿地公园多是基于具有湿地特征的场地环境，或是基于湿地自然保护区发展形成的试验区，如何充分利用湿地资源，营造丰富和谐多样的游憩空间以增强对游人的吸引力，提升人们的休闲游憩品质，是湿地公园具体实践值得考虑的问题。由于湿地本身的生态特性、空间特征以及所具有的文化内涵等因素，湿地公园游憩空间规划设计受到自然环境、社会影响、周边条件等多个层面的制约，因此其建构是统筹协调生态格局、空间布局、使用功能、景观形态等多目标的综合结果。同时，湿地公园作为具有生态特性的特殊游憩场所，为避免其生态系统受到人类的干扰和破坏，必须有效规范游客行为，以保护湿地功能及其生物多样性。

对于湿地公园游憩空间以及游客行为模式的研究主要是针对游憩内容、湿地生态条件、服务对象以及场地外部环境等因素进行考量，一方面在满足游览需求的同时减少对场地环境的干扰，另一方面尽可能地实现湿地公园所具有的游憩、科普教育等功能，提升湿地资源的游赏价值。目前，相关理论主要集中在对湿地公园游客行为与场地环境的关系，湿地公园游憩空间类型、游客类型及行为模式等方面。如栾凤春、林晓根据湿地生物的特性，场地条件的不同，兼顾游客游憩需求，基于两者关系，将游憩行为模式划分为隔离模式、交织模式和融合模式，在满足游憩功能的同时，尊重与保护湿地生态环境，以期实现人与自然的和谐共处③；张建春对杭州西溪湿地公园旅游者行为特征进行调查与分析后指出，西溪湿地旅游者的旅游目标单一，主要为观光休闲，对湿地环境的认知欲望不强，湿地公园学习和教育功能没有得到充分发挥。因此在建设中应提高公园游线、道桥、管线、交通、监控和环境解说等系统的质量和管理水平，以帮助游

① 周国忠．绍兴镜湖生态旅游开发与保护研究 [J]．湖泊科学，2007，19（5）．

② 候国林，黄震方等．江苏盐城海滨湿地社区参与生态旅游开发模式研究 [J]．人文地理，2007（6）．

③ 栾凤春，林晓．城市湿地公园中的人类游憩行为模式初探 [J]．南京林业大学学报，2008（3）．

客了解湿地独特的自然生态与文化环境[①]。除此之外，同时还有相关游憩要素构成、游憩活动性质、游憩空间属性等方面的研究。

总体上看，由于研究方向以及方法的不同，各种规划理念之间存在一定的差异。关于湿地公园尚未形成“场地评价—设计与营建—维护养管”的完整规划设计理论体系。当前研究多偏重于湿地公园建成后的使用与景观效果，而针对设计本体，如方法、策略以及空间建构等方面缺少必要的理论支撑，现有的理论对湿地公园实践环节中的相关经验与教训总结不够充分与全面，从而无法切实有效地指导设计。鉴于此，对于湿地公园设计方法的研究，重点在于如何在设计过程中将场地前期评价、场地空间建构以及相关技术支撑加以整合，如何高效利用场地资源并优化场地环境，加强湿地公园设计的科学性、客观性，从而提升湿地公园发展的可持续性。

1.3.2 多类型的营建设计模式

除多角度的理论研究外，依据公园立地条件的不同，建设要求的差异，湿地公园同时呈现出多类型的营建模式。

1.3.2.1 湿地保护与治理模式

该营建模式主要是针对现有大面积自然湿地资源进行保护与恢复，管理土壤和水生物，包括引进已消失的动、植物群，重构原初生态系统以形成较大规模的保护区。或对大面积保护区中的部分区域进行适度的利用与改造，形成集中游览区域，在对整体环境不造成影响的前提下实现展示、交流、科普教育等功能。

1）**美国永乐国家湿地公园**（Everglades National Park）

美国永乐国家公园（又称大沼泽地国家公园）是位于佛罗里达州的国家公园，建于1974年，现在已经覆盖140万英亩（5665.6km^2），包含了佛罗里达西南部25%的自然湿地，是由淡水河流流经平原地区形成的沼泽环境。20世纪初由于城市和乡村的发展其水源遭到严重破坏，原生湿地受到严重的干扰。从1983年起，佛罗里达州政府开始进行了生态系统的复建规划，通过对佛罗里达州湖泊与海域污染的控制进行水质的改善，并采取人工湿地的建造以及野生动物的保护等措施以实现生态系统的恢复（图1–14）。

2）**美国切斯批克湾湿地公园**（Chesapeake Bay Wetland Park）

切斯批克湾是美国最大的河口湾，位于美国大西洋海岸中部，为马里兰州和弗吉尼亚州三面环绕，仅南部与大西洋连通。切斯批克湾南北长约300km，最窄处仅6.4km宽，最宽处波托马克河河口处也只有50km宽。该湾曾经是美国主要的渔业基地之一，但现在由于流域内城市和农场的污染，生态遭到严重破坏。政府采取了法律法规、经济手段与技术手段等相结合，组织实施了《切斯批克湾计划》和《清洁湾区行动》等具体项目计划，进行水体的治理（图1–15）。

1.3.2.2 湿地恢复与展示模式

该类型是对湿地或具有一定湿地特征的场地进行人为修复，尽可能地还原其原初生态功能及空间形态，同时利用场地资源展示多类型湿地景观，开展休闲、游览及娱乐活动。

1）**香港湿地公园**

香港湿地公园位于天水围新市镇东北隅，接近香港与深圳的边境。占地61ha。作为缓冲地带，分隔天水围与米埔国际湿地保护区。该湿地公园的营建是对原有生态缓冲区的拓展，一方面缓解米埔湿地自然保护方面的压力，凸显生态保护的重要性，另一方面，很好地展示了典型湿地景观，形成独具特色的科普教育、湿地游览以及资源交流中心[②]（图1–16）。

① 张建春．杭州西溪湿地公园旅游者行为特征调查与分析[J]．地域研究与开发，2008（2）．

② A．H．Lewis．香港湿地公园——一个在可持续性方面的多学科合作项目[J]．城市环境设计，2007（7）：36–41．

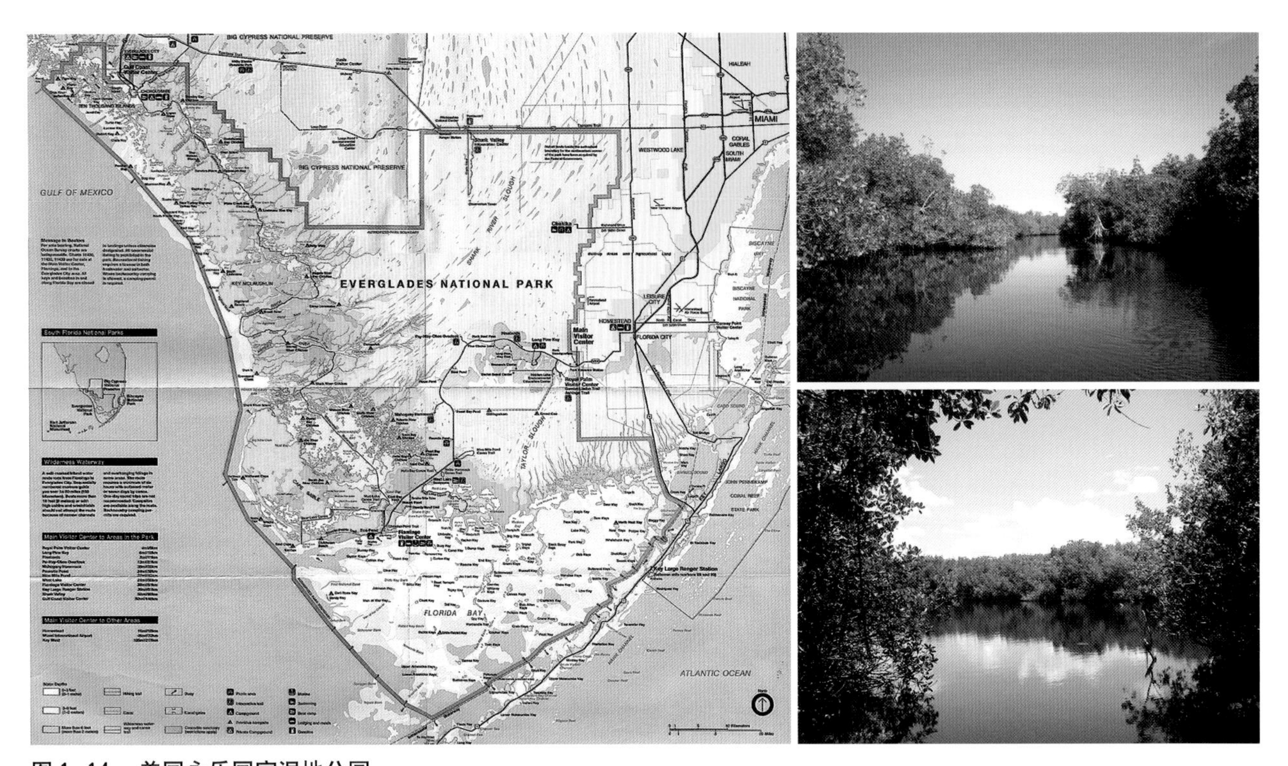

图 1–14　美国永乐国家湿地公园
（资料来源：http：//www.reisenett.no/map_collection/National_parks/）

图 1–15　美国切斯批克湾湿地公园

2）法国苏塞公园（Parc du Sausset）

苏塞公园坐落在巴黎城市近郊的平原上，公园的原址曾为农田，土壤肥沃，场地地势平坦，地块周边是大面积耕地和水面，场地环境中有萨维涅湖以及名为苏塞和卢瓦都的两条小溪流过。公园由高哈汝夫妇设计。该公园的原有湿地类型包括池塘和泄洪池，设计者在此基础之上营造沼泽地景观：设计将水塘相串联，然后用堤坝将沼泽地与其他水面隔离并自成一体，并借助于邻近水塘中设置的水泵，使得沼泽地中水位保持恒定，同时为了增加沼泽地的观赏性，还在不同水深的湿地中栽种了大量湿生水生植物。建成后的苏塞公园的沼泽景区吸引了大量的鸟类，由此也被赋予了“有生命的沼泽地”和“鸟类的沼泽地”的意义。为了达到保护和观赏的目的，苏塞公园对沼泽地进行了划分，一类类似于保护区，禁止游人进入并保护鸟类的寂静，另一类游人则可以进入，欣赏自然的沼泽湿地美景[①]（图 1-17）。

3）**日本葛西临海公园**（Kasai Rinkai-koen Park）

葛西临海公园是在荒川与旧江户川之间东西 2km 的填筑地上建造起来的公园。公园从空间上分出了游憩、缓冲以及保护区等，在有效保护湿地资源的同时开展观光游憩活动。公园三面临海，北侧与城市交接。海上有两个东西方向的人工洲渚，其中西洲渚与公园相连，通过桥可去往东京湾的海滨沙滩进行游憩。东洲渚是

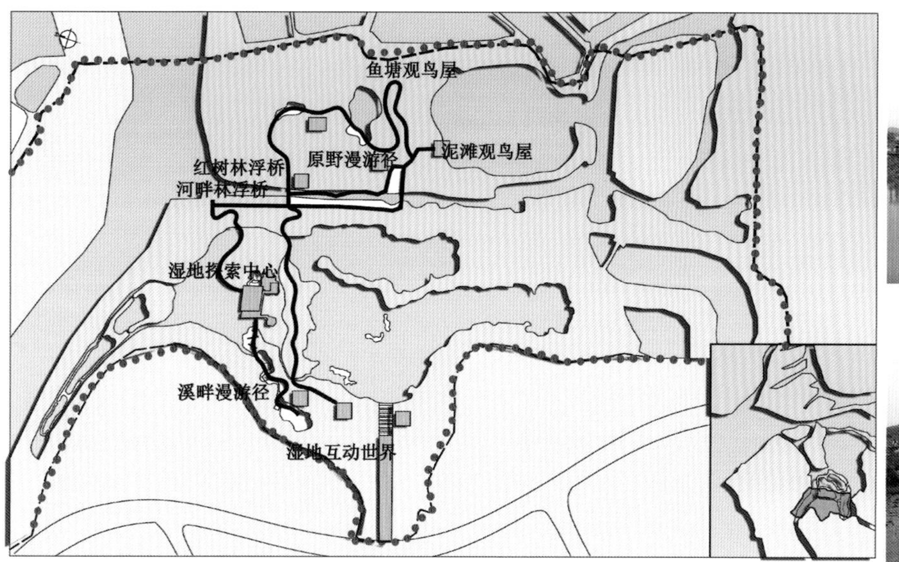

图 1-16　香港湿地公园

图 1-17　法国苏塞公园

① 朱建宁．法国风景园林大师米歇尔·高哈汝及其苏塞公园 [J]．中国园林，2000（6）：58-61．

图 1-18　日本葛西临海公园

整个公园的保护区域，禁止游客的进入，保持了纯自然的生态特征，成为海鸟的栖息地。公园东南临海设观鸟台，西北临城市有大型观光摩天轮，可以看到东京迪斯尼乐园等东京湾的风景（图 1-18）。

4）杭州西溪国家湿地公园

西溪湿地位于杭州城西，与西湖流域间仅有一丘林带分隔，西溪湿地内水网交错，是以鱼塘为主的次生湿地，国家湿地公园位于西溪湿地的核心保护区范围。由于长期以来的农耕、养殖等生产功能的不断发展，西溪湿地中存在大量的鱼塘、围湖造田的区域，农药以及饲料的投放导致河道淤塞，水体质量下降，湿地萎缩，生态功能丧失。

2005 年杭州西溪湿地被国家林业局批准为中国第一个国家湿地公园。规划中提出退田、减少渔业养殖以及屠宰业等措施，强调全面加强湿地及其生物多样性保护，恢复西溪湿地生态功能，实现湿地资源的可持续发展。在保护与恢复并举的同时，展示湿地自然景观和人文景观，营造西溪与西湖之间的绿色生态廊道（图 1-19）。

5）安徽黄山太平湖国家湿地公园

太平湖国家湿地公园是安徽省首家被批准建立的国家级湿地公园，位于安徽省黄山市黄山区境内，是连接黄山、九华山的天然纽带。总面积 98.5km^2，其中水面面积 88.6km^2，平均水深 40m，属国家一级水体。其湿地景观资源丰富且独特、生态环境优良、山水风光优美、动植物资源丰裕。设计依托现有场地条件，合理利用场地良好的水环境资源，展示湖泊湿地景观，将场地划分为湿地科普教育区、大湖亲水运动休闲区、九曲湾历史与民俗文化体验区、主题生态群岛观光休闲区等 4 个功能区（图 1-20）。

1.3.2.3　湿地功能的利用与研究模式

这类营建设计模式主要包括两个方向，一是针对湿地本体进行相关研究，并对湿地属性、功能以及特征进行科普展示，适当开展相应的游憩活动；二是结合设计要求有效利用湿地所具有的功能，如水体净化、污水处理等，湿地协助公园整体的运行，在满足游览、观赏功能的同时更好发挥湿地本身的效用。

1）美国奥兰基塔河湿地研究公园（Olentangy River Wetlands Research Park）

公园面积约 5 英亩（约 2.02hm^2），最初设计在 1994 年，主要是研究湿地在长期不被人干扰情况下，物种变化情况以及能量的流动等问题。设计营造出两个面积均为 1hm^2，具有相同水文情况的肾形湿地盆地，

图 1–19　杭州西溪国家湿地公园

图 1–20　安徽黄山太平湖湿地公园

图 1–21　美国奥兰基塔河湿地研究公园

其中一个湿地盆地种植了大量大型植物，另一个保持原状，经过 6 年的自然调节，两个湿地形成了各自的植物群落特征，以及相应的动物种类。这项研究表明了大型植物的引进可以加强被创建生态系统的生物多样性。公园的二期工程于 1999 年完工，主要包括湿地系统、试验性的小规模处理单元及游客瞭望台等（图 1–21）[①]。

2）**美国华盛顿州莱顿**（Renton）**水园**（Waterworks Garden）

美国华盛顿州莱顿水园，是将水池、小径、湿地、植物等，按照艺术与生物净化的秩序形成的顺承结构。水园面积 3hm^2，场地原初是位于一个废水处理厂旁边的湿地。水园的建设很好地处理了雨水并扩大增加了湿地面积。雨水被收集注入 11 个池塘以沉淀污染物，然后释放到下游条带状的湿地，湿地中多类型水生植被对水体过滤净化的同时形成了良好的湿地景观，一条小径曲折穿过池塘和湿地后与园外的步行道相连接，整个场地体现了湿地的自净能力（图 1–22）。

3）**常州蔷薇园**

蔷薇园湿地公园位于菱港桥堍和 312 国道两侧，呈南北条状，场地最南端为农田，土壤含水量高；向北为沼泽地，最北侧有一浅水塘，延续过 312 国道，具备建造城市湿地公园的条件。公园设计一套先进的生态水循环系统，使公园内原有的多个原生态池塘同外界水体的交换，确保河水“活”起来。这用于循环的外界的水，完全取自于位于蔷薇园旁边的采菱河，通过地下沉淀池、鹅卵石滤床、生化滤床过滤，从而达到生态循环标准（图 1–23）。

湿地公园规划设计模式见表 1–2。

① http：//swamp.ag.ohio–state.edu/

图 1–22　美国华盛顿州莱顿水园

图 1–23　常州蔷薇园

1.3.3　湿地公园营建中存在的问题

1）湿地公园概念泛化

虽然湿地公园受到人们广泛关注，但往往是从形式上出发，而对湿地本体特征缺乏重视（图 1–24）。一方面湿地公园的设计照搬城市公园、水景公园等规划营建模式，没有遵照湿地生态系统的特点进行深入分析，缺少对水文、土壤以及动植物等湿地主导因素的保护恢复措施，如在湿地公园中经常可以看到由于缺少相应的排污、水处理设备，水体富营养化，凤眼莲及藻类植被长满整水面，挺水植物大量死亡，湿地向陆地转化。另一方面营建过程中过分追求人工景观的开发，仅将湿地环境作为一种陪衬，没有突出湿地类型的典型性和

湿地公园规划设计模式 表 1–2

营建设计	案 例	湿地资源类型
湿地保护与治理模式	美国永乐国家湿地公园	河流湿地
	美国切斯批克湾湿地公园	滨海湿地
	日本钏路湿源国立公园	沼泽湿地
	日本琵琶湖	湖泊湿地
	山东荣成桑沟湾国家湿地公园	滨海湿地
	南京兴隆洲湿地公园	江河湿地
湿地恢复与展示模式	法国苏塞公园	农田与溪流
	伦敦湿地公园	废弃水库
	日本葛西临海公园	滨海湿地
	杭州西溪湿地公园	农田湿地
	安徽黄山太平湖湿地公园	湖泊湿地
湿地功能的利用与研究模式	达文西水园	屋顶雨水收集
	美国奥兰基塔河湿地研究公园	河流湿地
	波特兰雨水花园	屋顶雨水收集
	常州蔷薇园	农田湿地
	上海梦清园	河流湿地

代表性，以及湿地演替的自然性，对自然的原生态湿地环境进行大规模的人为改变。道路的修建强调景区之间的通达性与方便性，忽视对动物栖息、植被生长以及水系连通性等方面的干扰问题的考虑，不仅没有对原有湿地进行保护，反而严重破坏了场地生态环境。

同时设计中对湿地公园的功能、定位以及规划设计的认识有所偏差，将不具备湿地特征或仅有少量湿地景观的水景公园也称之为所谓的“湿地公园”，强调公园的娱乐功能，淡化湿地的科普教育、宣传以及湿地保护方面的内容，缺少对湿地自然文化属性的体现。

2）缺乏科学的认知与评价

湿地公园设计重策划轻研究，主要表现在两方面（图 1–25）：

一方面缺少对场地原有生态条件、空间形态以及周边环境的分析与调查，不考虑现有水文过程、土壤条件以及植物群落的限制条件，忽视场地固有的空间形态，直接进行人为的大肆改造，采取程式化的设计手法，导致公园建成使用后问题百出，如有些设计盲目追求绿化效果，不考虑植被的生态效用以及维护养管情况，设计大量的草坪，人工灌溉、喷药除草因此无法避免，最终导致农药等残余化学物质流入水体，造成人工污染；雨水冲刷后水土流失严重，加剧了湿地生态负荷。又如由于缺少对湿地水位高度以及泄洪口位置的分析，自然降水过后，浮水植物、挺水植被以及人工栈道都淹没在水中，湿地植物大量死亡，木栈道无法使用。

浅水加植被形成“湿地”

大尺度的木栈道

河道加民居组成“湿地公园”

图 1–24 湿地公园概念泛化

图 1–25　湿地公园规划缺少科学评价

另一方面，对设计结果缺少预评估，忽视对公园的游憩项目类型、功能分区、道路走向的研究，因此由于游憩项目的不合理定位与布置，建成后无人问津，造成设施的浪费。最后，缺少对场地地域特征的认知，对场地气候、地貌、植被类型不加以考虑，由此导致了不同环境基底，同一湿地景观的尴尬局面。

3）过度人工化设计，弱化湿地景观特征

湿地环境本身地势低洼，竖向变化少，水岸形态自由。而大量的湿地公园设计并没有正视环境本身特征，对场地采取了过多的人工改造，将其作为一般水景公园来对待，人工痕迹过重，缺少地域化的湿地环境（图 1–26）。

（1）设计中采取“挖池（河、湖）堆山”的手法处理场地：开挖河道以整理水系，挖方用来堆砌土山营造竖向变化，整体空间形态局促且平均化，最具湿地特征的河漫滩，弯曲有致的天然水系等却难觅踪迹，同时，对场地的过度干扰影响了湿地的恢复；

（2）场地中出现大面积草坪、规律的树阵以及硬质广场等人工化的景观环境，缺少应有的湿地生态群落景观；

（3）硬质驳岸、大体量、大规模服务建筑的介入淡化了湿地空间的连通性，如水岸和水中岛屿上出现实体化的建筑弱化了公园的主题。

4）忽略湿地生境的可持续性

湿地公园作为具有复杂湿地景观生态系统，其功能效益的发挥要受到自然、社会、经济和人文等各种要素的影响。而当前湿地公园设计营建过程中仅重视始建之初的景观效果，对生态的可持续性缺少考虑。

一方面缺少对场地中自然因素的自然代谢能力加以考虑，往往导致湿地环境的逆向演替。如为了追求绿量，采取高密度种植以及反季节种植等方式来快速实现景观效果，造成了植物缺少必要的生长空间以及无法适应气候条件出现大面积死亡。而有些湿地公园建设时为了增加生物多样性而进行某些植物物种的引入，并人工放养未经风险评估的动物物种，这些都有可能严重地威胁湿地生态系统的健康，从而导致湿地环境的退化。

图 1–26　湿地公园的过度人工化设计

图 1–27　湿地公园生态的恶化

另一方面缺少对场地可能承载的游人规模、空间建设规模以及开发强度等作专项分析，没有针对场地生态承载力进行设计，某些场地中会出现过宽的园路以及大而无用的硬质铺装，严重干扰了自然生态环境，而某些公园建设中又过少估计了游客数量，缺少水体污染、水体循环以及垃圾的处理等相关设施的设计，从而导致土壤的板结（游客踩踏）、水体环境不稳定（污染以及水位波动过大）等状况。

同时，由于游客的介入以及人为的管理方式，湿地公园中土壤及水体多会出现富营养化的情况，加之大量植被的种植，出现植被过分生长的情况，生物代谢量增大，难以维持原初设计所构想的湿地景观，并且植物残体往往会造成二次污染（水体污染）以及植被种群的变化（图 1–27）。

针对湿地公园建设中所存在的问题，提出以生态适宜性评价为基础的集约化设计策略。集约化的景观设计是指以对场地资源的评价为前提，以量化技术为基础，整合多目标的设计要求，从而实现设计成果的最优化以及场地环境的可持续化。

对于不同景观类型，集约化所侧重的方面有所不同，如住区环境中主要针对活动功能、空间形态以及文化表达等要求，城市广场则强调对空间的、文化美学的满足。对于湿地公园这一以保护湿地资源，展示湿地特征为主体的景观环境，集约化设计是以生态的保护与恢复为主体，统筹兼顾空间及功能，对这三方面设计要求加以优化、整合，从而实现多目标兼顾的设计成果。

第 2 章 | 湿地公园的基底资源分析与评价 |

作为由多要素构成的复杂系统，湿地公园的规划设计应强调系统性与整体性。一方面就总体而言，不同的湿地基底属性决定了湿地公园的整体环境特征，另一方面各类湿地基底中环境资源的种类和数量又不尽相同，除湿地生态条件外，场地的空间形态，周边区位交通等都会对湿地公园规划设计产生综合影响，因此在设计过程中，既要对不同类型湿地基底整体特性进行认知，同时也应针对场地中各环境要素加以分析，研究与归纳其特性，考虑其对湿地公园所产生的不同作用，分析各要素间的相互联系与相互影响，实现对场地环境综合认知。

2.1　湿地公园基底环境特征

湿地公园最根本的属性在于其生境特征，其中的湿生与沼生环境应具有一定的规模和范围。湿地公园的设计是在着力保护区域独特的自然生态系统的基础上，凸显地域性湿地景观。因此不同类型湿地的形成原因、生态特征以及空间形态在很大程度上影响着最终的设计成果，即湿地基底属性决定了湿地公园的环境特征，这是湿地公园营建的基础。依据场地基底条件（湿地资源）的不同，可以将湿地公园分为湖泊型、江河型、滨海型、农田型以及其他类型五大类，其下还各有亚类（表 2-1）。

湿地公园分类　　**表 2-1**

类　型	亚　类	描　述	代表案例
湖泊型	—	湖泊沿岸线，植被以及水体侵蚀而形成的滩地	镜湖国家城市湿地公园 、溱湖国家湿地公园
江河型（包括人工运河）	河漫滩湿地	滨河两岸具有湿地特征的景观带	无锡长广溪国家湿地公园
	河口湿地	多条河流冲积而形成	南京七桥瓮湿地公园，江苏溧阳天目湖湿地
滨海型	海岸沼泽地湿地	港湾与潟湖的潮间带	香港湿地公园
	入海口三角洲湿地（河口滨海湿地）	上游河流泥沙淤积而成	上海崇明东滩国际湿地公园
农田型（含养殖塘）	冲田型	丘陵或山间较狭窄的谷地上的农田	南京汤山农业生态园
	圩田型	江湖冲积平原的低洼易涝地区筑堤围垦成的农田	苏州南石湖、杭州西溪国家湿地公园
	养殖塘	鱼塘、蟹塘等水产养殖为主的场地	南京高淳固城湖永胜圩湿地
其他类型	采矿与挖方取土区	由于采矿或取土形成的特殊场地	包头国家生态工业（铝业）示范园
	废弃地	受一定工业污染，具有湿地特征或周边有一定规模的自然与人工湿地	上海炮台湾公园
	蓄水区	水库、拦河坝、堤坝形成的面积较大的储水区	大石湖生态公园、金湖西海公园

2.1.1　江河型湿地公园基底

2.1.1.1　江河型湿地基底的分类

河流湿地基底按照成因可以分为两类：一是在沿河流方向，由于地表水汇水区或河道改道，定期受到洪水侵袭形成的河漫滩湿地；二是在地势平坦的区域，水流速减缓，由于河水的沉积作用泥沙大量淤积而形成的河口湿地基底（图 2-1）。

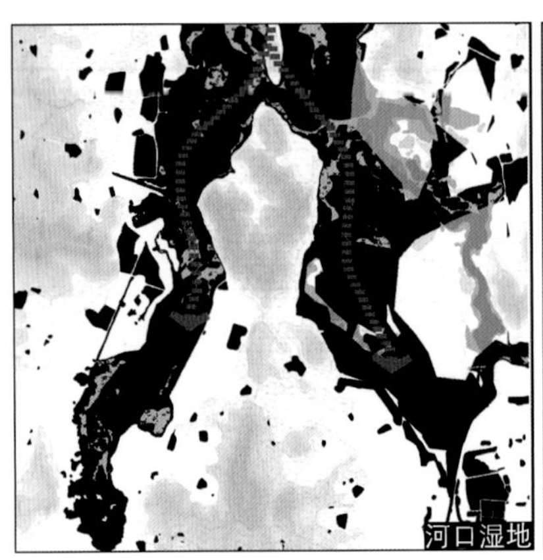

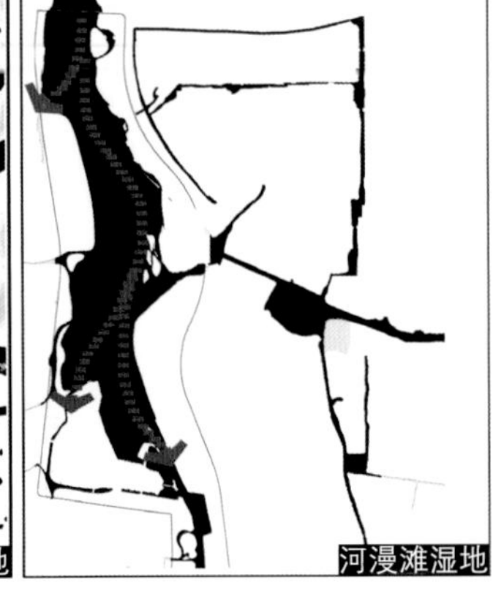

图 2-1　河口湿地与河漫滩湿地

（1）河口湿地

天目湖位于江苏省溧阳市南部丘陵地区，属北亚热带季风气候区，为一东西窄、南北长的深水湖（水库），面积 12km²，最大蓄水量约 1.1 亿 m³。天目湖湿地位于天目湖上游，是一个典型河道入湖口湿地，由 3 条入湖河流（天中河、徐家园河、平桥河）交互作用而成（图 2-2）。

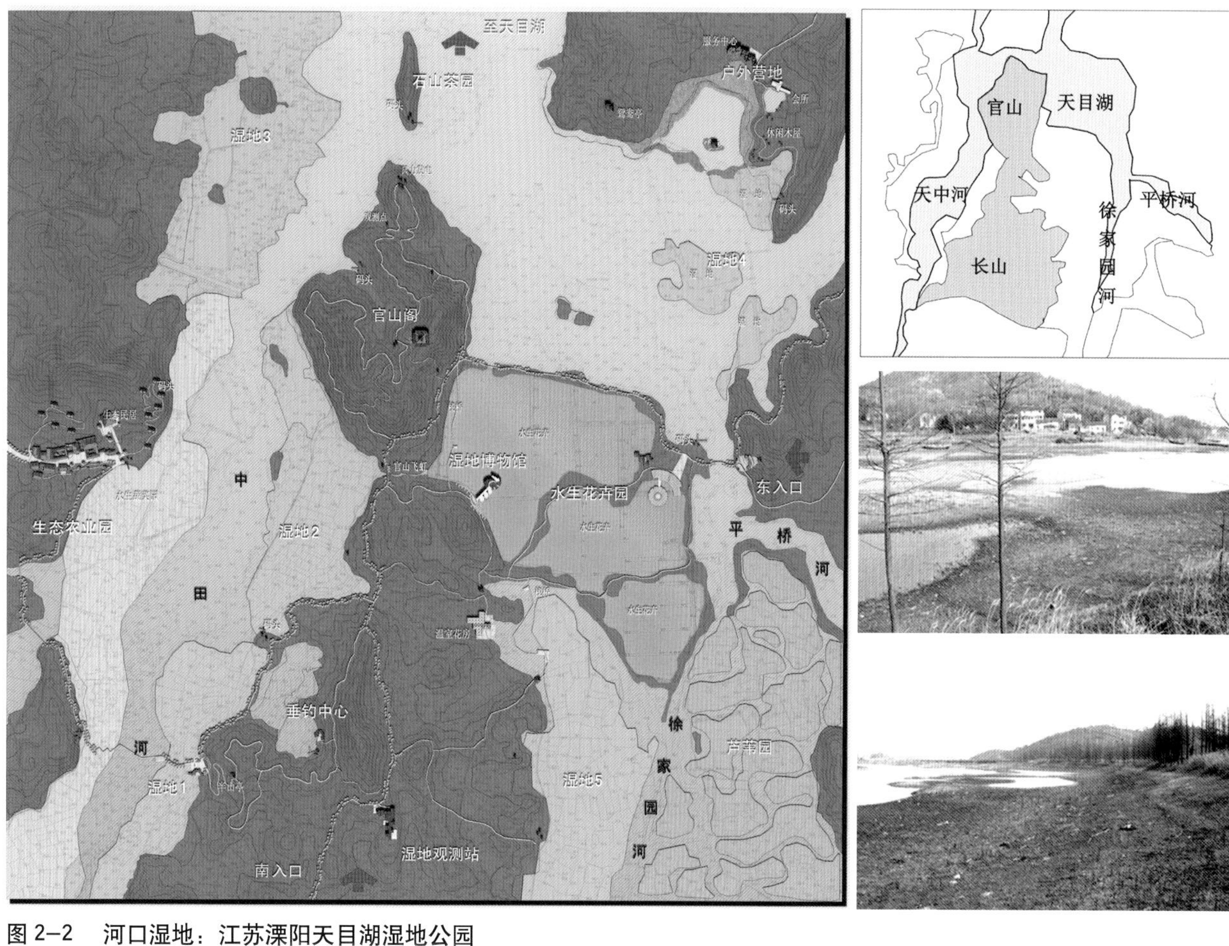

图 2–2　河口湿地：江苏溧阳天目湖湿地公园

（2）河漫滩湿地：扬中市长江湿地公园（图 2–3）

扬中市长江湿地公园位于扬中市区西南，是由夹江冲刷逐年淤涨围垦而形成。扬中市是长江中的一个岛市，为江中沙洲，属冲积平原，全市无山岳，地势低平。场地北靠环江公路，南临夹江，沿江呈带状分布，总面积约 81.55hm²。场地生态条件良好，中部植被以芦苇、芦竹为主，杞柳生长良好，场地内有南北向水系与夹江相通，水位随季节波动明显，受自然因素影响较大。

长广溪湿地位于江苏省无锡市西南郊，是连接蠡湖和太湖的生态廊道。它西依军嶂山，北连蠡湖，东邻大学城，南靠太湖，依山傍湖，地理位置和自然环境优越。长广溪湿地又称清水河湿地，位于北亚热带区域，

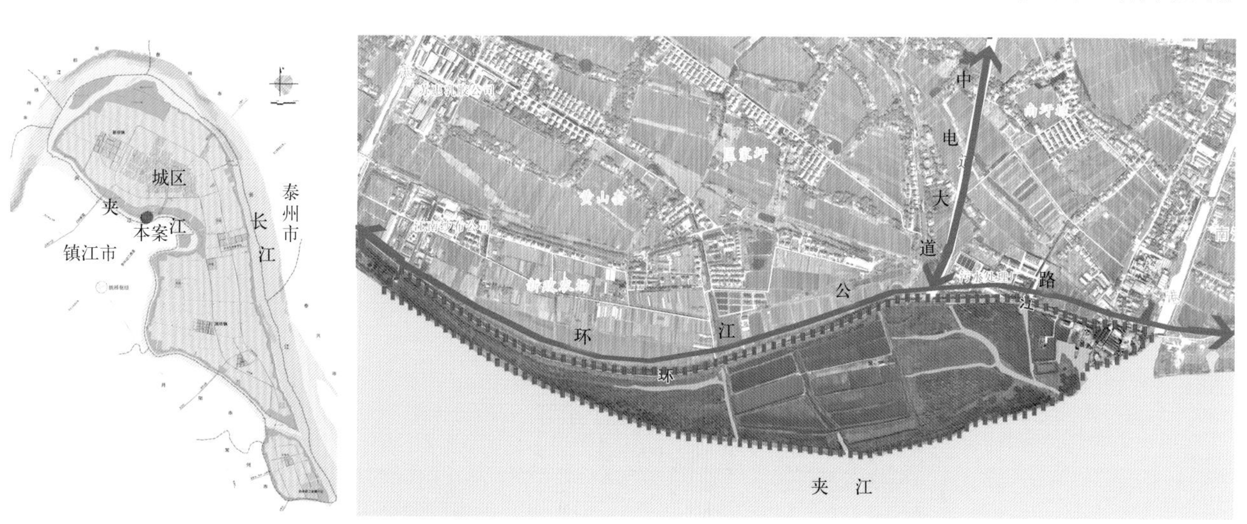

图 2–3　河漫滩湿地——扬中市长江湿地公园

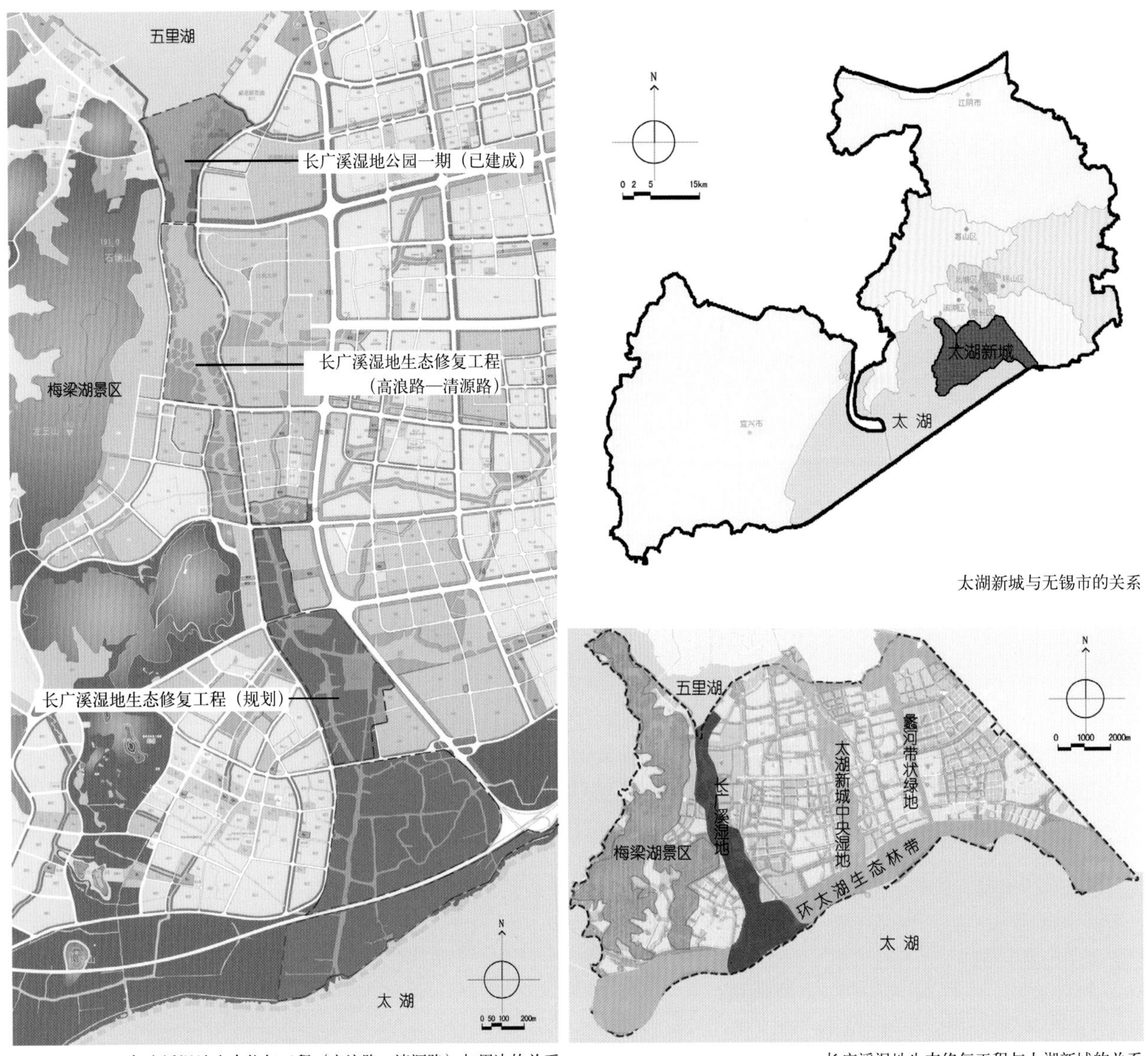

太湖新城与无锡市的关系

长广溪湿地生态修复工程（高浪路—清源路）与周边的关系

长广溪湿地生态修复工程与太湖新城的关系

图 2–4　河漫滩湿地——无锡长广溪国家城市湿地公园

属于亚热带季风气候，湿地土壤主要为潮土、水稻土、黄棕壤等，土壤肥力较高。湿地包括河流、滩涂、池塘、沟渠、稻田等多种类型，湿地特征较为显著。湿地内动植物资源丰富，生物多样性特征显著。

长广溪国家城市湿地公园，其全长约 10km（石塘桥到壬子港），用地为河道两侧 100 ～ 250m 不等的绿带，总规划面积 625hm^{2}①（图 2–4）。

2.1.1.2　江河型湿地基底环境特征

由于河流为流动水体，水深通常较浅，与大气接触面积大，水体含有较丰富的氧气，地下水位高；湿地受周期性过水，积水时间长，土壤较为细腻，属于淤泥质，肥力丰富；没有人为干扰的河流形态通常是蜿蜒曲折的，不存在直线或折线形态，水陆交接处充当缓冲带的漫滩湿地宽阔且面积较大，河口三角洲空间形态自然且复杂。而由于人工水利工程的兴建，在不同程度上降低了河流形态的多样性，使江河型湿地生态系统的健康和稳定性都受到不同程度的影响②（图 2–5）。

河流湿地基底是由水体的冲刷与沉积而成的，与其他湿地类型相比通常具有以下特征：

① 张维亮，吴相利．无锡市长广溪国家城市湿地公园开发研究 [J]．国土与自然资源研究，2007.4：57–58.

② 董哲仁．保护和恢复河流形态多样性 [J]．中国水利，2003.6：53–57.

图 2–5　河流湿地基底

图 2–6　河流空间形态

图 2–7　硬质驳岸取直河道

（1）顺延河流形态与走势，具有线性的空间形态（图 2–6）；

（2）由于水体的流动，大量汇集周边环境的能量与物质，受多种因素的影响；

（3）河流湿地不仅仅是陆生生态系统和水生生态系统之间的过渡性地带，同时其还起到了连接水系上下游的作用，是下游汇水面如湖泊、水库等水源的“过滤器”。

2.1.1.3　人为干预对江河型湿地的影响

由于河流湿地的线性特征，其与外部环境的接触面大，相应地受到了更多的人为干扰，湿地原初环境及形态破坏严重（图 2–7，表 2–2）。

河流湿地基底所受干扰 表 2–2

环境因素	环境特征	干扰		现状
		自然干扰	人为干扰	
水文	处于河流流速缓慢区域、地下水位高、水体含氧量高……	洪水、降水量……	水库、水闸、水坝……	生活污水影响下游水质，水流速、汇水等受到影响……
土壤	潮土、水稻土、黄粽壤等，土壤肥力较高，呈淤泥质……	河流水体的侵蚀……	湿地围垦、河道取土……	土壤富营养化、水体的污染以及对水位的变化产生重要影响……
生物	丰富的物种多样性，较高的物种密度和生产力……	病虫、外来物种入侵……	湿地围垦、河道疏浚……	植被生长滞后、多样生物物种被单一人工种群替代……
空间形态	线性空间形态，周边水系具有蜿蜒性… …	水位的变化……	河道疏浚、硬质驳岸、河流取直……	生境破碎化、漫滩的消失……

(1) 由于人为的干扰对河流进行梯级开发，形成多座水库串联的格局，造成水流的不连续性，因此改变了下游湿地的过水量与水周期；

(2) 为节省用地，将天然河流蜿蜒型的基本形态改造成为直线或折线型的人工河流或人工河网，导致了漫滩湿地的退化与消失；

(3) 为增强河道输水能力将形态复杂的河流变为梯形、矩形及弧形等规则几何断面，过快的水流速使水体养分无法沉积，生境的异质性降低，同时河床侵蚀严重，无法形成适宜湿地植被生长的生态条件；

(4) 为减少河流溢洪采用硬质材料的边坡护岸，如块石驳岸、混凝土驳岸等，切断或减少了湿地中地表水与地下水的有机联系通道，水生植物和湿生植物无法生长，植食两栖动物、鸟类及昆虫失去生存条件；

(5) 不断增加的湿地围垦干扰了湿地的演化过程，由于围垦利用、堤围保护和其他人为措施而使原有湿地脱离水长久的或周期性的淹没状态，破坏了湿地植被赖以生存的基底，造成植被的直接消亡，垦区外围原有或新生湿地处于水动力环境和生境自我恢复和调整期，植被生长滞后，湿地常因无充足固着泥沙的植被而变得易遭受水流冲刷侵蚀，同时化肥以及农药的使用造成了下游水体的富营养化以及污染；

(6) 水利工程、河道取土以及航道疏浚这类人工活动改变了河口的地貌、沉积相分布与水动力条件，也对河口湿地景观格局具有显著影响，加剧导致河口湿地生境破碎化效应。

2.1.2 湖泊型湿地公园基底

2.1.2.1 湖泊型湿地基底成因

湖泊湿地形成于湖泊的边缘，在沙石淤积、湖岸变浅、边坡变缓等有利条件下容易发生湿地化过程，一般规律是大型湖泊或外流型湖泊湿地化与发展过程相对缓慢，小型湖泊以及作为最终集水区的内流型湖泊发生的湿地化过程较快（图 2–8）。基底成因主要是：

(1) 水文过程：入湖水量减少，导致水面下降；

(2) 沉积过程：地表水不断向湖泊输送养料和泥沙，流域侵蚀加剧，入湖泥沙增多，导致湖泊萎缩，逐渐变浅；

(3) 生物过程：生物种类和数目相应增加，湖泊中的藻类开始繁盛，在背风侧的湖面生长根植物，根茎交织与湖岸连在一起，形成较厚的漂浮植物毡，俗称漂筏，生物残体，在重力下脱落，日积月累，湖底变高，湿生植物开始出现；

(4) 湿地形成：随着时间的推移，植物残体堆积，湖岸植物带向湖心方向蔓延，湖岸升高为滩地，沉水植物、浮水植物被挺水植物取代，逐渐形成湖泊湿地。

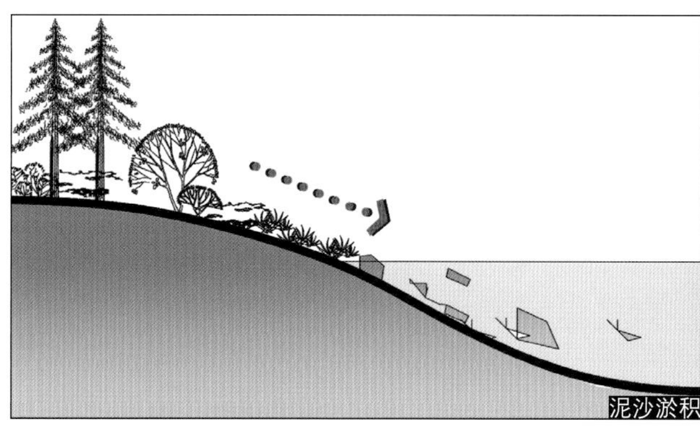

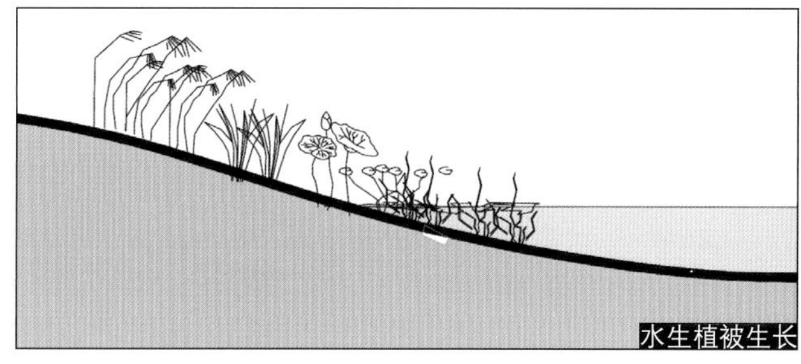

图 2-8　湖泊湿地成因

2.1.2.2　湖泊型湿地基底环境特征

（1）水文环境

湖泊湿地生态系统属于静水系统，主要通过入湖河川径流、湖面降水和地下水而获得水量。湖水通过地表和地下径流进行循环，水体范围随季节蒸发量以及降雨量发生周期性或非周期性的变化，因此湖泊湿地的水位通常在雨季或稍后上升，蒸发旺季下降。

（2）土壤环境

由于与河道相通，注入大量夹带泥沙的河水，以及雨后汇入周边的土壤，湖泊型湿地的基底中泥沙呈逐年增加的趋势，同时土壤中胶质较多。入湖口往往因上游大量悬浮物等营养物质输入，土壤肥沃，从表层到一定深度内具有一定的持水特征，成土母质以湖相沉积物为主。

（3）植被条件

临近湖泊岸线以及河道入口处湿生植被生长良好，这类区域水较浅，能够与陆地相交接，因此降雨及地下径流带来了较多的有机物质，土壤比较肥沃，同时受太阳照射以及陆地传热双重作用，水温较湖心高，水体稳定，适宜植被的生长。同时湖泊岸线曲折多弯，环境条件多变化，所以植被群落类型也较复杂。

湖泊湿地典型植物分布模式通常为：挺水植物如香蒲、慈姑、芦苇等，位于浅水 0 ~ 0.6m 的湖岸；浮叶植物如睡莲、菱等，位于水深 0.5 ~ 1.5m 区域，在小型湖泊或内流型湖泊中，由于水体变化小，上述两种植物带之间还分布有漂浮植物带，如浮萍、凤眼莲、槐叶萍等，水深 1.5 ~ 2m 区域主要为沉水植物带，如痦草群落、金鱼藻、黑藻、狐尾藻群落等，在水体稳定的湖泊中还掺杂漂浮植物。相比于其他湿地基底，湖泊型湿地基底中植被种群分布结构稳定[①]（表 2-3）。

（4）空间形态

湖泊型湿地通常水体尺度较大，视域较为开阔；斑块破碎化程度低，在人工干预下岸线平直，曲率变化较小，岸线周长长度较短，空间包容面积较小；水体形态较为整体化，空间内聚紧凑，方向性不强（图 2-9）。

① 刘昉勋，黄致远．江苏省湖泊水生植被的研究 [J]．植物生态学与地植物学丛刊，1984（7）：207-216.

不同湿地基底植被群落构成　　表 2–3

湖泊湿地	通常为挺水植被—浮水植被—沉水植被所组成的典型湿生植物带
河流湿地	类似于湖泊湿地植被带分布，在水流速较快区域无漂浮植被带，随河流过洪其优势种与类型不断产生变化
农田型湿地	由于水体富营养化较为严重，自然湿生植被多以藻类为主的沉水植被以及少量的漂浮植物，挺水与浮叶植被为人工作物
滨海型湿地	由于海水潮汐的变化，会出现盐土植被以及滨海湿地特有的红树林
其他类型	由于大量的人工干扰，通常其水生植被种类单一，不具备完整的湿生植被群落，数量少，生长情况一般

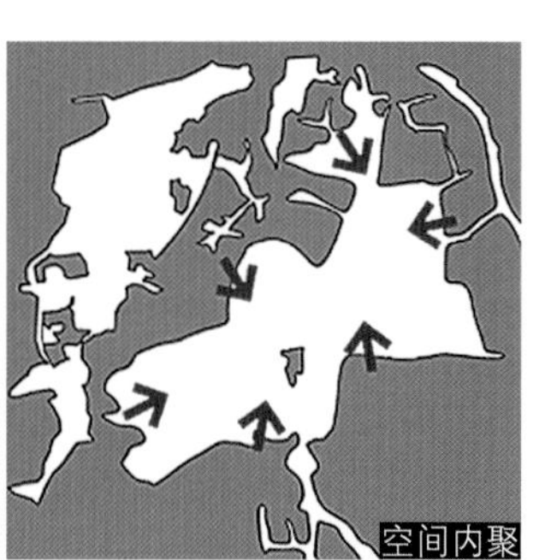

图 2–9　湖泊湿地空间形态

2.1.2.3　人为干预对湖泊型湿地的影响

湖泊同河流相似，都是与人类关系最密切的生态系统，近年来人们居住与生产生活对湖泊湿地产生了直接影响，阻碍了湖泊湿地的保护与恢复，具体表现如下：

（1）围湖造田。缩小了水面，降低了湖泊的调蓄性能，形成洪、涝、渍等多种灾害。同时围垦区域多为湖泊中水深较浅、边坡较缓、营养富集的消落区，即湖泊湿地，这类区域生境异质性高，是鱼类繁殖以及水鸟越冬的栖息地，围湖造田导致了湿地的萎缩，鸟类栖息受到严重干扰，从而影响到湖泊湿地生物群落结构的多样性。

（2）农业生产造成环境污染。化肥、农药等最终从土壤排放到水体中，污染了湖泊环境，加速水体富营养化进程，藻类大量繁殖，消耗水体中氧气，威胁湿地植被的生长。

（3）水工建筑及公路建设割裂了江湖天然的水力和生态联系。硬质的路基割裂了湖泊上下水的流动，影响上游河流的泄洪以及湖泊水体的调蓄，同时公路使湖泊湿地大范围地暴露，增加了人为干扰的可能性。过水涵洞影响了湖水对流水量，导致水体含氧量降低，生物多样性下降。

（4）不合理的渔业方式。过度捕捞以及高强度的渔业开发导致鱼类趋于小型化，水生植被萎缩，造成湿地动物资源与物种的减少。

2.1.3　滨海型湿地公园基底

2.1.3.1　滨海型湿地基底成因

滨海型湿地范围集中在滨海滩涂，由于江河水受海水的顶托而流速变缓，由河水所搬运的泥沙在河口处沉积下来，泥沙堆积首先形成水下三角洲，随着时间的推移不断淤高向水上三角洲发展，同时也向海外方向扩展[①]（图 2-10）。

2.1.3.2 滨海型湿地基底环境特征

大多数入海口三角洲湿地土壤呈淤泥质的滨海盐土，营养富集，土壤盐度随着潮汐呈周期性变化，同时与降雨及蒸发有关。主要植物类型以藻类和盐沼植物为主，同时由于滨海湿地是鱼类回游以及候鸟栖息越冬的驿站，因此生物种类较多。受多种因素的影响。在热带型气候地区，风浪较小的盐水区域会出现以红树植物为主体的常绿灌木或乔木组成的潮滩湿地木本生物群落。滨海湿地的水体类型具有开放性，会出现风高浪急的情况从而导致水体浑浊，浮水植物、沉水植物难以生存的情况。

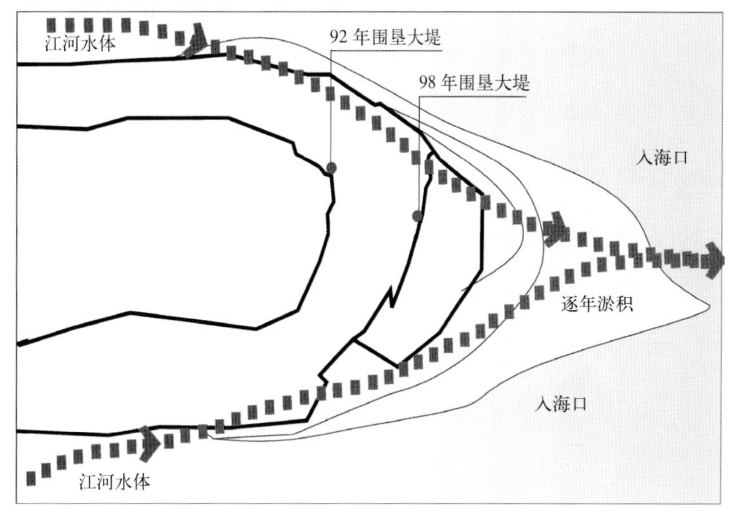

图 2-10 滨海型湿地成因

1）滨海型湿地基底：上海崇明东滩国际湿地公园

上海崇明东滩湿地位于崇明岛东端，是泥沙沉降形成的新生土地，场地冲淤状况受长江口复杂水动力作用的影响，至今仍以每年 140m 左右的速度向外延伸。东滩湿地在围垦后，大部分原有自然湿地逐步向人工湿地如农田、池塘、人工沟渠等转变，但也有大量的芦苇湿地得以保存。同时，其因适宜的气候、良好的栖息地环境和饵料状况而成为候鸟主要越冬栖息地之一（图 2-11）。

2）江苏盐城湿地

江苏省盐城自然保护区的核心区西以“建国堤”向东 100m 为界，其内紧靠此堤东侧有 $36km^2$ 的生态工程示范区。盐城保护区核心区，为典型的淤泥质平原原生湿地，处于绝对保护之下，无居民居住，未受人为干扰，经过长时间的演替形成了由海到陆的米草、米草碱蓬交错、碱蓬、碱蓬芦苇交错、芦苇五大斑块，是研究海滨淤泥盐沼湿地群落自然演替绝好的参照湿地（图 2-12）。

图 2-11 滨海型湿地——上海崇明东滩国际湿地公园

① 鞠美庭，王艳霞，孟伟庆等．湿地生态系统的保护与评估 [M]．北京：化学工业出版社，2009：50-51.

2.1.4 农田型湿地公园基底

2.1.4.1 农田型湿地的分类

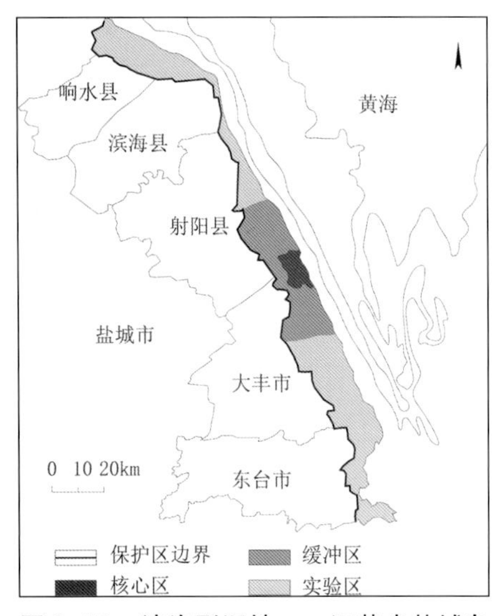

图 2-12 滨海型湿地——江苏省盐城自然保护区核心区

江南地区河网密布，形成了大量具有湿地特征的水稻田。对其基底的评价与分析，以求在明确其特性的基础上，减少对环境的扰动，实现场地的功能置换。

水稻田按照其成因以及地形可分为两类：冲田和圩田。冲田是位于丘陵或山间较狭窄的谷地上的农田。一般由沟谷头顺天然地势向开阔平坝河谷呈扇形展开，是南方丘陵山区的重要农田。而圩田是指在江湖冲积平原的低洼易涝地区，筑堤围垦成的农田。旱时可开闸引水灌溉；涝时则关闸提水抽排。

冲田是针对场地不足进行的人为改造，一定程度上改善了原有的生态条件，在提高场地的利用率的同时，对周边环境造成影响较小。而圩田的出现破坏了原有的湖泊与河流水文环境，围湖造田打乱了原有的水道系统；同时减少了湖泊的蓄水量，缩小湖面，影响湖泊调节水量功能的发挥，破坏了周边生态环境。

1）冲田型湿地：南京汤山现代农业园区（图 2-13）

场地北高南低，东南侧丘陵围合场地，西侧有堤与外部汤泉河相隔，场地内部呈盆地状。场地为季节性过水地带，水塘密布，主要植被以水稻田为主，西侧有少量的茶园以及果树林。

2）圩田型湿地：南京高淳固城湖永胜圩湿地（图 2-14）

固城湖原为海滨的一个潟湖，属水阳江、青弋江系的一个构造成因过水湖泊。固城湖来水主要是源自皖南山区的河流补给，其次是长江高水位时倒灌和湖区周围山丘的地表径流。场地位于高淳县西部圩区，与高淳县城隔湖相望。圩区于 1978 年在固城湖中围湖造田而成陆，总面积约 42590 亩（2840hm^2），其中水面面积约占 90% 以上，主要产业是以蟹为主的水产养殖。

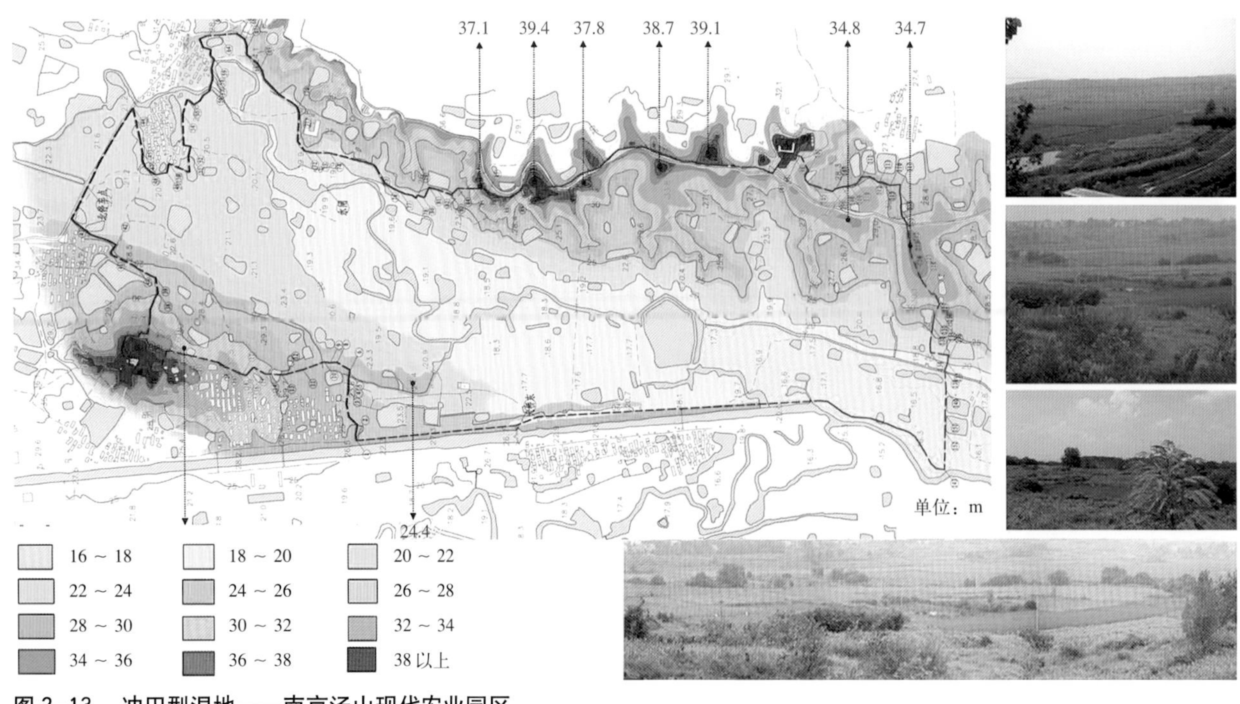

图 2-13 冲田型湿地——南京汤山现代农业园区

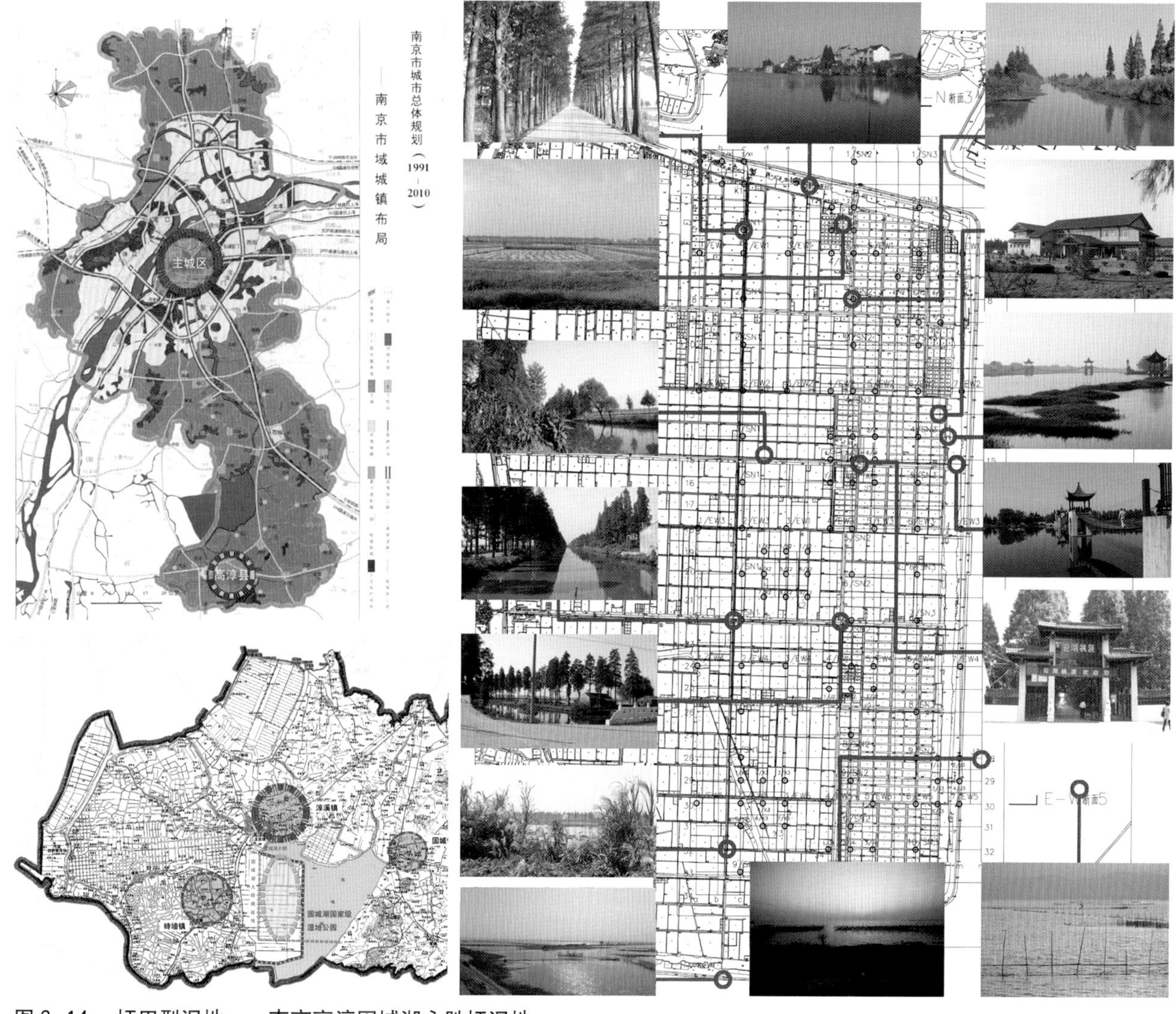

图 2-14　圩田型湿地——南京高淳固城湖永胜圩湿地

2.1.4.2　冲田型湿地的环境特征

冲田这类场地原初形态通常为地势低洼地块，是周边丘陵的汇水区域，地下水位高，并且在汛期往往会有洪峰经过，场地受周期性水源影响，本身就具有湿地的典型特征。在经过适当的人为干预后转变为适宜耕种的冲田，其原有生态特征以及空间形态均产生了一定的变化（图 2-15）。

1）冲田型湿地生态特征

由于人为干预，较之原初的过水场地，冲田型湿地的生态条件有了明显改善，人工措施主要集中在对环境中水文和土壤环境调整，使其相对于原初场地更具有湿地特征。

（1）水文环境：冲田水体主要来自周边山体的汇水，因此随着降雨会出现季节性过水，水流速高，同时由于周边地势较高，场地地下水位高，排水不畅，在早期时是整个大区域的“蓄水库”，季节性过水时易发生洪涝灾害。

同时，由于汇水量与过水量较大，场地中通常分布有大小不等的汇水区以及过水塘，这类用地往往是水

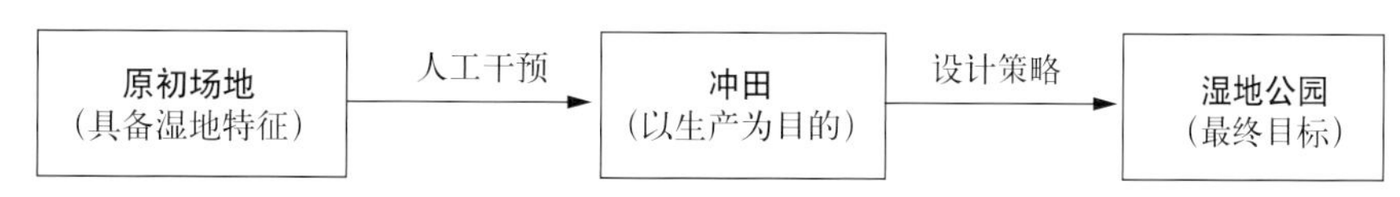

图 2-15　冲田型湿地的形成与发展

体自然冲刷而成，周边会伴生有少量的如芦苇、荻、蒲等挺水植被，是场地中最具有湿地特征的区域。在冲田中其主要作用是泄洪期缓解洪峰，枯水期进行地下水位的补给，并无任何景观作用，同时形态呆板，分布零散。

在人工干预过程中，按照汇水方向以及水流量的大小在场地中开挖排水渠，有效地缓解了场地的排水问题，水体流速得到控制，同时水工构筑物，如水闸的使用也调节了场地中过水量，形成了较为系统化的灌溉系统，在适应水文周期性变化的同时形成适宜湿地植被生长的水体环境。

（2）土壤条件：冲田原初场地因多年沤水，地下水位较高，并且由于多年漫水而遭致的跑土、跑肥，以及周期性过水冲走含有机质的土壤，因此土壤较薄，影响植被的生长。人为对原有板结、排水不畅的土壤采取相应的修复措施，优化土地结构，提高土壤肥力与生产力，有效地利用了场地资源，并为植物的生长提供良好的基底条件。

（3）植被条件：植被主要为人工作物，起到了一定的固土、增加肥力的作用。冲田中的植被以耐水湿的经济作物为主，如水稻，间有少量的旱地作物，如棉花、高粱以及果树等，基本无湿地植被，因此无法发挥湿地的生态效应，同时植被普遍较低矮，基本以灌木及小乔木为主，缺少绿化空间层次，难以形成良好的景观效果。

2）冲田型湿地空间特征

冲田型湿地较之于圩田，由于其往往地处丘陵、山谷地区，因此大多为内聚性空间，整体地形随过水方向具有趋向性，场地竖向变化大，空间形态较复杂，随山体走势呈线性分布。场地内道路主要以满足生产为目的，空间形态单一规整；作为生产道路的耕作路及地块间的水渠划分僵化、单一（图 2–16，表 2–4）。

冲田型湿地环境特征　　表 2–4

	场地原初形态	人为干预	冲　田
水文	无或少排水渠道与灌溉渠道，水漫流而过，水流速度快	扩大排洪出路；修筑排水渠及水闸；降低水流速，防止对土地的侵蚀	过水速度低；减少场地积水面积
土壤	排水不畅，地下水位高，土壤团粒结构被破坏，地下水长期浸湿、水温低，上烂、下板、不透气，致使水、气、肥、热不能协调，阻碍植被生长。氧化还原电位低，EN 值会降到负位	增加有机肥，改善板土；混合河沙入土，防止土壤板结	经过人为水耕熟化后土壤有机质含量较高，土壤肥力增强；氧化还原电位变化幅度较大，有利于水稻根系进行呼吸作用
植被	植被少，部分汇水面有少量浮水植物与沉水藻类，缺少陆生植被	种植旱粮，以降低地下水位；增加绿肥，改良土壤；种植经济作物	植被主要以喜湿作物为主，有少量棉花、油菜以及果树等旱地经济作物以及绿肥
空间形态	地势低洼，易积水，无排水渠道；场地下游通常有较大面积的汇水区域	适当拉直冲沟、平整土地，在高处抽槽取土，移高填低，合理布置田间排、灌与道路系统	以原有竖向为基础适当调整，增加小型围堰与田间道路

作为人为干预影响下形成的湿地基底，在对冲田型湿地进行景观化的营建过程中应注意利用人工改造后良好的水土环境；调整现有人工作物，增加湿地植被，恢复湿地景观；同时应着重考虑原有生产型道路与自然湿地景观相冲突这一问题，对冲田中道路及水渠进行合理的利用与适度的改造。

2.1.4.3　圩田型湿地环境特征

圩田型湿地多出现在河流、湖泊自然淤沙以及水底较高营养富集的区域，是对河流湿地、湖泊湿地以及部分水生生态系统的改造。围埂、水闸及水坝等构筑物的存在一定程度上减少了场地中洪涝灾害，但同时也严重干扰了原有的湿地生态系统[①]（图 2–17）。

① 徐雪清．低洼圩田治理小格局方案选择及在湖州市郊的应用 [J]．浙江水利科技，1995（4）：44–46.

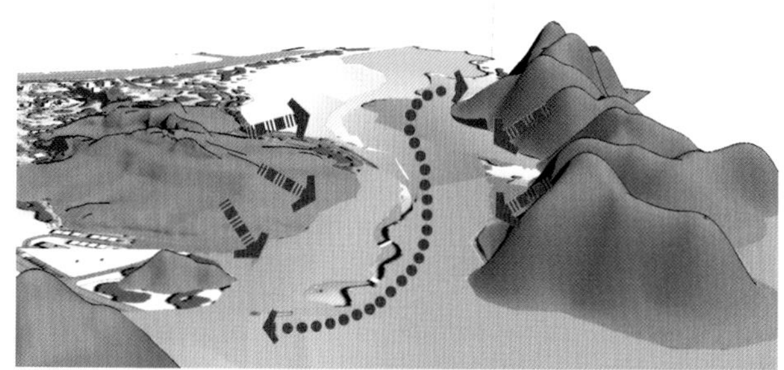

图 2–16　冲田型湿地空间形态

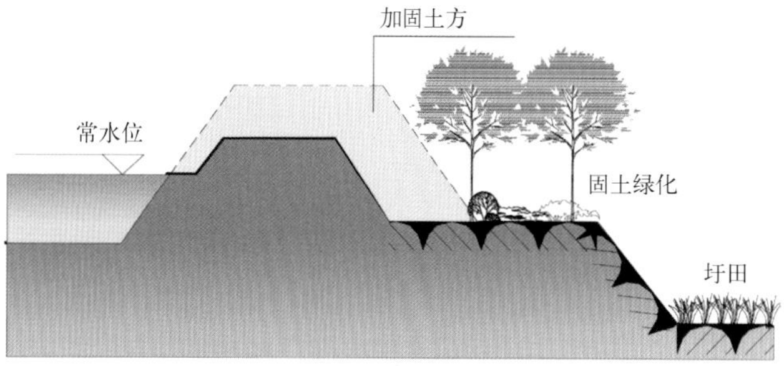

图 2–17　圩田型湿地的形成

图 2–18　圩田型湿地空间形态

1）圩田型湿地生态特征

（1）水文环境：水体主要依托周边湖泊的补给，由人工水闸、水坝等对圩内的水位控制，因此水体环境稳定，水位不会随降雨和过洪而发生过大变化。由于养殖以及农业生产，通常水深较浅，不会超过 2m，农药以及饲料的投放造成水质富营养化。

（2）植被条件：植被类型单一，主要为人工作物，如水稻、棉花、玉米等。养殖塘由于水质富营养化会出现藻类等沉水植物；场地中生产道路两侧会有一定规模的防风林带，主要树种为意杨、水杉、池杉等。

（3）土壤条件：由于是围湖而来，土壤主要为湖相沉积土。长期以来化学肥料的施用造成了土壤一定程度的板结，同时由于地下水位较高，土壤长期处于缺氧状况，不适宜植被的生长。

2）圩田型湿地空间形态

大部分圩田都是在水系泥沙淤积区域形成，因此原初地形地貌平坦，基本无竖向变化，空间呈发散状，整体环境低于周边陆地，与大面积水体之间通常有人工堤坝作为分割。环境内部由于圩埂的划分，水体岸线是在人工干预下形成，形态较为呆板僵硬，驳岸平直，缺少自然湿地中的缓坡滩地（图 2–18）。

2.1.5　其他类型湿地公园基底

2.1.5.1　水库区湿地基底环境特征

水库区湿地类似于湖泊湿地，水体主要依靠周边山体的汇水而形成，由于水库水源区通常沟渠流径短，地表多为低矮草本植被，对入库河流水体的阻截、过滤、净化作用不佳，从而造成了多数水库湿地退化严重，水体出现不同程度的富营养化特征，水库生态系统服务功能下降的情况。恢复入库口的湿地将有助于调节水质，而下游湿地的保护能够为水体的多效利用提供环境保障。

图 2–19　伦敦湿地公园

伦敦湿地公园（London Wetland Center）（图 2–19）位于伦敦市西南部，是泰晤士河围绕着的一个半岛状地带。湿地公园共占地 42.5hm^2，由湖泊、池塘、水塘以及沼泽组成。场地原为混凝土蓄水池，面积约 57hm^2，由于伦敦泰晤士环城水道（Thames Water Ring Main）建成，其被逐步废弃。在自然修复的过程中，大量水生植被生长，鸟类以及昆虫在此栖息，形成了典型的湿地环境。设计基于场地条件将水库转换成湿地自然保护中心和环境教育中心。场地中包括了 3 个开放水域：蓄水潟湖，主湖，保护性潟湖，以及 1 个芦苇沼泽地、1 个季节性浸水牧草区域和 1 个泥地区域，以适应不同种类动物的栖息要求，同时形成以中心水域为主体的多类型湿地景观①。

2.1.5.2　取土与采矿区湿地基底环境特征

生态学家 Bradshaw 指出，将一些水分过多且有露天坑池的矿地恢复成湿地可能是最廉价、最有效的恢复途径②。取土与采矿区主要是在地下水位较高区域，由于人工大规模的挖方而形成的水体淤积区域。这类湿地基底中，水体主要依靠自然降水以及周边高地汇水而来，场地内水体斑块由于人工开挖分布杂乱，彼此缺少沟通与联系，水系不贯通，物种相对较少。由于人工的大规模干扰，土壤连同其中的植物种子和繁殖体统统破坏或取走，生态条件较差，依靠自然修复会生长出较为单一的挺水植物群落。在取土区周边通常也会利用场地条件形成一定规模的农田；采矿区由于工业开发，水体中矿物质含量高，影响水质，不适宜鱼类生存。

取土区湿地基底：包头国家生态工业（铝业）示范园

包头国家生态工业（铝业）示范园区地处内蒙古自治区包头市南部的东河区，规划用地总面积 264.09hm^2（约 3961 亩）。生态工业园区的水资源丰富。拥有白银湖的大面积开阔水面，水域面积达到 2404 亩，占基地总面积的 53.39%。白银湖历经几十年的制砖瓦业取土，由零乱的取土坑组成：由于地下水位较高，且邻黄河，大量取土后形成的取土坑内均积满水，大量生长芦苇、荻等挺水植被，具备典型湿地特征，有进一步修复改造的可能（图 2–20）。

① 卜菁华，王洋．伦敦湿地公园运作模式与设计概念 [J]．中国园林，2005（2）：103–105.

② Bradshaw AD．Restoration of mined lands —Using natural process [J]．Ecol Eng，1997（8）：255–269.

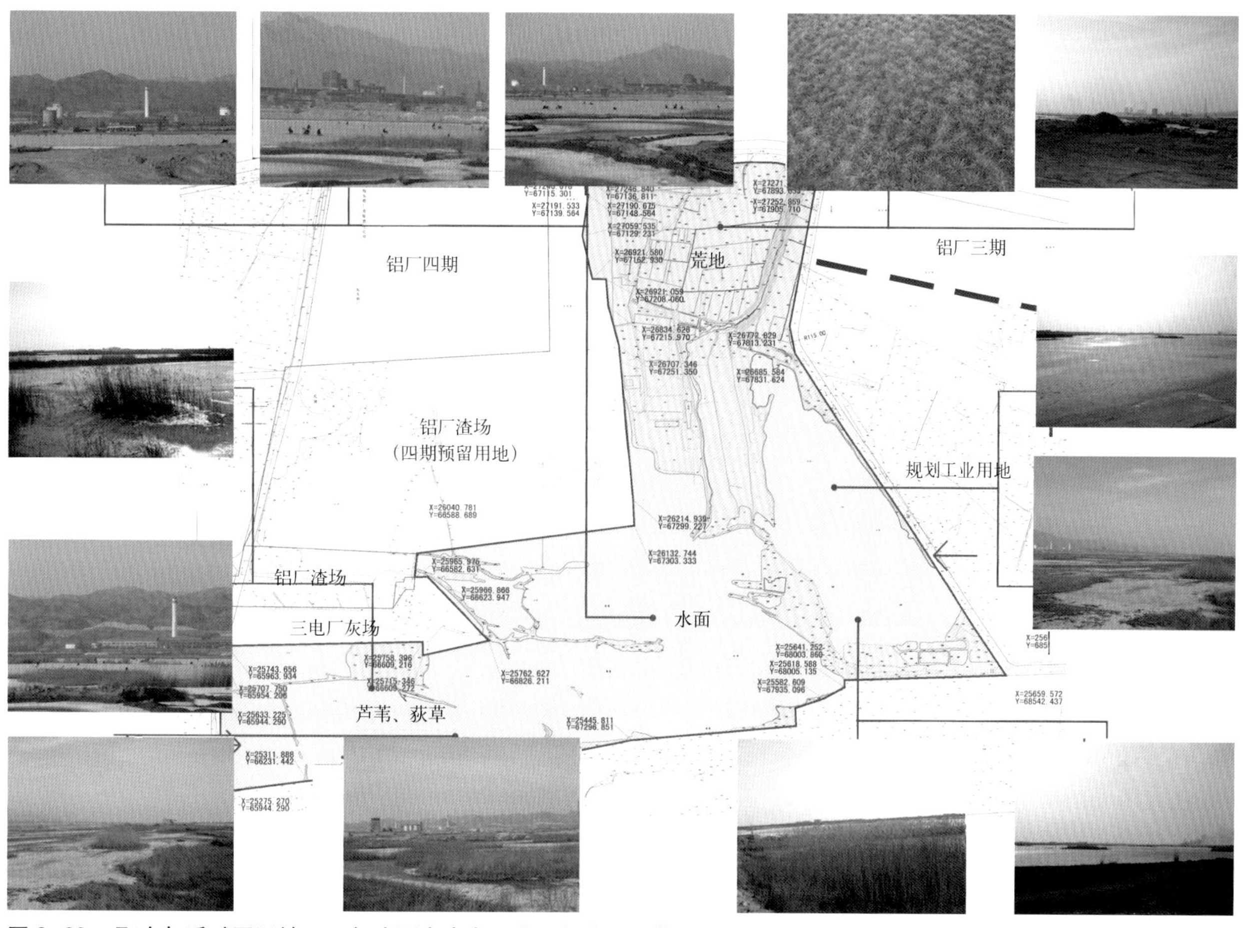

图 2–20　取土与采矿区湿地——包头国家生态工业（铝业）示范园

针对以上几类湿地基底的分析，可以看出：

湖泊型、江河型以及滨海湿地是自然形成的，在没有人为干扰的情况下，会缓慢地向陆生或水生生态系统转化，而由于过度利用以及大范围的人为干扰，其整体生态环境不稳定。因此对于这类场地应强调对其原有水、土环境的分析，消除场地中的人为干预，恢复湿地地貌，完善湿地生态功能。

而农田型以及其他类型的湿地基底是在人为干预下，以一定生产功能为目的而形成的。生产功能的长期存在通常会造成湿地生态的恶化，同时，原有的生产环境难以充分展示地域性湿地的特征。因此除对场地生态条件的研究之外，应着重考虑其空间形态优劣，以期实现对场地景观化的调整。

2.2　湿地公园生态资源分析

大多数设计场地中除自然因素外往往还包括了人工干扰后所带来的各类要素，即原生因子和异源因子两大类环境资源（图 2–21）。湿地环境中的原生因子包括原有的生境条件（水环境、土壤环境、小气候环境等）、原生植被群落、生物群落以及场地原有的地貌特征、空间格局等，这些因素是湿地的基本组成部分，是湿地形成以及演替的基础。湿地环境中的异源因子主要指由于人为干预而带来的非湿地本体的物质类型，如：游憩设施、人工建（构）筑物、引进或养殖的外来物种等。异源因子介入到湿地环境中来，会不同程度地影响到原生因子。对原生因子的作用力，除了异源因子的数量外，与个体干扰强度也有很大关系，若异源因子逐渐融入湿地生境，被原生因子同化，湿地走向圆融；若异源因子的介入严重干扰了原生因子的演替，湿地则可能走向衰败。可持续的湿地公园建设运营能够满足原生因子与异源因子的和谐共生。

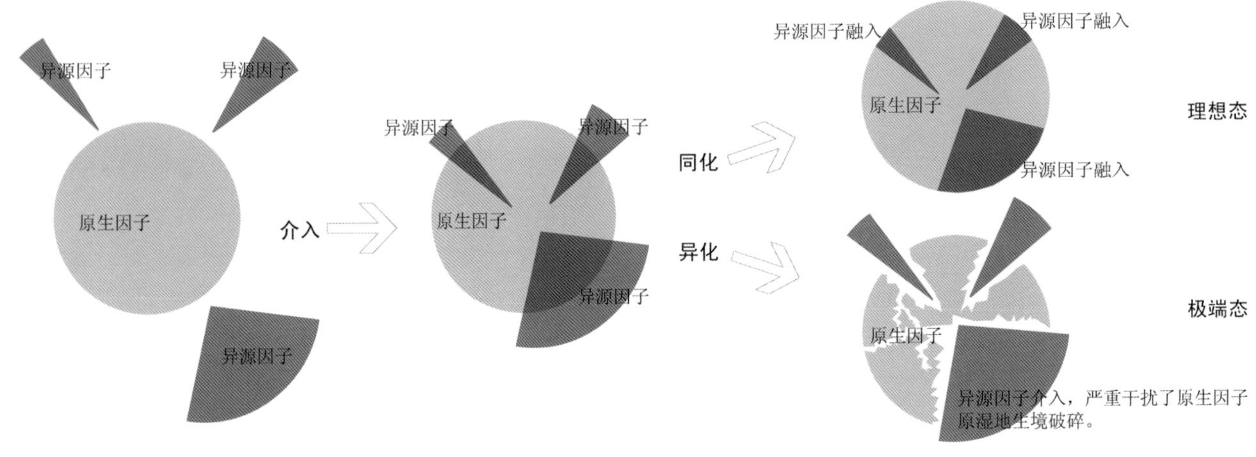

图 2–21 原生因子和异源因子

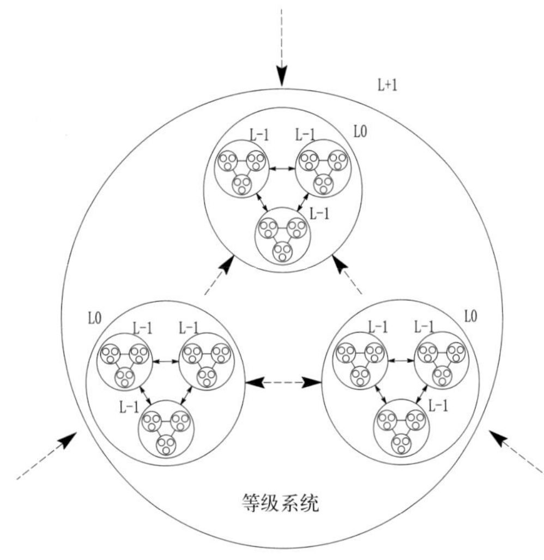

图 2–22 等级系统示意图

场地资源的评价是在对单项因子的调研与分析基础上，根据等级理论对因子进行分类与归纳，综合考虑同一层级因素的复合属性，从而明确场地特征。湿地资源评价是以对生态环境的认知与分析为前提，统筹考虑空间、功能等相关因素，明确场地适宜性，以期实现科学客观的设计策略。

因子分级是基于等级理论对分类方式的完善与补充。景观生态学中等级理论是建立在复杂系统的离散性这一基础之上，主要作用在于简化复杂系统，以便对于其结构、功能和动态进行理解与预测。通常一个复杂的系统可以看作是由具有离散性等级层次（Discrete Hierarchical Level）组成的系统，包含了相互关联的亚系统，而亚系统又由各自更低一级的系统组成，以此类推，直至最低的层次。低层级对高层级表现为从属组分的受制约特性，而高层级对低层级表现出整体特性[①]（图 2–22）。

针对湿地环境特征以及湿地公园的特殊属性，将多个因素进行分类，主要归纳为生态资源、空间格局以及人工影响三个大类。其中生态资源、空间格局是湿地的本底要素，直接影响到湿地公园的最终景观效果以及建成后的持续发展；而人工影响并非针对湿地本体而言，主要是指场地及场地外部环境中，对湿地公园的营建及功能定位产生一定影响的人为相关因素（表 2–5）。

湿地公园环境资源因子分类表 表 2–5

层级一	湿地生态资源										空间格局							人工影响		
	非生物资源						生物资源													
层级二	水文因素				土壤因素		植被因素		动物因素		竖向变化			水陆比		生态交错带		交通要素	人工设施	
层级三	水深条件	水质条件	水周期	汇水面积	土壤类型	土壤结构	天然植被类型	人工作物	动物种类	动物栖息地条件	整体竖向变化	局部竖向变化	植被天际线	水网结构	水陆比	斑块密度	岸线边界周长	外部区位与交通条件	人工建构筑物	用地类型

① 邬建国．景观生态学——格局、过程、尺度与等级 [M]．北京：高等教育出版社，2000：64–66.

湿地的生态资源主要包括了生物资源与非生物资源，其中水文与土壤属非生物资源，它是湿地形成以及存在的基础；而生物资源包括了植物因素和动物因素（图 2–23）。湿地生态资源中水文因素是湿地环境的主导条件，其决定、促成了其他要素。湿地发育于水陆环境过渡地带，水环境的变化影响着湿地地形的发育和演化，决定了湿地基底性质。而同时湿地植被的群落特征、地貌以及地质背景等又调节了水体条件，三者相互作用形成了湿地的生态系统。

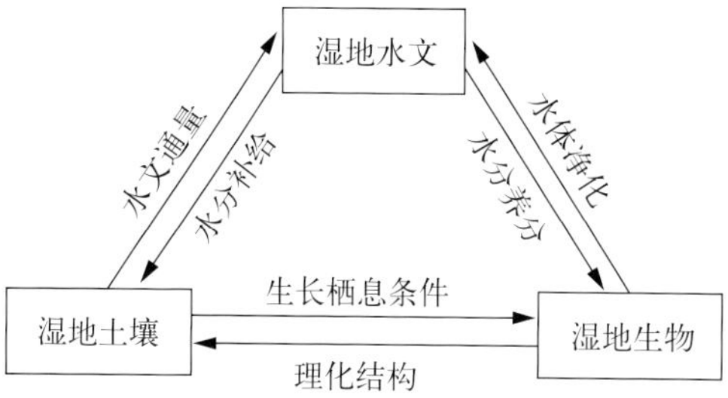

图 2–23　湿地生态要素相互作用

2.2.1　水文因素

湿地通常发育于地表径流缓慢、下渗受限制或是有地下水排泄的水陆交错带，通过蒸腾蒸发作用和降水与大气进行水文交换[①]。水文条件是决定湿地的最重要因素，不仅影响到湿地能量的输出输入，同时还决定着生物群落结构等多个方面。水文的优劣主要与水源、地下水位、流速、水周期等因素有关，其决定了湿地土壤的理化性质，并进一步影响了湿地植被生长情况、动物栖息等。水体的污染、水资源的匮乏会导致植被数量的减少，土壤结构和肥力下降，湿地面积减少，向陆地演替（图 2–24）。

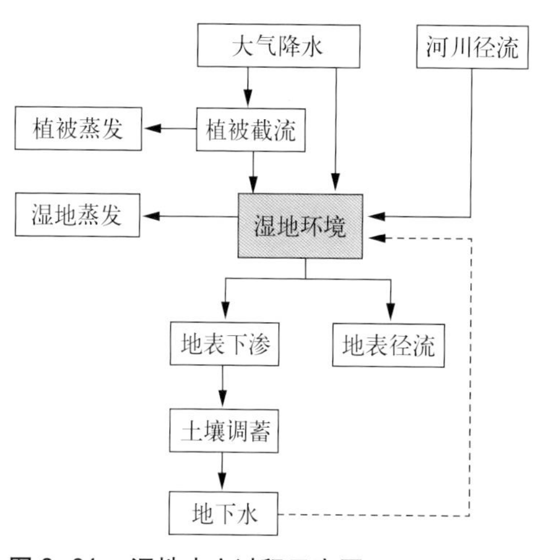

图 2–24　湿地水文过程示意图

湿地公园是以湿地景观展示为主要功能的风景环境，湿地的水文过程是湿地公园中最具特色的要素，对其属性和特征的分析能够明确其在场地环境中的作用，以便于对其进行保护与恢复，同时指导设计，实现湿地水环境的展示、游憩等功能。

2.2.1.1　水深条件

湿地的水深主要是指在多数时间内水位高于地面的区域中水的深度。水深条件影响了水生植物的生长情况、组成、结构以及动态分布和演替。根据本研究对湿地的定义，湿地生态系统中常水位水深应小于 2m，超过该区域的深水区通常没有或有极少的沉水藻类，无法构成湿地环境。

随着水深度的增加，植被群落形成陆生植物—挺水植物—浮水植物—沉水植物的生态梯度。根据相关研究，挺水植物的适宜水深通常小于 0.6m，浮水植物则主要为 1m 左右，沉水植物的分布较广，从 0.5 ～ 2m 的水深中都能够生长。相关研究表明，对于芦苇这类大型挺水植物而言，水深过高与过低都是生长的制约因子，水深过高导致芦苇茎粗增加，年平均水深 0.3m 左右时，芦苇种群自身的疏密作用导致群落密度降低，而在其发芽生长阶段，则更适宜浅水环境。因此湿地公园中挺水植物的种植与养护应与水深的变化相结合，营造梯度分级的水体环境（图 2–25）。

苏州南石湖，沿岸浅水区随处可见芦苇等挺水植物，人所处的位置水深约 1.5m 左右，随着水深增加出现漂浮以及沉水的藻类（图 2–26）。

沙家浜国家湿地公园东扩项目中，原有河道常水位水深超过 1.5m，沿河滩地面积较小，因此难以见到浮水植被，形成了陆生植被—挺水植物的湿地景观（图 2–27）。

同时应注意季节性降雨等因素会影响水位及水深的变化，因此在对场地水深条件进行评价时应注意最高水位的高度以及持续时间。

① 潘响亮，邓伟，张道勇等．东北地区湿地的水文景观分类及其对气候变化的脆弱性 [J]．环境科学研究，2003（1）：14–18.

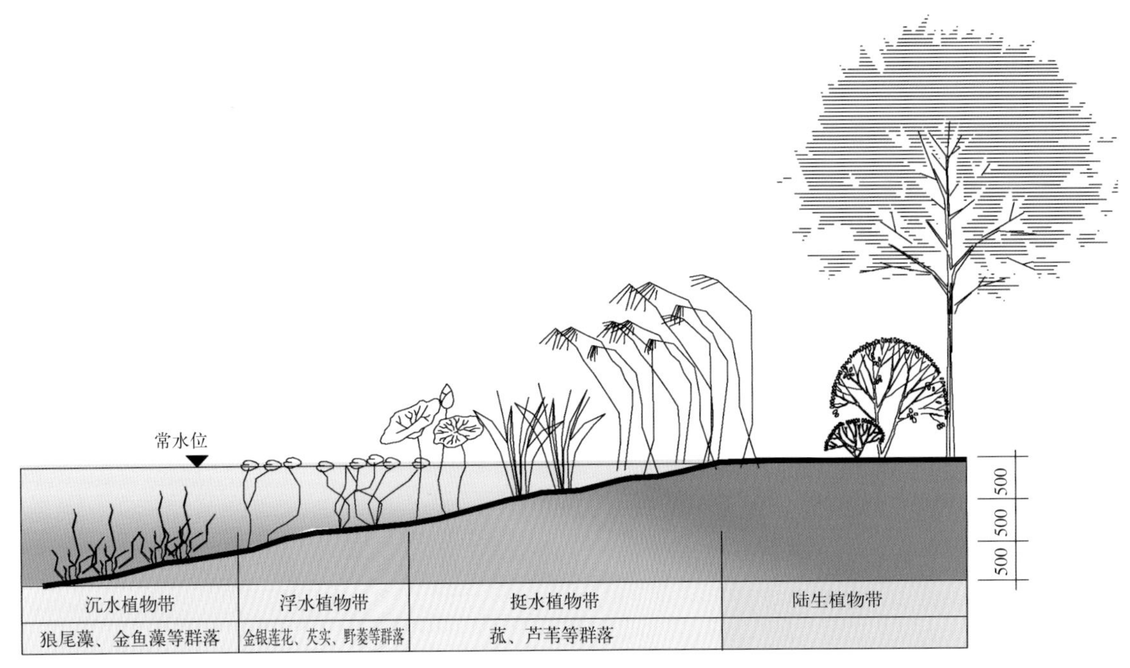

图 2-25　不同水深湿地植物分布图

图 2-26　苏州南石湖湿地植物随水深分布

图 2-27　常熟市沙家浜湿地河道两侧植被景观单一

2.2.1.2　水质条件

水质主要受水源影响，湿地本身对水质有一定的净化作用，但仅是一定程度上的改善。水质情况不仅仅反映了水底基质与周边土壤的水分条件，还对土壤的养分、盐分以及其他理化性质和微生物活性等具有一定的影响。如化工、造纸、印染等工业漂白废水的大量排放，会导致土壤中的有机氯的增加，造成污染，进而

图 2-28　南京高淳固城湖养殖塘湿地基底水体

影响植被的生长。水质的优劣同时也可表现为透明度，透明度高的水体植物容易形成光合作用，因此相对于透明度低即水质较差的水体，水质良好水体环境植被群落向深水区蔓延。

南京高淳固城湖湿地为围湖而形成的鱼类和螃蟹养殖塘，其间有少量水田，次生的挺水植被主要为芦苇、茭白、蒲、红蓼等，长期肥料及饲料的投放，水体局部富营养化，水花生污染较为严重。同时，由于水质较差，浅水的养殖塘中也出现了藻类等沉水植被（图 2-28）。

2.2.1.3　水文周期及水位变化

一般将湿地的水位变化模式称为湿地水文周期，分为季节性水文周期和年季水文周期①，不仅针对河流、滩涂等水位有较大变化的场地的环境，同时周期性过水的农田型湿地、湖泊湿地也同样受到水文周期的影响。相关研究表明，不同类型的湿地受水文条件的影响程度有所差异，高水位湿地环境由于更接近水生生态系统，其有机质积累较少，如水源发生变化，其生态系统容易迅速改变，当水源恢复则会基本还原至原有状态；而低水位湿地，通常具有一定厚度的泥炭层，保水性能较好，可就水体变化在系统内部自发调节，因此受水环境影响相对较小。同时水位的波动周期及过水的频率控制着湿地的植被类型、分布乃至生物产量。一般而言，地表平坦水位深度变化较小，植被的空间分布模式与水文情势关系不甚密切，而湿地中地形起伏、水位变幅大、淹水时间短暂的区域，湿地植被空间分布变化极为明显②（图 2-29）。

因此，不同淹水深度、淹水时间及其季节变化模式是控制湿地植被分布的关键因素。对其进行评价可为设计提供有关植被种类的配置以及栈桥高度定位方面的相关资料。从湿地公园的设计角度而言，湿地的水位变化不应过大，年水位变幅控制在 0.5 ~ 0.8m 的范围，平均水位波动高度不能超过 20cm 为宜。对于地形变化大，空间复杂的场地环境应尽量控制过水的频率及时间，以防止人工种植植被因无法适应水文周期而大量死亡，最终影响景观效果③。

扬中市长江湿地公园，场地南临夹江，受长江潮汛影响，年水位变化较大，每年 7 ~ 9 月为洪水期，12 ~ 2 月为枯水期，最高水位 7.23m，最低水位 1.47m，常年平均水位 2.47m，最高平均水位 6.87m（2005 ~ 2007 年）。基地内路网的标高均大于枯水位（1.47m）和常水位（2.47m），因此在这两种水位状态下，道路均能正常使用；洪水位时，基地内部路网均被淹没，外部城市道路成为唯一的观景廊道（图 2-30）。

香港湿地公园通过简单的机械装置调节水位，以营造多种生物的生存环境（图 2-31）。

湿地的地下水位也是评价中需要考虑的问题，高地下水位是湿地良好生态的前提。地下水位与湿地的关系主要有以下几类，见表 2-6。

如图 2-32 所示，长广溪湿地水闸以北常水位标高 1.3 ~ 1.9m，最高水位 2.8m，水闸以南常水位 1.0 ~ 1.5m，最高水位 2.9m，汛期开闸放水入太湖。由于水体岸线的不同，过水区域水流速有所差异，湿地植被的

① 吕宪国，刘红玉等．湿地生态系统保护与管理 [M]．北京：化学工业出版社，2004：69-72.
② 吴春笃，孟宪民等．北固山湿地水文情势与湿地植被的关系 [J]．江苏大学学报（自然科学版），2005.26（4）：331-335.
③ 王浩，汪辉，王胜勇等．城市湿地公园规划 [M]．南京：东南大学出版社，2008.

图 2–29　湿地公园水位变化

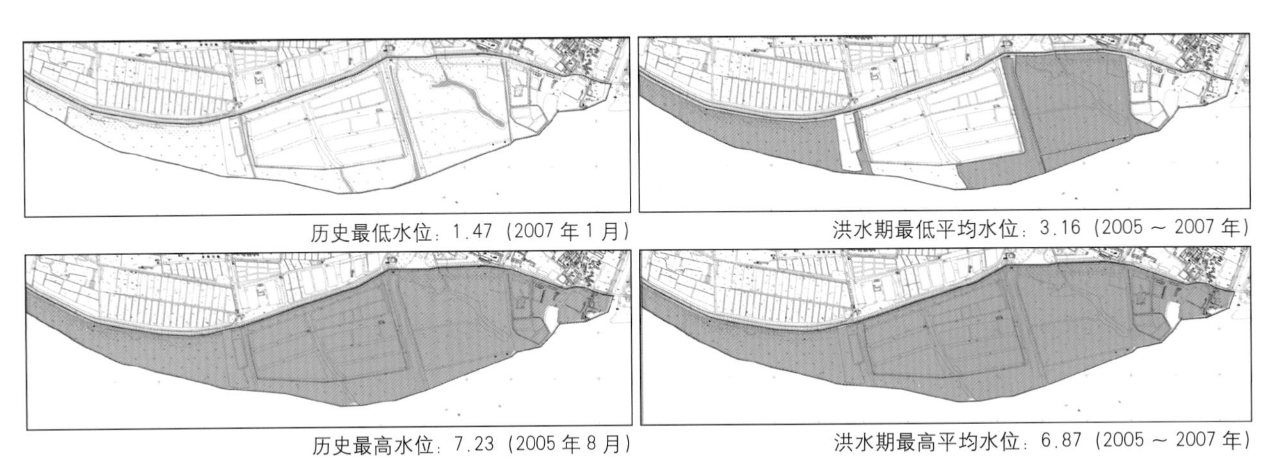

图 2 30　扬中市长江湿地公园水位变化

图 2–31　香港湿地公园水位调节装置

湿地与地下水位关系①　　表 2-6

水位高低	图　示	产生结果
湿地地表水位高于陆地地下水位，湿地水体补给地下水		这类湿地在旱期往往会缺水干枯
湿地地表水位低于陆地地下水位，地下水入流湿地		在早期称为蓄水区域，季节性过水时易发生洪涝灾害
既有入流也有出流，(a) 湿地地表水与周边地下水水位齐平；(b) 湿地周边地下水水位不等	(a) (b)	接收地下水并将过盛的水以地表水形式流入下游，湿地水环境良好
地下水穿过湿地，不到达地表，直接流入水体		主要为临河、湖泊的滩地，地表与地下水流经区域，水环境良好

种类及空间形态各不相同。硬质驳岸过水区基本以挺水植被为主，自然驳岸下植被种类相对丰富。

2.2.1.4　汇水面积

即地表水集水面积，湿地是从湖泊河流的浅水区域向陆地演替的过渡阶段，湿地环境中汇水面积的增多与减少反映出湿地向水生与陆生生态系统的转变，是湿地转型演替的标志之一。水量的大小及其波动直接关系到区域湿地面积大小、分布及其类型。“但是并非汇水面积越大湿地面积就越广，因为区域水量越大能使区域水淹面积越大，而水淹区域并不一定都是湿地生态系统，还有相当一部分是水生生态系统”②因此，汇水面积必须与地貌条件相结合才能反映区域湿地状况。并且有研究表明，湿地面积与汇水面积的比值影响着湿地的排污与降解能力，当湿地与汇水面积比在 15 ~ 20 之间，对营养物质的截流与去除的效应较高。

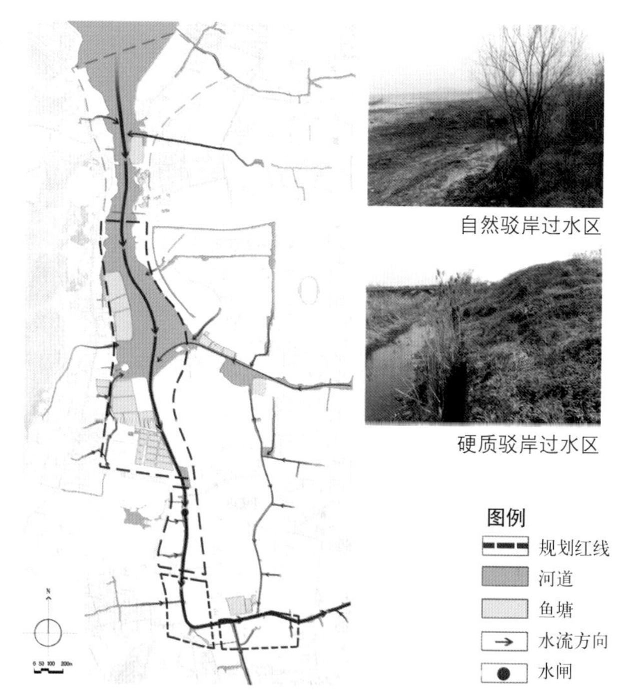

图 2-32　长广溪不同驳岸类型下过水区植被形态

① 吕宪国，刘红玉等．湿地生态系统保护与管理 [M]．北京：化学工业出版社，2004：78-79.

② 吕宪国，刘红玉等．湿地生态系统保护与管理 [M]．北京：化学工业出版社，2004：90.

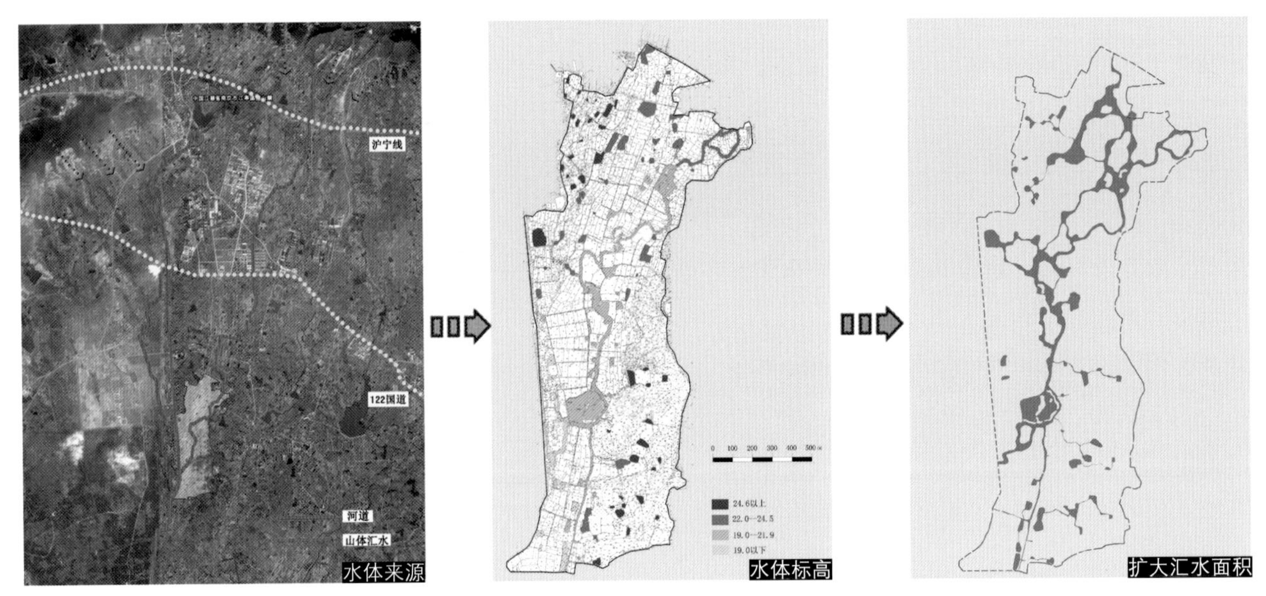

图 2–33　南京汤山现代农业园汇水区水体调整

对场地中不同区域汇水面积的评价可明确场地地形的调整方式，对汇水面积过小，水流速度过快区域可适当调整场地竖向变化，增加地面径流；而对于汇水面过大，水体较深，向水生生态系统演替的场地可进行坡岸的调整，以扩大湿地面积。同时对汇水区面积的分析也应考虑到降雨时水位与地表径流收集容积以及旱期水源补给的问题。

这一要素在南京汤山现代农业园项目中可以清楚地反映出来（图 2–33），根据水位的高低反映出场地的竖向变化以及水流方向。可以看出多个汇水区彼此缺少联系，汇水面积过小，场地水体不成系统，同时无法满足相应的排洪要求。设计采取连通水塘，扩大过水面积的方式来减少瞬间过水量以及最高水位高度。

2.2.2　土壤因素

土壤是湿地生态系统的一个重要组成部分，它既是湿地获取化学物质的最初场所，也是湿地发生化学变化的中介。美国水土保持局给湿地土壤的定义是："在生长季足够长时间内，在不排水的条件下是饱和的、淹水的或成塘的，形成有利于水生植物生长和繁殖的无氧条件的土壤。"[①] 水导致了土壤潜育化，有明显的潜育层，通常被称为水成土。美国农业自然资源保护机构（U.S.Department of Agriculture's Natural Resources Conservation Service，NRCS）将它定义为"在水分饱和状态下形成的，在生长季有足够长的水淹时间使其上部能够形成厌氧条件的土壤"。湿地土壤可以分为矿质土壤和有机土壤两种。

在湿地特殊的水文条件和植被条件下，湿地土壤有着自身独特的形成和发育过程，表现出不同于一般陆地土壤的特殊理化性质和生态功能，这些性质和功能对于湿地生态系统平衡的维持与演替具有重要作用[②]。湿地土壤具有维持生物多样性、分配和调节地表水分、过滤、缓冲、分解固定和降解有机物和无机物等功能。

2.2.2.1　土壤类型

土壤的类型与植被种群结构、分布有直接的关系，同时也是人工构筑物建设的基础条件之一。湿地基底土可以为湿地植物提供水分和营养物质，为植物根系的固定提供结构支持。所有的基底土特征如质地、密度、湿度、肥度、盐度以及渗透度通过影响根部的容量、水分和营养物质从而影响了湿地植物的生长。适宜的基底土条件对于植物群落的建构是非常重要的前提。

① http：//www．marsh．csdb．cn/introduce/sddy．htm

② 张士萍．崇明东滩不同类型湿地土壤生物活性差异性分析及其相关性研究 [D]．[硕士学位论文]．上海：同济大学环境科学与工程学院，2008.

湿地土壤为水成土壤，即低平或低洼地区受地下水或地表积水浸润，具有明显生物积累及潜育化特征的土壤。包括兼受地表积水和地下水浸润的土壤，如沼泽土、泥炭土；只受地下水浸润的土壤，如草甸土、潮土（可称半水成土）；以及受灌溉水或有地下水共同影响所形成的人工水成土——水稻土。其中沼泽土是湿地特有土壤，为地面过湿或经常处于水分饱和状态而生长湿生植物所形成的土壤。这类土壤有机质含量明显高于陆地①。

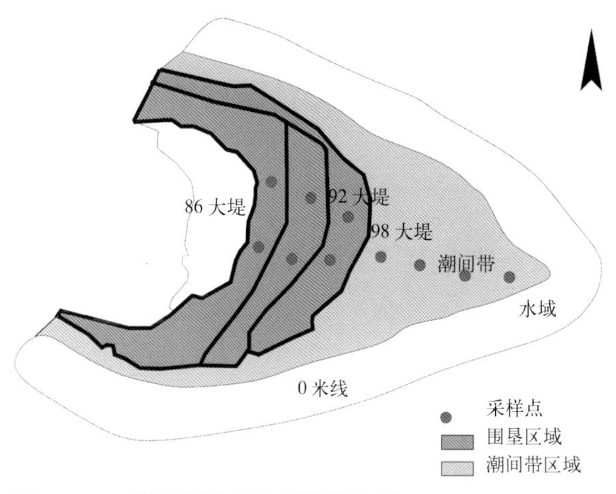

图 2-34　崇明东滩研究区域位置图

相关研究表明湿地土壤的改变对于植被的演替具有相当重要的作用。上海崇明东滩湿地由于围堤改变了潮汐交流的水文条件，土壤的水分含量受到影响，呈现明显旱化，与潮滩湿地相比，围垦区土壤盐度降低，植被组成从潮滩湿地上的耐盐植物逐渐转变为围垦区的偏淡水植物。同时由于围垦区长期受到人为干扰（建造鱼塘、农耕等），土壤由原来的潮滩湿地土壤变成水稻土，土壤的含氮量较高，更适合农业耕作。就土壤环境而言，围垦区已经丧失了湿地生态系统土壤的特点，更接近于陆生生态系统，因此，潮滩湿地植被以莎草科和禾本科植物为主，围垦区植被以菊科和禾本科为主。潮滩湿地中水生植物占较大比例，围垦区水生植物的比例减少，陆生植物的比例增加（图 2-34）。

2.2.2.2　土壤结构

除土壤类型的差异，土壤结构也是影响湿地环境的重要因素。湿地中常见的土壤诸如黏土、壤土、沙土等，按照上下顺序的不同其构成了多种湿地土壤结构。河、湖底泥营养丰富，土壤长期处于浸水状态，土壤呈淤泥质，抗渗性好，作为底土保水、保肥的同时可以有效地防止湿地基底为植被根系所穿透，但透气性差；而沙壤土质地疏松，排水与透气性好，但有机质分解快、积累少，养分易流失，致使各种养分都较贫乏。因此，适宜植被生长的土壤应是以黏土为土壤底层，其上有壤土，以及少量的沙土，这类结构保水性、透气性均好，宜于湿地植被的生长。

2.2.3　植被因素

湿地由于其特殊的水文条件和水成土，支持了独特的适应此条件的生物系统。湿地有丰富的生物多样性和很高的生产力，植被往往是湿地辨识的重要标志。湿地水位的变化、水周期的频率以及水质条件控制着湿地植被的类型、分布以及群落结构，而湿地植被的生长密度、代谢速度等又直接决定了湿地生态环境的优劣。植被是湿地生态系统中的生产者，植被的优劣直接影响到场地中的生物。

2.2.3.1　天然植被类型

场地中的植被通常可分为陆地植被与湿地植被，湿地植物主要是指生长在湿地环境中，诸如河流、湖泊、滨海等水体岸线以及长期或周期性的过湿或水体过饱和土壤中的植物，包括湿生植物、沼生植物和水生植物（图 2-35）。根据植物与水的关系又可以分为五种：

（1）耐湿植物：主要生长在大部分时间地表无积水但经常土壤饱和或过饱和的地方，如垂柳、枫杨等；

（2）挺水植物：植物根基没于水中，植物茎叶大部分挺于水面之上，暴露在空间中，如芦苇、蒲、荻等；

（3）浮水植物：植物体漂浮在水面之上，其中有一些根着生在水底沉积物中，如睡莲、萍蓬草等；

（4）沉水植物：植物体完全没于水中，有些仅在花期将花伸出水面，如金鱼藻、黑藻等；

① 吕宪国，刘红玉等．湿地生态系统保护与管理 [M]．北京：化学工业出版社，2004：36-37.

图 2–35　湿地植被种类

(5) 漂浮植物：植物体漂浮于水面，根悬浮于水中，常群居而生，随风浪漂移在水面上，如浮萍、凤眼莲等[①]。

湿地植被因素与水文变化相互关联，水位的变化会导致湿生植被向陆生群落或水生群落发展，而植被的变化往往造成水底基质、水质的改变，从而反过来影响水文。同时，不同植被的生长状况是湿地环境土壤及水文条件的表征，如藻类生长情况代表了水质富营养化的水平，主要是氮磷钾的含量。场地中生长状况最良好的植被组合是场地中的代表性群落，除此之外，场地中数量最多，生长条件最为良好的植被是场地的主调植物，通常为地带性树种，其最能反映场地的植被特色，对整个湿地的植物景观和生态功能起到了重大的影响。

湿地的植被同时还兼具鸟类以及湿地动物栖息地的作用，如水杉、池杉、柏树、女贞、冬青、樟树等乔木通常适宜候鸟的栖息；金鱼藻、荇菜等是鱼类的良好食物；开花蜜源植物，如紫荆、草本野花等可以吸引蝶类等昆虫。

南京秦淮河湿地（七桥瓮生态湿地公园）中湿地植被分区属华北平原、长江中下游平原草丛沼泽和浅水植物湿地区长江中下游浅水植物湿地亚区（图 2–36）。

图 2–36　南京秦淮河湿地原有植被分布

① 吕宪国，刘红玉等．湿地生态系统保护与管理 [M]．北京：化学工业出版社，2004：38–40.

场地原有乔木树种少，针叶树的水杉群系仅见于水渠及河流两旁，为人工种植。阔叶树中多棵枫杨沿水边成行分布，零星生长的还有苦楝、榆、刺槐、槐等。杞柳分布在一些池塘或水溪旁，面积不大，没有形成大的群落。另外，场地内水边还有河柳、旱柳等，但都不成片。

灌木如构树、柘树、牡荆、白檀和木槿等，常居于枫杨、杞柳之下，长势不良。草本生长茂密，种类繁多。以莎草、禾草、杂草占多数，特别是芦苇分布十分广泛。

根据调研，场地内湿生植被的分布主要如下：

• 芦苇群落：分布在中和桥附近河道转弯处；

• 葎草群落：建群种葎草为一年生或多年生草本植物，该群落几乎布满七桥瓮附近整个坡岸；

• 大狗尾草群落：该群落分布在七桥瓮排涝站附近浆砌石护坡上部，高约 50cm，径达 4mm，伴生种有酸模，喜旱莲子草，菊花脑，灰藜，野莴苣，野燕麦，短柄草，葎草，构树，香附子等；

• 一年蓬群落：分布于七桥瓮排涝站附近，盖度为 80% ～ 90%。

由图中可以看出，场地中的主调植物为芦苇群落，在设计过程中着重强调了对这类植被群落的完善，维持并提升场地原有景观特征。

2.2.3.2 人工作物

在大部分湿地基底中由于人为耕种的介入，场地原初环境中除一般的湿生植物外同时往往还伴有大量的人工作物。较为常见的有水稻、棉花、大豆以及果树等。人工作物的种植一方面是利用湿地本身良好的水土环境，如水稻，同时其也起到了增加耕作土层有机质和改良土壤的作用，如棉花、大豆的种植。

在对湿地进行恢复的过程中，对于大面积的人工作物应区分对待。如对果树、菜田等开花与结果类作物可适当地加以保留，以反映场地特色；对于如水稻、棉花等作物则可考虑进行场地的改造，恢复湿地植被，营造湿地环境。

南京汤山现代农业园（图 2–37），为冲田型湿地基底，场地为周边汇水区的过水通道，其水系由北向南蜿蜒经过场地，并有多个水塘分流洪水。水系周边低洼地带种植水稻，东西两侧非过水区种植棉花以及果树等作物。这一处理方式有效利用场地水土环境，同时缓解了水流速度，起到了固土的作用。

2.2.3.3 农田防护林

通常农田田埂上都以树篱或成行的乔木作为防护林带，是为了防止农田风沙危害又方便耕作为目的而建立的人工森林生态系统，能够降低风速，调节温度，增加大气湿度和土壤湿度，拦截地表径流，调节地下水位。防护林带通常是场地中陆生植被生长良好的区域，并且为湿地中的林鸟提供了栖息环境，应在保留的基础上适当优化其现有结构，调整景观效果。

农田型湿地公园设计中应注意保持原有农田防护林本身所具有的功能特性，同时也应考虑到其对湿地生态环境以及空间形态的影响。主要包括两个方面，一是防护林带的长度，相关研究表明，防护林不间断长度是树高的 10 倍以上时，防风效果较好，但过密集的林网会对一些湿地鸟类的飞行起降产生阻碍。另一方面

按照场地走势形成的田埂

过水区种植水稻

水稻田中鸟类栖息

图 2–37 南京汤山现代农业园利用人工作物固土

是防护林所构成的不同形态与大小的网格，网眼大小可以用网络线间的平均距离或网线所环绕的面积来度量。不同物种对网眼大小的反应不同。农田防护林网格是适宜人类活动的尺度，但对于农田内的昆虫、鸟类等会有不同的反应。

2.2.4 动物因素

湿地类型的多样性和分布区域的不同，为生物创造了多样的生境。各类动物是湿地生态系统的重要组成部分，其与湿地植物共同构成了湿地食物链，要依据生态学的能量传递原理对其进行合理分析。湿地环境不仅适宜鸟类生存，同时还由浮游类、昆虫类、两栖类、甲壳类等物种构成生物群落的平衡，其与植被等相互影响，如昆虫数量增加即会破坏植被群落的生长情况。

2.2.4.1 动物种类

湿地中的生物可以分为鸟类、鱼类、两栖类、昆虫等，其中种类繁多的鸟类是湿地的一大特色。湿地中鸟类主要分为候鸟及留鸟，通常候鸟在湿地鸟类数量中占有绝对的优势，而候鸟又有明显的季节性，从而湿地鸟类的组成具有明显的季节变化。

植物是湿地的初级生产者，其为湿地生物提供了栖息地与食物，而湿地生物的种类及数量反过来又影响着植被生长。对于湿地公园而言，应努力营造植物的多样性，从而带动动物和微生物的多样性。场地中原有的生物通常是已适应了场地的生态条件，并与其他环境因素形成了动态的平衡关系，因此应着力加以保护；同时考虑适当引进在本地适宜生存的地带性动物种类，反映本土特征，增加湿地公园的生物多样性，形成具有特殊意义的湿地生物景观。

2.2.4.2 动物栖息地条件

动物对栖息地的选择具有一定的遗传性和后天获得性。同时动物对栖息地的选择通常具有一定的灵活性。迁徙的鸟类在冬季和夏季所选择的栖息地往往不同，有些个体在不同年份选择的栖息地也不相同。通常情况下，遗传性决定着动物大范围的栖息地的选择，而学习和取样行为决定动物小范围的栖息地的选择。湿地中多样的物种为鸟类以及其他湿生动物提供了丰富的食源及栖息条件。根据栖息地的生物种类分，包括鱼类栖息地、鸟类栖息地和两栖类动物栖息地。根据栖息地的景观构成分，包括岛屿栖息地、沼泽栖息地、河流栖息地、灌木栖息地和乔木栖息地。

在湿地开阔水面中集中的鸟类一般是游禽（如天鹅、野鸭等），涉禽（如白鹭、灰鹤等）主要栖息在湿地周期性过水滩地区域，湿地周边的树林生长着攀禽如杜鹃、啄木鸟等，以及鸣禽，如画眉等。在湿地的泥沼中生有大量的无脊椎动物，特别是软体动物，茂密的芦苇丛以及陆生灌木丛为小型动物提供藏身之处[①②]。考虑到湿地作为春秋季迁徙水鸟的停歇地和中转站，以及越冬鸟类的栖息地，在湿地公园设计中应有意识地控制不同季节水位与水面积，如雁鸭类栖息所需水位在 100cm 以上，所以冬季在示范区内应该保持一定深度的水位，以便雁鸭类栖息和觅食。并且保留一定比例的浅水区域和光滩给部分涉禽，以增加鸟类多样性。而春季在示范区内应设置足够的浅水区(2 ～ 5cm 的浅水层)，以便鸻形目鸟类的栖息和觅食。在注意到水深的同时，对湿地中植被的覆盖率也应加以考虑，有相关研究表明湿地植被覆盖率大于 60% 或水面小于总湿地面积 20% 后，鸻鹬群落基本不出现，植被覆盖率为 10% ～ 20% 时，鹬数量最多[③]。

人工养殖场等也是生物栖息地中的一种，这类区域经过人为的介入，生态条件更加适宜某类特定生物的生息繁衍，并且对该类用地丰富的食物资源吸引了大量的迁徙鸟类在此停息。应根据场地具体条件加以研究，

① 李林梅．城市湿地公园规划设计理论初探 [D]．[硕士学位论文]．北京：北京林业大学，2007.

② 吕宪国，刘红玉等．湿地生态系统保护与管理 [M]．北京：化学工业出版社，2004：46-50.

③ 唐承佳，陆健健．围垦堤内迁徙鸻鹬群落的生态学特性 [J]．动物学杂志，2002.37（2）：27-33.

分析是否对湿地整体环境产生消极影响；是否已形成一定的产业规模；是否能够兼顾其他生物的栖息等因素，从而在保留的基础上加以适当的调整。

上海崇明东滩湿地（图 2–38），良好的生态环境及丰富的食物资源吸引了大量的迁徙鸟类在此停息、越冬，保护区堤内主要开发为鱼、蟹养殖塘等次生湿地，作为保护区的缓冲部分，对鸟类的栖息仍起着重要作用。选取保护核心区附近的东滩 98 海堤内次生人工湿地，该区域均为鱼塘—芦苇区，总面积 10.7km^2，在最邻近核心区的人工湿地内选择 4 个样方，充分考虑不同季节水位、水面积、植被盖度、鱼类捕捞等因素，对鸟类栖息环境进行的研究与分析①（表 2–7）。

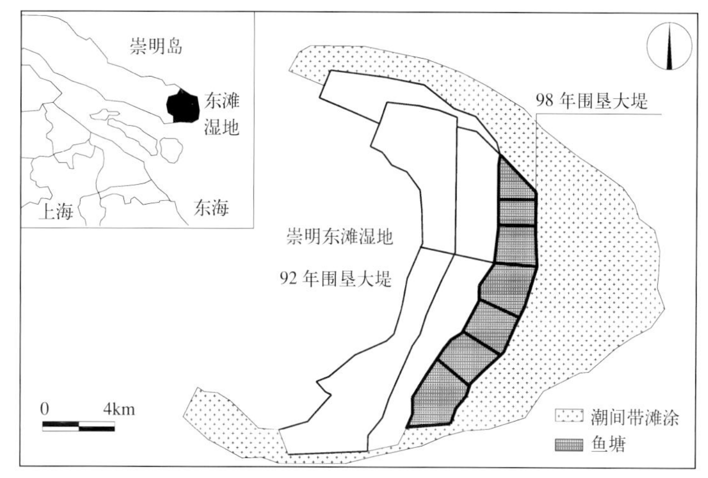

图 2–38　崇明东滩鱼塘位置图

鸟类栖息环境的影响因素　　表 2–7

因　素	冬　季	春　季
鸟类种类	雁鸭类	鸻鹬类
植被盖度	与鸟类种类数呈显著正相关	影响鸟类多样性和均匀性
水位	显著影响鸟类数量、鸟类多样性	与鸟类种类和数量呈显著负相关
水面积	显著影响鸟类数量、鸟类多样性	与鸟类数量呈正相关
底栖动物密度	差异不大，与鸟类数量和群落均匀度相关	鸟类科属多样性与底栖动物密度显著相关
鱼类捕捞	严重影响鸟类群落的物种多样性和科属多样性	整体鸟类群落影响不大

湿地公园设计中除保护场地原有的动物生存空间外，通常会适当增加一定规模的人工栖息环境来满足游客观赏、游览以及科普展示的需求。对于动物栖息环境的营造，一方面应注意选址的科学性，对不同生态习性的生物分别对待，并注意其相互影响；另一方面，还应对场地及周边动物类型、种群进行调研与分析，以求减少引进物种对场地生态系统的干扰；同时，还应注意各生物之间的食物链关系，保证设计出的湿地生物栖息地能够持续自我运转。

香港米埔自然保护区中有大面积养虾的“基围（潮间带虾塘）”（图 2–39），设计将其作为湿地的保护地带不加以人工干涉，由于湿地生态条件良好，在这种条件下基围生境地十分丰富，有红树林、鸟类栖息、大量湿生植被生长等。其中红树林的代谢物为每年秋天从后海湾涌入的虾苗提供了良好的食源，而捕虾后基围放水形成的滩涂又吸引了大量的鸟类在此越冬。

图 2–39　香港湿地公园——基围

① 葛振鸣，王天厚等．上海崇明东滩堤内次生人工湿地鸟类冬春季生境选择的因子分析 [J]．动物学杂志，2006.27（2）：144–150.

2.3 湿地公园空间格局分析

相对于其他风景园林类型而言，湿地位于区域中相对负地形位置，地势低洼，周边通常有一定的汇水面，湿地本体的竖向变化小，空间层次较单调。而湿地公园应具有观赏游览等功能，要求场地空间形态应有一定的变化，形成丰富多变的场地环境。因此，湿地公园的设计是由生态出发，最终落实到空间的优化与调整上来。对场地空间形态进行评价，主要是为明确其成因、对场地的功能以及影响因素等，从而形成具有针对性的恢复改造策略。对空间形态的评价主要包括竖向变化、水陆比及生态交错带三个方面。

2.3.1 竖向变化

2.3.1.1 整体竖向变化

湿地的整体竖向变化主要是由原始的地质地貌所决定。地质构造决定了地表起伏大势。从而决定了地表水流和地下水流的作用方式及强度，根据整体地貌的不同，场地中会出现线状水流与面状水流等多种水体补给形态。因此，整体竖向变化影响着水体的防汛、上下游的连贯性，是场地空间格局的形成基础，同时也控制着湿地整体生态安全。设计中应善加利用场地整体竖向变化，结合场地自然资源综合考虑。而不是进行大规模的填挖方来改造环境，场地整体竖向变化是湿地形成的基础，对其的破坏不仅是导致湿地环境的萎缩，同时有可能带来如病虫害、洪水等自然灾害。

扬中市长江湿地公园（图 2-40），是由夹江冲刷淤积而成的江河型湿地基底，整体地势平坦，除中部鱼塘围埂略高，场地标高在 2.47 ~ 5m 之间。北侧环江公路为防汛大堤，标高在 5.7m 以上。与场地相对高差为 4m 左右。

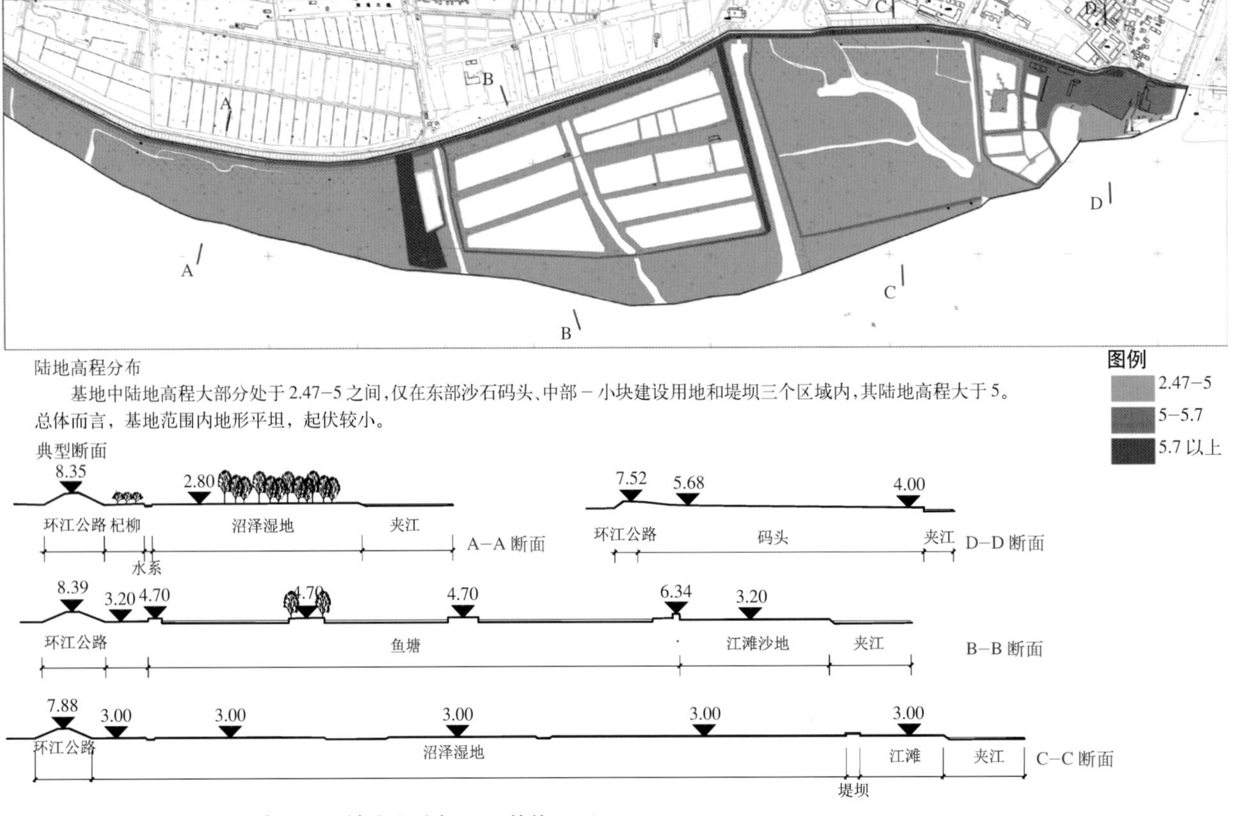

图 2-40 扬中市长江湿地公园场地高程分析图（单位：m）

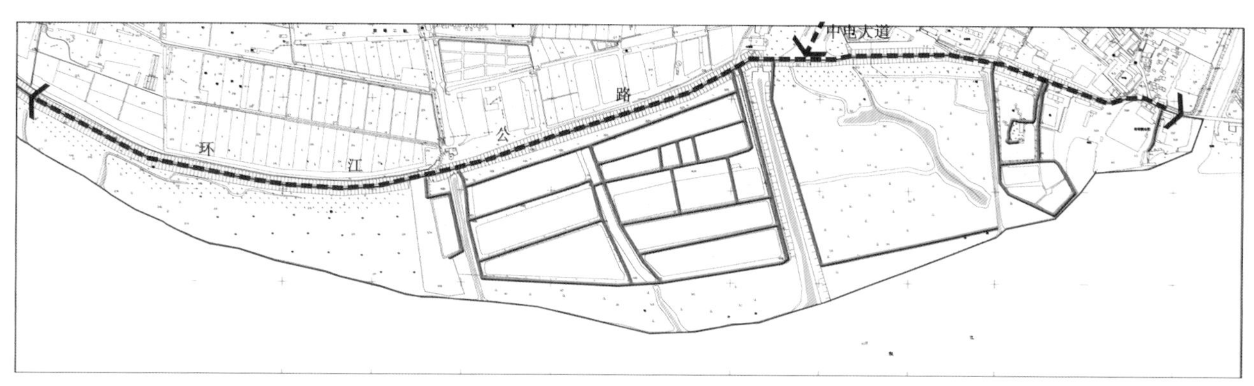

水面标高 1.47 时的基地路网形态

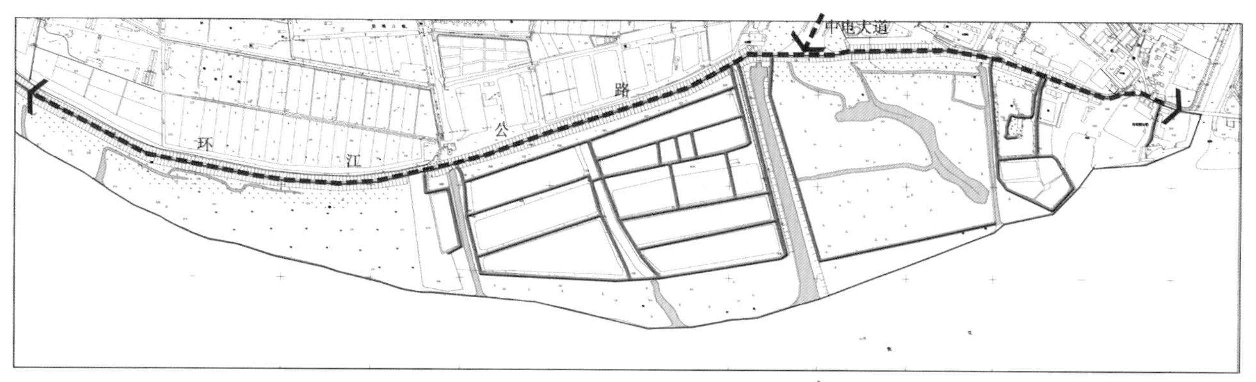

水面标高 2.47 时的基地路网形态

水面标高 7.23 时的基地路网形态

图 2-41 道路标高分析图

由剖面图中可以看出(图 2-40),场地东高西低,由北向南环江公路与场地形成加大的高差,针对现状地貌,结合不同时期水位变化,可以明确场地中道路交通条件,以及所反映出的路网形态,根据该分析可以更为客观地制定道路改造策略以及合理调整场地竖向变化(图 2-41)。

上海宝山炮台湾湿地森林公园(图 2-42),依托现有地形条件,规划现场地形沿炮台山麓向江岸方向逐渐降低,防汛堤在满足工程防护要求的基础上融合到景观空间之中,就地平衡钢渣。考虑到滨江一带受江潮的影响,其最低高程超过平均高潮位,以保证景观的长期效果。

2.3.1.2 局部竖向变化

场地局部竖向变化主要指局部的坡向、坡度以及水下土壤的等深线等。主要是人为干扰后的结果,如取土挖方造成局部负地形;圩埂划分场地形成多级的空间梯度,为调节水流速而形成过陡的水岸等。

有效利用局部的坡度与坡向能够引导雨水合理流向,调节径流速度,控制水体有一定的滞留区域。但局部坡度不应过大,否则容易导致雨水与地表水流速过快,侵蚀土壤。等深线反映的水下土壤竖向变化、坡度

图 2-42　上海宝山炮台湾湿地森林公园整体竖向变化

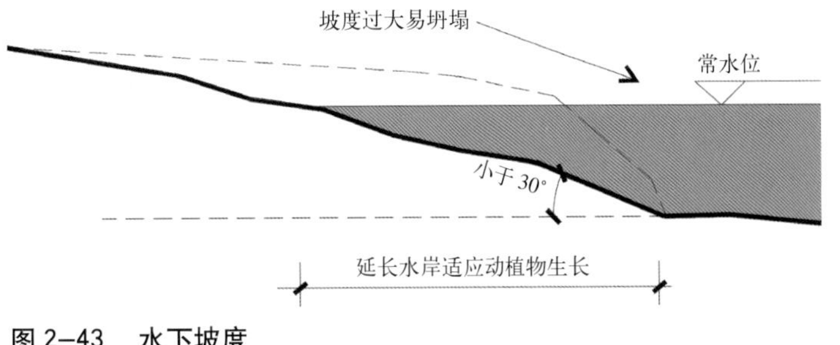

图 2-43　水下坡度

以及坡向走势，对于如深水湖泊以及水下竖向起伏较大的挖掘区等湿地类型而言，这一因素能够更明确地反映水深的梯度关系以及岸线的空间形态。等深线过于密集，即水岸陡峭，在水流速过快的情况下容易坍塌，植被不易生长（图 2-43），岸线坡度应小于自然安息角，较为适宜应控制在 3 ： 1 到 5 ： 1 左右。

对于局部竖向变化设计中可进行适当的改造，恢复原有地形特征，同时也应在可能的情况下变不利为有利。如对水岸坡度陡峭的区域，可以将部分岸线土方推至水中，调整地形的同时形成过水区，增大湿地面积；一些微地形的营造可以增加水流经湿地的时间，以期分散水流和提高水质，在深水环境中营建一些小岛，一方面远离大片陆地的不规则小岛适宜水禽的栖息，同时也可形成一定空间层次并滞留水体中的污染物（图 2-44）。

2.3.1.3　植被的天际线构成

在整体竖向变化较小的湿地中，陆生乔木以及挺水植物形成的天际线是场地中比较突出的竖向变化。如地势平坦的圩田型湿地中，圩埂上种植的杨树、樟树等大乔木通常是环境中最具有视觉效果的空间界限。在充当防风林起到遮挡道路粉尘、噪声等功效的同时，划分出场地肌理形态。与整体和局部竖向变化不同，在设计中植被的天际线更容易进行控制和调整，同时景观效果更为显著（图 2-45），因此，分析场地原有林网骨架，

图 2–44　沙家浜国家湿地东扩工程水岸坡度改造

图 2–45　植被天际线

注重不同类型植物群落的空间形态，在恢复湿地植被景观的同时能够有针对性地形成良好的植被天际线是设计中所要重视的问题。

2.3.2　水陆比

2.3.2.1　水网结构

湿地环境中的水网结构并非指自然环境中的河道水系，其主要是针对场地本身由圩埂、驳岸等所形成的空间形态。通常而言湖泊型湿地、江河型以及滨海型湿地中，湿地的水网结构相对简单，主要是按照水流的方向以及水体自然边界形成的驳岸，其中湖泊型湿地水网结构较为完型，江河型湿地则呈线型。较为复杂的是农田型湿地，无论是冲田或是圩田基底，其圩埂都是在利用原有生态条件的基础上经过大量人为干扰形成的，成因不同，形态各异，所反映出的场地特征不同：

（1）田字形圩埂：水网呈交叉规律的田字结构，是最为常见的圩埂形态（图 2–46），内部空间较为规整，基本为四边形，各个围合片区的面积相差不大。周边地势较高，水土条件良好，通常规模较大，是最为成熟的圩埂形态，基本不受自然水体的洪涝的影响。

（2）多边形圩埂：圩区内的圩埂形态不规整，会出现四边形、五边形、六边形等多种形态（图 2–47）。圩田的面积差异较大，但外缘的圩田相对较大，中心的圩田相对较小。多边形圩田多出现在地势较低的地带，水网的连通性较差，只有大的水渠之间彼此连通，小型水渠过于迂回，只能用作灌溉，因此该类场地会受到降雨、排洪的影响。

（3）羽状形圩埂：水网沟渠呈现羽毛状或平行状，同有圩内塘蒲结构（图 2–48）。水渠密集且多平行，平行水渠主要连通内外水体。平行水渠可以通过一条大沟渠相连，形成羽状水网。圩内田块多呈长条形，面

图 2-46　田字形圩埂水网形态

图 2-47　多边形圩田水网形态

图 2-48　羽状圩田水网形态

积较小。“羽状水网圩埂主要分布于围湖造田过程中湖泊的最低处。这种结构的水网沟渠具有对洪水的缓冲作用，排水的流畅性等优点[①]。”

2.3.2.2　湿地水陆比 / 圩埂密度

湿地水陆比主要是指湿地环境中陆地面积与常水位在地表之上的水体面积的比值，滨海型湿地由于水面范围不易控制，一般不存在水陆比；河流与湖泊湿地的水陆比包括了岸线、滩地以及水体中的洲、礁、岛等

① 陆应城．基于 Landsat TM 数据的皖东南圩田结构特征与开发驱动因素分析 [D]．[硕士学位论文]．安徽：安徽师范大学，2006.

陆地；农田型湿地由于不同区域圩埂、道路的密度差异，其水陆比通常为数值区间，即各区域水陆比大小各异。水陆比较小的场地环境，水面面积小，陆地面积多，有条件进行局部竖向调整，增大湿地面积；水陆比较大的区域，水面面积大，可适当扩展岸线形态，形成开阔的水体景观。

2.3.2.3 湿地斑块结构

湿地斑块的尺度以及分布情况是场地环境的重要特征，景观生态学认为，斑块的破碎化降低了景观的连通性，生态格局中应避免并应尽量减缓斑块的破碎化过程，但同时也肯定了破碎斑块边缘的生态交错带具有更高的物种多样性。一定宽度以及规模的湿地生态交错带能够为动植物提供相应的生长与栖息场所，同时相对于整体线性的水体岸线，独立分布的斑块能够扩大湿地交错带面积，更不易受到人为的干扰。

湿地公园设计是对中微观的场地环境进行恢复与改造，面积一定的情况下，场地的斑块数量少，破碎度低，景观连通性较好，生态环境较为稳定，而场地的空间效果较为单调；与之相反，对于人工干预、调控的湿地公园而言，场地斑块数量多，破碎度高，景观的连通性差，生态环境不稳定。但针对湿地公园设计而言，这类场地空间层次相对丰富，较之形态整体的场地环境，更容易进行改造与调整达到丰富景观空间的目的。以三维形态描述湿地空间形态，主要包括两个方面：斑块密度与岸线边界周长。

斑块密度，即斑块个数与面积的比值。可以计算整个研究区斑块总数与总面积之比，也可针对某一区域进行计算。其比值越大，区域内斑块数量越多，场地异质性程度越高。根据这一指数，可以比较不同类型景观的破碎化程度及整个景观（研究区）的景观破碎化状况，从而制定相应设计策略：斑块数量少，单位面积大的区域可适当开挖水道，调整地形增加堤、岛、滩等斑块；而空间过于零乱，各区域面积过小，无法形成生物栖息环境，则可进行水体整理，减少不必要的沟、渠、礁、汀，实现整体化的景观空间。

岸线边界周长，不同景观单元的交界处体现着不同性质系统间的相互联系和相互作用，具有独特的性质。作为水陆交错带的湿地，往往形成物种富集区，植物种类丰富，净初级生产力高。湿地岸线边界由于“边缘效应”其生物种类丰富，岸线周长越长既能给更多的湿生动植物提供栖息与生长的场所，同时增加污染物与湿地的接触面积，有利于湿地发挥净化水质的功效。

大型湖泊湿地以及河流湿地往往由于长期受到生产、运输等人工活动的干扰，自然水岸形态被破坏，湿地破碎化程度过高，景观连通性降低，湿地无法发挥应有的生态效用。设计中应针对场地不同的斑块分布及岸线形态采取相应的设计策略，延长岸线边界周长的同时控制场地内斑块数量。

江苏溧阳天目湖湿地公园（图 2–49），场地西侧的徐家园河两侧主要为浅冲与山丘地：A 地块为人工养殖鱼塘，主要为生产型的道路以及围埂，水岸线形态僵直，场地破碎度过高；B 地块有较大面积的芦苇带，具有典型的湿地景观特征。设计一方面扩大水域面积，将鱼塘围埂土方调整为连通东西两侧的堤岸，增加空间层次，同时改善原有水岸形态整合水体，形成曲折有致的景观岸线；另一方面保留平桥河与下宋河河道特征，增加 B 地块湿地生态交错带的规模，营造典型湿地空间。

江苏无锡长广溪湿地（图 2–50），规划在场地现状湖面、河道、鱼塘的基础上，对整个长广溪水系进行了整理、疏通，形成多样的湖岸线。规划后岸线由原有的 10900m 增加到 28506m，水域面积由原有的 46.9hm^2 增加至 61.3hm^2。整个水系统更加合理，水体与生态驳岸的接触面积增大，植物能更好地发挥其生态净水功能，有助于区域水质的改善。

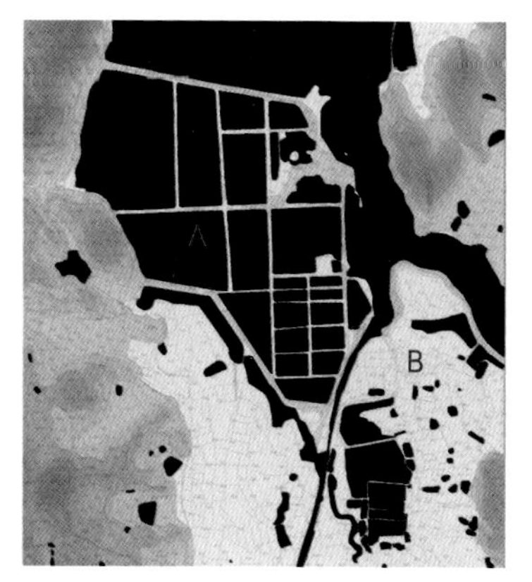

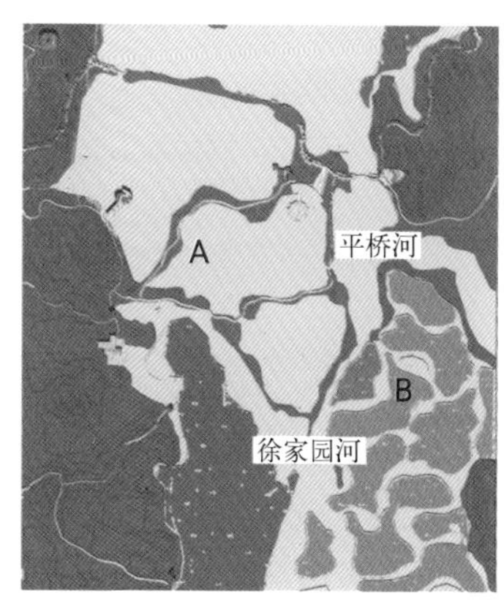

图 2–49 江苏溧阳天目湖湿地公园——改善水岸形态、增加斑块数量

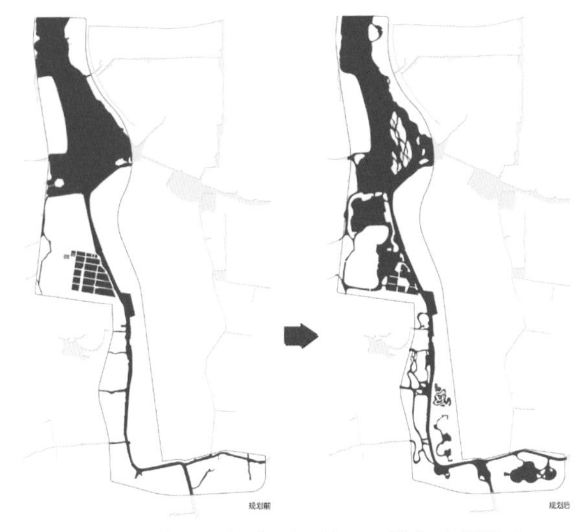

图 2-50　江苏无锡长广溪湿地——增加水岸长度

2.4　场地人工影响分析

自然条件是湿地公园存在的基础，湿地生态环境是一个复杂的动态系统。环境系统的状态和演化，既取决于系统内部的组成成分和结构特性，又受控于系统外部各种因素的作用及人类活动的影响。

2.4.1　交通因素

场地周边的交通因素主要包括其所处区位以及道路交通情况，一方面，作为以生态保护为主体的景观环境，湿地公园应控制环境中的游客数量以及周边的城市化干扰；另一方面，湿地公园具有游览休憩等作用，必然要具有一定的外部道路设施与之相配套。湿地公园不是纯粹的自然湿地保护区，如何利用外部交通区位，合理布局是湿地公园营建过程中的问题。湿地公园应远离城市污染区，并具有较为便利的交通，以实现场地环境保护与利用的平衡。

地理区位表明湿地的自然地理位置，决定了场地的某些自然属性，如气候带、植物种类、动物种群等，而交通区位则反映了场地的可达性，以及是否适宜进行游览，客流量以及客源方向等问题。而道路本身等级，如城市主干道、支线公路等，都会对旅游开发产生一定影响。

如南京高淳固城湖湿地（图 2-51），其位于高淳县西部圩区，与高淳县城隔湖相望。场地区位交通条件良好，衔接了高淳老街及花山风景区，依托高淳旅游发展的总体格局：以“一街（高淳老街）”、“一寺（真

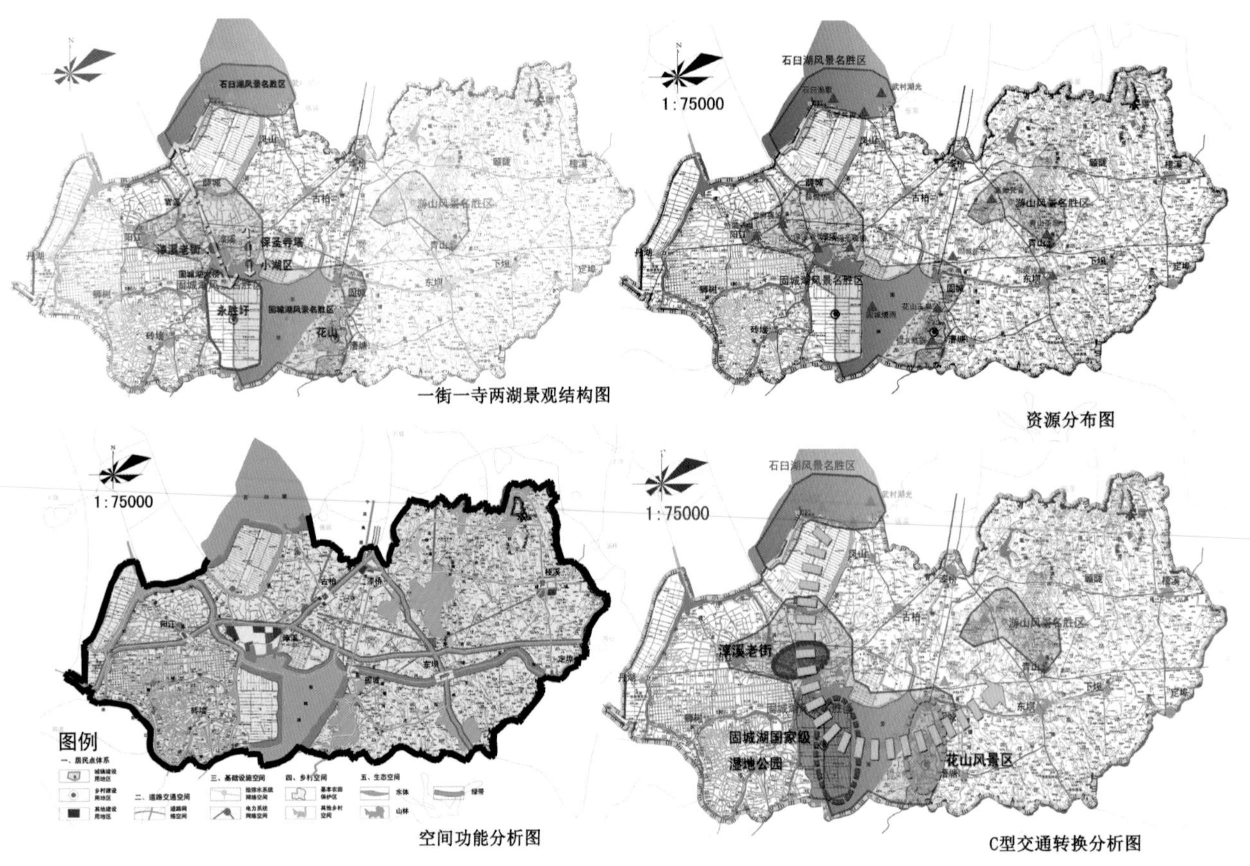

图 2-51　南京高淳固城湖湿地外部区位条件

如禅寺)”、“两湖（固城湖、石臼湖)”为核心，与其他特色各异的旅游景观资源相配套，即固城湖风景名胜区、石臼湖风景名胜区和游山风景名胜区。由图中可以看出，固城湖湿地处于高淳老街与花山风景区的过渡区域，是衔接两大景区的枢纽，周边交通条件较为成熟，区位条件良好，具备进行湿地公园开发建设的外部环境。根据场地气候、地理位置以及现有生产条件，定位为以水产生态养殖为特色的湿地公园，保持农业用地功能，发挥其生态缓冲能力及自我调控能力。

2.4.2 人工设施因素

2.4.2.1 人工建（构）筑物

人工建筑物主要指场地中进行人工居住、生产及其他活动的房屋等；人工构筑物主要包括道路、堤坝、桥梁等。自然的湿地环境中通常无明显的道路划分，各环境要素的组织方式具有随机性。经过人为干预后，各类湿地基底中最常见的是生产型道路，主要出现在农田型湿地（人工圩埂）、采矿与挖方取土区（机械碾压）中，在湖泊湿地中会出现堤、桥等，在河流湿地的水体会出现通航的水路以及控制水位的水闸、堤坝。对场地内人工构筑物的改造应利用场地中功能良好的原有设施，减少过大的拆建，尽可能不将道路延伸至原初不通行的区域，以减少对场地生态环境的干扰。

南京市高淳固城湖国家湿地公园沿南北向的湖滨大道延伸呈 L 形展开，湖滨大道以北是带状的濑渚洲公园，南侧为湖滨大道风光带以及成围合状的固城湖部分水域。湖滨大道风光带沿固城湖南北走向，包括城市广场、码头、临湖湿地公园等节点（图 2–52）。

场地沿滨湖一侧硬质景观较多，其中西侧与东侧各有一处规模较大的硬质景观节点，尺度较大，其中东侧圆形广场半径近 70 ～ 80m，东侧湖滨广场南北向长度近 400m，而湿地景观区域仅局限于场地东南角；濑渚洲公园内硬质景观集中于公园南侧入口处的弧形混凝土栈桥，连接东西两岸，对湿地环境影响较大，建筑沿丹阳湖南路一侧分布较多，占地面积总计约为 $4000m^2$ 左右，虽然建筑量少，建筑密度较低，但由于沿路绿地进深较短，因此空间较为局促。

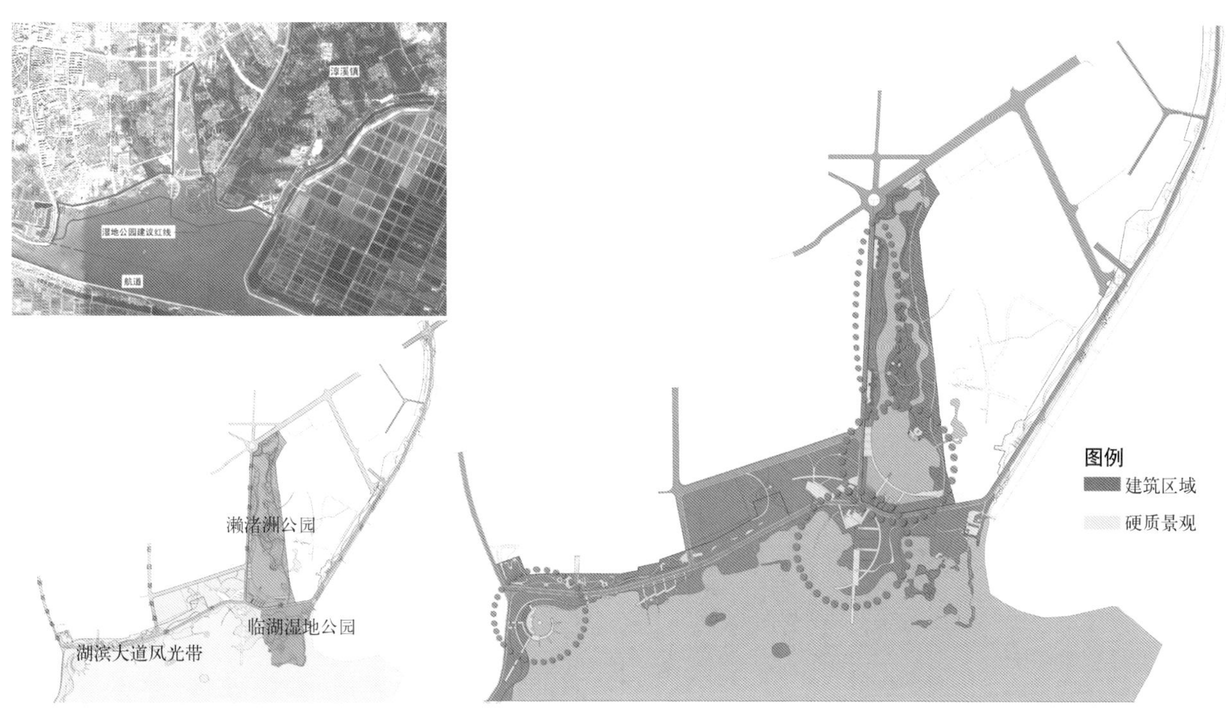

图 2–52 南京高淳固城湖小湖区人工构筑物影响分析图

图 2–53　安徽滁州菱溪湖湿地用地类型

2.4.2.2　用地类型

明确场地原初的用地类型，判断土壤理化性质，能够对整体的生态环境进一步的了解。如环境中有农田斑块，尤其是水稻田，其土壤因施肥引起的面源污染是导致湿地水质变劣和富营养化的潜在因素。而人工建(构)筑物周边土壤肥力较差，多出现板结，不适宜植被的生长，同时由于人为的干扰，受污染程度较严重。道路及周边土地由于长期机械碾压、磨碎，便成了含砂、石非常多的土壤，使土壤的物理性颗粒含量增加，植被无法生长。因此对用地类型的评估能较为直观地反映出场地受干扰程度的大小，同时也可表明不同用地恢复与改造的难易程度。

安徽滁州菱溪湖湿地（图 2–53），场地中部有内流型湖泊，沿湖岸周边环境复杂。北侧为农田，东侧为城市规划路，南侧为村庄，西侧一路之隔有汽车制造厂。不同的用地类型影响着场地土壤条件：沿湖农田区域湖岸土壤肥力充足，水岸边有部分挺水植被生长，水中有大面积的荷花，适宜进行湿地的恢复与改造；东侧和西侧与城市道路接壤区域，土壤条件一般，植被以陆生乔木为主，基本无湿生植被，可进行适当的补植；南侧沿村庄由于生活污水的排放以及养鳖塘的存在，水体和土壤污染严重，植被基本为人工种植的果林，改造难度大。

2.5　湿地资源整合评价

2.5.1　湿地资源评价的方法

评价方法的选择主要考虑以下几个要点：

（1）湿地环境的资源评价是一个整合多因素的过程，涉及生态、空间以及功能等多方面，其评价指标也丰富多样。因此所选择的评价方法应能够处理多因素的权重。

（2）在所涉及的众多指标中，有些资源可以直接量化，有些则只能定性，因此，所选取的评价方法应具有综合分析能力，能将定性的判断转化为定量的判断。

（3）资源的评价即是希望能够以该方法实现湿地公园设计的科学化与客观性，因此，所采取的评价方法应具有操作简便，易于上手，适用范围广的特点。

（4）本研究的主要对象是具有湿地特征，以湿地公园的建设为目标的场地环境，各因素具有一定的特指性，因此评价方法的应用具有一定的针对性。

基于以上几点，结合上文中对各湿地资源的分析，本节主要采用数字化叠图法以及 GIS（地理信息技术）两种方法分析整合场地资源及量化因子属性，并建构相应的评价模型。

2.5.1.1 基于 GIS 的场地评价

1）GIS 对场地资源的分析

地理信息系统（GIS，Geographic Information System）是以地理空间数据库为基础，在计算机软硬件技术支持下，用于对空间数据的获取、存储、管理、传输、检索、分析和显示，以提供对空间对象进行决策和研究的计算机系统。

湿地环境资源类型繁多，内涵复杂，这就要求要有一定管理分析功能的技术支持。GIS 在规划中能够对数据资源描述、预测并加以分析，为湿地生态环境的保护和合理利用进行有效的规划评价，提供科学、客观的决策手段。

GIS 本身作为一种数据库，有着强大的信息处理功能，尤其适合于大范围的资源调查和分类分析。其前期数据的调研、收集、整理尤为重要，对后期的适宜性分析结果有很大的影响，调研资料不够完整和详细可能会导致评价结果缺乏科学性。另一方面，在充分掌握这些资料的基础上，规划设计人员需要对分析后所产生的结果有一定的判断和估计，只有在明确分析目的的基础上，才能充分利用这些基础资料和 GIS 数据处理的优势，这就需要设计人员有相当的专业设计经验和规划设计的预判能力①（图 2–54）。

GIS 是通过确定基地利用方式和开发方式的需求，来找到相对应的要素（即因子），把所需求的因子叠加绘制成图，确定合并规则以能表达适宜度的梯度变化，找出开发项目与各因子相互制约的关系，在特定的规则下制成反映不同利用方式对场地适宜程度的图纸，形成各类土地利用方式具高度适宜性的区域分布图（图 2–55）。

2）基于 Fragstats 的景观格局分析

景观格局反映了场地环境中各不同类型斑块的分布情况、结构组成以及空间配置等特征，其分析与评价有助于认知环境的空间结构以及景观动态变化的过程。景观空间格局分析与模拟的软件很多，大多是在 GIS

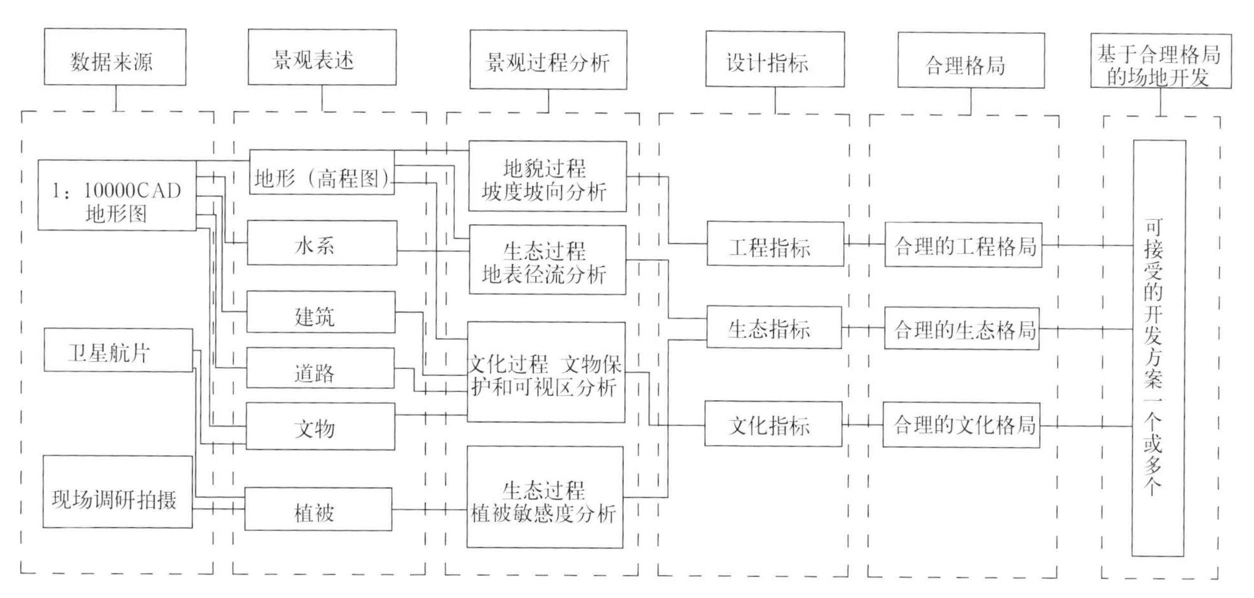

图 2–54 GIS 研究方法模型

图 2–55 GIS 评价步骤

① 成玉宁. 现代景观设计理论与方法 [M]. 南京：东南大学出版社，2010：98.

对场地进行航片判读后所生成景观格局基础图层和相应的属性数据库的基础上，进行计算与比较，其中最常用的分析软件是 Fragstats。

Fragstats 是一个基于分类图像的空间格局分析程序，以计算大量景观指数来定量分析景观结构组成。其与 GIS 相结合，针对环境中不同景观类型，分析各景观要素的结构及其在复合生态系统中的功能特征。在不同层次上进行指数计算，通过对计算结果的分析与比较来评价研究区域的景观格局及特点，为场地规划提供定量的依据。

Fragstats 软件功能强大，可以计算出 59 个景观指标。这些指标被分为三组级别，分别代表了三种不同的应用尺度：

（1）景观斑块水平（patch-level）指标，是定量化和特征化各板块空间性质和内容的指标，也是计算其他景观级别指标的基础，适用于微观尺度；

（2）景观类型水平（class-level）指标，综合了某一既定景观类型上所有斑块的信息；

（3）景观级别（landscape-level）指标，综合了所有斑块信息指标，反映景观的整体结构特征。

由于许多指标之间具有高度的相关性，只是侧重面有所不同，因而使用者在全面了解每个指标所指征的生态意义及其所反映的景观结构侧重面的前提下，可以依据各自研究的目标和数据的来源与精度来选择合适的指标与尺度。

各种指标在描述景观格局特征的能力上各有优劣，指标的选择应与场地的生态过程、环境特征相结合，针对湿地公园这类场地异质性较高，斑块数量较多，类型复杂的场地环境而言，通常选取以下指标：

- 斑块类型面积：某一类型斑块的面积之和，主要反映景观的组成情况，也是其他指标的计算基础，其数值的大小一方面反映了场地的空间形态，同时也制约了物种的数量及种类。如江苏溧阳天目湖湿地可以分作平坦开阔景观、岛山景观、浅冲景观和水生态廊道四种斑块类型，其中浅冲区域具有最为典型的湿地生态特征，其面积的大小限定了场地中湿地植被的分布与种类[①]（图 2–56）；
- 景观多样性指数：是指景观中斑块数的复杂性；
- 斑块数量：场地环境中某一斑块总个数，其与斑块类型面积相关联，可以用来描述整个景观的异质性，其值的大小与景观的破碎度有很好的正相关性；
- 斑块破碎度：某类斑块数量与场地内斑块总面积的比值。

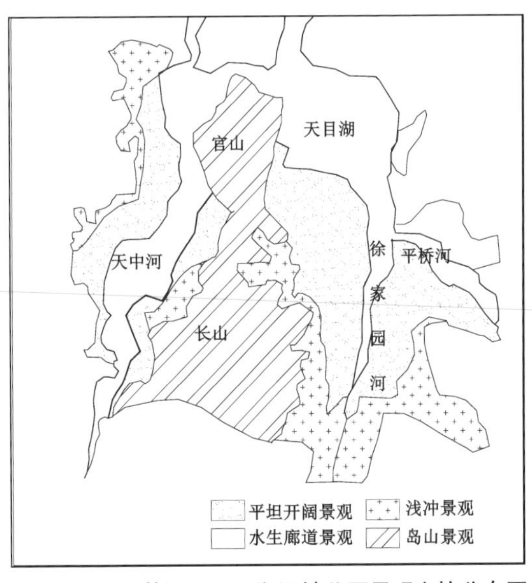

图 2–56　江苏溧阳天目湖湿地公园景观斑块分布图

通常而言，湿地环境的斑块数量较多，岸线边界长，但是由于人为的干扰，往往造成两种极端现象：一方面如围湖造田等生产活动，过度的增加了湿地的破碎度，导致了外来物种的入侵以及环境的恶化。另一方面，如河道取直，水利工程的营建又减少了湿地中斑块的数量，对这两个指数的分析能够帮助明确场地不同斑块的改造策略。

值得注意的是，Fragstats 软件的最大作用在于量化景观中斑块的面积大小和空间分布特征，但其只能分析类型数据（如各种类型图）。其分析要建立在景观合理分类的基础上。因此，使用者必须根据场地范围和设计的不同要求合理地选择所分析的景观斑块的幅度与分析层次，不同的分类方式有可能会造成结果的差异，而不同层次的景观格局指数与不同尺度相

① 黄群芳，董雅文，陈伟民．基于景观生态学的天目湖湿地公园规划 [J]．农村生态环境，2005（21）：12–16.

对应，反映出的空间结构必然有差异。另一方面，Fragstats 的最终分析结果是景观格局指数，而并非像叠图法或 GIS 那样以图形的方式来反映适宜与否的范围区域。使用者必须对计算后的数据进行评判，而各指数并没有统一标准进行参照，因此，对其的分析是通过对同一项目环境内不同区域的数据比较而来。

2.5.1.2 数字化叠图法

在 GIS 广泛使用的今天，叠图法这一以因子分层分析和地图叠加技术为核心的环境评价方法，对于景观环境评价仍然具有便捷的运用价值。一方面，叠图法操作方便，无需如 GIS 般复杂的数据录入，因而工作周期短；另一方面，叠图法能够与现有常用软件紧密结合，如采用 AUTO CAD 与 PHOTOSHOP 结合即可完成叠图，无需特殊的专业应用软件作为支持，简便易行，尤以小尺度构成复杂的景观环境评价最为适宜①。

1）叠图法与数字化叠图法

叠图法是将环境中具有控制作用的因子提取，依类别进行逐一分析，以色阶（调）或数值表现于统一的底图上，并以图形交叠的方式，显示出影响环境诸因素的总和。由叠图法可产生一个复合式的土地利用图。传统的叠图法作为景观环境评价的基本方法之一，能够对环境因素进行综合评价，有其可取之处，但仍存在下列局限性：

（1）传统叠图法对场地中不同因素的划分过于笼统，如自然要素、美学要素以及社会价值等，缺乏进一步的要素分解及依据场地特征加以归纳，往往存在不同属性因子间的机械叠加，由此会导致叠合成果具有一定的随机性与主观性。

（2）叠图法往往缺少对不同环境因子的权重区分，是机械等量叠加，其结果仅能反映某地块所受的影响因素的多寡，无法明确各因子对场地的影响力。

针对传统叠图法的局限性，数字化叠图法主要从以下两个方面加以改进：其一根据场地客观条件对因子进行分类与分级。其二是对各因子权重赋值，以实现因子属性数值化，明确各因素对场地的影响强度，并以图示化表达，从而实现对场地生态适宜性、建设可行性的科学评价（图 2–57）。

2）数字化叠图法的技术路线

数字化叠图法根据场地客观条件对因子进行分类与分级，同时对各因子权重赋值，针对同一层级因子，经由“初始图形（范围）——无权重叠加——权重计算及其图示化”等步骤来实现因子属性数值化（图 2–58）。数字化叠图过程从最低层级的单因子开始，分层级处理环境要素，根据因子分级的多寡，叠图过程可以重复 N 次（N 为层级数减 1）。从对场地的单因子分析，逐渐过渡到综合评价。明确各因素对场地的影响强度，并以图示化表达②。

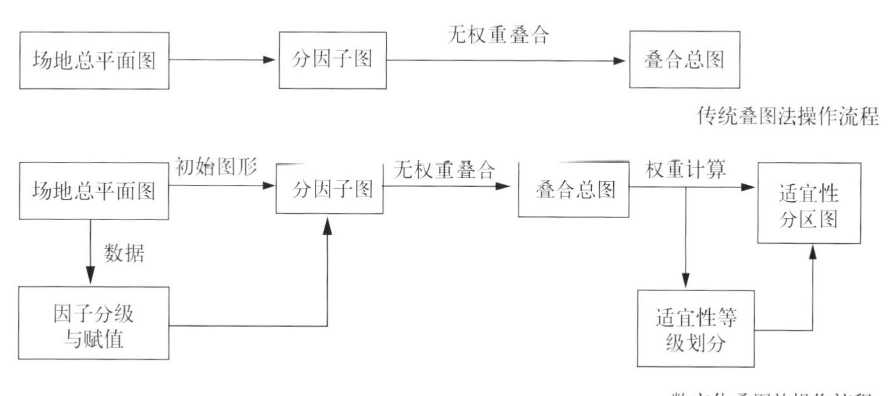

图 2–57 传统叠图法与数字化叠图法操作流程对比

① 成玉宁．现代景观设计理论与方法 [M]．南京：东南大学出版社，2010：96.

② 叠图法的具体操作步骤参见《现代景观设计理论与方法》．

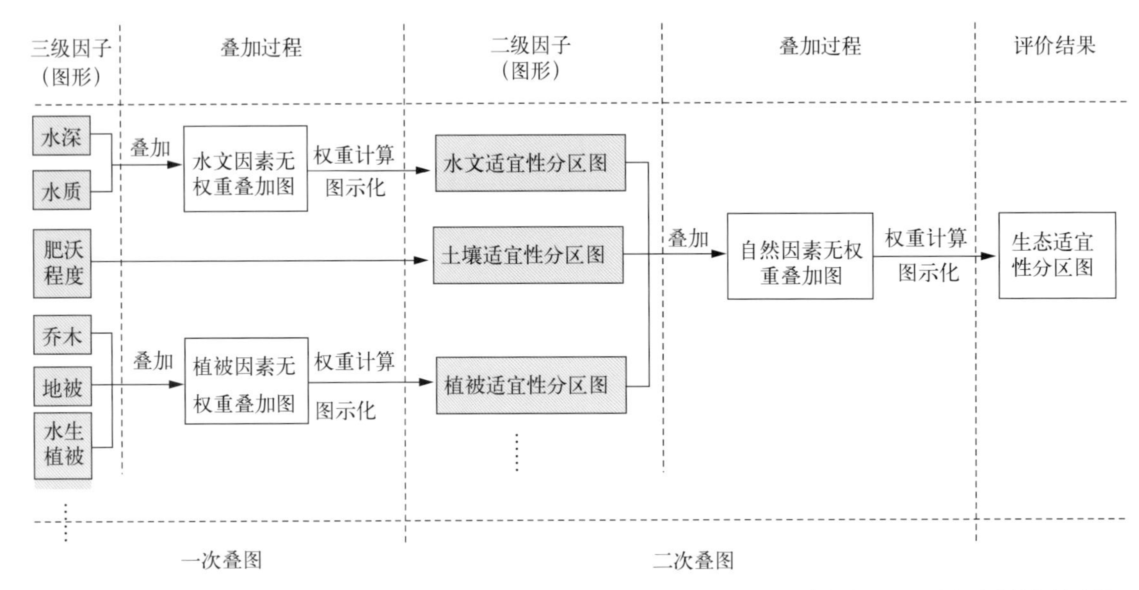

图 2–58　数字化叠图法的技术路线——多因子分级叠图

3）**数字化叠图法因子权重**

数字化叠图法中主要是采用层次分析法（Analytic Hierarchy Process，AHP）来对各层级因子加以权重。AHP 法是一种定性和定量相结合的、系统化、层次化的分析方法。首先把复杂的问题分解为各个不同的组成因素，并按照因素之间的相互关联和隶属关系组成有序的递阶层次结构模型，通过两两比较的方式确定层次模型中不同因素的相对重要性，然后确定各因素的相对重要性的总顺序并进行一致性检验。运用此法，通过将复杂问题分解为若干层次和若干因素，比较各个层次和因素之间的重要程度，最终通过计算可得出不同因素权重，依此作出正确的决策。

在湿地公园评价中，层级分析法确定权重主要有如下步骤：

（1）建立层次结构模型，其中中间层要素可依据场地中因素类型分为多个层级。

（2）构造判断矩阵，针对场地条件的差异，选取不同要素建构湿地公园评价层次结构模型。对模型中同层级判断因素进行两两相比，可采取对旅游者及风景园林专业人员发放调查问卷的方式，取得比较的标度值，构造判断矩阵，从而明确各要素在某一层级中的重要程度以及所处地位。

（3）层次排序及其一致性检验。

层次分析法可以较为容易获得评价指标的相对权重，利用该权重赋予相应指标的分值，由此将定性指标转化为定量，操作灵活。

由于场地环境的不同，因素选取各有差异，层级模型也不尽相同。本文以如下模型作为示意（图 2–59），为避免大量数据的罗列，仅对第一层级，即生态条件、空间形态以及交通条件进行判断矩阵的建构以及排序一致性的检验，以说明该方法的操作方式（表 2–8）。

湿地公园适宜性评价判断矩阵（层级一）　　表 2–8

标度类型：$e^{0/5} \sim e^{8/5}$

判断矩阵一致性比例：0.0043; 对总目标的权重：1.0000

适宜性评价	空间因素	自然因素	人工设施因素	权重
空间形态	1.0000	0.3679	1.4918	0.2206
生态条件	2.7183	1.0000	4.9530	0.6410
交通条件	0.6703	0.2019	1.0000	0.1383

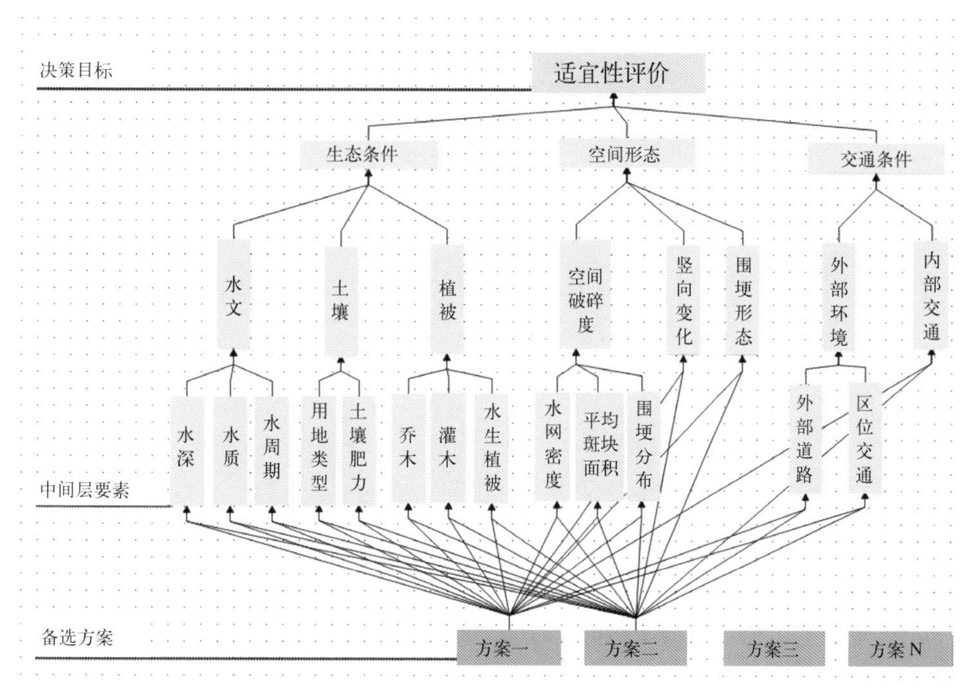

图 2-59　湿地公园层次结构模型示意

2.5.2　基于生态适宜性的湿地公园评价

景观设计本身走向科学，评价是必不可少的环节。场地适宜性评价是实现场地资源优化配置的基础，其核心内容是基于生态条件分析的基础上，结合场地资源的不同，有针对性地评价，为选择用地范围及分布提供基本依据。

湿地公园的场地适宜性评价是对环境生态条件、空间条件以及人工影响等进行分析，针对湿地环境本身立地条件的不同，寻求场地与设计要求之间的对应性。以生态适宜性分区为基础，整合对空间、功能的评价内容，形成具有整体性与针对性的场地适宜性评价结论（图 2-60）。

2.5.2.1　湿地公园的生态适宜性分区

一个完整的生态系统是一个具有弹性的、可自我维持的自然系统，能够承受一定程度的胁迫和干扰。湿地生境较为脆弱，易受到人为活动的干预和气候、生物的影响等而发生变化。在湿地公园营建与运营过程中，由于人工因子的不断介入，湿地环境势必会受到一定的影响。在初期阶段，人为建设、游憩活动等引发了湿地的生境破碎、局部退化；中期阶段，伴随着湿地的自我修复，适当的干扰反而可能促进湿地的演替进程；但过强的人为干预最终会导致湿地生境恶化而不可逆转（图 2-61）。

基于生态环境对游人的承载能力，并针对生境的优劣差异，可以就设计场地中的特定区域，以湿地保护、恢复以及利用为直接目的，根据环境的差异进行分区，规定人为干扰的类别及强度，不同的分区实际上是对该区域的功能作出了限定。

（1）保护区域：湿地公园中保护区的主要任务是保护生境及物种多样性，并可进行生态系统基本规律的研究。主要包括两类，一是湿地生态系统较为完整，自然条件优越，未被人工干扰的区域，如场地中的原生湿地；另一类是湿地基底良好，能够维持自身代谢功能，具有自我修复能力的环境，如

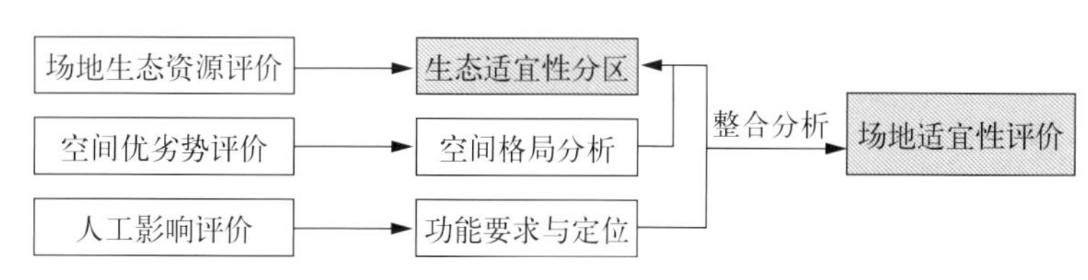

图 2-60　湿地公园场地适宜性评价过程

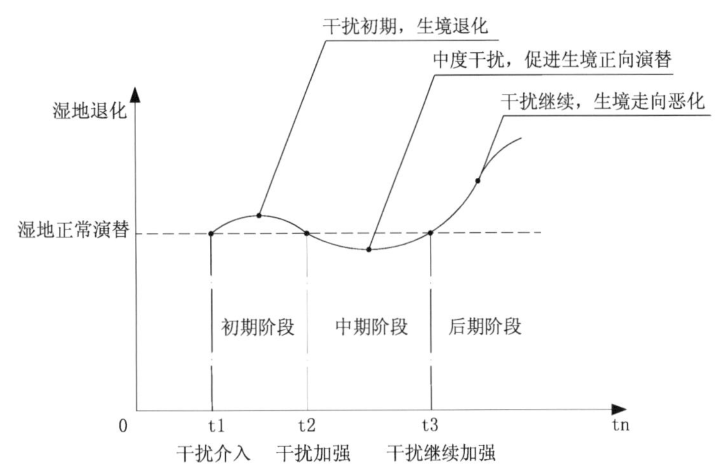

图 2–61　外部干扰与湿地环境承载力示意图

有些水体受到少量污染物的侵扰，水质下降，生物个体死亡，但只要进行适度的治理或切断污染源，场地很快可以恢复至干扰前的状态。在同一场地中，可以有多个小的保护区域。该区域应将人类活动排斥在保护范围外，尽量避免保护对象受到干扰，任湿地生态系统自行发展。

（2）修复区域：由于自然或人为的干扰，已发生退化或逆向演替，但具有典型湿生或沼生生态系统特征，湿地景观基本保存的区域。该区域可适当进行人为的干预以加速湿地的恢复与演替，同时可适当引入一定的参观类项目，提升整体场地功能。应注意的是游客的数量及活动应以环境承载力为控制标准，尽量减少车辆、船只的活动与通行。

（3）改造利用区域：具有湿生与沼生环境特征，但生态条件较差或受人为干扰较大，场地环境难以恢复至原初形态的区域。重点用于展示湿地生态系统、湿地景观以及相应的游憩活动。对于该区域的改造应在尊重原有环境的基础上，减少大规模的土方调整，多效利用水体功能，改善绿化环境及空间形态。该区域中的活动方式的选择应以对湿地生态系统造成最低程度的影响为原则，注重生态设计，减少不必要的污染及噪声，注意游览的安全要素，如防汛防洪，平台护栏等。同时游览项目应以展示湿地环境为主，强调地域性与特色化。

（4）保留区域：①具有一定规模，使用状况良好的基础设施，如内部道路、服务建筑等，对这类用地的保留并加以利用能够减少对场地环境的干扰；②具有一定基础与发展前景的产业，如生态养殖业，该区域通常具有湿地特征，是人类适度干预后的结果，其生态环境稳定，不会影响到大范围湿地的生境。如香港米埔湿地自然保护区中的“基围”，就是在人为干预下形成以养殖为主的次生湿地，既是生态渔业区，又可供游览，其在自然保护区中保留下来，在发展产业的同时并不影响湿地的保护。

2.5.2.2　以南京高淳固城湖永胜圩湿地为例

南京高淳固城湖永胜圩为圩田型湿地，由于场地环境较为均质，各要素在场地中基本无重叠区域，因此，该项目采取因素分析与传统叠图法相结合的方式进行适宜性评价。

该项目场地面积约 42590 亩，是固城湖围湖造田形成的圩区，现为螃蟹养殖为主的水产养殖区。基地水面面积大，水深较浅，具有一定的植被基础，周边交通便利。根据现场调研结果，结合相关资料，采取与分析与整合的步骤对场地环境加以评价，技术路线如下（图 2–62）：

1）基础因素评价

（1）水文分析：基地水面面积大，约占基地面积的 78.7% 以上，水深普遍较浅，使用类型基本为鱼、蟹养殖塘，以及道路两侧的沟渠。其中蟹塘水深在 1.2m 左右，鱼塘及部分沟渠水深为 1.6m 左右。从图中可以看出，基地中大部分水域水深在 0.9 ~ 1.8m 之间，南北向沟渠及部分养殖塘水深较浅，小于 0.8m，适宜湿地环境的修复与利用。基地与外围固城湖水域以防汛大堤分割，大堤高 7m。基地内水位主要通过四个排灌站控制。四个排灌站分别为：永胜圩排灌站、狮树排灌站、永胜圩排灌一站、永胜圩排灌二站，如图 2–63 所示。

（2）土壤与用地性质分析：基地是由固城湖围湖造田淤积而来，为典型内围型湿地，其主要土壤类型为湖相沉积土。基地中用地类型较简单，主要为大面积的养殖塘，其中有少量的看塘民居以及冷库等建筑，分布零散，规模较小。基地东部有迎湖桃园旅游度假区占地八十多公顷，其中 2/3 为水面。北侧临丹阳南路、有双城村、永丰村、东城村等较大规模及面积的村镇（图 2–64）。

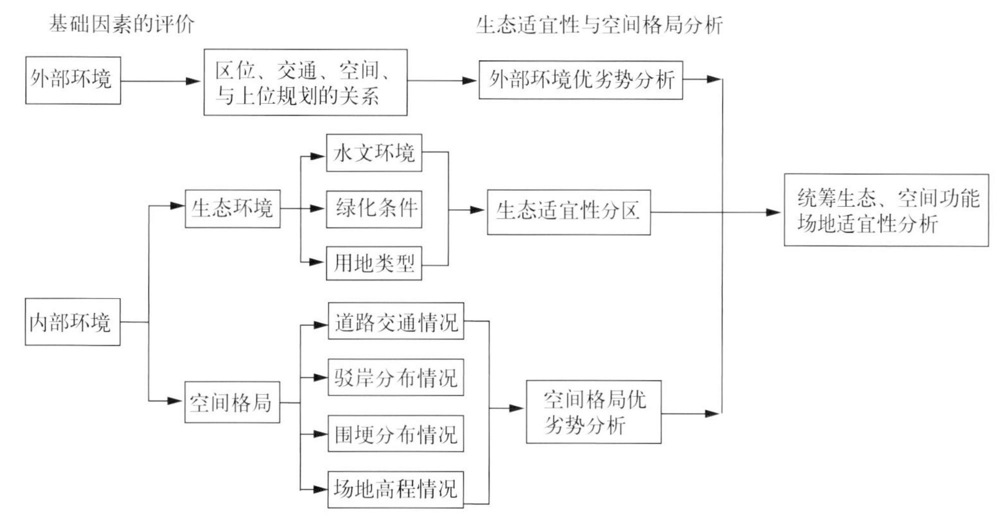

图 2–62　高淳固城湖永胜圩湿地评价技术路线

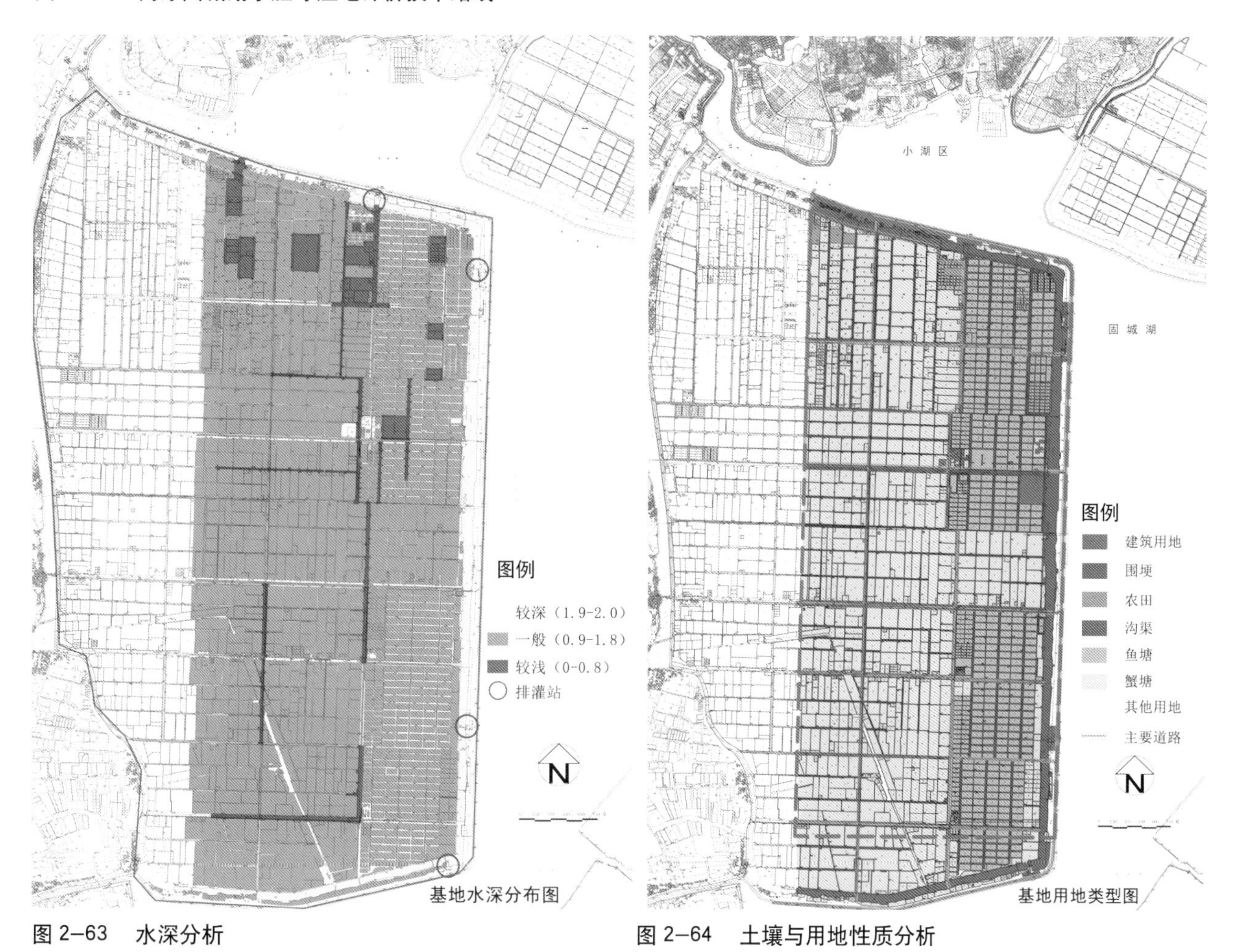

图 2–63　水深分析

图 2–64　土壤与用地性质分析

（3）绿化分析

分陆生植被和水生植被

陆生植被：基地现有陆生植被中乔木种类较单一，主要为池杉、水杉、落羽杉、加杨以及少量的香樟、广玉兰、柳树等，集中在基地主要道路及沟渠两侧，其中池杉的生态情况良好，数量较多，沿路边沟渠多为二至三排分布。基地中陆生灌木及小乔木种类较多，主要包括如乌敛莓、构树、桂花、桃树等，其主要分布于道路及沟渠沿线的乔木林下，以及部分养殖塘的围埂上。

图 2–65　绿化分析

水生植被：基地中水生植被种类较少，且集中在沿路沟渠以及人工构筑物周边水体中，分布规律。其中挺水植被主要为芦苇、茭白、蒲、红蓼等，浮水植被为水花生、苦草、槐叶萍等，其中芦苇生态情况良好。大面积的养殖塘中仅有少量藻类植被存在，沿湖中路一带有部分荷塘，生长状况良好（图 2–65）。

根据对以上图纸，对基地整体生态环境概况有以下结论：

现有环境优势：

a）现有水体面积较大，水深较浅，由于长期的养殖，水底基质养分丰富，具有典型湖泊淤积型湿地特征，具有修复的可能性。

b）现有水体主要为围湖而来，地内的养殖塘水系主要通过四个排灌站与外部固城湖取得联系，圩内水位恒定，同时大面积的水体具有一定的调蓄功能，整体生态环境稳定，适宜进行湿地修复。

c）现有水体以养殖为主要功能，并具备一定的规模以及产品效应，可依托现有产业结构形成具有特色化的保护与开发模式。

d）基地内池杉生长状况良好，数量多，已基本形成了该地区的林网骨架，易于进行改造与利用。

现状不足：

a）由于大规模的生产养殖，水体受污染较严重，养殖塘周边都存在着不同程度水体富营养化，尤其是人工构筑物周边，生活污水严重污染了基地内沿路沟渠的水环境，水花生等侵略性物种蔓延。

b）基境内动植物种类单一，由于围网养蟹导致了水生植被较少，陆生植物主要为池杉、水杉以及加杨等纯林，基本以行道树形式出现，林下植被少，层次单一，景观类型单调，应加以适当的补植。

c）基地内土壤类型匀质，基本为湖相沉积土。由于饲料的投放以及生物的代谢等原因，养殖塘水底基质有机物含量高，排水不畅，对生态的恢复造成不利的影响。

2）**生态适宜性分区**

根据现场调研，采用叠图法对上述基础因素进行综合分析，以实现生态适宜型分区。

（1）适宜恢复区域

适宜恢复区域条件：①水深小于 0.8m；②生长有一定规模的水生植被；③现有水稻田区域。

湿地恢复区分析技术路线（图 2–66）。

湿地恢复区分析图（图 2–67）。

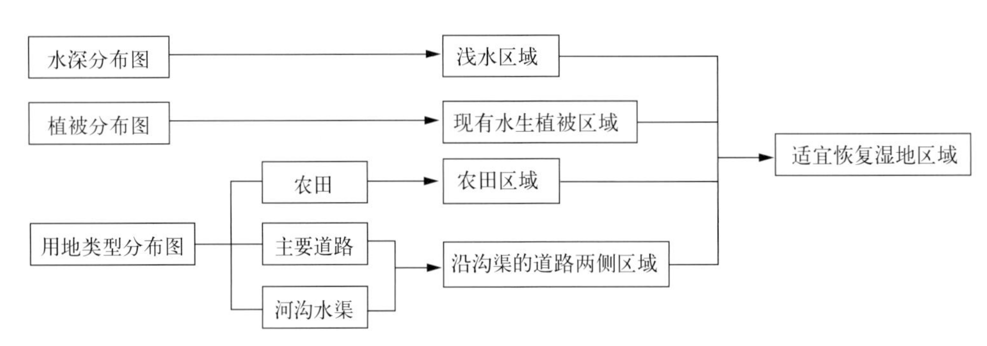

图 2–66　湿地恢复区分析技术路线

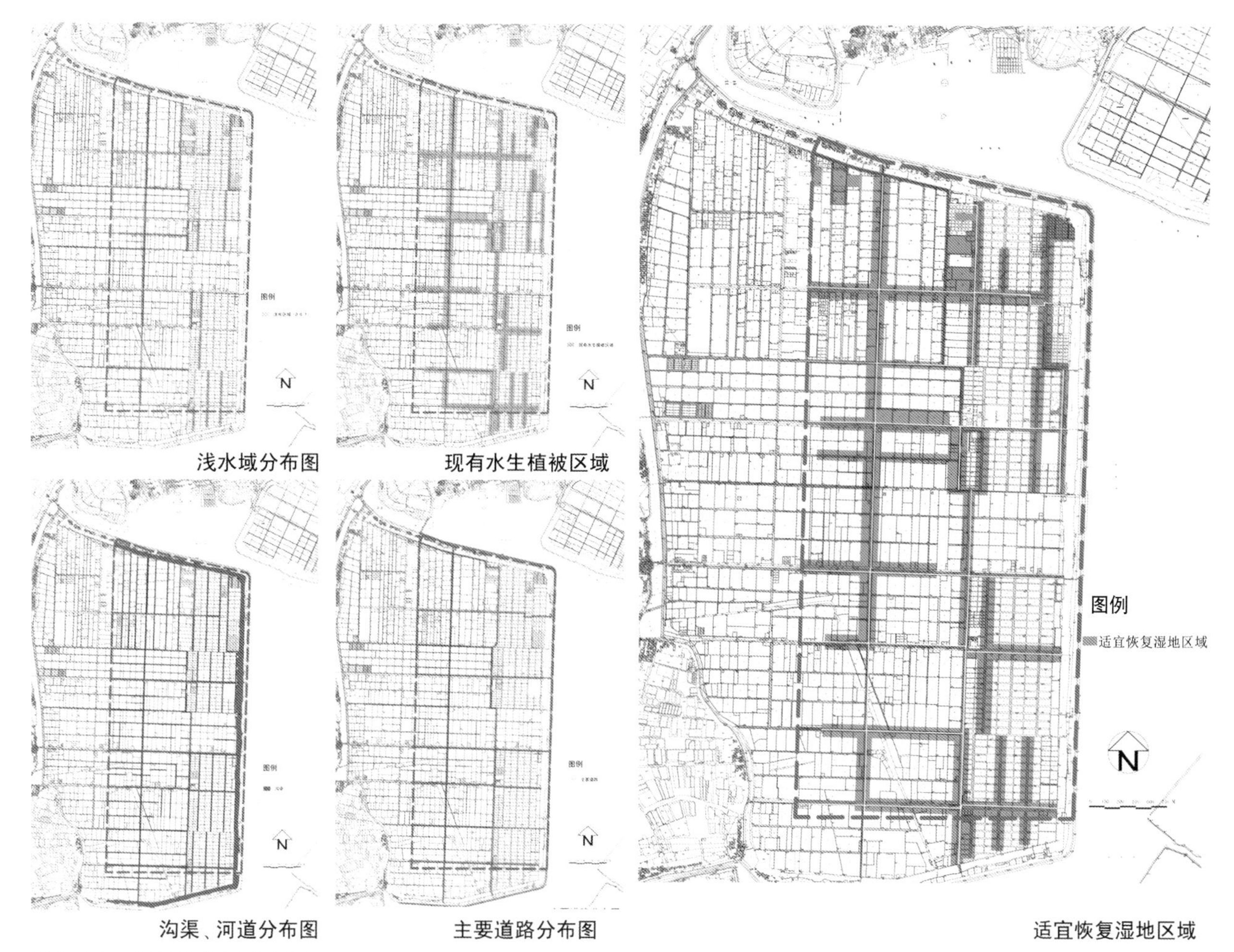

图 2–67　湿地恢复区分析图

（2）适宜建设区域

适宜建设区域条件：①原有建筑范围；②交通较为便利；③对周边用地影响较小；④具有空间发展潜力。

湿地建设区分析技术路线（图 2–68）。

湿地建设区分析图（图 2–69）。

（3）适宜保留区域

适宜保留区域条件：①水体较深区域；②乔木生长良好区域；③现有建筑设施良好；④使用中的道路。

湿地保留区分析技术路线（图 2–70）。

湿地保留区分析图（图 2–71）。

（4）养殖区域

养殖区域条件：①水深 0.8 ～ 1.2m；②鱼、蟹养殖塘。

湿地养殖区分析技术路线（图 2–72）。

湿地养殖区分析图（图 2–73）。

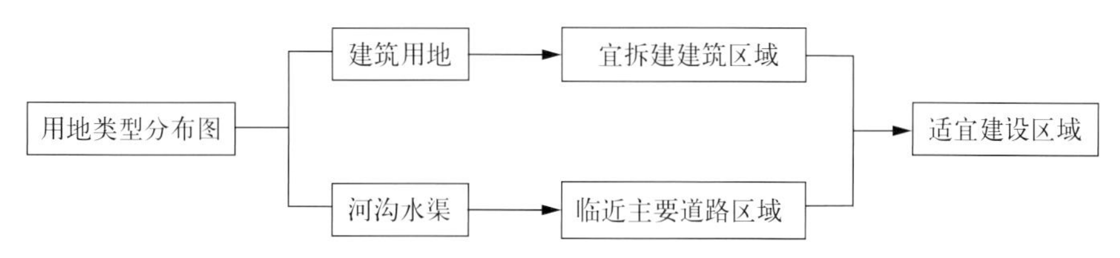

图 2–68　湿地建设区分析技术路线

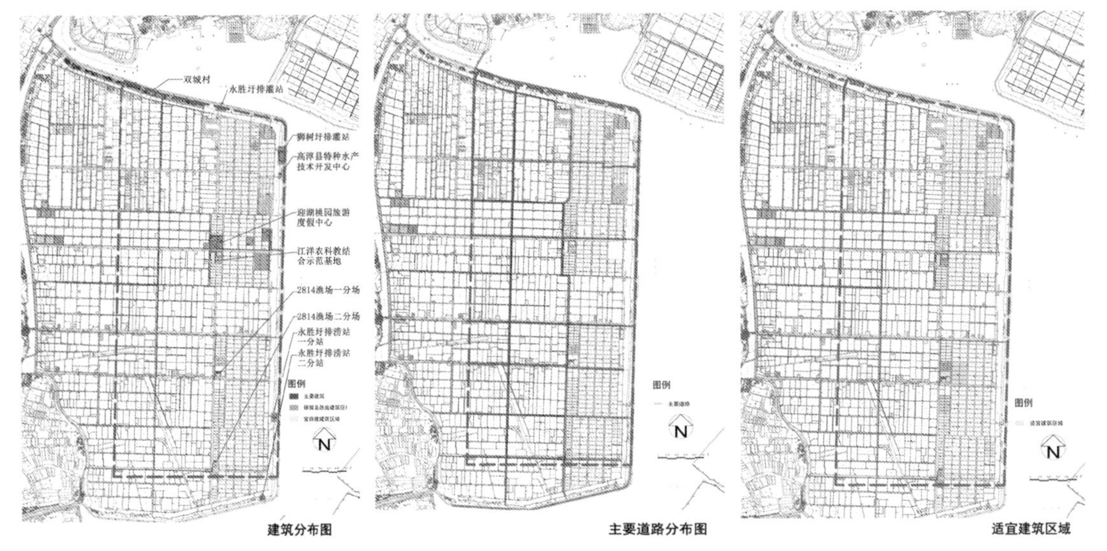

图 2–69　湿地建设区分析图

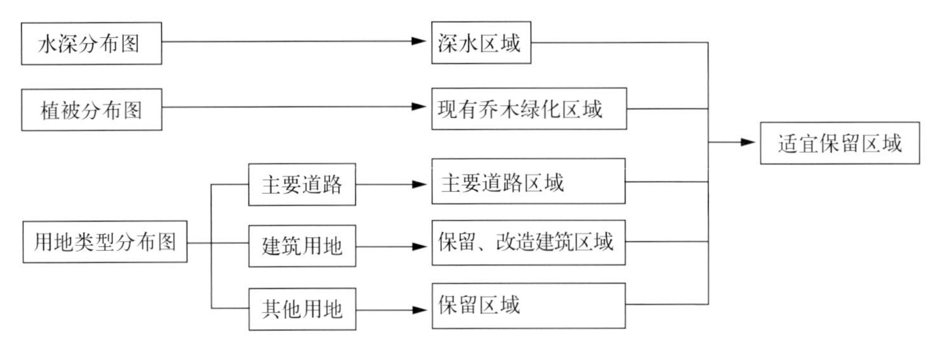

图 2–70　湿地保留区分析技术路线

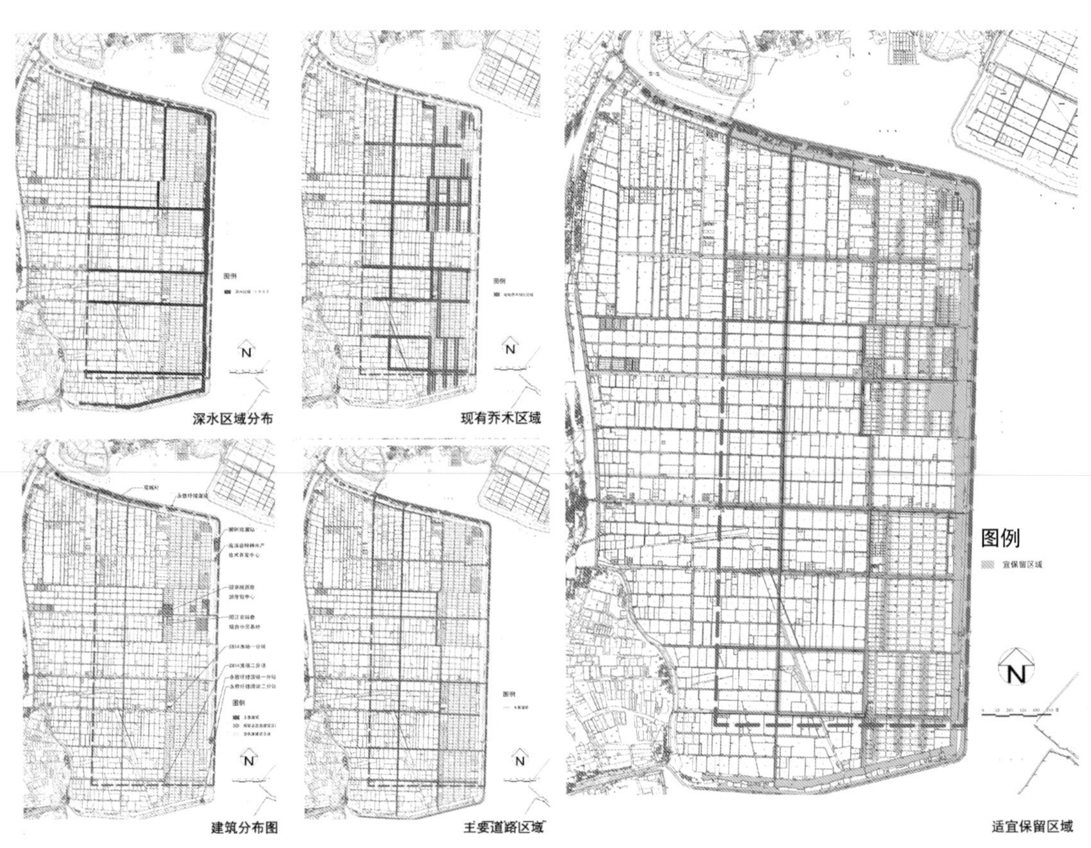

图 2–71　湿地保留区分析图

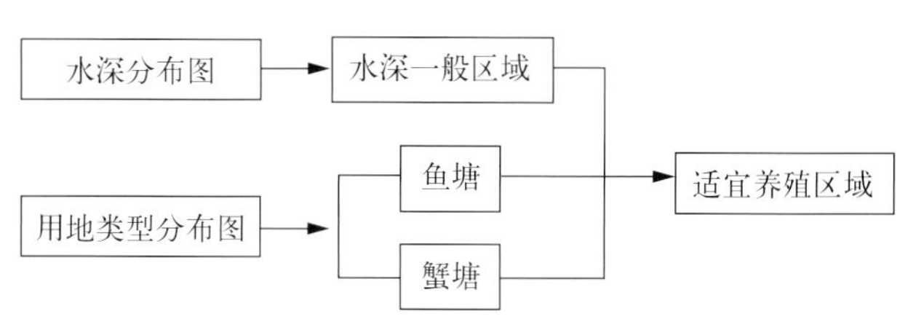

图 2–72　湿地养殖区分析技术路线

图 2–73　湿地养殖区分析图

(5) 场地生态适宜性

场地生态适宜性分析（图 2–74）。

场地生态适宜性分析图（图 2–75）。

根据以上分析可以看出，基地现有生态环境稳定，水文条件优良，具有湿地修复的可能性。依托养殖业成熟这一特点，按照湿地生境的优劣状况，可以将基地作以下分区：

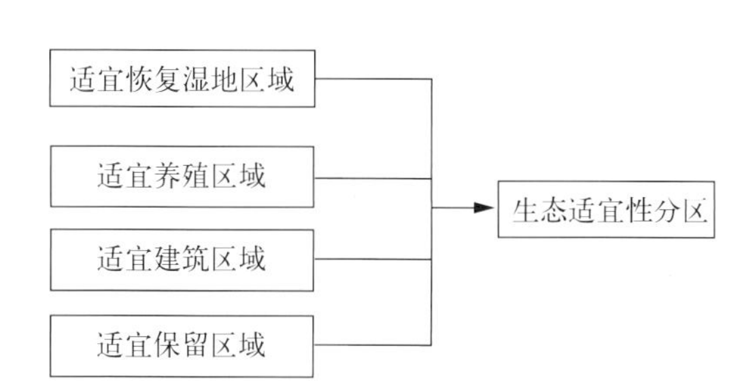

图 2–74　生态适宜性分析

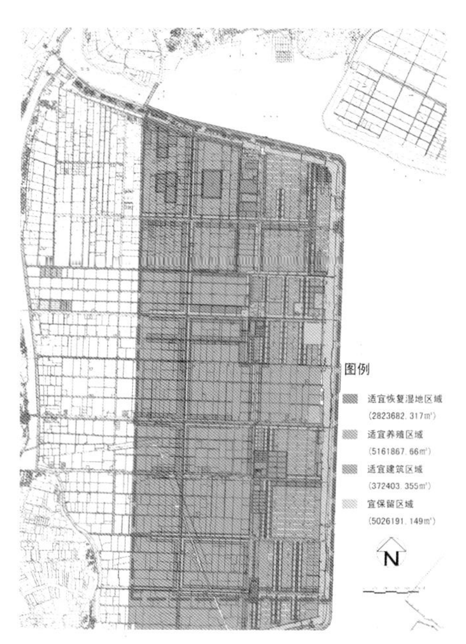

图 2–75　生态适宜性分析图

a）湿地恢复区域：这一区域水深较浅，水生植被基本以浮水植物为主，陆生植被生长良好，具有一定绿化基础，水下土壤营养富集程度较低，具备恢复湿地的条件。宜适当扩大该区域，恢复湿地生境。

b）建设利用区域：现有建筑密度较高区域为主，该区域由于居住（看塘民居）、工业生产（冷库、科技公司等），周边水体以及土壤受到了一定的影响，生态环境差，不适宜进行湿地的修复或养殖。应依托现有建筑实体以及周边交通情况进行改造与建设，部分可根据游憩需要适当位置增设游憩设施。

c）适宜保留区域：这一区域由四部分组成，深水区、乔木生长良好区域不适宜建设，应予以保留。

d）养殖区域：该区域基本为现有养殖塘，基础条件良好，水底基质营养富集，基本无水生植被的生长。宜结合景观营造及游憩需要，聚零为整，形成景观化的养殖区域。

3）空间与功能评价

（1）竖向分析

基地由东侧及南北两侧防汛大堤围合，与固城湖相隔，大堤高约 12.7m，北侧道路路面高约 6.7m。基地内部竖向变化较小，陆地基本无高差，空间缺少变化。基地内常水位高度为 0.3 ～ 2.2m；外围固城湖水位为 8.5m（图 2–76）。

（2）道路交通分析

道路分布：

湿地公园与外界联系的主要道路为湖滨路、丹阳南路。湖滨路和丹阳南路均为双向四车道的新建道路，道路条件较好。基地内部道路呈正交网格状，主要道路为 5 ～ 6m 宽水泥路面贯穿南北，北侧与大堤相接，南侧接固城湖大桥与外部城市道路沟通。东西向有迎湖路、湖滨大道等水泥道路相交接，以及多条沙石路面贯穿基地东西。由图中可以看出基地路网基本能够满足车行，道路平直，主要为生产使用（图 2–77）。

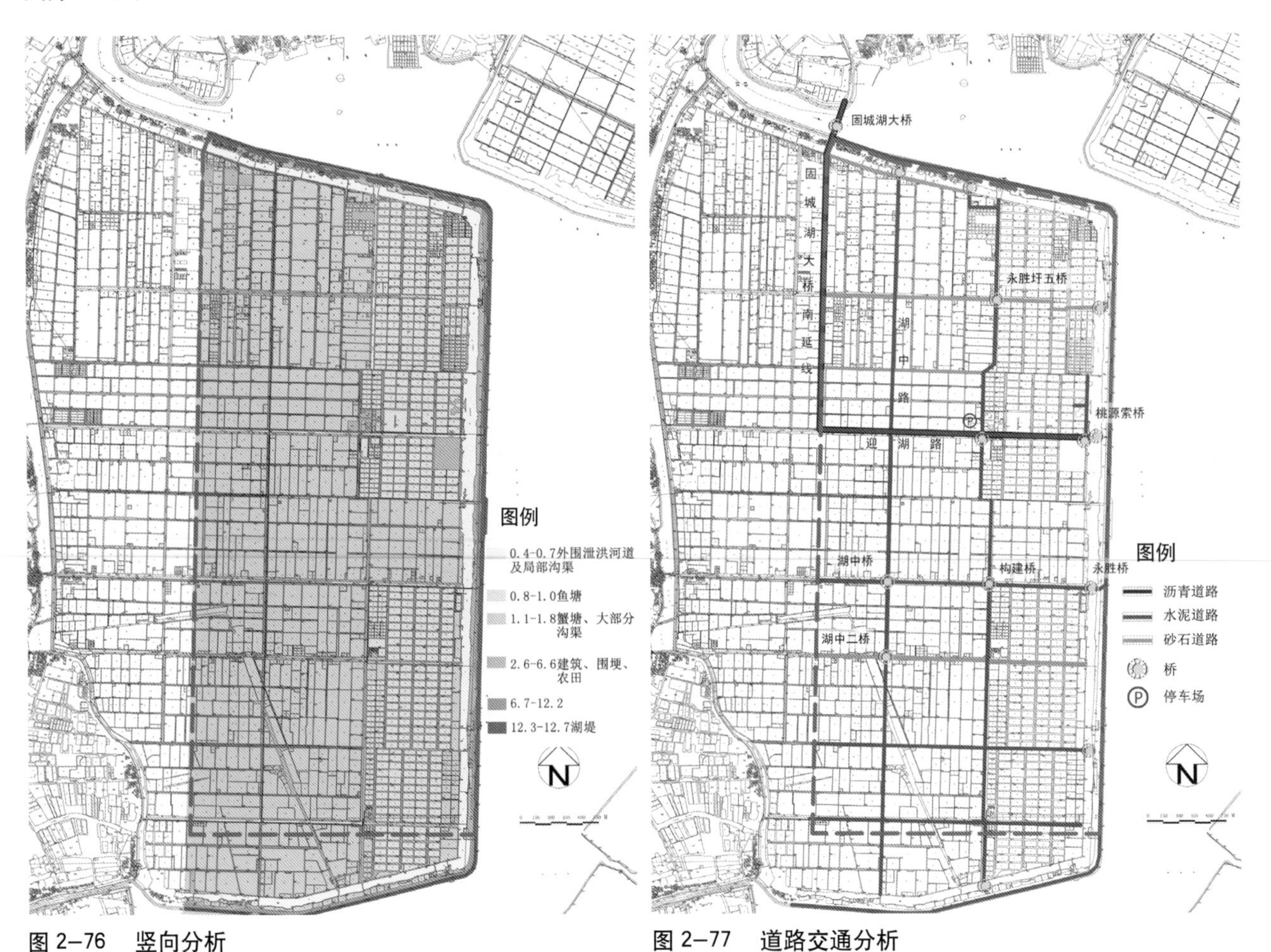

图 2–76　竖向分析

图 2–77　道路交通分析

道路断面：

由基地断面中可以发现，沿路水渠集中在主要南北向水泥道路东侧，东西向道路南侧，沙石路面两侧无水渠。其中南北向水渠宽度较窄，普遍约为5m左右，同时水深较浅；两侧乔木基本为单排，东西向水渠宽度约为15m左右，水渠两侧乔木生长良好，绿量较大，水渠水位低于养殖塘水面高度（图2-78）。

（3）水系分布情况（蟹塘、鱼塘、河沟等）

驳岸分布图：

基地中主要包括两类驳岸：自然式驳岸和混凝土板驳岸，以及少量的石砌驳岸。其中养殖塘大部分为混凝土驳岸，形态平直，周边基本无水生植被。由图中可以看出，东西向沿路沟渠以自然驳岸为主，部分区域有石砌驳岸，其中自然驳岸段水生植被生长良好，空间形态多变（图2-79）。

围埂密度分布图：

围埂面积与水面面积的比值为平均围埂密度，以此为标准可以区分出基地中不同的空间格局分布情况。基地现有水面面积较大，总面积为1282.8hm^2，其中水深小于0.8m处面积为41.4hm^2，占总水面面积的3.23%，陆地面积为347hm^2，其中围埂面积为319hm^2，水泥道路为17.2hm^2，沙石道路面积为1.9hm^2，人工构筑物面积为0.51hm^2，沥青道路面积3.5hm^2。

其中围埂分布情况较规律，与水面的比值在0.37 ~ 0.14之间。由图中可以看出，基地东侧沿河道一侧围埂相对西侧整体较为密集，密度约0.33。其中密度最大区域集中在基地东侧水泥路沿路，水面分割密集，破碎度高，适宜进行地形的填方，易于生成较大区域的陆地及滩地。而密度较小区域，空间形态较为完整，水面面积大，适宜挖方，进行水体的调整，形成湖泊湿地景观（图2-80）。

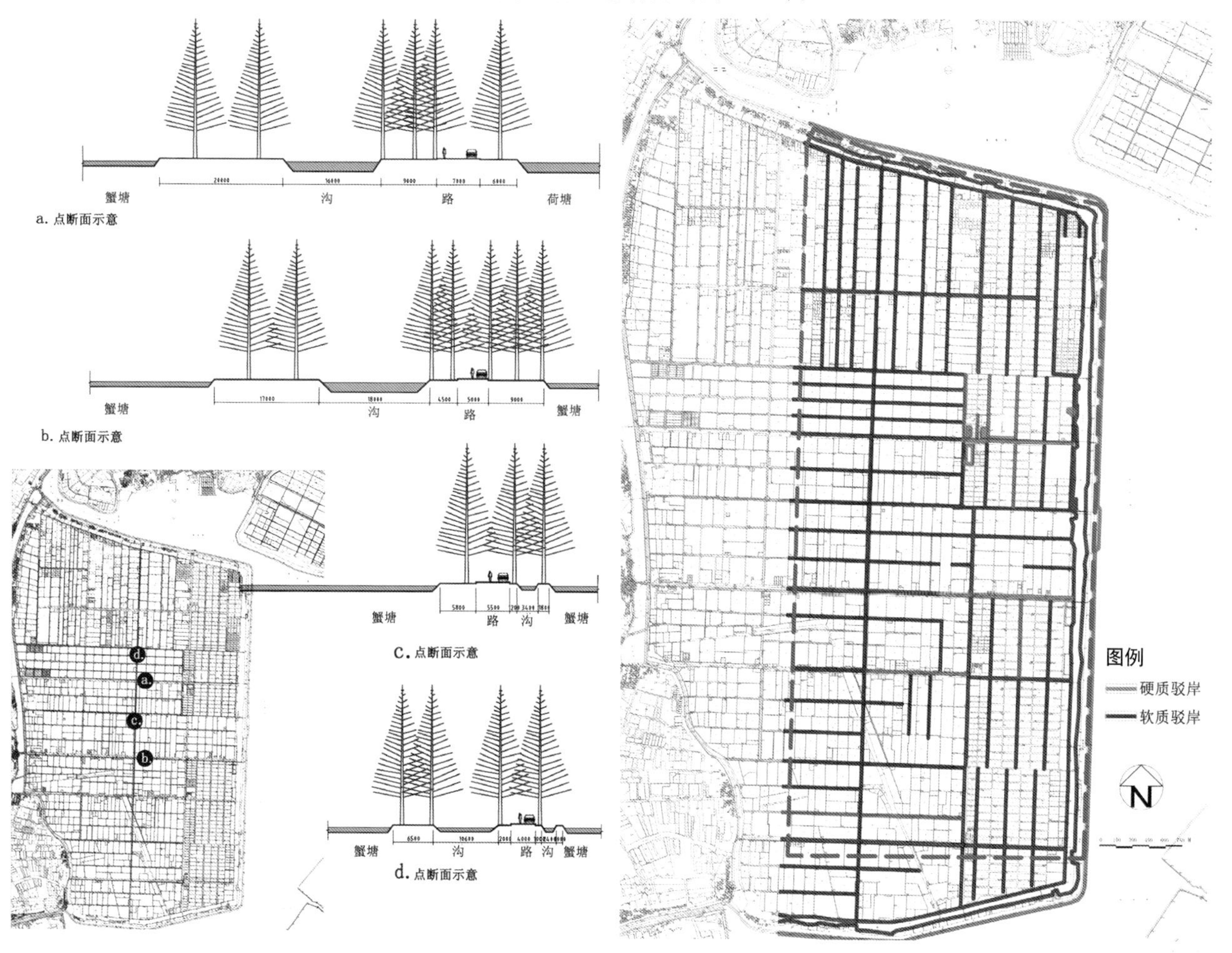

图2-78　道路断面分析

图2-79　驳岸分布情况

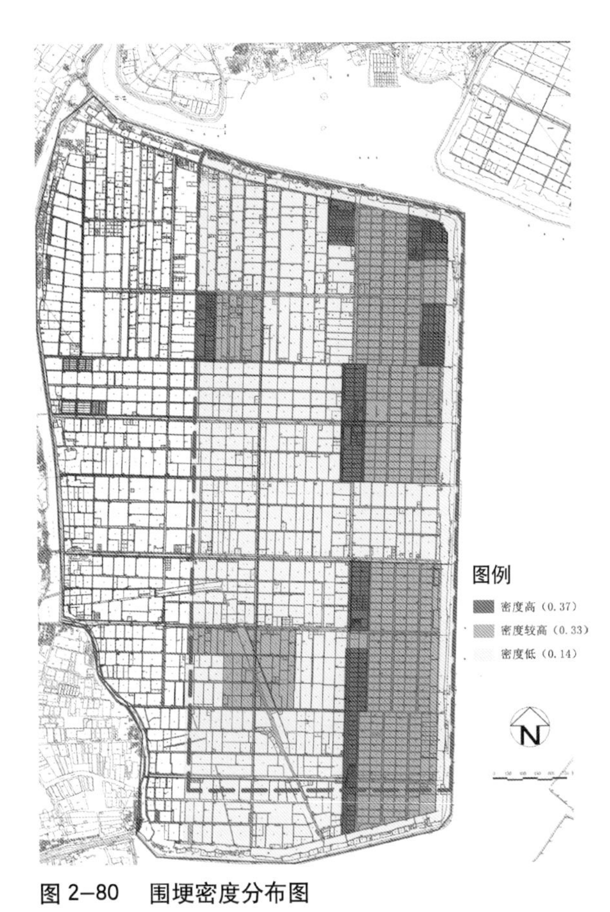

图 2–80　围埂密度分布图

空间评价结果：

优势：

a）基地中现有水面较大，水深小于 0.8m 区域具有一定规模，水位稳定，水体基本以养殖塘为主；

b）场地周边山水格局良好：东侧、北侧有固城湖环绕，东南侧有花山风景区，东北侧有游子山风景名胜区，自然景观资源丰富；

c）东西向沿路水渠驳岸大部分为自然式驳岸，蜿蜒曲折，陆生植被生长良好，空间层次丰富，易于改造利用。

劣势：

a）水体使用类型的单一造成水型较为规整，正交围埂将其划分为均质空间，缺少形态变化；

b）基底内整体地势平坦，基本无竖向变化，难以与山水环境进行沟通；

c）基底空间形态较为均质，南北向与东西向道路交叉呈网格状划分，道路无等级划分，沿路有水沟。养殖塘的水陆比较均质；

d）可用地资源数量较少，可供开发的用地面积有限。

4）统筹空间功能的场地适宜性评价

根据以上对生态与空间的评价，基地具有典型湿地特征以及较为良好的空间形态基础，适宜进行湿地的修复与湿地公园的建设。

（1）场地现有水文条件良好，水深普遍较浅，无须进行干扰即适宜湿地的修复。水深情况易于湿地植被的生长，同时基地由围湖造田而来，地下水位较高，易于进行水体形态的改造与处理，应以自然修复为主，人工干预为辅。

（2）现有绿化环境发展较不均衡，陆生乔木生长良好，水生植被条件较差，应利用现有乔木所形成的林网骨架，补植灌木，在调整水体的基础上增加水生植被，从而在改善基地生态环境的同时形成良好的景观效果。

（3）基地道路交通条件较为成熟，外部交通与城市路网衔接紧密，结合基地周边的山水环境以及高淳县现有旅游资源，可以形成从高淳老街到基地（湿地公园）再到游子山、花山的整体旅游流线。内部道路可以基本满足车行的要求，宜在利用现有条件的基础上适当补充人行道、游步道以及栈道等来满足湿地公园游憩需求。

（4）基地竖向变化小，围埂密度均匀，应适当调整围埂分布情况，整合部分区域的水面面积，调整陆地分布情况，形成由陆地、滩地、农田型湿地、湖泊型湿地以及养殖塘等组成的多类型、多层次的湿地景观。

（5）现有水体养殖业成熟，经济效益良好，应以其为特色进行湿地公园的建设与修复。在调整水面及土方的同时，保留养殖区域；在游览项目中拓展养殖业的外延及内涵，增加相应的游憩项目，与周边山水文化互补，形成以地带性湿地景观为依托，以科学化螃蟹养殖为主体，以生态化游憩为特色的湿地公园。

正如湿地环境具有丰富性与复杂性，各类型湿地基底以及相应环境特征，使不同案例本身具有一定的差异性，这就造成评价内容及因素选取的多样化，但归纳而言，湿地公园有着共同的评价与设计的方法。本章节针对湿地公园的生境、空间以及交通等因素，从单一层面过渡到整体环境进行评价，结合景观环境评价中常用的 GIS 以及数字化叠图法（对传统叠图法的优化），以求从定性描述到定量分析来对场地进行认知。

第 3 章 | 建构集约化湿地公园设计策略 |

集约型景观设计是指在风景园林寿命周期（规划、设计、施工、运行、再利用）内，合理降低资源和能源的消耗，整合多方面设计要求，将量化技术应用于设计全程，在提升风景园林设计科学性与可度量性的基点上，构建具有技术创新意义的景观设计方法体系，促进土地等资源的集约利用与生态环境优化，实现生态效能的整体提升，最终实现人与自然和谐共生的可持续性景观环境。

景观环境本身是一个有机的整体，场地环境各要素彼此相互影响、相互制约，集约型景观设计方法是建立在系统观与整体观的基础上，统筹各设计要素、协调设计过程，通过系统的方法，营造有机协调的景观系统，从而实现景观环境的有机性与整体性。

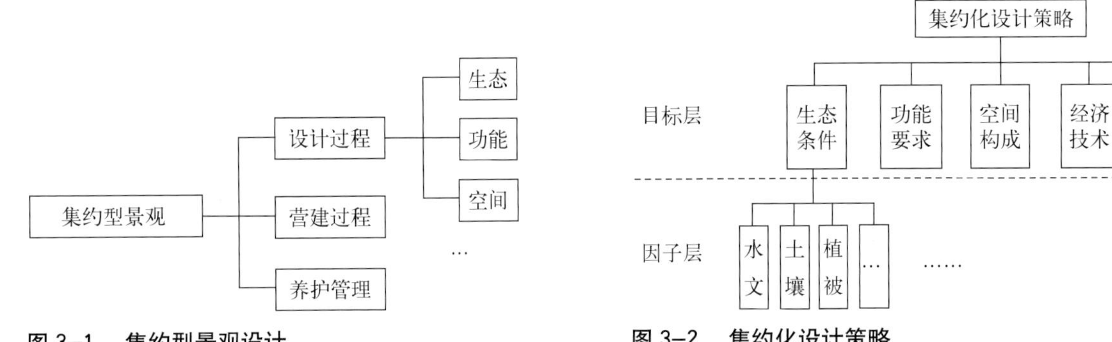

图 3–1　集约型景观设计　　　　图 3–2　集约化设计策略

从整体而言，集约型景观是由设计过程、营建过程以及后期的养护管理三大方面所构成；其中营建过程与养护管理是以设计过程为依托，而设计过程对其他两者具有决定性的意义。这三个方面本身又包括了多目标的设计要求，集约化的设计过程是对生态、功能、空间、文化等多目标的优化（图 3–1）。

景观环境中各要素稳定的网络式联系，保证了系统的整体性，其属性是景观组成要素相互作用、相互影响共同形成的，并非景观要素属性的简单相加。从设计策略与设计方法的角度而言，对某一因素的干扰会造成其他因素属性的改变，因此仅考虑单一设计目标有可能无法满足其他设计要求，甚至对场地环境造成一定的破坏。针对场地中存在的多方面问题，诸如生态、空间、功能等，在客观上要求设计策略与方法必须满足同一层级多种目标要求。

集约化设计策略与方法是实现集约型景观设计的基础，是对整体环境中各资源的主动设计与协调。集约化设计策略与方法是根据对环境资源的分析，以场地适宜性评价为前提，以量化技术为支撑，在侧重满足某一设计目标的条件下，对其他设计要求分别进行二次、三次乃至多次的整合，对某一因素合理调整的同时不影响、甚至优化其他相关因素，使各设计要求之间形成动平衡状态，在减少对生态干扰、对未来空间加以优化的同时满足使用功能、经济投入等目标，从而形成整合多目标的景观设计成果（图 3–2）。

湿地公园是以湿生与沼生生态系统为主体的特殊类型的景观环境，湿地的生态功能是场地中最为重要的因素条件，基于集约化设计理念，满足生态要求是设计中的首要目标。除此之外，湿地公园还应具有合理的功能布局以及良好的空间形态，因此应在提升湿地生态环境的同时兼顾功能与空间的优化，而后两者调整与改造也应有助于湿地生态条件的改善，多目标协调与整合，最终形成整体化、系统化的湿地景观环境。

3.1　基于生境条件的设计策略

湿地生态系统受自然环境变迁的影响，在不断消失与不断形成中自然循环，但由于人类活动对大部分湿地的过度干扰，加速了现有湿地的消亡，而新的湿地难以形成。湿地公园本身即是对被破坏湿地的一种动态保护与合理利用模式，以自然环境的客观规律和自然演替过程为保护的核心，通过适当的人为影响，减缓湿地的消亡过程，维持湿地生态环境，并在此基础上进行场地资源的优化配置和使用。

湿地公园的主要功能是对地域性湿地景观的展陈，湿地公园中的空间调整是以优化湿地生态环境为目标，在满足功能的基础上，形成符合湿地生态条件的地形与地貌。因此对湿地生态环境的保护、恢复以及利用影响并决定着功能分区定位以及场地空间的调整方案，满足湿地的生态要求，是设计中的首要问题。

基于生境条件的设计策略是针对同一公园的不同部分而言：对于具有典型地域性湿地特征，生态条件良好的区域采取保护的方式；湿地生态系统完整，生境条件一般的部分，可以进行适度的人为干预，使其恢复至原有状态；对于环境较差，与湿地公园营造不符，难以恢复的场地可采取人为的改造与调整，使其能够服务并融入到湿地公园之中。

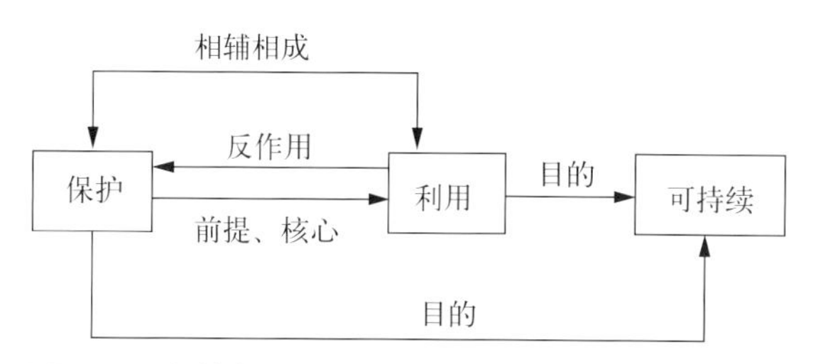

图 3–3　保护与利用的关系

3.1.1　保护与利用优先策略

湿地公园的保护与利用两者并不矛盾。一方面湿地不可能采取完全封闭式与绝对的保护，对所有湿生与沼生环境进行保护并不能体现出对资源的利用效率，同时投入过大；另一方面，湿地生态系统作为一种自然资源，其开发利用程度不是无限的，必须在保持生态环境可持续的前提下，合理利用湿地资源，充分发挥湿地的价值（图 3–3）。如杭州西溪湿地有 1600 多年人为干预的历史，属于次生态自然湿地，已不是国家生态保护区意义上的原始生态湿地。西溪湿地目前面积约十余平方公里，随着周边城市化进程的不断发展，这种湿地规模倘若完全封闭保护起来，则自我维持、自我循环的能力较弱，一旦物种发生衰退，缺少补充，湿地环境将成为生态“孤岛”。因此，在尊重自然生态规律的基础上，科学、适度地加以人为干预，有助于湿地生态环境的保护和恢复。

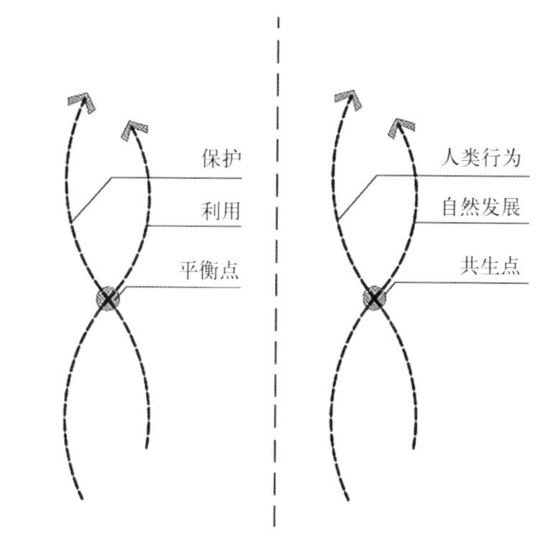

图 3–4　保护与利用之间的平衡

对于现有的湿地资源，既反对一味的保护，更反对不顾资源的过度建设。把握利用的“度”就显得尤为的重要。既要防止保护过度，利用过度，讲求优化利用的平衡，在保护的前提下争取场地效益的最优化。寻找保护与利用的平衡点是关键（图 3–4）。

3.1.1.1　湿地公园生态保护类型

保护好湿地资源是湿地公园建设中首先应予考虑的，这包括了：注重湿地公园与周边自然环境的关联，对原有生物廊道的保护；为各种湿地生物的生存提供适宜栖息的环境空间，保护湿地的生物多样性；保护湿地中珍稀物种、群落，维护具有典型特征的地貌、水体、栖息地等原有形态及代谢过程，保护湿地资源的稳定性。

1）保护具有典型地带性植被特征的湿地

湿地植被是湿地有别于一般生境的指示标志。由于生境的不同，决定了湿地植被类型与构成的差异。如中国华南沿海湿地的红树林景观、华东淡水湖泊湿地和江河湿地景观等。新加坡双溪布洛湿地公园（Sungei Buloh Wetland）属于“重建湿地”（图 3–5），原本该地周边都是各种鱼虾养殖场，20 世纪 80 年代晚期，养虾场迁移，成为大然红树林的保护地和候鸟重要的迁徙栖息地。日前，红树林品种有 20 多种。是保护较好的自然生态区。

图 3–5　新加坡双溪布洛湿地公园红树林景观的保护

图 3–6　湿地公园中设立的核心生境保护区

图 3–7　香港米埔湿地公园中鸟类栖息地的保护

2）保护具有典型演替特征的湿地

保护湿地的自然进程，在湿地环境中对于那些特殊的、有特色的演替类型加以维护。该保护类型强调湿地演替过程，即正处于修复期的湿地。这类演替形式具有一定的研究和观赏价值。尊重湿地自然群落的演替规律，减少人为影响，不应过度改变自然恢复的演替序列，保持自然特性（图 3–6）。

3）保护具有典型动物栖息地特征的湿地

湿地环境中生物资源丰富，这里往往成为候鸟迁徙的驿站。保护典型动物栖息地对于湿地生物的招引、生存与繁衍具有重要意义。在湿地公园中，人们的游憩行为必须受到一定的范围限制，为湿地生物留出生活空间。黑龙江齐齐哈尔扎龙自然保护区是中国著名的珍贵水禽自然保护区，主要保护对象是丹顶鹤及其他野生珍禽。香港米埔湿地位于香港西北，占地约 27hm^2，是生物多样性最丰富之一的亚洲湿地（图 3–7）。冬季，米埔有不少来自中国北部及西伯利亚的候鸟在此过冬。除了水鸟外，为不同种类的野生生物提供重要的居所。美国大沼泽地国家公园（Everglades National Park）覆盖面积约 5665hm^2。辽阔的沼泽地、壮阔的松树林和星罗棋布的红树林为无数野生动物提供了安居之地。这里是美国本土上最大的亚热带野生动物保护地。园内栖息有 300 多种鸟类，其中像苍鹭、白鹭这些美丽的鸟类得到很好的保护。美洲鳄、海牛和佛罗里达黑豹在这里也受到良好的保护。

3.1.1.2　生态保护策略

1）划定湿地保育区

所谓保育区即选择湿地生境条件良好，基底稳定，具有地域性特征的湿地群落或动物栖息地，减少人工干预，以类保护区的方式实现原生环境的完整性。该途径强调依靠环境自身的代谢实现湿生及沼生生态系统的自我修复与维持，同时吸引湿地生物在此栖息。该策略强调对外部干扰的隔离，以对生态的最小化的介入来实现原有生态系统的完整性。

江苏泗洪洪泽湖湿地保护区（图 3–8），大面积的围湖养殖造成了湿地环境的破坏。采取休渔的方式，保护区内拆除了 1.8 万亩（12km^2）的围网养殖网箱，扩建生态林 500 亩（0.33km^2），建立了洪泽湖湿地荷花科技示范园，新植荷花 3000 亩（2km^2），并种植了荻草、芦苇、野菱、芡实等野生植物。新建了鸟类观测站和

图 3–8 江苏泗洪洪泽湖湿地公园保护区——休渔后植被自然修复

鸟类救护站，并采取限制人员进入等方式对湿地进行保护，在没有人为干预的情况下湿地基底正快速地进行自我修复。

如图，在围网养鱼区域，基本无湿生植被生长；在当年休渔抽干水的湿地中，大量的鸟类开始栖息；休渔一年的区域，有一定湿生植被生长，休渔三年场地大量水生植被生长，主要为芦苇、芒等，基本恢复到湿地原初生态环境。

2）人工辅助保护

适当采取必要的人工辅助手段对场地中典型植被群落、珍稀动物栖息地以及鸟类繁殖区等特殊区域加以保护，来帮助实现具有地域特征的典型湿地景观环境。主要包括：

（1）湿地水文和土壤的保护

湿地水文和土壤是湿地形成和演替的根本，也是湿地公园中首要的保护对象，保护具备修复能力的湿地基底对于湿地的可持续发展具有极为重要的影响。

①湿地用地性质应该受到严格保护，在湿地保护区域内禁止开垦和不合理养殖。

②保障上游来水、严格控制地下水开采和河流上游建立拦水设施，保证有充足水流的畅通和行洪、蓄洪功能。对生态保存较好、面积较大的水面，不采取清淤、沟通等人为保护措施，延续其自身良好的生态系统。

③保持一定的水面面积、适当控制水位。防止因分隔湿地而造成水流阻隔、干枯。

④严禁未经处理废水排入湿地。

（2）湿地水生植物资源的保护

①采取合理措施，防止外来优势种侵入对湿地植物群落造成威胁。

②进行合理收割，避免水生植物的过度“陆生化”。

③冬季大多数湿地植被枯败、景观萧条，应注意防火。

（3）湿地动物资源的保护

①保护树林、浅滩、沼泽、水生植物等湿地动物栖息场所不受人为干扰破坏。建立一定的湿地鸟类栖息

繁殖保护区、示范区和保留区以及鸟类监测站，掌握湿地生态环境变迁和野生动物的变化规律。保护湿地生物的迁徙廊道。

②保护淡水资源，加强监测避免水体污染，严格控制附近工厂、农村等污染排放，为湿地动物创造良好的觅食场所。

③严禁非法狩猎，繁殖季节严禁拣拾鸟蛋。

3.1.1.3 合理利用策略

湿地生态环境的合理利用是指：重视湿地水文、土壤以及植被的生态功能，形成具有一定游憩观赏价值的景观环境，适度发挥湿地资源的经济价值。主要策略包括：

（1）合理利用场地水文、土壤等生态资源开展相关科研与科普教育活动

科普教育意义是湿地公园的重要属性之一，湿地优越的生态条件适宜各项科研的开展，因此应有效利用场地条件，发挥资源优势，促进湿地学科的不断发展。如上海崇明东滩湿地公园，作为与鸟类保护区相邻的湿地公园，其设有专门的湿地研究中心以及观测站等，以进行湿地气象、鸟类等的观测分析，同时还承担着承办国内外有关湿地研究与保护、水禽及其栖息地保护的国际学术研讨会。

（2）合理利用湿地景观的观赏价值开展游览、休憩活动

湿生与沼生生态系统是场地主体，湿地景观的展陈是湿地公园的主要功能之一，利用场地资源，凸现基底特征，以对场地的最小干扰来实现最具观赏价值的典型地域性湿地景观。

（3）合理利用湿地动植物的经济价值进行适度商业开发

湿地良好的生态环境吸引了多种生物栖息，同时适宜人工养殖的开展。南京高淳固城湖国家湿地公园原初是以渔业养殖为主的圩田型湿地基底，场地内水位基本恒定，生态条件适宜鱼蟹生长，经过长期发展，已形成以螃蟹生态养殖为主的产业结构。设计保留主要水体，恢复自然形态的水网岸线，并保持一定规模养殖业，有效利用场地环境，在形成特色湿地景观的同时通过生态化养殖实现一定的经济效益（图3–9）。

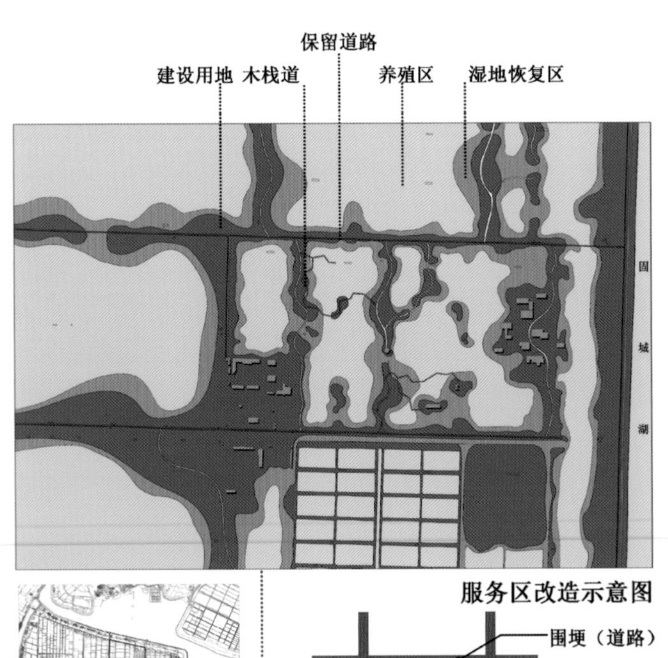

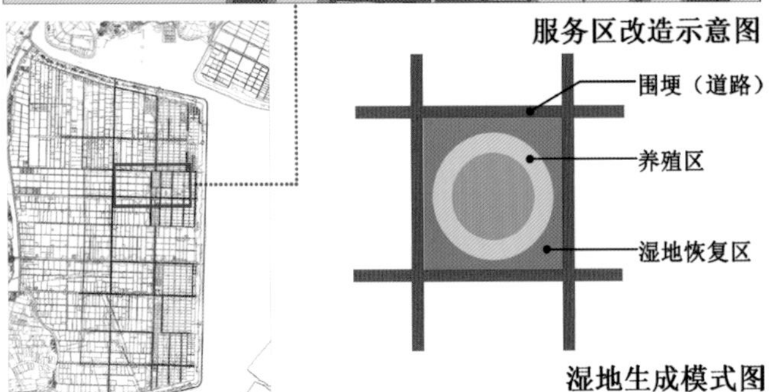

图3–9 南京高淳固城湖国家湿地公园——保留一定养殖区域

（4）合理利用湿地生态特征进行水系的整理与净化

针对如江河型湿地基底、水库型湿地基底以及冲田型湿地基底这类以动水水体为主的湿地环境，湿地作为水系流域中的一个“缓冲带”，能够起到减缓水流速度，滞留污染物的作用，同时，在城市公园中的水体循环系统中，人工湿地的出现也可实现处理与净化水体的功效。

北京奥林匹克森林公园中利用取土形成的表流湿地，结合人工潜流湿地净化公园水体。湿地总面积为41500m^2，以表流湿地植被净化——水系高差变化曝气增氧——潜流湿地净化——生态氧化潭等步骤，通过数次净化，使中水达到地表水四类标准，该系统每天能够处理2600m^{3}的再生水，以及20000m^{3}循环水（图3–10）。

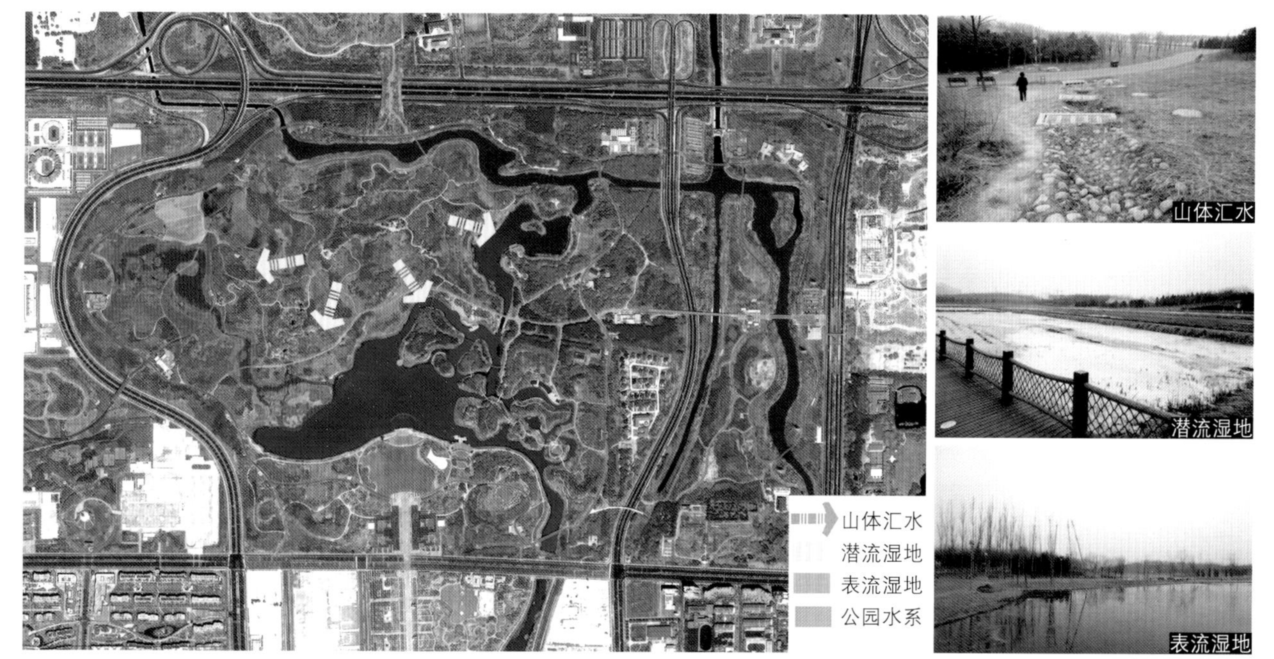

图 3–10　北京奥林匹克森林公园——水体净化

3.1.2　基于生态恢复的设计

当生态系统受损害没有超负荷并且是在可逆的情况下，干扰和压力被解除后，生态系统可进行自我修复，与之相反是超负荷的干扰可致生态系统退化，退化生态系统在消除外部的生态胁迫和足够的时间条件下，仅靠自然过程是不能使系统恢复到原初状态的，必须加以人工干预，创造有利于生态系统恢复的条件以加快恢复进程（图 3–11）。

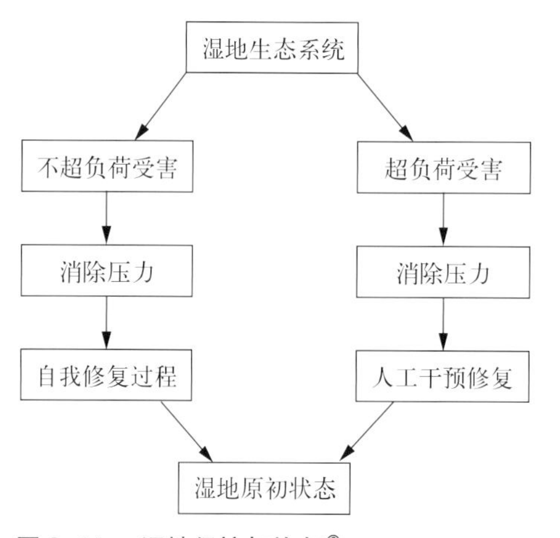

图 3–11　湿地保护与恢复[2]

湿地的生态恢复是针对退化湿地的有效手段，主要根据生态学原理，通过一定的措施人为对退化湿地进行适度的干预，调整和优化系统内外部能量与物质流动，使湿地生态系统的结构、功能以及景观特征尽快恢复到原有甚至更良好的状态。湿地的生态恢复受两个条件制约：一是湿地的受损程度，二是湿地原初特性，退化湿地的原初状态有可能是水体、林地等，是在人为干扰下转换为具有湿地特征的区域，如农田型湿地，因此湿地功能的恢复也是对场地生态环境的提升。湿地的生态恢复目标一般包括 4 个方面：“生态系统结构与功能的恢复、生物种群的恢复、生态环境的恢复以及景观的恢复[1]”。根据恢复生态学，湿地的恢复与利用策略应采取工程与生物措施相结合的方法，大致可以概括为湿地功能的恢复以及湿地生境的恢复。

3.1.2.1　湿地生态功能的恢复

湿地功能的恢复与利用主要是指通过一定工程技术手段再现干扰前湿地生态环境应有功能，包括湿地水环境以及土壤环境的恢复。在恢复的过程中，要完全恢复所谓的原生态是不可能的，因此关键在于充分考虑土壤、植被以及水文之间的相关性，恢复生态系统原有的生产、转化、分解和代谢过程。

① 鞠美庭，王艳霞，孟伟庆等．湿地生态系统的保护与评估 [M]．北京：化学工业出版社，2009：73–74.
② 吕宪国，刘红玉等．湿地生态系统保护与管理 [M]．北京：化学工业出版社，2004：254.

1）水体功能的恢复

水环境是湿地形成、发展以及再生的关键，是湿地功能恢复中最为重要的因素。湿地的水文功能包括调蓄洪水、补充地下水、净化、提供水源、调节气候等①，水环境的恢复是指改善水体条件，有效控制水位与调节水质，还原湿地水文过程，实现原有生态功能，相关恢复策略主要有：

（1）湿地水文过程的恢复，对流动水系分区，调节水位高差的变化，减缓水流速度，恢复湿地水体对泥沙的沉积作用；疏浚河道，控制上游取水，恢复湿地的供水机制；

（2）水体自净能力的恢复，一方面，治理水体污染，限制场地周边污染源的排放，同时恢复湿地植被群落，提高植被的矿物质吸收能力；并且调节地形，依托水位的变化，完善湿地水体厌氧—需氧过程；

（3）水位补给功能的恢复，建立雨水收集系统，有效利用地表水、雨水及地下水补充湿地水源，改善地表水与地下水之间的联系，使两者能够相互补充。

2）土壤功能的恢复

湿地土壤的功能主要包括生态功能，提供生物栖息地；净化湿地水体，滞留养分；分配循环功能，分配调节地表水等。湿地的不合理利用，如围湖造田、采砂等造成了湿地土壤的退化，硬质驳岸、河道改形、人工作物的种植等干扰行为也导致了湿地土壤受侵蚀严重、富营养化等，因此湿地土壤的恢复总的来说针对两个方面：

一方面是动水水体冲刷条件下的土壤环境及肥力的恢复。由于河道、湖泊岸线的人为取直以及硬质驳岸的使用，导致水流速增加，湿地岸线萎缩，土壤中有机质无法滞留，针对该情况，可以采取加强湿地基底的物化滞留方式，如设计缓冲区，增加地形的变化以降低流速促使养分随泥沙沉降，在河底与地表水体交换从而降低养分向下游的输送量。同时缓冲带吸附、滞留、分解等方式有效地过滤地表营养元素流入河流，防止对水体造成污染。也可以利用合理配置湿生植被以及生物，实现对水体有机质的吸收，从而引起生物滞留，将养分储存在生物系统内部。最后，也可种植地带性耐水湿乔木，在实现景观效果的同时进行固土，减少水体对土壤的冲刷。

另外一方面则是改善由于人工养殖等造成的土地富营养化以及土壤结构的改变。圩田以及人工养殖塘在人工干预前即属于湿地基底，其是对湖泊、河流等大面积水体的人工改造与利用，但过大规模以及不合理的生产方式导致了这类场地中土壤富营养化，受化肥和农药的污染严重，并且机耕、开挖水渠等干预造成了土壤结构的变化，相关研究表明："土壤退化，土壤含水量持续减少，尤其土壤表层（0 ~ 20cm）含水量减少迅速，人为扰动对湿地的蓄水功能破坏很大②"。针对这类问题，首先应适当减少场地中围垦以及养殖的面积，控制土壤污染，必要情况下可适当去掉顶层土壤，引种乡土植物以及稳定湿地表面。

3.1.2.2　湿地生境的恢复

湿地生境的恢复是依托合理的湿地生态功能，扩大湿地面积，最大限度地恢复湿地植被，为鸟类、鱼类等各种湿地生物的生存提供最佳的生息空间，提高生境的异质性与稳定性，同时防止外来物种的入侵，主要包括合理恢复地带性群落，改善动物栖息地，完善湿地生态结构等。

1）地方群落的恢复：借鉴当地湿地野生植物资源，恢复植被群落结构，调整农业种植以及林业种植的结构，改善栽植条件，引入当地乡土植物，丰富湿生乔木—湿生灌草—挺水植物—沉水植物群落，促进草木再生，形成自然演替序列，防止外来优势种的侵入。

2）动物栖息地的完善：保留一部分现有的环境，保持冬季湿地植物的绿量和生物量，完善食物链。任何一种生物在生态系统中都与其他生物有着或多或少的联系，在这众多的联系中，食物链关系最为重要，只有

① 鞠美庭，王艳霞，孟伟庆等．湿地生态系统的保护与评估 [M]．北京：化学工业出版社，2009：29.

② 王世岩．三江平原退化湿地土壤物理特征变化分析 [J]．水土保持学报，2004.6：168-174.

在保证食物的前提下，各类生物才能正常的生长繁育。

适当设计和安装特殊装置，例如招鸟录音装置、投食装置、人工鸟巢、媒鸟等，吸引鸟类停留、栖息与繁殖。如洪泽湖湿地对震旦鸦雀的保护，该鸟类模式标本产地为南京，是特有珍稀鸟种，其飞行能力很差，必须依赖湿地周边芦苇荡的环境生存。因此，采取模拟其栖息环境的方式，在芦苇荡中营造多个纺锤形的人工鸟巢，来吸引其进行栖息。

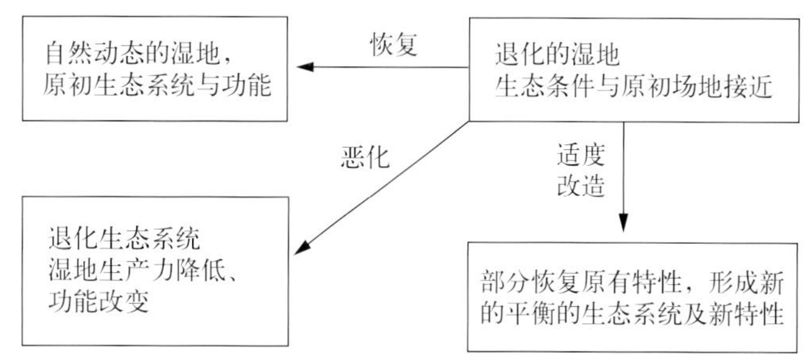

图 3–12　湿地恢复与改造

3.1.3　基于适度改造的设计

恢复是指生态系统原貌或原先功能的再现，是对生境条件的直接恢复，适于受干扰程度较少的湿地。改造则指在不可能或不需要再现生态系统原貌的情况下，有效利用与整合各环境资源，协调功能要求营建多样化的景观环境（图 3–12）。

3.1.3.1　水环境的改造与利用

不同的湿地基底水体条件各异，景观特征不同，所采取的改造方式也应有所区别，如河流湿地，尤其是河漫滩湿地，对其改造应采取疏浚河道，增加水流持续性，控制沉积物等措施，以减缓其陆化过程，扩大湿地面积；而对于湖泊湿地基底而言，由于湖泊普遍属于静水水体，湿地面积较为稳定，其主要问题集中在水质的净化及排污等方面，因此应采取污染源控制、清除底泥以及生物调控等方法，改善水体景观环境。根据各类湿地基底的场地特征，水环境改造措施归纳而言主要包括以下几个方面（表 3–1）：

（1）水位调整：控制汛期水位以及旱期地下水位，尽可能地减少水位的剧烈变化，考虑水位变化带来的景观效果的不同，模拟自然水位形态，营造多类型、多尺度的湿地水体景观。

水环境改造策略　　表 3–1

存在问题	调整方式	策　　略	应用范围
水位调整	调节河道水位	水闸、调整河道形态……	江河型湿地
	增加河滩宽度	采用生态驳岸、种植湿生植被……	江河型湿地
	补水	人工补水、河道供水、场地内部节水……	江河型湿地、湖泊型湿地
水系改造	增加静水区域	形成水塘与洼地等静水区……	江河型湿地
	增加岸线长度	增加区域斑块数量，减少硬质驳岸，增加间歇性淹水区域，适当恢复漫滩以及泛洪区，增加水陆交接面，形成蜿蜒曲折的岸线……	湖泊型湿地
水体净化	疏浚	拆除效能低下阻隔水体流通的闸坝，恢复通江湖泊的口门，合理调度闸坝等工程设施，疏浚阻碍水系连通的河道以减少风浪、在局部区域清除底泥来提高水体透明度以及降低营养、含盐量……	江河型湿地、湖泊型湿地、滨海型湿地
	污染源控制	水文过程的连续性，严格控制湿地水源的水质，改善入湖河流的水环境，退田还湖，定期进行底泥质量监测……	湖泊型湿地、农田型湿地
	净水控制、过滤系统	沉淀过滤、生物过滤、平行过滤、重力过滤系统……	江河型湿地、湖泊型湿地
防洪蓄洪	汇水量的控制	设计湖泊的泄水通道，用以防洪和使湖泊水体流动，使湖水更新并降低矿化度；扩大上游汇水区域……	湖泊型湿地、农田型湿地
	水流速控制	降低洪峰时过水速度，防止水土流失，同时在场地中形成大面积的自然水景，满足景观需要的同时汇水蓄水；改善河道驳岸，将河道岸线改直取弯……	江河型湿地、农田型湿地

（2）水系改造：保持水体与周边环境的沟通与联系，增加水体与湿地的连通性，营造静水——动水、深水——浅滩、大水面——岛屿等多种类型的水、陆关系，实现生物群落多样性。

（3）水体净化：在截污的基础上，改善水质条件并进行基底改造，恢复湿地水体功能的同时形成水质良好、具有一定自净能力的湿地景观，实现湿地水环境的健康与可持续。

（4）防洪蓄洪：调节汇水量以及水流速度，控制水体置换周期，保证湿地水文的有效利用以及游人观赏的安全。

除水体质量、水文过程的改造外，整治水体功能，实现水资源的高效利用也是湿地水系处理的重要方向。在实现良好生态功能的同时，水系改造中应发挥水体的景观效果、游憩要求以及农业灌溉等作用。

南京大石湖位于南京市南郊牛首山北麓（图 3–13），以牛首山北麓汇集地表水为主要水源，大面积水面位于基地西南侧，其中汇水面积 0.35km^2，常水位 36.7m（吴淞口），水库库容 33.3 万 m^3，水库始建于 1958 年，原名大石头水库。至 2003 年，土石坝体渗漏严重，平均每 2 年下游村庄及农田淹没一次，给居民生活生产带来极大危害。大石湖下游周围散布多个池塘，原有的自然及人工水体彼此独立，缺少必要的沟通，其景观与蓄洪调节能力均难以满足基地开发需要。设计针对现场状况，结合景观改造因地制宜“延山引水”，在疏浚水系结构、改善水质的同时，优化园区景观空间格局，并进一步维护生态环境稳定。

根据区域南高北低的地貌特征，设计充分利用南部丘陵地带的地表水汇聚到中部的大石湖，再经由大石湖分流一部分入规划中的露天浴场，再经由露天浴场向下游依次流经水产养殖区、垂钓中心、水生植物园。从丘陵地带汇聚到大石湖中的地表水，经过沉淀，保证了流入露天浴场的水的水质，而通过露天浴场、垂钓园区水中所含的有机质成分逐渐增多，水质较适宜水生植物的生长，同时下游水生植物充分吸收水中有机质，起到了净化水源的作用。通过采取简单的自然生态模式规划整个园区地表水系，清淤后连接基地周边以及北部地区的灌溉用水塘，即可进一步作为农作物的灌溉用水，实现水资源的生态化利用。同时设计中结合地形、地表水资源进行景观环境营造，充分利用现场地形地貌，因地制宜，塑造湖泊、湿地、跌水、溪流、岛屿等各种形态优美、富于变化的景观环境。

3.1.3.2 植被的调整与利用

湿地植被作为形成湿地环境的重要因素之一，其具有的生物自净能力以及强化湿地生态功能，植被状况直接关系到湿地的生态质量，植被的调整与利用主要针对群落配置不合理，无法发挥其生态效应，缺少典型湿地特征的绿化环境等问题，在充分调查的基础上，根据环境的差异以及景观的要求进行自然移植、种植或结构调整。在植物配置时除考虑植被种群的生态特征外还应强调植被的空间层次、季相变化、色彩搭配等，从而形成自维持能力好、建设成本低、景观效果良好、易于管理养护植物种群。在改造中应注意以下问题：

①地带性植被的保留与种植，乡土植物能够很好地适应当地自然条件，具有很强的抗逆性，对环境干扰小，易于成活；

②合理配置乔灌木、挺水、浮水、沉水植物的比例，以多种类型的湿地群落组合凸显湿地景观特征；

③注意植物主辅种类的选择，主调植物通常种类较少，数量较多，是湿地植物景观的主体，而辅调植物应类型多样，观赏性强，易于成活；

④考虑湿地植物所具有的观赏价值，强调植被群落的景观效果，适当引种在环境中适宜生长，具有观赏价值的树种，提高湿地公园科研、教育以及旅游等方面的价值与作用，但应注意对引进物种进行谨慎的评估，防止因为物种入侵而造成灾害；

⑤减少园林植物种类的应用，如修剪工整的绿篱、规律成行的行道树等，以保持湿地的自然特性；

⑥应尽可能保留与选用环境内原有草本植物，避免大量人工草皮对水体造成污染，同时原有草本植物多为林下次生植被，其与大乔木构成了特色化的湿地景观；

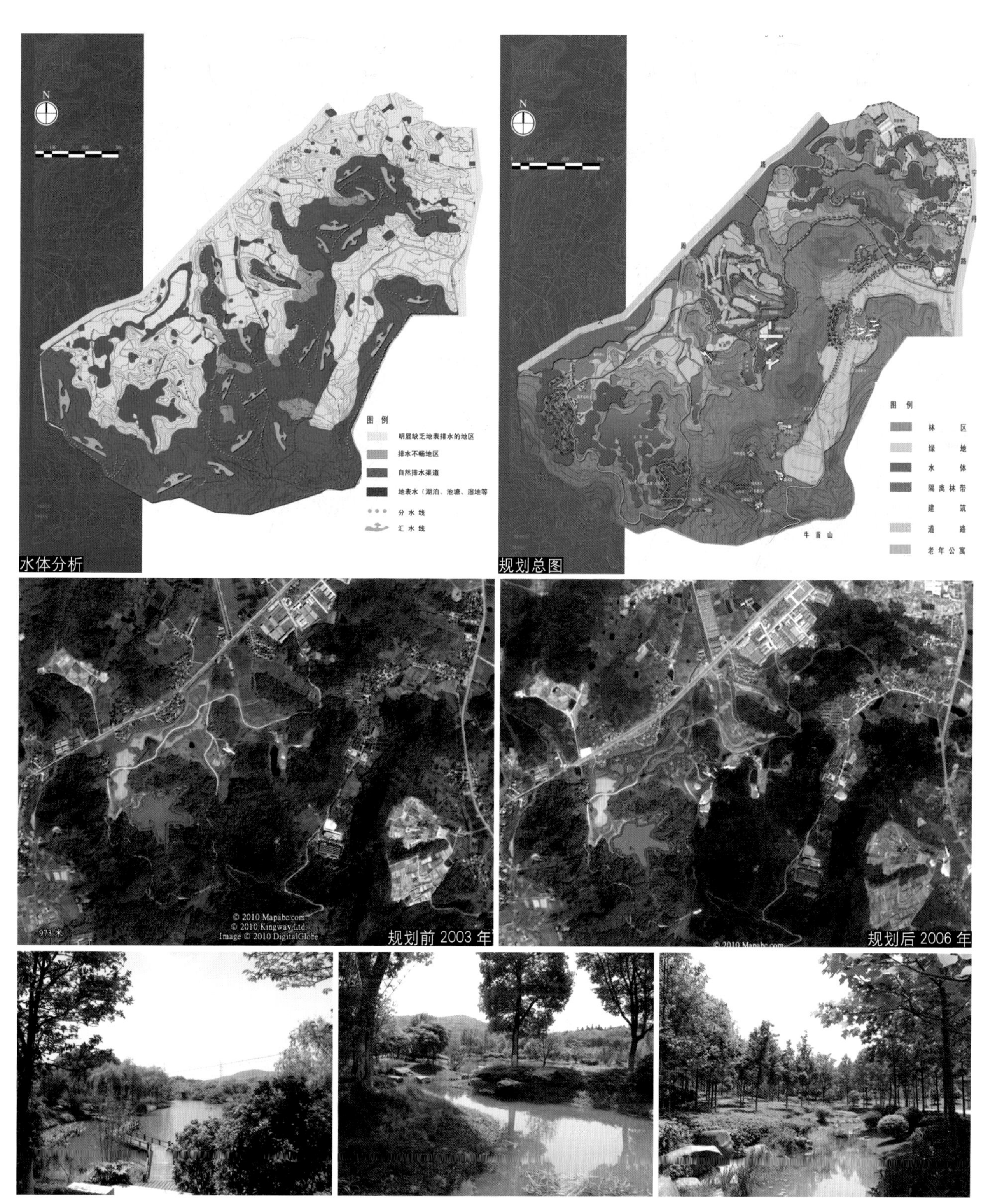

图 3–13　南京大石湖水体改造

⑦树种选择考虑鸟类及其他生物的栖息，减少防护林网这类线性乔木林，为鸟类活动提供更大空间。

3.1.3.3　湿地动物生境条件的改造（表 3–2）

湿地动物生存条件的改造主要是指采取改善动物栖息环境，引进地带性的湿地生物种类，实现物种数量的增加，以增加湿地生物多样性，提高湿地的观赏价值，相关策略主要包括如下：

（1）动物栖息环境的营造，根据湿生动物的存留规律，营造出吸引不同类生物的栖息地，增加场地内动物种类及数量的同时形成多样的湿地景观环境。

动物栖息地环境改造 表 3-2

湿地景观	动物种类	环境特征
湿地森林景观	杜鹃、啄木鸟、画眉等攀禽	成片栽植耐湿乔木以及林下地被，临水有灌丛
泥沼湿地景观	无脊椎动物，特别是软体动物	河流的两岸、湖泊的边缘具有较大面积的泥沼地
芦苇丛湿地景观	涉禽、鸣禽等	湿地的主要景观之一，这种类型的湿地地势低洼，有发达地下茎的挺水植被生长，形成以芦苇、荻等挺水植被为主，其间有小面积的苔草类植被的群落，植被茂密适宜鸟类栖息
开阔水面景观	游禽，如天鹅、野鸭等，涉禽，如白鹭、灰鹤等	较大面积的水域、空间开阔，远离游客及道路
……	……	……

（2）人工养殖：在人工营造动物栖息环境的同时，也可采用人工养殖的方式引入地域性强，观赏价值高鸟类及两栖类动物，通过相应的养殖手段使其适应场地条件，能够在环境中繁殖生存，在候鸟季节性迁徙，食源不足，动物种类数量降低时，这些动物种类与群体保持数量上的稳定，从而满足公园游憩观赏需求。

（3）增加动物食源：在进行植物种类选择时，注意挑选益鸟型和益鱼型植物，如秋季产果实的树种能为迁徙的鸟类提供食源，沉水的藻类吸引某些鱼类等，同时还可增加一定的蜜源植物来吸引蝶类及其他昆虫的繁殖。

需要注意的是不能盲目地因追求物种多样性而忽略了生物的适生性。湿地公园并不是湿地博物馆，动物的引进要遵从以下几点要求：引进与养殖的动物应是典型湿生动物，能够反映湿地作为栖息地的环境特征，同时应具有一定的观赏性与代表性，能够突出体现公园的环境特色，最后应注意采用应用地域性的湿地生物，在满足前两点要求的同时营造安全的湿地生态系统。

3.1.4 湿地景观可持续化策略

湿地公园景观可持续化是指通过调整和优化湿地景观格局，协调保护与利用之间的矛盾，利用湿地自身固有修复代谢以及能量交换，来维持湿地公园各种功能的有效发挥和可持续利用，相关策略主要包括：

1）充分利用场地自身条件，控制人为干预。湿地生态系统是一个高效的能量体系，本身的能量流动就具有低消耗、低维护、高产出的经济性，在湿地公园建构中应有效利用湿地的生态特征，发挥其自身功能效益，以尽量小的生态代价换取较大的产出。

如对于生态条件良好的湿地环境，应以保护为主，不加以人为干预，充分发挥湿地环境自我调整、自我维持的生态特性；而生态条件较好，具有一定改造潜质的区域，则可通过适度人工干预和自然修复相结合的方式加速其演替，使其恢复湿地原有生态环境，在投入较少的情况下实现湿地的生态效用；对于具有湿地特征，生态难以恢复的区域，可将其作为湿地游览、展示区域，完善湿地生态环境的同时提升其景观功能。

2）调整湿地公园景观结构，维持湿地完整性。湿地环境中各因素相互影响，生物之间能量流动、物质循环存在于整个系统内。湿地公园中的湿地面积通常较小，破碎化较为严重，连通性差，生态环境不稳定，因此设计应考虑适当优化景观结构，保证湿地空间、生态上的完整性。

一方面要注意保持湿地与周边自然环境的沟通，保证生态廊道的畅通，避免营建人工设施形成阻隔，如将公园水体与外部水体相连，恢复生态廊道；另一方面，减少对原有湿地空间的分割，保持湿地水陆环境的完整性，尊重原有场地空间形态，如尽量不考虑大面积人工草坪、硬质驳岸的设计等。

香港湿地公园在这一方面采取了多种设计手法（图 3-14），公园内采用步行系统，公园中的桥梁也使用块石拼合而成，中间留有通道，以便于生物的穿越，起到类似作用的还有木栈道下堆放碎石、种植植被，以增加动物穿行时的隐秘性。公园几个水池之间的水坝也采用自然堆砌的石块，而非混凝土砌筑，以给湿地动植物留有生长栖息的空间。

图 3–14　香港湿地公园的桥梁与道路

图 3–15　香港湿地公园的“3R”设计

3）强调使用地域性物种，并重视生物的安全管理。湿地公园是以典型地域性湿地景观的展陈与游憩为主要功能的景观环境，较自然湿地而言动植物种类丰富、数量密集，更具有观赏价值。因此，湿地公园营建过程中不可避免进行物种的引进。

为保证湿地生态环境的稳定，一方面，物种引进应以地带性植被以及乡土物种为主。地带性植被不但最适宜于在当地生长，而且管理和维护成本少，在如季节性干旱、虫害等灾害下能够实现长期的自我维持，并对水土环境起到一定的保护作用，同时，乡土物种也有助于维护与构建地域化的湿地环境，形成富有特色、易于养管的湿地景观。另一方面，应对人工种植、养殖的植物与动物加强管理，防止种植量过密造成生物代谢量增大，引起湿地的退化。

4）以“3R”为目标，提高资源利用率。3R 是指减量化（reducing），再利用（reusing）和再循环（recycling）。

湿地公园的营建过程中一方面应提高对降水、风能、土壤等自然资源的使用效率，发挥其生态功能，如采取雨洪管理措施进行雨水收集，综合利用雨洪补给湿地水源，减少人工给水的大量投入；另一方面保护不可再生资源，有效利用湿地景观资源，如典型地域性植物群落、历史遗存、民俗风貌等。合理使用自然材料，减少人造材料对湿地生态的影响，如采用木桩进行护堤护岸，景观效果好，并有利于生物的栖息。适当采用废弃材料加以景观重组，实现资源的再循环。

香港湿地公园内减少硬质石材道牙的使用，采用低于路面的石子立插，收集路面雨水至周边绿化中，同时景观效果良好；室外的洗手池采用钢材与木材等可回收、可再生材料；公园保护区围墙使用了湿地每年代谢下来的芦苇制成，有效地利用了废弃材料，实现资源的再循环（图 3–15）。

5）重视自然演替过程对规划结果的影响。由于自然要素占主体，景观环境随着自然演替是生长变化着的，不同时期场地呈现出各异的生态特征。湿地位于水生生态系统向陆生生态系统的交界处，其形成过程是水体陆化和陆地水体化的过程。这造成了湿地具有两种演替方向，因此其生态系统常处于变化中，具有不稳定性，规划设计中应重视自然代谢过程对最终成果的影响。

一方面在设计中可采取相应的控制措施，减缓因人为造成的湿地转化，形成相对稳定，具有一定观赏效果的景观环境。如湖泊型湿地经由水底升高及植被沉积形成，因此湿地公园中应对植被的代谢量加以考虑，并采取一定的清理措施以防止湿地陆化。另一方面，对于因周边整体大环境所导致的湿地的自然演替过程，在设计中可采取适度保护、减少干扰的方式，将其作为特殊景观展示类型，增加公园的观赏价值。

3.2 满足使用功能的设计策略

湿地环境本身就是一个完整的系统，湿地公园建设中人为的干预并非是与自然系统简单的"叠加"或"并列"关系，而是追求两者的和谐与共生。理想的湿地公园设计应在不影响场地生态条件的同时满足一定的利用要求，即湿地公园的功能。

与建筑空间的功能不同，景观空间没有具体的如接待、居住等功能，其是由自然及人工环境构成的四维空间。除三维的围合空间外，随着时间的推移，季相变化、植物生长，景观多变具有不确定性。作为以湿生、沼生生态系统为主体的景观环境，湿地公园中水位的变化、过水区域的大小、湿地植被的代谢等，都使环境呈现出多变的景观效果。

自然景观环境自身有着和谐、稳定的结构与功能，因此使用功能的介入必然要适应环境原有"设计"。湿地公园与其他普通公园的功能定位应有所不同，由于其特殊的基底条件，湿地公园不仅是作为观赏、游览以及休憩的需要，其还兼具科普、生态保护等功能。湿地公园的主要功能依据场地自然基底条件，紧紧围绕湿地资源展开，根据不同使用要求以及对场地干扰强度的差异大致概括为三大类：湿地生态系统的保护、湿地景观的展陈、湿地环境的体验与参与。对上述三种类型的使用功能应有相应的策略，即：采取生态保育区、人工辅助保护等策略来保护公园中生态良好的原生及次生湿地环境，保护珍稀动、植物栖息生长场所；通过户外典型湿地景观的观赏、湿地文化的展览、室内湿地科普知识的展示等方式来凸显湿地景观特征；开展湿地科普探索、湿地农耕、渔业文化体验以及湿地拓展训练等活动使游客参与到湿地环境中来。

3.2.1 项目适宜性设计策略

与其他风景园林相比，湿地公园强调湿地的保护及其生境的恢复，并在此基础上依托湿地环境开展各种项目。因此湿地公园中的项目应与场地相互适应、相互协调，在不影响生态环境的基础上有效利用资源，形成环境特征显著、布局合理、观赏性游览性强的公园环境。

3.2.1.1 项目对场地的干扰

湿地公园中开展的活动项目应以湿地生态系统的安全与稳定为前提条件，服从协调于湿地保护的要求，总体上应以强度低、污染少、游客密度小的活动为主，过多高强度的游憩项目以及过大的游客量，对环境水体、植物、土壤等造成破坏与污染，很容易超出湿地生态系统的自动调节能力，从而影响湿地生态系统的平衡。

湿地公园的三类使用功能对应了不同的具体项目，其对场地干扰大小各异，具体如表 3-3 所示。

针对不同项目对场地的干扰大小，合理配置相应的游憩类型，明确其在场地中的分区，这包括了各类项目的比例、其在场地所处位置、相应配套设施等多个方面。如湿地探索类项目，游客量大、游憩频率高，并且通常配有一定规模的服务设施，形成嘈杂吵闹的环境，惊扰湿地公园内生物的正常活动，对生态环境的干扰较大，因此应将其尽量远离湿地保护区域集中设置，而如湿地景观观赏及游览这类项目，游人活动量小，噪声、垃圾等污染较少，可以采取拉长游览线路，分散游客量，多景点布置的方式。

香港湿地公园包括了科学研究、室外湿地景观展示、室内湿地科普展示等多种项目，其采取科学的规划以及合理定位将各类项目加以布局（图 3-16）：公园将对环境影响较大的湿地探索中心放在了入口处，最大

湿地公园的使用功能与项目　　　表 3-3

使用功能	描　述	具体项目	对环境的干扰强度
湿地生态系统的保护	针对生态条件良好的区域，减少人为干预以开展相关科学研究	科学研究类，如气象、鸟类的观测、普查	基本不干扰环境
湿地景观的展陈	对典型地域性湿地环境、或场地中具有观赏价值的人工环境进行展陈，挖掘深层次的文化景观资源	环境展示类，展示地域性湿地生态环境，湿地的演替与代谢	对环境有一定的干扰
		文化展示类，湿地文化、历史、民俗等的展示	
湿地环境的体验与参与	与湿地相关、游客参与性较强的活动项目	科普教育类，采取观测设施与手段，通过各种参与性项目，宣传湿地知识	对环境的干扰较大
		湿地探索类，利用场地环境，开展如渔业、农业等参与性活动	

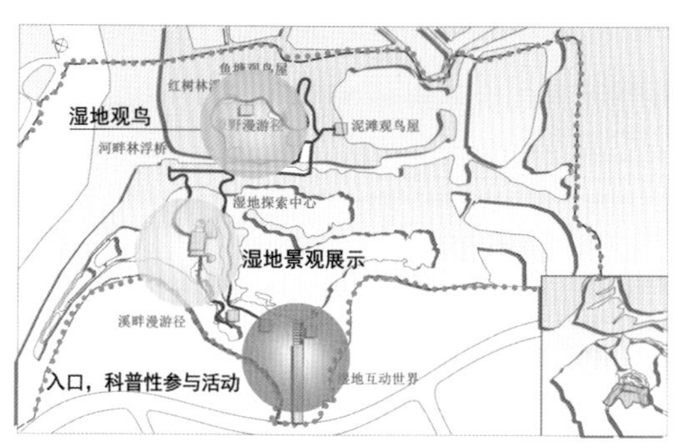

图 3-16　香港湿地公园的功能布局图

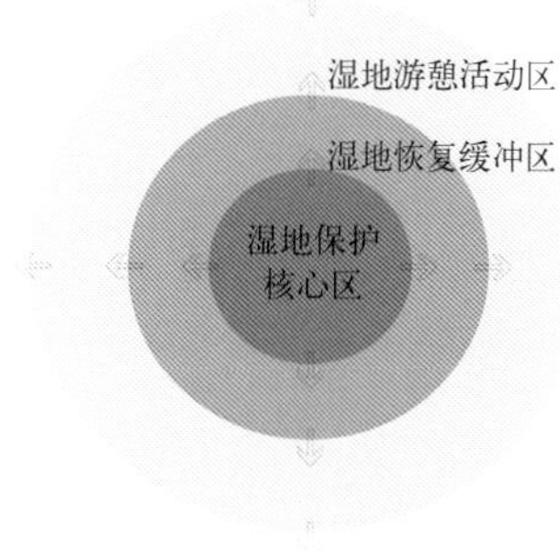

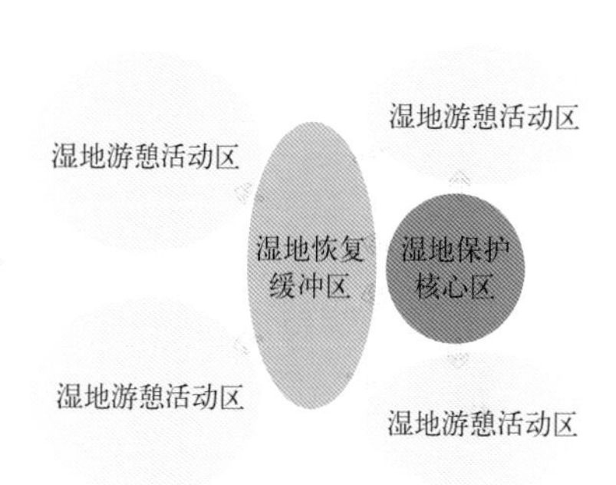

图 3-17　湿地保护功能圈层图

程度地减少了人类活动对环境的干扰，而如红树林浮桥、河畔观鸟物等干扰较小湿地资源展示项目则依托公园西北的米埔湿地保护区加以开展。同时，湿地公园对外开放的区域只占公园面积很小的一部分，在满足人们游憩以及社会效益的同时，保证环境的生态平衡。

在相对尚未遭到破坏的湿地，对于保存湿地生物多样性至关重要。在操作层面，通过分级管理与外部缓冲区的建立，将生态敏感区域严格保护起来。湿地公园的功能圈层大致可以划分为：湿地核心保护区——湿地恢复缓冲区——湿地游憩活动区（图 3-17）。湿地公园的建设并非完全为同心圆放射形态的湿地保护模式，也可以形成串联式、指状式或者多核多中心的保护形态。杭州西溪湿地公园的生态保护培育区位于公园的东侧，游憩区域被置于保护区的三面。苏州太湖湿地公园采用中心的保护模式，三个核心保护区分别位于不同的功能区中（图 3-18）。

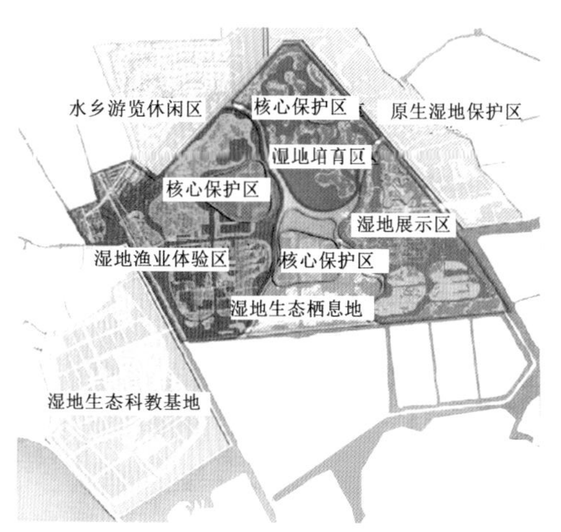

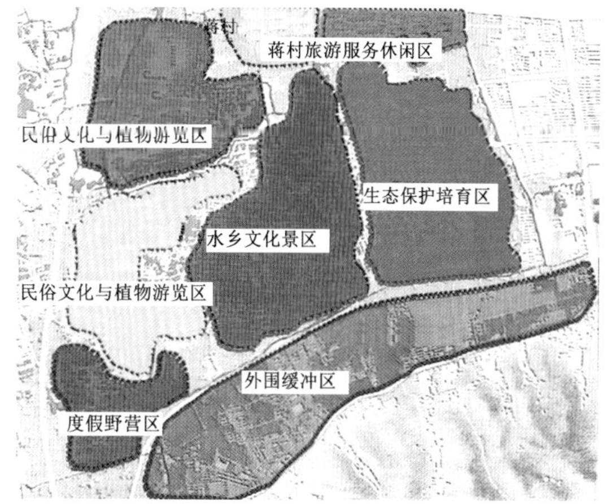

图 3-18　苏州太湖湿地公园与西溪国家湿地公园圈层对比图

3.2.1.2 项目与场地资源的对应性

项目的设计与定位应根据湿地公园本身特征而定，湿地公园的项目应该能够与场地资源紧密结合，这包括了对湿地公园的区位特征、景观资源特征、用地类型、现有设施以及文化背景等多方面的利用与提升（表 3−4）。

（1）与自然保护区交接的湿地公园可利用保护区资源优势，开展观鸟、湿地探索等项目。

（2）具有特殊地貌或典型湿地景观的湿地公园可根据资源的种类不同，开展如湿地迷宫、湿地水上探索、荷塘游览等特色项目。

（3）具有珍稀动植物种群资源的湿地公园，可开展各种科学研究工作，促进湿地学科的不断发展。

（4）具有特殊成因的湿地公园，可开展专项的保护与展示，如部分由煤矿塌陷区改建而来的湿地公园可以设置专门的环境改造示范区。

（5）具有成熟产业结构的湿地公园，可适当保留生产养殖用地，提高经济效益的同拓展多类型的湿地参与活动。如对于农田型或养殖塘为基底的湿地，在恢复湿地景观的同时可结合生态科技农业开展相应的采摘、垂钓与农事等体验项目。

（6）湿地公园坐落于历史古镇或村落内，应充分利用当地特有的民俗文化资源，开展文化展示类项目，或依托于当地特有的地域特征，修复场地遗存，延续历史文化，展现当地的风土人情，丰富湿地公园的游憩内容，营造具有地域文化特征的场地环境。

湿地公园对场地特征的利用　　表 3−4

湿地公园	场地特征	特色项目
沙家浜国家湿地公园东扩项目	产业特征：鱼、蟹的养殖	螃蟹岛、捕蟹等
上海崇明东滩湿地公园	区位特征：邻近鸟类保护区	研究中心、观鸟
浙江德清下渚湖湿地公园	文化特征：防风文化	防风揽古景区
上海梦清园	用地类型：工业用地	水体的净化再生
香港湿地公园	景观资源特征：红树林	红树林湿地、基围保护区
……	……	……

3.2.2 特异性设计策略

通常而言，大部分景观环境是为提供观赏、游憩以及休闲的场所，而湿地公园作为以湿地生态环境为主体的特殊景观类型，其功能与一般的水景公园及其他景观环境相比具有一定的差异性。特异性设计策略主要针对湿地公园的特殊性以及不同湿地基底条件采取的相应设计途径，通过优化强调湿地固有特征，以实现特色化湿地景观。

3.2.2.1 基底条件的多样性

湿地分布区域各异，类型条件不同，多样的基底条件是场地区别于周边环境，形成独特景观效果的基础。湿地公园作为以湿地景观为主体的游憩空间，特殊湿地地貌、代表性的水文、土壤以及植被等等形成典型的湿地生态环境，是最具可识别性的因素，体现了公园的环境观赏价值。

湿地公园的主要功能之一即是突出反映湿地生态条件以及景观特征，因此，湿地公园的设计应与场地资源结合紧密，针对湿地基底条件的多样性，应重视不同类型湿地水文过程，延续原有基底特征，并在此基础上形成多样化的植物环境，从而营造主题鲜明、观赏性强的公园景观。主要策略包括：

尊重并合理利用场地客观条件，保持原有空间特征，如天然河道岸线，斑块形态等，凸现不同湿地基底环境特色；同时合理构建植物群落，形成典型湿生与沼生景观，营造适宜生物多样性发展的空间，如苔藓等覆盖河床错落有致布局的湖泊或水塘、有陆生植物覆盖的湖岸和湖中岛屿等。

如香港湿地公园以滨海红树林以及淡水沼泽这类湿地景观为主；浙江杭州西溪湿地以湖漾水乡为特征的湿地景观；常熟尚湖湿地公园是以虞山为依托的山水湖泊湿地景观（图 3–19）。

同时，由于景观空间是有时间“介入”的四维空间，湿地这一水生与陆生过渡系统在其形成的初期、成型期到晚期一直处在变化中，从而空间也就具有活的、生命力的属性，湿地公园空间的设计应强调其代谢演替的过程，凸现湿地水文过程以及不同时期湿地景观的典型性。

成都活水公园位于府南河畔，取水自府河，经过一系列的如厌氧池、兼氧池、植物塘等水系净化系统，展示水体净化的过程（图 3–20）。

3.2.2.2　景观环境的特异性

从观赏、游憩的角度而言，湿地公园景观环境本身普遍具有一定的特异性，主要表现为：

1）湿地景观的季节性差异

与一般景观环境相比，湿地公园具有非常明显的季节差异性。尤其是长三角区域的湿地公园，由于处在

图 3–19　湿地公园延续原有基底特征

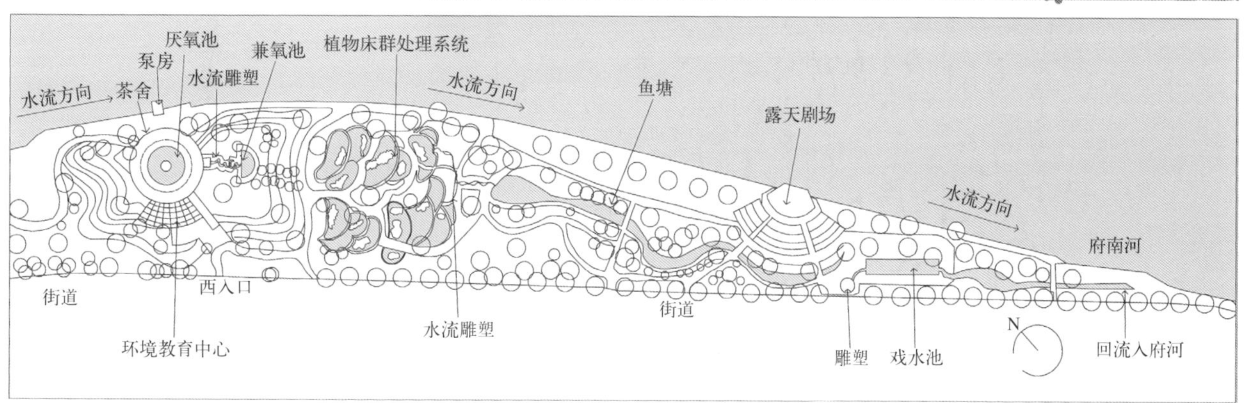

图 3–20　成都活水公园水体净化

亚热带北缘，热带常绿的红树林难以生长，而公园中常见、易于生长的禾本科湿生植物基本无常绿种，另一方面，湿地公园是候鸟及两栖类动植物的栖息地，随着季节的变化动物种类会出现周期性的变化。这两类因素造成了公园春季到秋季湿地景观良好，植被茂密，动物种类多，观赏价值高；深秋直至来年初春则难见常绿树木，候鸟南飞，鱼类及两栖类动物藏匿过冬，整体景观萧条（图 3–21）。

因此，设计中可适当进行乡土常绿乔灌木的种植，以增加湿地公园冬季绿量，在长三角地区常见的如香樟、广玉兰、杜英、海桐、毛鹃等；人工养殖湿地动物，缓解生物数量季节性的减少，常见可养殖的两栖类如扬子鳄、蛇类等，同时可开展湿地室内展陈项目，如湿地的演替、湿地水文模型等，增加秋冬季公园的观赏价值。

2）湿地空间的平淡化

湿地环境是整个大区域中的负地形，因此湿地公园通常地势低洼，竖向变化小，空间缺少层次。针对这一问题，设计中一方面可适当调整土方，营造微地形，另一方面，可采取大型乔木的种植来增加空间层次。

南京七桥瓮湿地公园（图 3–22），基地中西门七桥瓮桥入口、中间过兵桥入口和东端规划道路入口处地势较高。场地内部基本无竖向变化，与城市环境缺少相应的空间隔离。设计除进行一定的土方调整，如增加临西侧道路的场地标高，适当的微地形等；还主要以大乔木的种植来增加空间层次，形成湿地景观。

3）湿地植被景观的不稳定性

湿地公园中为增强观赏价值，通常大量种植地域性植被来营造丰富的湿地景观。由于植被本身的代谢和演替往往会导致其具有不稳定性。一方面，人工种植的湿地植被往往会被场地中原有的优势植物种群绞杀，

图 3–21　北京奥林匹克公园湿地冬夏两季对比

图 3–22　南京七桥瓮湿地公园空间层次的设计

(a) 垂柳置于水中，形成倒影增加水体空间层次；(b) 常绿香樟与微地形遮挡城市环境；(c) 整体空间平坦，乔木的天际线是场地的空间界限

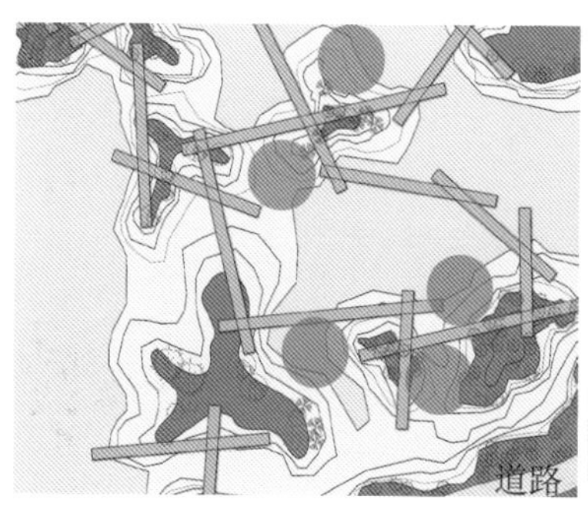

图 3–23　栈桥、种植隔梗分割植物种群

或由于种植位置不当被流水冲走，在公园始建之初，植被群落丰富，景观效果好，通常两到三年后，大量人工种植植物死亡或消失；另一方面，植物过密，生长量以及代谢量大，很容易对水体造成二次污染同时导致湿地向陆生演替，如凤眼莲的过度繁殖与蔓延，导致水体缺氧。

针对该问题主要可采取以下策略（图 3–23）：适当采取栈道隔离不同种群植被，在形成具有主题性的湿地景观的同时，防止优势植物种群串长；采用种植隔梗，防止植物生长过密，相互吞噬生存空间；重视景观效果的同时考虑植被本身属性，防止优势种群的过度蔓延，如睡莲与荷花不能在同一区域种植；定期进行人工清理，打捞植物残体，防止病虫害的蔓延，净化水体。

3.3　建构景观空间的设计策略

场地的空间结构与形态左右着场地的基本形式，凯文·林奇认为，一个地方的空间结构会对人们形成对该场地记忆的心理产生影响，对场地原有空间形态的利用与改造是景观规划设计最根本的行为，也会给使用者带来最直观的印象①。

湿地公园空间设计要求一方面是以地貌及空间形态的完善来实现湿地生态条件优化，另一方面基于湿地公园功能进行的调整，形成具有观赏、游憩价值的湿地景观。

3.3.1　系统协调性设计策略

空间是场地环境的载体，是湿地生态与功能的外在表现，因此对空间的调整应与生态环境以及使用功能相协调，系统发展，整合三者之间的相互关系。

3.3.1.1　整体形态与湿地生态特征相协调

湿地公园整体形态应与湿地生态特征相协调，不同湿地生境具有不同的空间特征（图 3–24）。一方面，湿地基底类型的差异导致了空间形态的不同，如冲田型湿地基底表现为内聚性空间，而江河型湿地基底则通常呈现出线性空间；另一方面，从湿生到陆生生态系统的转换也导致了多样的湿地空间形态。同时，湿地植物类型的不同也会形成具有差异的围合界面，譬如水杉、池杉林等以竖向为主，在湿地环境中表现为明晰的天际线，而芦苇、芦竹等则密度高，竖向变化小，仍然称之为“荡”，芦苇荡空间围合，竖向界面封闭，而荷花荡则空间疏朗。

因此湿地公园空间调整应在对场地资源科学认知的基础上，对不同要素分别采取相应策略。空间调整应有助于湿地生态过程的保护与恢复。对土方、竖向、林网骨架以及水体的调整不仅是为了形成典型湿地景观空间，同时也是对各生态资源的修复与改善，以优化场地生态条件为前提，不对场地生态造成负面影响。

① 成玉宁．现代景观设计理论与方法 [M]．南京：东南大学出版社，2010：73.

图 3–24（a） 不同基底与空间形态

图 3–24（b） 湿生至陆生系统与空间形态

图 3–24（c） 不同植被类型与空间形态

苏州南石湖是典型的农田型湿地基底，场地原有自然环境相对简单，且大多为人工干预后所形成的。作为太湖的一个内湾，其水域基本为退田还湖而来，水底基质以及水质情况相对匀质。场地内土壤基本为原有耕土，人工植被主要以栽培作物为主，水生植被生长良好。场地地形平坦，空间缺少竖向变化，东侧高架路与西南侧城市住宅对其干扰较大，是环境中的主要矛盾；同时场地作为西侧石湖的配套服务用地，其应满足一定的游憩、休闲等使用功能的需求。

设计采取整合原有离散圩埂，恢复原初湖泊地貌的方式；同时整理水岸，将拉平取直的岸线恢复原初蜿蜒柔和的空间形态；增加水陆交接处滩地面积，于西侧临石湖区域利用原有圩埂形成形态多样的岛、滩等，增加区域内水体总岸线长度，营造多种类型的水、陆关系，恢复提升湿地地貌（图 3–25）。

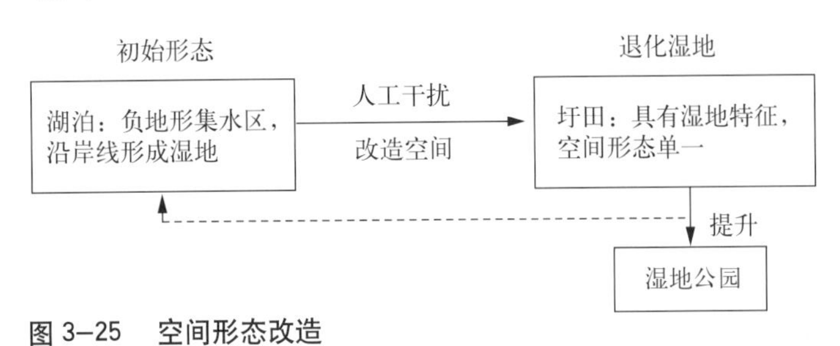

图 3–25 空间形态改造

岸线改造：放缓入水坡岸，改造原有呆板平直的岸线，营造曲折迂回水陆交界线；同时就地平衡土方，调整原初堤岸的过大体量，减少陆地面积的同时增加滩地，扩展水陆交错带的范围，为湿地动植物的生长与栖息创造良好环境（图 3–26）。

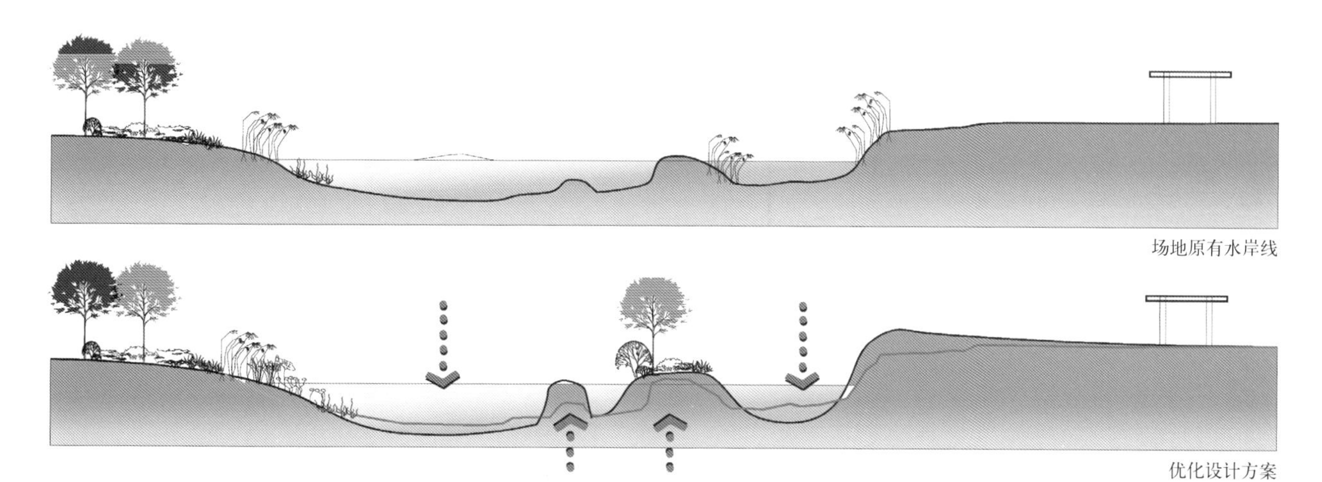

图 3–26　场地填挖方比较示意图

图 3–27　优化方案

视线调整：将堤岸部分土方调整至西南侧深水区域，形成浮岛、滩地、沼泽区等典型湿地景观。各滩地相互交错，在对南侧城市环境的视线遮挡的同时优化原有空间格局，形成陆地—滩地—浅水区—岛—深水区的空间结构，结合相应绿化营造出多层次，具有自然风貌的湿地景观。

植被天际线的调整，湿生植被以及常绿大乔木的种植，营造出陆生—挺水植被—浮水植被—沉水植被的植物景观，同时遮挡了西侧的城市噪声、粉尘的污染，保持公园内生态的良好。

设计针对场地中存在的问题，结合现状条件加以恢复改造，整合多个设计目标，在形成丰富的空间层次的同时，恢复原有地貌，优化原有湿生生态系统，再现湿地景观（图 3–27，图 3–28）。

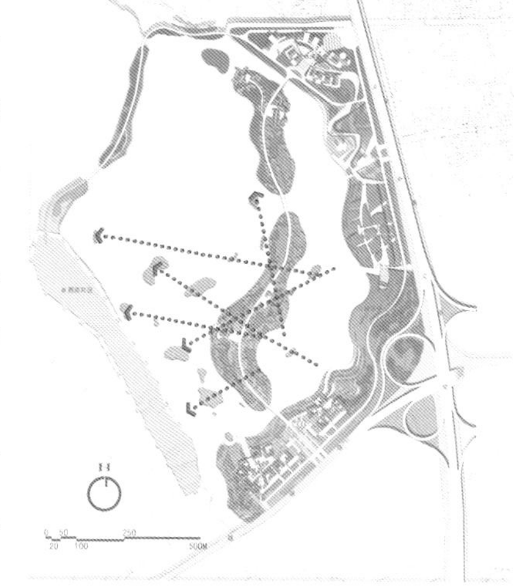

图 3–28　滩岛空间分析

3.3.1.2　空间形态与功能要求相协调

湿地公园的空间格局应与功能分区相协调。湿地公园的功能定位与空间调整是交互进行的，一方面，湿地公园功能分区是在对空间格局加以优化的基础上实现的；另一方面，根据生态条件形成的功能分区有助于明确湿地空间的改造强度，并对空间形态有一定的优化作用，如保护区域、恢复区域以及改造利用区域的划

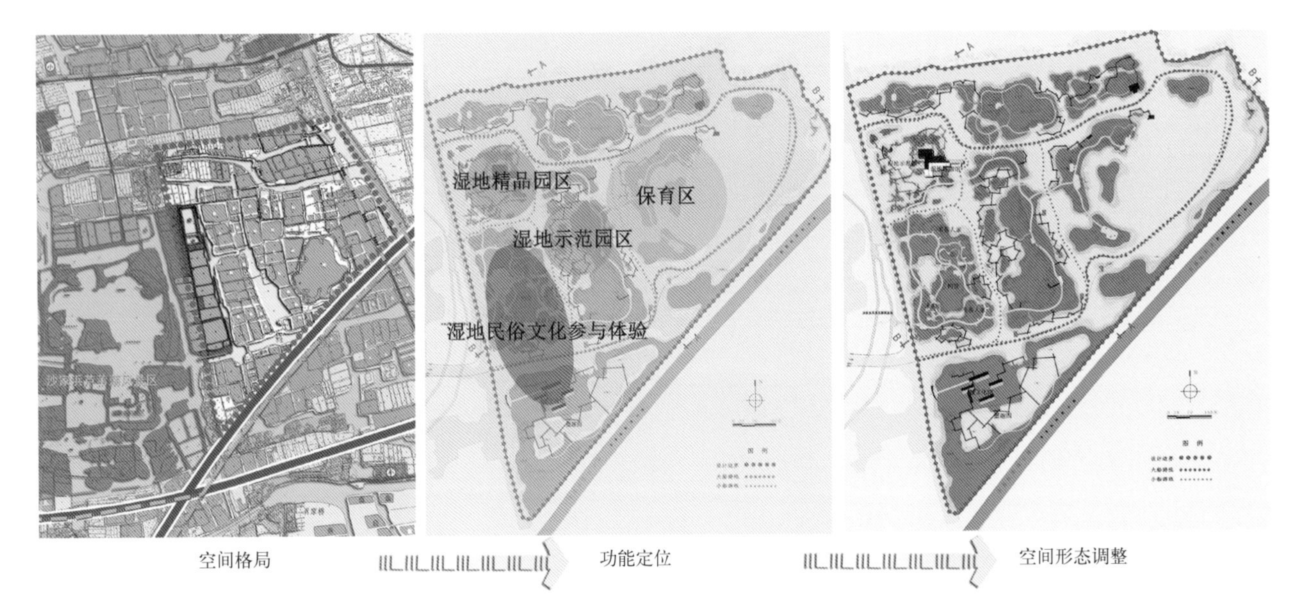

图 3–29　空间与功能的交互设计

分有利于形成丰富多样的空间层次。

江苏常熟沙家浜国家湿地公园东扩项目中，原初基地内都是规整的河道与桑基农田，水岸线笔陡，斑块类型单一，空间格局较为规整，缺少变化以及层次感。设计认真分析了场地现有的空间格局，把湿地公园的景观展示、文化展示以及其他参与性项目进行了巧妙的安排，同时丰富场地空间层次，增加了斑块的异质性（图 3–29）。

空间格局——功能定位：设计首先依托现有水岸及斑块形态进行功能的分区：场地北临城市道路一侧，场地异质性较高，具有典型的湿地空间特征，因此将其功能定位为湿地景观的展陈（湿地示范区、湿地植物精品园区）；与沙家浜老街一河之隔的东侧，场地较为规整，有着良好的外部交通条件，因此延续原有功能要素将其定位为民俗文化展示与参与功能，场地东侧大面积水域生态条件良好，远离城市干扰，主要种植果树等经济作物，竖向变化小，空间形态规整，设计保留其原有功能，并限制人为的干预，将其作为公园的保育区。

功能定位——空间形态的调整：在明确场地功能的基础上，根据不同分区的定位进行空间形态的调整，如针对湿地示范区增加斑块的破碎度，调整岸线形态，延长滩地面积；对于民俗文化参与展示区采取调整竖向。形成多个岛、半岛等来增加场地空间的变化。

设计由总体空间格局进行功能定位，再根据相关项目调节各区域空间层次、竖向变化等，并最终反馈为提升湿地公园景观效果，增加游览趣味，空间与功能设计两者交互进行。

3.3.2　适度优化策略

湿地原初的地貌类型决定了其水文、土壤以及生物类型，对维持湿地生态过程、展示湿地特征具有重要作用。因此，对于场地空间的调整应减少大规模的改造，尊重场地基底形态，以适度的优化为主。

3.3.2.1　场地肌理的延续

湿地空间的适度调整应尊重原有空间格局，延续场地肌理形态。一方面，一定区域内相对的负地形是湿地存在的载体和地学特征，由于地势较低，其通常为集水中心，容易积水或土壤水饱和而形成厌氧的环境，从而生长湿生植被，发育湿生土壤[①]。湿地退化往往是由于原有空间肌理改变和消失。另一方面，场地原初

① 吕宪国，刘红玉等．湿地生态系统保护与管理 [M]．北京：化学工业出版社，2004：89.

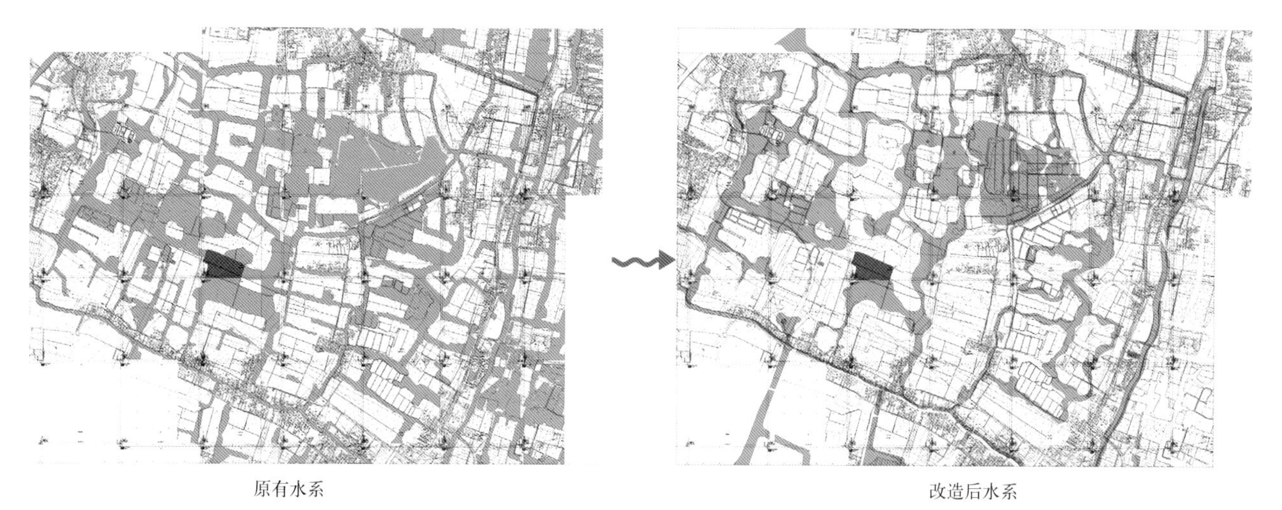

图 3-30　场地肌理的延续

空间在相当长的一段时间内为人们所认知，具有可识别性，与其他水土条件以及构筑物结合形成了具有场所感的景观环境。因此，在对湿地水环境、土壤条件改造的同时尽量保持场地特有的空间肌理，维持地貌特征，减少过大的干扰。

江苏常熟淼泉湖湿地，位于常熟古里镇，场地内水网密布，自然条件良好，场地东北部有大面积取土坑，由于地下水位较高，已具有湖泊湿地的生态特征。设计尊重场地原有肌理以及斑块形态，保持场地整体空间结构。一方面整理东南角与西北部散乱的陆地斑块，形成了较为完整的汇水区；另一方面，适当改善水体岸线，按照场地水量整合分散的沟渠，优化场地空间格局（图 3-30）。

3.3.2.2　适度的空间调整

1）土方整理

减少大规模的填挖方，避免地形过度改造，以土方的就地平衡为原则，减少客土进入场地。一方面，场地内土壤的调整较为便捷，减少施工造价，另一方面，外来客土的大量使用会破坏原有土壤环境中植被种子和繁殖体，对生态环境造成一定破坏。应充分利用场地原有的表土作为种植土进行回填。针对环境中土壤的不良性状和障碍因素，可采取如换土、种植绿肥、去掉顶层退化土壤等方法，改善土壤性状，提高土壤肥力。

2）水体岸线

水体岸线的改造主要针对空间形态和驳岸类型两个方面。一方面应根据场地条件延长水陆交接面，适当形成岛、半岛、滩地等岸线类型，在营造多层次湿地景观的同时为湿地生物提供栖息场所。另一方面要注意驳岸的合理搭配，根据不同地段水流速及水体环境的不同选取相应类型。其中生态驳岸主要适用于坡度小于土壤自然安息角且冲刷程度较小的地段；自然式驳岸类型多样，应用条件较广；人工式驳岸则常见于岸坡角度大的地段，在湿地公园中常用于人为游憩活动较为集中的区域，如活动广场、游船码头等。

江苏常熟沙家浜国家湿地公园东扩项目，场地为江河型湿地，水流速较快，年水位变幅在 1m 左右，原初岸线形态平直，与水体缺少浅滩、泥沼的过渡，因此水岸仅以芦苇丛等挺水植被构成较为单调的湿地景观。设计调整土方岸线，将原有笔直陡峭的岸线土壤推至常水位线以下，增加滩地以及季节性过水区，同时于开阔水面中堆出小岛等陆地斑块，在就地平衡土方的前提下实现对湿地空间的改造与利用（图 3-31）。

本章节基于前期对场地认知与分析的基础上，以系统论为指导，侧重于设计思维层面进行研究，基于统筹理念，以肯定生态、空间以及功能三要素的互动为前提，在方法论层面建构满足湿地公园生态、功能以及空间等要求的设计策略与途径，明确设计思路与方法，以求解决湿地公园设计中的共性问题。

图 3-31　土方与水岸线的整理（a）原初场地

图 3-31　土方与水岸线的整理（b）优化设计

图 3-31　土方与水岸线的整理（c）剖面

第 4 章 湿地公园景观空间建构

建构，是一个借用自建筑学的词语，指建筑起一种构造[①]。景观空间建构，是指按照一定的规律与方式对于景观空间内的要素进行系统的组织与排布，形成符合人们要求的空间形态。

按照不同的分类原则，景观空间可以划分为不同的组成要素：按照生态学，可以划分为廊道、基质和斑块及在此基础上形成的修复保育区、缓冲区和功能活动区；按照旅游学，则可以划分出生态保育区、科普教育区、民俗文化区等功能分区及各种游憩活动区域；按照景观形态，则可以划分为水体、植被、动物、岛屿、建筑与景观构筑物等景观形态及游线、空间层次等更高级别的空间组织形式。

本章所探讨的正是基于不同分类原则所形成的湿地公园不同要素之间的组织模式与结构特征，同时通过对不同组织模式与结构特征的决定性因素及其优化策略进行研究。

---

① 引自于百度百科，网址：http：//baike．baidu.com/view/593887．htm?fr=ala0_1

湿地公园是一类特殊的公园类型，与一般的公园相比，它不仅要满足人们的游憩与使用需求，更强调生态保护与修复功能。因而，湿地公园景观空间建构的目标是复合的，是多个目标层（layer）复合叠加的结果，不同的层面解决不同的规划目标：生态格局层的建立是湿地公园景观空间形成的基础条件，结合湿地公园自身的基底特征与设计目标确定修复保育区、缓冲区与活动区的生态格局模式，重点解决湿地公园的生态保护问题；使用功能层通过确定不同的功能区划及对应的活动项目着力解决湿地公园的使用功能问题；景观形态层通过景观元素的有机组织与变化解决湿地公园的视觉美学问题。功能分区层与景观形态层都以生态格局层为底图，将上述各层叠加在一起，最终建构起湿地公园景观空间。

湿地公园景观空间建构在理念上要与相关领域的规划方法相区别：与一般公园规划方法相比，湿地公园规划设计更加强调生态保护与生态修复，以生态优先作为规划设计的核心。科普教育、观光休闲等使用功能都统一于生态保护与生态修复的目标之下。因此，湿地公园的景观空间建构不应满足于单纯的功能分区与空间形态规划，而是建立在生态格局优化基础上的空间建构模式（表4−1）。

湿地公园与一般公园空间建构方法比较① 表4−1

分　项	湿地公园	一般公园
基本功能	湿地保护与修复、科普与教育、文化与休闲	休闲与娱乐
空间布局	从保护湿地出发，体现生态原则	从功能分区出发，满足人的使用需求
功能分区	功能分区协调、服从于湿地保护的要求	以满足人们的游憩需求为主
项目选择	与湿地资源持续利用相关的项目，注重科普教育性	健康、趣味、环保
环境建构	以湿地生境为主	人工或半人工环境
生物群落	营造湿地植物和湿地动物群落	观赏植物为主
生态系统	自我修复与维持能力高	人工维持为主
中心思想	生态中心	人类中心

湿地公园以生态保护与生态修复为主要目标，并不意味着它对于其他目标的排斥。湿地公园从本质来说，依然还是公园，因而保护湿地生态环境、创造优美的自然环境、提供市民游憩休闲的场所是湿地公园的规划目标。因此，建构湿地公园有以下基本特征：

（1）生态优先

生态优先是湿地公园空间建构的首要特点，湿地公园与一般城市公园的区别在于它的“生态性”。在以人工生态系统为主导的城市环境中，湿地公园作为一片以保护与修复湿地生态系统为目标的绿洲，弥足珍贵。因此，湿地公园景观空间建构的首要目标应当是生态保护与修复，功能需求与视觉形态应尽可能地满足和协调于生态保护的要求。

湿地公园空间建构的生态优先特点体现在两个层面：

微观层面：指湿地公园小尺度的空间建构符合生态原则。如选用地带性植被、按照自然分布特点进行配置，体现植物群落的自然演变特征与地带性特征，以较少的代价改善公园环境的生态条件；再如游憩项目的建设应选择那些对自然环境干扰度较小，与湿地环境关联性较大的活动方式，以减少对湿地生态系统的破坏。

宏观层面：指湿地公园大尺度的空间也符合生态原则，如生态格局优化与使用功能规划。湿地公园生态规划应在湿地基底基础上采取对应的优化措施，改善湿地的生态格局，从宏观尺度上确保湿地生态系统的安

① 参见邓毅．城市生态公园设计[M]．北京：中国建筑工业出版社，2007：14−15.

全与稳定发展；使用功能规划应以生态格局为基础，服从和协调于生态保护的要求，将对生态保护影响较大的使用功能远离保育修复区，将休闲娱乐及科普教育活动与功能活动区、缓冲区相结合。

（2）多样性

多样性是湿地公园空间建构的重要特点，由于湿地公园规划目标的复合性，湿地公园景观空间建构应着重体现湿地公园的多样性与丰富性，可以从下面两个层面理解：

生态多样性：指从景观生态学角度，湿地公园建构应努力实现湿地生态系统多样性，包括斑块多样性、类型多样性和格局多样性，多样性对于湿地生态环境的稳定与发展具有重要意义。生态多样性也应当体现在生物多样性方面，特别表现为湿地动植物多样性：如湿地植物品种的丰富与湿生群落类型的多样性，为湿地鸟类、鱼类及底栖动物等湿地植物群落营造更加适宜的动物栖息地。

功能多样性：指从游客观光游憩的角度，湿地公园规划应提供多种适合湿地公园开展的游憩活动，除了科普教育与湿地体验等最基本的项目外，湿地公园还应该结合自身特点开展具有地域性特征的活动项目，如各类民俗文化活动等其他休闲活动。

（3）可持续性

可持续性是湿地资源能够得到永续的利用，不仅能满足现在人们的游憩需求，也能满足未来人们的使用要求。为达到这个目标，湿地公园建构可以从以下几个方面着手：

营造地域特征：集中体现为选择地带性植被，构建具有“乡土特色”的湿地景观。乡土植被与当地气候、土壤、水文条件相适应，群落稳定，能有效地吸引鸟类及两栖动物立巢筑穴的栖息地，增强湿地生态系统的稳定性与安全性。

注重环境再生：应选择那些再生能力强的植被群落，强调自我更新为主，减少人工投入。游憩项目应倡导健康、环保，如垂钓、观鸟、划船等，减少对湿地生态系统的破坏，以保持湿地生态系统的更新、调节能力及自我恢复能力。

综合效益最大：湿地公园除了发挥其生态功能，还应发挥各种经济与社会功能，包括科普教育、综合休闲、文化展示等，通过合理的使用功能规划与游憩项目组织，满足城市与社会的发展需求，实现综合效益的最大化。

（4）文化性

中国湿地在千年的人为活动干预下凝聚着丰富的人类文明印记。《诗经》中《蒹葭》：蒹葭苍苍，白露为霜。所谓伊人，在水一方。这首脍炙人口的诗描写的即为湿地的风貌。“蒹”即是荻草，而“葭”即是芦苇，均为典型的湿地植物。再如江苏洪泽湖自古为泄水不畅的洼地，后演变为许多小湖，秦汉时代称为“富陵”诸湖，为典型的湿地地貌。湖畔历代为治水而建的千年古堤也成为中国乃至世界重要的湿地文化遗产。

实际上，中国古人很早就关注于湿地，古人将常年积水的沼泽地或浅湖称为“沮泽”，将季节性积水的沼泽地称为“沮沼”，而将滨海的沼泽湿地称为“斥泽”。古书中常见的“泽薮”即为当代人所谓的“湿地”，《尔雅·释地》有所谓“十薮”：“鲁有大野，晋有大陆，秦有杨陓，宋有孟诸，楚有云梦，吴越之间有具区，齐有海隅，燕有昭余祁，郑有圃田，周有焦获”。“十薮”中除云梦、具区在长江流域外，其余均在黄河中、下游。大部分为先秦时期的渔猎区，相当一部分迄今仍为风景名胜区或建设为湿地公园、或成为历史古镇：如现在的江苏太湖地区古代水网密布，古称“具区”，吴江古镇震泽之名即来源于此，因为太湖一带“始为洪流，继为泽薮，卒为阡陌”，至大禹治水，“导水源至此，故日震泽定底”；再如洞庭湖地区古称“云梦泽”，分布于现在江汉平原一带，为古楚国重要猎苑。而近代红军长征经过的沼泽地也是典型的湿地地貌。

因此在构建湿地景观空间时，更应当尊重历史与文化，重视湿地与精神文化的关联度，挖掘湿地文化遗存，彰显湿地文化特色（表4–2）。

古代湿地与现今地名对应一览表　表 4-2

古代湿地名	分布地区	现今名称	现　状
具区、震泽	长江三角洲	太湖	依然存在
云梦泽	江汉平原	洞庭湖	依然存在
大野泽（含梁山泊）	山东巨野县	梁山县境的东平湖	残存
富陵诸湖	江苏	洪泽湖	依然存在
彭蠡、彭湖	江西	鄱阳湖	依然存在
盐泽	青海	青海湖	依然存在
辽泽	辽东湾地区	辽东湾海岸	依然存在
圃田泽	河南郑州	无	鱼塘
南四湖	山东省	以微山湖为主	依然存在

4.1　基于生态格局的空间建构

4.1.1　湿地生态格局组成

湿地公园的生态格局建构是指根据生态学原理，研究景观要素在空间中的分布与配置方式。原初场地内存在的生态格局由于受到人为干预较多，存在退化现象，不利于湿地生态系统的保护与修复。湿地公园景观空间建构就是运用与借鉴景观生态学的相关原理，结合湿地公园自身的特征与设计目标，对景观要素空间布局进行优化与完善，使得湿地公园的生态格局向着更加稳定与安全、更有利于生物多样性的方向发展。

4.1.1.1　生态格局要素

“斑块—廊道—基质”是湿地生态格局的基本组成单元。根据生态学原理，可将湿地公园具有不同功能和特征的景观要素进行分类归纳（图 4-1）为：

1）斑块

斑块是指与周围环境在外貌或性质上不同，并有一定内部均质的空间单元。对于湿地公园而言，斑块既可以是绿地基质中的沼泽、水面、稻田、树林、人工构筑物等，也可以指水面基质中的陆地、岛屿等。根据湿地公园的特点，可以分为以下几种类型的斑块[①]（表 4-3）。

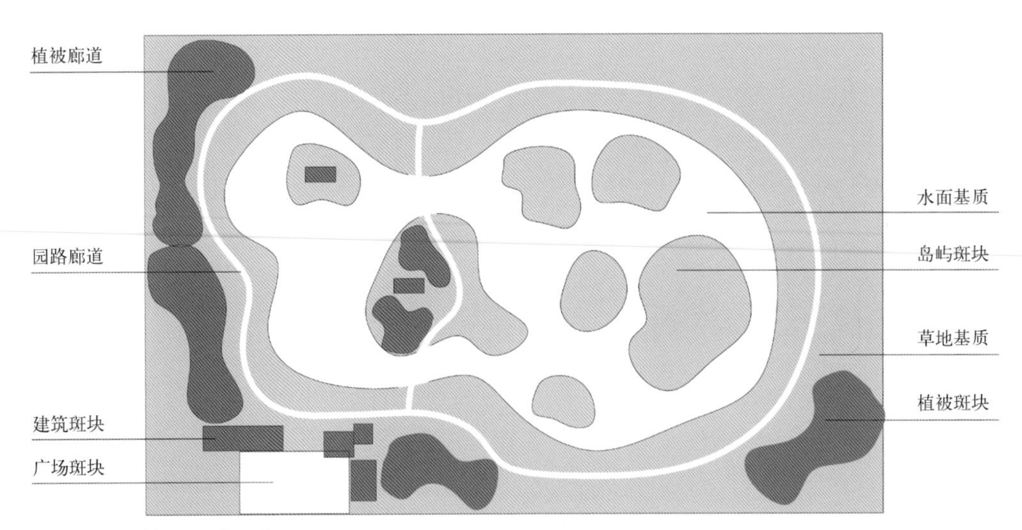

图 4-1　湿地公园生态格局组成示意图

① 参见邓毅．城市生态公园设计 [M]．北京：中国建筑工业出版社，2007：134.

湿地公园斑块类型　　表 4–3

类型		景观特征	功能特征	
大类	细类		生态功能	使用功能
修复保育区斑块	栖息地斑块	具有复杂层次结构和多样性的自然植被覆盖的地面与自然水域	能为两栖动物提供栖息地，具有自维持与自然演替的能力，自然生态功能强	只有特别限定的使用功能
缓冲区斑块	林地斑块	具有自然或半人工的植被覆盖或水域；具有体验与实验性质的农田、果园等半人工区域	具备屏障和过滤的生态功能	适度、相对静态的使用功能，如教育、科普及探索体验功能
	水体斑块			
	渔业斑块			
	农业斑块			
功能活动斑块	建筑斑块	具有供人活动的水域、建筑物或人工构筑物等，具有强烈的人工特征	自然生态功能很弱，对原环境产生一定干扰	使用功能较强，具备休闲、娱乐、文化等功能
	广场斑块			
	设施斑块			

2）廊道

廊道是指与相邻两边环境不同的线形或带状结构，是能量流、物质流的传输途径。湿地公园中廊道可以是那些溪流、江河、沟渠等水流通道，也可以是狭长的植被带，这两者都可以为动物迁徙和植物传播提供便利，具有生态意义；此外，人工建造的园路与栈桥也是廊道，能够组织公园游线，串联各个功能分区。

3）基质

基质是指景观中分布最广、连续性最大的背景结构。一般而言，湿地公园大面积的绿地可作为湿地镶嵌的背景基质，当然，如果水面较大时，湖面则成为基质，而散布在水中的陆地岛屿则成为斑块，例如湖泊型湿地。此外，可能还存在一种特殊情况即水面与陆地比例相近，基质表现不明显，例如农田型湿地，其生态格局主要由以上各种廊道与斑块构成。

4.1.1.2　湿地生态格局

参考自然保护区的方法，湿地公园可以对具备一定条件的区域，如湿地生态系统较为完整或独特的湿地植被群落等，可采取类似于保护区的策略，划定一定区域的修复保育区、缓冲区及功能活动区。这种抽象的生态格局模式能更有效地反映湿地公园的生态结构及其功能关系，较好地解决了以生态保护与修复为中心，兼具科研、休闲与管理等多功能并存的矛盾。现实情况中，湿地公园生态格局并不一定严格划分为上述三个区域，例如有的湿地公园面积较小，功能单一，仅有功能活动区域和科普展示区域，如示范型湿地公园。湿地生态格局分区与一般意义上的土地利用规划是相一致的，不同的分区确定了人为开发与活动强弱程度，即对于该区域的功能区划与游憩项目的引入作出了限定。湿地生态格局作为一种理想模式，通过保护场地内湿地生态系统，将人为破坏生态系统的风险降到最低（图 4–2）。

修复保育区、缓冲区与功能活动区三者之间应维持适宜的比例，对国内外主要湿地公园三大区域面积所占比例进行了统计，见表 4–4。

由表可见，大部分湿地公园修复保育区均占湿地公园总面积 1/4 以上，而功能活动区域一般控制在 1/5 以内。维持一定比例的修复保育区对于营造具有典型湿地特征的生态环境作用显著，同时控制功能活动区域的面积有利于减少人为活动对于湿地环境的干扰。

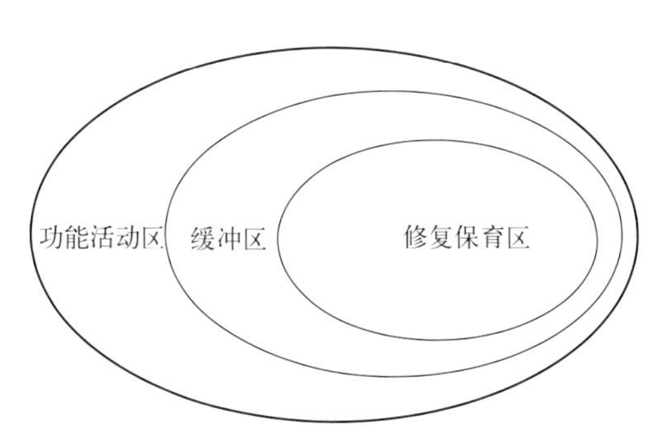

图 4–2　湿地生态格局示意图

国内外湿地公园生态格局分区所占比例一览表　　表 4–4

湿地公园名称	修复保育区	缓冲区	功能活动区
西溪湿地公园	29%	48%	23%
常熟沙家浜湿地公园	37%	47%	16%
台北关渡自然公园	44%	21%	35%
伦敦湿地公园	36%	51%	13%
镜湖湿地公园	46%	34%	20%
太湖湿地公园	23%	55%	22%
荣成桑沟湾湿地公园	22%	68%	10%

1）修复保育区域

湿地公园的修复保育区是在重要湿地、或者湿地生态系统较为完整、动植物多样性程度较高的区域设置的。此区域内湿地生态系统对整个湿地公园生态功能与整体风貌起到决定性作用。在区域内，可针对特有湿地物种的繁殖地或生长地及各类鸟禽的长期活动地设置禁入区，一般只允许进行各类与湿地相关的科学研究工作，如观察、测量、统计等。修复保育区内可根据需要设置一些小型构筑物，为各种湿生动物提供栖息场所与迁徙通道。区域内的人工构筑物应尽量减少对湿地生态系统的干扰。由于修复保育区的生态敏感程度较高，一般对公众游客不予开放或季节性封闭。机动车辆与自行车禁止入内，而在边缘设置游步道，方便人们通行。

湿地公园修复保育区规划步骤如下：

首先，应确定湿地公园内需要重点保护的湿地区域与湿地物种，鸟类、两栖动物类与植物常常是重点保护对象。如长江三角洲地区由于水草丰茂、食源丰富，长期成为北方候鸟的栖息地。因而，候鸟的栖息地与活动范围常常是此类湿地公园的重点保护区域。再如泰州溱湖湿地公园为麋鹿、丹顶鹤和扬子鳄等国家保护动物设立保护区。同时，也有对场地内湿地风貌保存较完整、植物生长状况较为良好且具有地域性特征的区域进行重点保护的，如常熟沙家浜湿地公园把基底东侧大面积原生态芦苇岛屿群落确定为修复保育区。根据实践经验，湿地公园中下列区域最有可能作为修复保育区：

①较为完整的湿地生态系统，如常熟沙家浜湿地公园东侧保育区已保护与修复完整的芦苇荡生态系统；

②具有典型意义的湿地科研考察区；

③重要或独特的两栖动物栖息地；

④典型或珍稀湿地植被群落；

⑤水源地或水资源净化地；

⑥鸟禽类迁徙聚集地或繁殖区，如盐城沿海滩涂湿地保护区以保护丹顶鹤聚集地为主；

⑦小型动物聚集区（繁殖区或巢穴区），如大丰滨海湿地保护区以保护麋鹿为主。

其次，根据保护对象的特征及设计目标，确定保育区域范围及面积大小。可以参照生态学中的岛屿生物地理学理论（Preston,1962），运用“物种—面积法”确定区域面积范围。保护区内物种数（S）随生境面积（A）的变化符合下面关系式：

$$S=cA^{z} \quad (4-1)$$

式中 c 和 z 是常数，c 值主要取决于栖息地的地理位置及动物类群，z 理论值为 0.263，通常在 0.18 ~ 0.35 之间。从式中可以看出，物种与生境面积并非等比例增加，而是曲线增长，到达一定面积时，物种数量就不会显著增加。因此，湿地公园保护修复区应确定最佳生态效益的面积大小范围，在有限的范围内获得最大的湿地物种多样性的可能（图 4–3）[①]。以湿地鸟类为例，台湾学者认为，作为鸟类栖息地的面积范围至少要大于 1.5hm² [②]。从实践中来看，鸟类保护区面积在 1.5 ～ 30hm² 之间都具有较高的生态效益比。

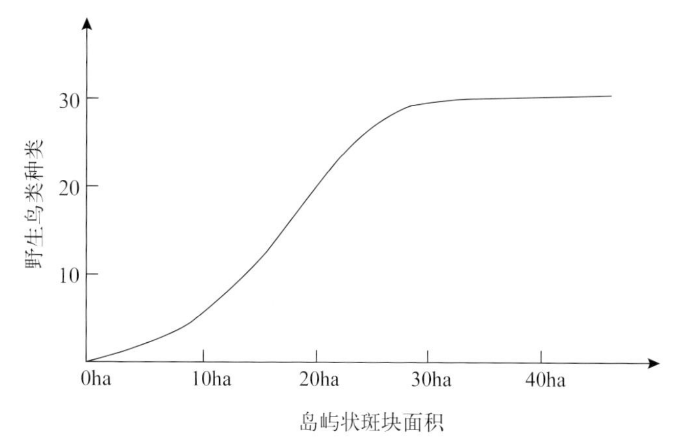

图 4–3　野生鸟类物种数与栖息地大小的关系示意图

（图片改绘自：邬建国．景观生态学——格局、过程、尺度与等级 [M]．北京：高等教育出版社：32.）

此外，对于湿地修复保育区内特定的保护种群，如珍稀鸟类、植物、两栖动物及蝴蝶、昆虫等，应确定其所需的最小生境面积。可根据具体物种最小可存活种群（MVP），确定该种群保护的最小面积，其关系式为：

$$S=\text{MVP}\times \text{个体生存领域大小}$$

结合湿地公园的特点，一般 MVP 数量级在 50 ～ 100 比较适宜，湿地动物根据种类不同，生存领域相差较大：鸟禽类活动面积最大，两栖类动物对湿生环境及水流依赖较大，在没有水流辅助的情况下，迁移能力较弱，根据观察广西鳄蜥半个月迁徙距离小于 50m，生存范围不超过 0.25hm²；湿地内小型哺乳动物活动范围也较大，国外有学者对于小型哺乳动物生存领域进行统计，由表 4–5 可见以最小的麝鼠为例，其生存领域尚需要 100hm²，因此，湿地公园修复保育区规划应考虑建立多个修复保育区形成生态网络来增加动物的生境面积（表 4–5）。

北美城市公园常见野生哺乳动物的生存领域[③]　　　　**表 4–5**

物种名称	生存领域（hm²）
麝鼠	2.9
短尾鼬	5.26
长尾鼬	30.7
红狐	62
貂	215

最后，对于部分现状不佳的修复保育区，应采取适当的修复措施，促进其湿地生态系统稳定发展。

2）缓冲区域

缓冲区域是修复保育区与功能活动区域之间的过渡区域，以减少人为活动对于修复保育区的干扰。缓冲区内可以容纳干扰强度较低且与湿地紧密相关的活动项目，如科普考察、生态教育与湿地探索等。区域内应控制游客的数量，避免机动车辆的进入，可适当安排自行车与游船作为交通工具。

由于该区域湿地靠近人工活动区，湿地系统常常已经开始发生退化，生态系统逐渐失衡，因此，此区域内应着力于修复湿地生态系统与保持、增加湿生环境的物种多样性，还原湿地的原始风貌，为游人提供展示湿地的窗口。

① 陈水华，丁平．城市鸟类对斑块状园林栖息地的选择性 [J]．动物学研究，2002.23（1）：31–38.

② 林立贞．高雄市公园环境与鸟类群聚之相关研究 [D]．台湾高雄师范大学硕士论文，1999.

③ 参见邓毅．城市生态公园设计 [M]．北京：中国建筑工业出版社，2007：142.

缓冲区范围的划定方式可以分为两种：

其一，可以依据修复保育区进行划定，此时缓冲区与核心区常呈现同心圆状分布，存在同构关系。当然，缓冲区范围的划定不仅依赖于所保护的湿地物种的性质还取决于规划设计目标及基地状况。通常情况下，缓冲区的宽度在100m左右比较合适，以确保各类动物在湿地环境中的迁徙与活动，同时也能兼顾到人们的游憩休闲活动的开展。

其二，还可以依据功能活动区域来划定缓冲区的范围，以减少或消除各类人类活动对于修复保育区的干扰，包括噪声、污染等影响。具体措施包括以下几种：

首先，可以利用植被缓冲带对功能活动区产生的污染物和噪声进行拦截、吸收与转化。由于污染物主要是以雨水与地下径流为载体，利用植被进行隔离效果明显。根据统计，植被宽度大于10m时，缓冲区对于过境泥沙总拦截率可达到80%以上，对总磷的拦截率可达到50%。

其次，通过湿地对污染物进行沉淀、降解或吸收。研究认为，占汇水面积1%～5%的湿地就可以完成大部分过境养分的去除[①]。国内学者认为，水塘系统对于氮、磷具有超强的净化能力，净化能力大小与水深（大于1m）与库容有关[②]。

再次，可以利用水面或植被对干扰强度大的游憩活动进行空间隔离。

3）功能活动区域

功能活动区可以容纳强度较高、围绕湿地主题开展的游憩及文化休闲项目，包括一些管理与服务设施。功能活动区域生态敏感程度相对较低，与湿地核心区域距离较远。

功能活动区域活动应当选择那些与湿地相关、体现地带性特征的项目，例如民俗风情、湿地探索、科普教育类等类型，以满足人们的使用需求。区域内可设各级园路系统，以方便游客到达各个景区。

区域内活动项目选择应尽量减少对于湿地生态系统的干扰与破坏，有限度地建设相关服务设施与旅游设施，慎重引进那些干扰强度较大、污染程度较高的旅游项目，如大型酒店、温泉、高尔夫等。

4.1.2 生态格局优化策略

根据湿地公园自身特点，可采取调整斑块结构与优化景观异质性来对湿地公园生态格局进行优化。

4.1.2.1 调整斑块结构

湿地公园内斑块类型主要分为两类：一类是湿地保护斑块，一类是游憩活动斑块，对于这两类而言，可采取不同的优化调整措施。

1）湿地保护斑块

一般位于修复保育区内，是湿地生态格局的中心，也是湿地公园存在的前提条件（特殊类型除外，例如示范型湿地公园）。因此，应采取各种措施优化修复保育区，提高湿地环境的生态稳定性与安全性。主要措施有：

（1）修复保育区应尽可能具备一定的规模面积，一方面大面积的湿地动植物栖息地能够显著提高物种的多样性，同时景观的破碎化是不可逆转的过程，大的生态斑块总有破碎成有效斑块的趋势，因此，应尽量增加修复保育区的面积，以减缓斑块破碎的趋势[③]。

（2）由于湿地公园受到现状与规划目标的限制，修复保育区面积有限，往往会设立多个小的修复保育区。尽量将修复保育区集中在一起，彼此靠近，以生态廊道相连，减少人为干扰，提高湿地动植物的存活率，同

① Hey D L，Barret K R，Biegen C．The hydrology of four experimental marshes[J]．Ecol．Eng．，1994，3：319−343.

② Shan B，Yin C，Li G．Transport and retention of phosphorus pollutants in the landscape with atraditional multipondsystem[J]．Water Air Soil Poll.，2002，139：15−34.

③ 此处景观破碎度为生态学术语，与下文中所提的空间破碎度并非同一概念。一般而言，湿地公园保护斑块应尽量完整，以提高其生态稳定性与完整性；而空间破碎度则应尽量提高，以形成符合典型湿地特征的景观空间。

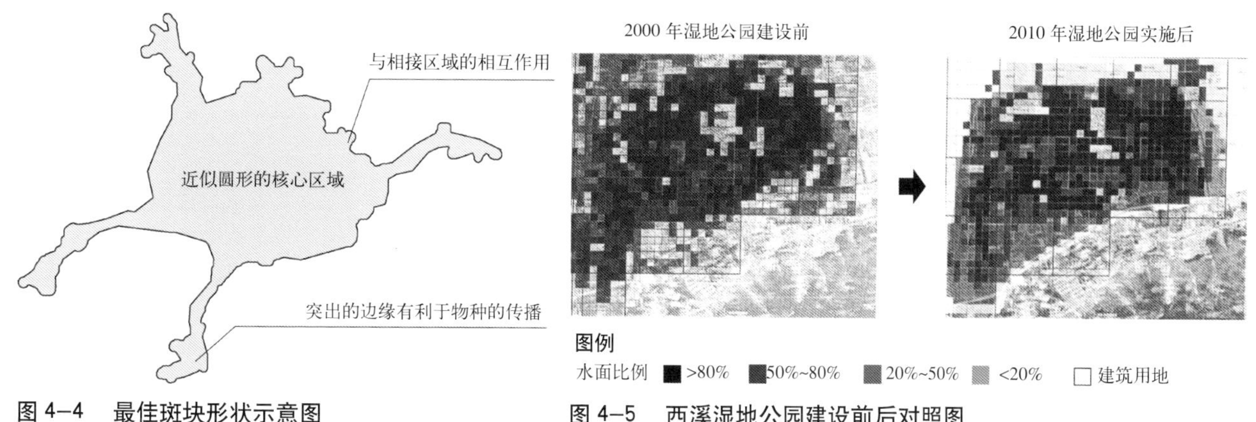

图 4-4　最佳斑块形状示意图

图 4-5　西溪湿地公园建设前后对照图

时修复保育区相对集中可以减缓核心斑块的破碎速度。

(3) 根据岛屿生态地理学理论，理想的修复保育区形态应呈“太空船”形——最佳斑块形状，即有一个近圆形核心区、弯曲的边界和有利于物种传播的边缘指状突出（图 4-4）。现实情况中，湿地公园修复保育区形态应结合基地实际情况，依据地形地貌与规划设计目标来具体设计。

2）游憩活动斑块

对于此类斑块，一方面应控制其位置与规模，同时应将其分散布置，减弱对于湿地生态系统的干扰与破坏。下图是西溪湿地公园建成以后的斑块分布变化，由图可见，公园建成前，建筑用地较为集中，面积较大，呈块状布局；公园建成后，建筑用地呈小块化、分散布局，呈点状分布。实际使用证明，生态格局优化后湿地景观效果得到较大提高，取得较理想效果（图 4-5）。

4.1.2.2　优化景观异质性

异质性是指景观环境中不同斑块的类型和大小的变化与复杂程度，维持一定程度的景观异质性是湿地公园的重要特征之一，是保证湿地生态系统稳定与物种多样性的重要条件。

现实场地环境中，由于人工的长期作用与湿地生态系统的不稳定，湿地公园基底同质化情况较为严重，例如沙家浜湿地公园东扩工程，原基地内为规整的河道与桑基农田，斑块类型单一，空间形态单调，水面岸线僵直，缺乏典型湿地特征，无法为两栖动物与鸟禽类提供安全稳定的栖息环境。

针对现状，可通过增加湿地斑块类型、调整斑块排布、改变斑块形态、增加相邻斑块之间大小对比度、增加相同类型斑块之间连接度等措施来优化湿地景观空间异质性（表 4-6）。

湿地公园优化景观异质性措施　　表 4-6

生态措施	具体方式
增加湿地斑块类型	恢复与增加湖泊、水塘、岛屿、堤岸、湿地、树林、水生植物等多种斑块类型
调整斑块排布	适当合并陆地与水面，使岛屿之间的排布更加有机；改变种植方式，按照自然规律营造湿地植物群落
改变斑块形态	通过挖填方，柔化僵直的岸线，形成大面积的水下滩面
增加相邻斑块之间大小对比度	通过合并水面与陆地，形成大湖面与小水面，大面积陆地与小岛屿之间的对比
增加相同类型斑块之间连接度	通过开挖河道增加水面连通度，增加生境走廊连接各个植被斑块

景观异质性侧重于景观生态学的描述，而空间破碎度是景观异质性在空间形态上的体现，侧重于描述场地与基底。作为一类特殊的生态环境，湿地处于陆生系统与水生系统的中间态，一定程度的空间破碎度有利于湿地典型空间特征的营造。此外，分散的湿地岛屿也有利于多种多样的两栖类动物筑巢与栖息。因此，我们在生态格局优化中，应维持一定程度的湿地空间破碎度。

在实际项目中，可以从两个比值来考察湿地空间破碎度：单位面积内岸线的长度 $P1$ 和单位面积内岛屿数量 $P2$，其中 $P1=L/S$，$P2=N/S$，L 指总岸线长度（单位：m），N 为岛屿数量（单位：个），S 是公园总面积（单位：ha）。一般而言，单位面积内岸线越长，岛屿数量越多，说明湿地景观的破碎化程度越高，越符合湿地的典型特征。本节根据不同的基底类型，对多个湿地公园岸线的 $P1$ 与 $P2$ 值统计见表 4–7。

国内外湿地公园空间破碎度统计比较 **表 4–7**

基底类型	参数分项 / 湿地公园名称	总面积 S 单位，hm^2	岸线长度 L 单位，m	岛屿数量 N 单位，个	$P1=L/S$ 单位，m/hm^2	$P2=N/S$ 单位，个 $/hm^2$
农田型	沙家浜湿地公园（建成前）	56	8860	约 10	158	0.17
农田型	沙家浜湿地公园（建成后）	56	13000	约 50	230	0.89
农田型	西溪湿地公园（1 期）	346	38000	约 100 ~ 120	110	0.28 ~ 0.34
农田型	西溪湿地公园（全园）	1008	110000	不详	109	不详
江河型	东营广利河湿地公园	71	18000	约 70 ~ 100	250	0.9 ~ 1.4
江河型	伦敦湿地公园	43	12000	约 30	279	0.69
湖泊型	湖州长天漾湿地公园	800	55000	约 150 ~ 180	68	0.18 ~ 0.22
湖泊型	绍兴镜湖湿地公园（建成前）	1540	87700	约 70 ~ 80（不含水田）	56	0.045 ~ 0.052
湖泊型	绍兴镜湖湿地公园（建成后）	1540	143700	至少 280 ~ 320（不含水田）	93	0.18 ~ 0.2

由表可见，不同基底类型的湿地公园 $P1$、$P2$ 值相差较大，而相同类型的湿地公园则 $P1$、$P2$ 值相接近。经分析，可得出两个结论：

（1）基底类型影响湿地破碎度：由表可见，农田型、江河型湿地空间破碎度要显著高于湖泊型湿地。农田型、江河型湿地 $P1$ 均值一般在 100 以上，$P2$ 值在 0.3 以上，部分湿地公园 $P1$ 值达到 200 以上、$P2$ 值达到 0.8 以上；湖泊型湿地由于水面分布较为集中，从而影响湿地空间破碎度，$P1$ 值一般在 60 ~ 70 以上，$P2$ 值在 0.2 以上。

（2）基地规模影响湿地破碎度：由表可见，对于同一类型而言，小规模的湿地公园空间破碎度往往高于规模较大的湿地公园。以农田型湿地为例，$100hm^2$ 以下的湿地公园 $P1$ 值可达到 200 以上，$P2$ 值可达 0.8；而规模较大的湿地，由于包含了一定规模的其他用地类型，如林地、山体与建筑用地等，$P1$ 值在 100 左右，$P2$ 值在 0.3 左右。

4.1.3 湿地生态格局类型

湿地公园生态格局是理想状态下的抽象模型。现实环境中，湿地基地现状不同，规划目标不同，生态格局彼此差异显著。本节结合湿地自身特征，将现有湿地公园类型归纳为以下三种湿地生态格局类型，其中条带型与圈层型格局较为常见，渗透型格局不多见：

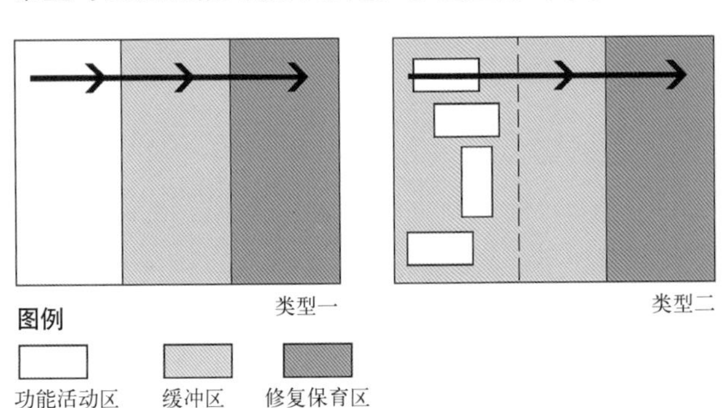

图 4–6 条带型生态格局示意图

4.1.3.1 条带型生态格局

条带型生态格局是指湿地公园内修复保育区域、缓冲区域和功能活动区域基本呈并列式排开。缓冲区位于修复保育区和功能活动区之间，以减少人为活动对生态核心区内生物种群的破坏（图 4–6）。

如上图所示，条带型生态格局可以划分为两种基本类型：

一种是修复保育区、缓冲区与功能活动区都呈面状分布，彼此呈相互平行的空间关系，功能活动区域一般面向城市或公共空间展开，修复保育区则融于自然环境中。这种生态格局多见于一侧与城市或人工区域相邻、另一侧与自然环境相接，规模较小、功能相对单一的城市湿地公园，例如常熟沙家浜湿地公园东扩工程、香港湿地公园、海南新盈滨海湿地公园（图4–7，图4–8）。

常熟沙家浜湿地公园东扩工程东侧芦苇湿地生态系统较为完整，且远离西侧人工活动区域，规划设计中将其划分为修复保育区，东侧与原沙家浜公园一期相接，西侧隔河与横泾老街相望，因此划定为功能活动区，以拓展公园的游人范围。

香港湿地公园北侧面向滨海潮间带，拥有丰富的红树林湿地资源，规划设计中将其划为修复保育区，南侧紧靠城市道路，受人为影响较大，划定为功能活动区域（图4–8）。

台北关渡自然公园（图4–9）南部为关渡自然保护区，北侧面向城市，因此将靠近自然保护区侧区域划为保育修复区，通常禁止游客进入，游客可以透过中心二楼用望远镜或在赏鸟小屋观察这一区的状况。北侧为功能活动区，与城市相接。

第二种是缓冲区作为基质，功能活动斑块呈散布状于其中，但仍彼此总体保持相互平行的拓扑关系。这种生态格局能够在保证缓冲区足够宽度的情况下灵活组织游憩项目分布，同时有效减少游憩项目对于湿地生态系统的干扰。常见于一侧与城市相接的自然环境良好的功能复杂的大、中型湿地公园，例如上海崇明东滩湿地公园（图4–10）。

条带型生态格局往往会形成一定单向的空间梯度。实际上，空间梯度

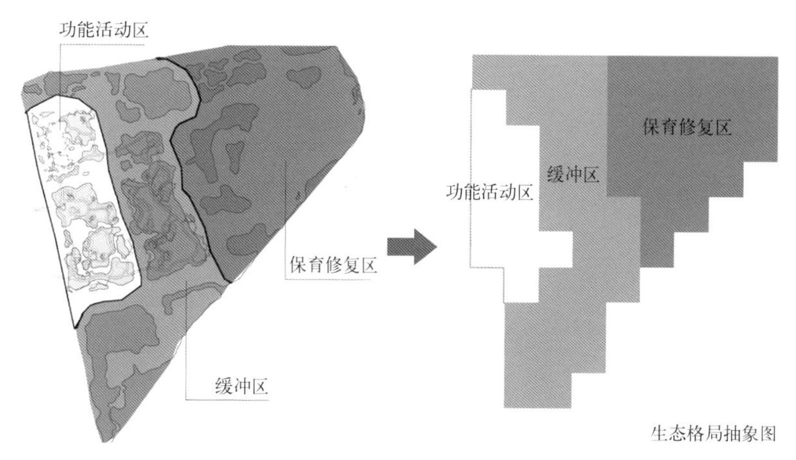

图4–7　常熟沙家浜湿地公园东扩工程生态格局示意图

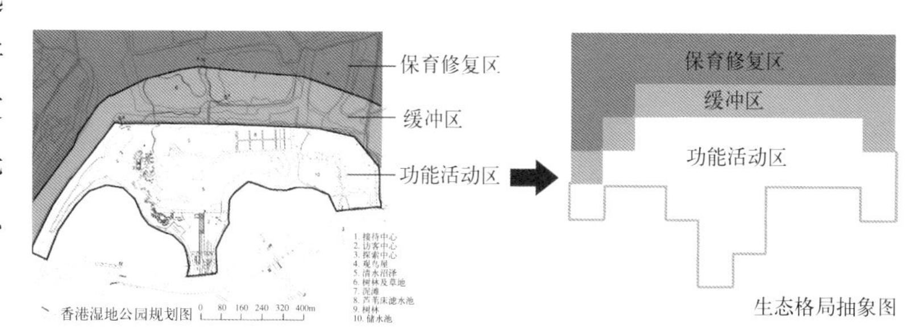

图4–8　香港湿地公园生态格局示意图
（左图改绘自南方都市报，http：//www.nddaily.com/cama/200812/t20081204_928798.shtml）

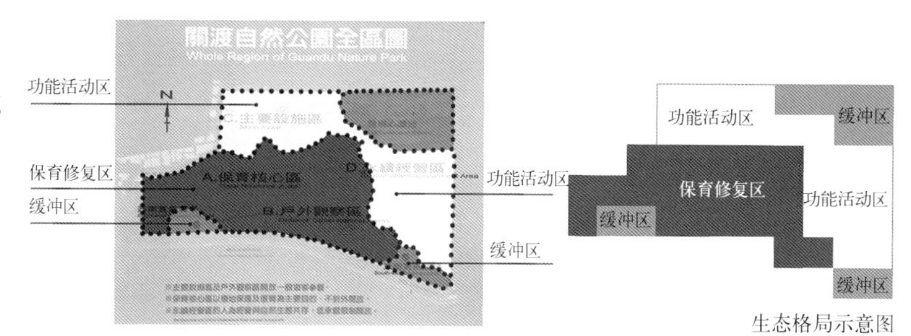

图4–9　关渡自然公园生态格局示意图

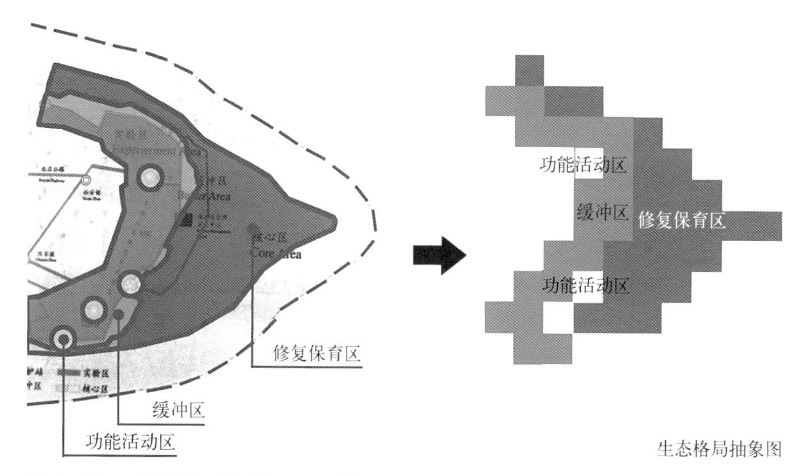

图4–10　上海崇明东滩国际湿地公园生态格局示意图
（图片改绘自：王浩，汪辉等．城市湿地公园规划设计[M]．南京：东南大学出版社，2008：46）

与湿地从功能活动区到修复保育区的保护强度的变化是相一致的。区别在于，空间梯度着重从设计层面来表达空间格局，而生态格局则是着眼于湿地的生态保护。空间梯度的建立能有效保证条带型湿地空间生态格局的稳定与安全。

建立空间梯度可以从下面两个方面着手：

（1）建设强度

建设强度是指人工的建设行为干预环境的强弱程度。条带型湿地生态格局可建立起单向的建设强度空间梯度：从功能活动区域到修复保育区，人工干预程度越来越低，直至消失，自然要素越来越强，最终起主导作用。建设强度空间梯度的建立，既能有效地引导各类不同规模游憩项目的介入，同时可以保障湿地生态系统的稳定与安全。例如在常熟沙家浜湿地公园东扩工程中，根据基地环境的特征，建立起从西到东的建设强度的梯度变化。西侧远离湿地保护区、与原景区横泾老街隔河相邻，为主要功能活动区域，因此建设强度最高，规划在此建设民居村落与水街，满足游人的游憩与休闲需求；中部为缓冲区，建设强度减弱，在此营造湿地动植物探索与体验区；东部为修复保育区，建设强度最低，区域内诸岛不上人，以封岛保育原生的芦苇湿地群落（图 4–11）。

（2）空间密度

空间密度是指湿地公园单位面积内景观元素的疏密程度。条带型湿地生态格局呈单向的空间密度梯度：即从功能活动区域到修复保育区，空间密度逐渐升高，空间破碎度越来越大，湿地特征越来越强。建立空间密度梯度关系，能有效保障湿地公园生态系统的稳定与湿地整体特征与风貌的完整。例如淼泉湖生态公园，从东向西，空间密度逐渐升高，景观破碎程度越来越大，形成从“城市——自然”的有机过渡（图 4–12）。

4.1.3.2 圈层型生态格局

圈层型生态格局中，湿地公园修复保育区、缓冲区和功能活动区呈同心圆的放射形分布，修复保育区域位于中间，最不易受到人为破坏，其抗干扰能力较强，最接近于理想生态格局。当湿地公园规模较大时，形成多个修复保育区，呈现多圈层状态，彼此之间以生态廊道相连（图 4–13）。

圈层型格局也可以分为两种基本类型：单核圈层型和多核圈层型。

1）单核圈层型

仅有一个修复保育区，功能活动斑块围绕修复保育区呈环绕状分布，常依托于中心湖面，适用于中小规模、使用功能较为单一，为城市环境所包围的城市湿地公园。此类湿地公园较为常见，如伦敦湿地公园、桑沟湾

图 4–11 常熟沙家浜湿地公园东扩工程建设梯度示意图

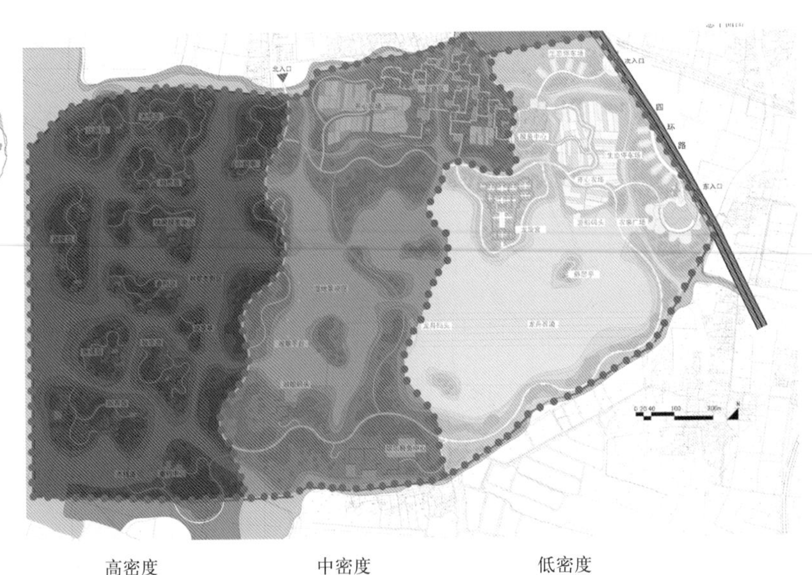

图 4–12 淼泉湖生态公园空间密度示意图

国家城市湿地公园、马鞍山东湖湿地公园、湖州长天漾湿地公园等（图 4–14、图 4–15、图 4–16、图 4–17）。

伦敦湿地中心位于城市中，以中心主湖及周边浸水区域、泥潭为修复保育区，缓冲区环绕中心湖面，游客中心及服务设施等功能活动区安排在西南角入口处，以此将人为干扰减少到最小（图 4–14）。

马鞍山东湖湿地公园以中心湖面及湖南侧湿地环境保存较好的区域为修复保育区，东西两翼植被状况良好，形成缓冲区与城市相隔离，南北两侧依托入口形成功能活动区，吸引游人入园（图 4–15）。

山东荣成桑沟湾国家湿地公园较为特殊，修复保育区以湖面为中心沿河道向南、北、西侧延伸，缓冲区夹于延伸出的修复保育区之间，以与周边区域相隔离，北侧与西侧嵌入功能活动区，以满足入口服务与游憩需求（图 4–16）。

湖州长天漾湿地公园中部有城市道路穿越，道路北侧水面湿地环境保存较好，形成修复保育区，两翼分布有缓冲区与城市相隔离，道路南侧由于交通便利，规划建设水上运动区域（图 4–17）。

在广州南沙城市湿地公园的功能区规划中，基地周边没有城市建成区的干扰，东面有一条公路从基地旁通过，基地西侧临洪奇门水道，湿地修复保育区偏向西边通过洪奇门和入海口连接，并可以形成一条连接伶仃洋的鸟类栖息的生态廊道。同时场地东边有联系外围的唯一交通道路，因此把交通条件比较高的湿地功能活动区放在东侧，减少园内的交通和人为活动对湿地的干扰（图 4–18）。

此种类型属于偏心型的单一圈层式生态格局，与条带型生态格局有一定相似之处。

2）多核圈层型

功能活动斑块离散的环绕多个修复保育区的生态格局。这种生态格局适用于规模较大、使用功能较为复杂，自然环境条件较为优越的

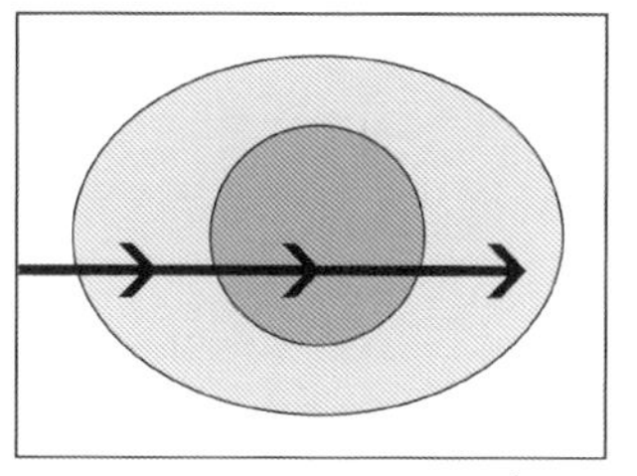

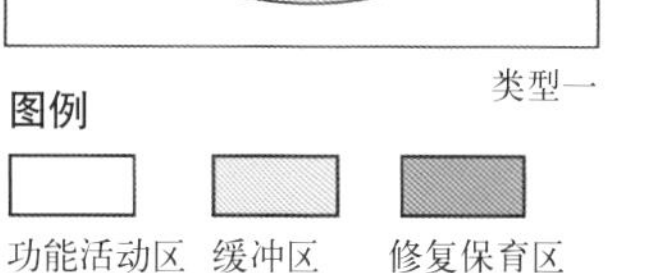

图 4–13 圈层型生态格局示意图

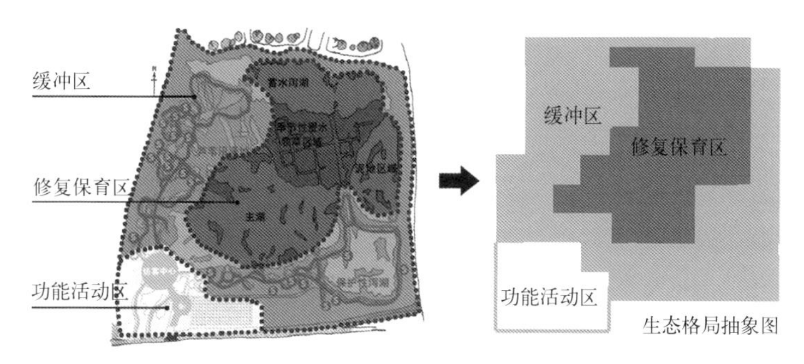

图 4–14 伦敦湿地中心生态格局示意图
（图片改绘自：卜菁华，王洋．伦敦湿地公园运作模式与设计概念 [J]．华中建筑，2005（2）：104）

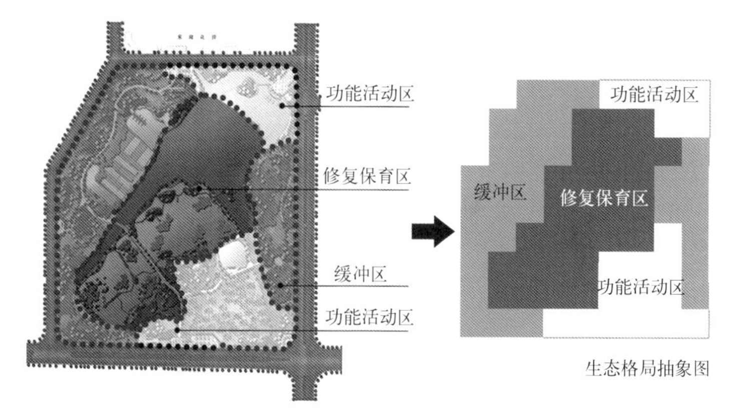

图 4–15 马鞍山东湖湿地公园生态格局示意图
（图片改绘自：严军．基于生态理念的湿地公园规划与应用研究 [D]．南京林业大学博士论文，2008：86）

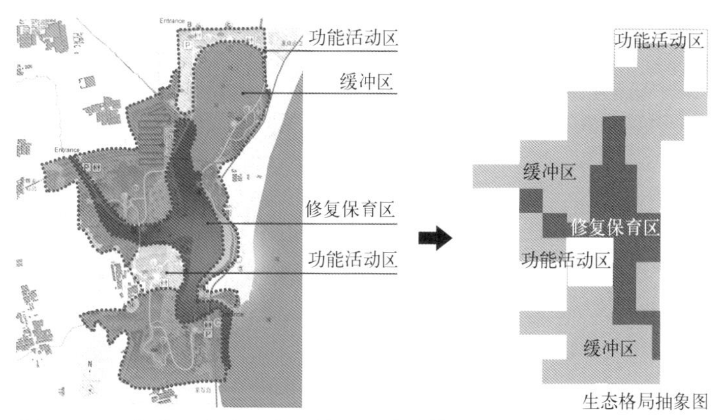

图 4–16 荣成桑沟湾国家湿地公园生态格局示意图
（图片改绘自：王胜永．城市湿地公园分类与营建模式研究 [D]．南京林业大学博士论文，2008：40）

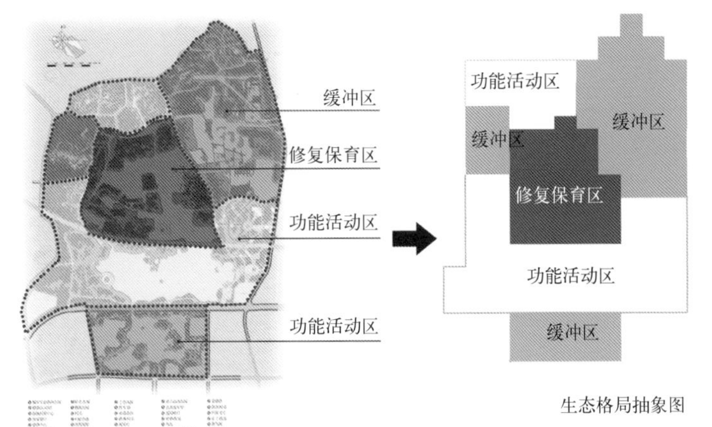

图 4–17　湖州长天漾湿地公园生态格局示意图
（图片改绘自：王浩，汪辉等．城市湿地公园规划设计 [M]．南京：东南大学出版社，2008：184）

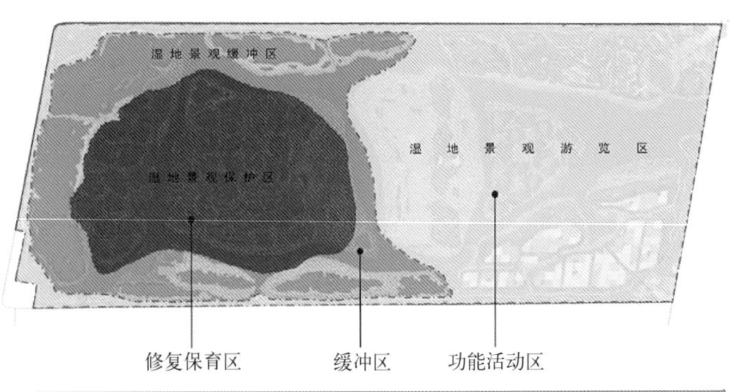

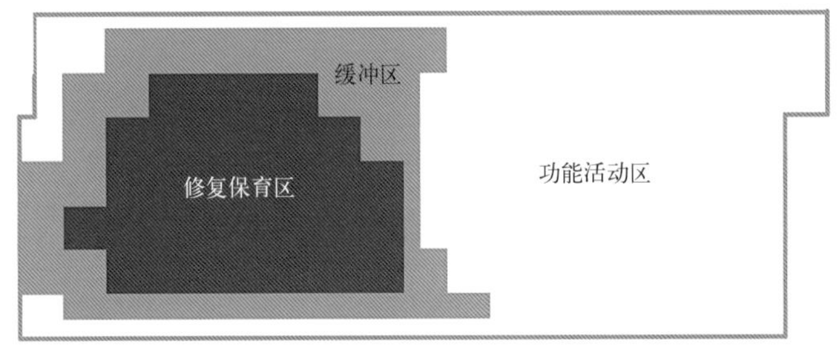

图 4–18　广州南沙城市湿地公园生态格局示意图
（图片改绘自：蒋敏．城市湿地公园功能区划分和景观区设计研究 [D]．广州大学硕士论文，2010：69）

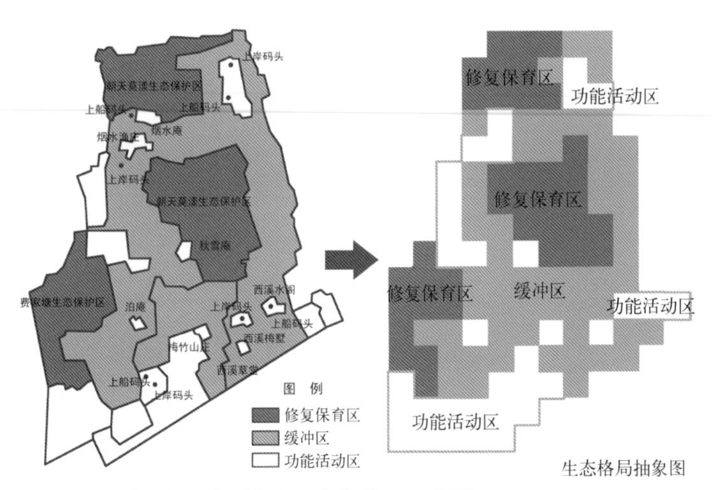

图 4–19　杭州西溪湿地公园生态格局示意图

湿地公园，例如西溪湿地公园、绍兴镜湖湿地公园、太湖湿地公园（图 4–19 ~ 图 4–21）。

杭州西溪湿地公园以东部、北部及中部三大湿地生态保护区域为修复保育区，其余均为缓冲区域，功能活动区呈点状散布于湿地公园中，西南角紧邻城市道路较为集中，安排有入口及游客服务功能。这种生态格局能够有效保证湿地环境的完整性，将人工活动的影响减少到最小（图 4–19）。

绍兴镜湖公园面积较大，基底内条件复杂，包含有农村、城市干道等多种因素，规划设计以湿地生态环境较好的北湖及南部为修复保育区，中部沿城市道路两侧及村庄安排功能活动区域，其余区域为缓冲区并形成一定宽度廊道沟通南北保护区域，有效地保障湿地的生态环境与动物栖息地（图 4–20）。

太湖湿地公园原为农田与鱼塘，西侧紧邻太湖，规划设计以原场地中湿地生态环境良好的三个区域及东北侧划为修复保育区，而将水乡游览及度假别墅等功能区域安排于景区外侧并远离核心地带，以减少人为活动对于湿地的干扰（图 4–21）。

圈层型湿地格局是常见的湿地公园格局类型。由于多个修复保育区的存在，因此生境走廊设计是其规划重点。

生境走廊设计的目的是为湿地环境中各种生物提供一个可以安全迁徙的通道与生存空间。通过生境走廊将各个分散的湿地修复保育区连接成网络系统，能有效地增强湿地生态系统的稳定性与安全性。

国外学者认为，生境走廊的宽度与物种之间存在一定的关系（表 4–8）。

结合湿地公园的特征，生境走廊宽度可参考表 4–9 进行设计。值得注意的是，建构湿地公园生态格局时，应着重考虑河流廊道的宽度。因为两栖动物、底栖动物与鸟禽类更多地会选择水岸及近水岸作为栖息繁殖地，河流廊道是其主要活动通道。相关研究表面，河岸植被宽度在 30m 以上，既能够满足各类物质的生境需

国外学者对于生境廊道与物种关系的研究①　　表 4-8

相关学者	生境廊道宽度	物种多样性
Juan Antonio	3 ～ 12m	走廊宽度与物种多样性无关
	大于 12m	草本植物多样性增加为 2 倍
Forman 和 Godron	小于 12m	对于鸟类而言，是线状廊道
	12 ～ 30.5m	能包含多数的边缘种，但多样性较低
	61 ～ 91.5m	具有较大的多样性和内部种
Roling	40 ～ 152m	适宜的宽度

湿地生境走廊适宜宽度②　　表 4-9

宽度（m）	功能与特点
3 ～ 12	仅能满足保护各类低栖种群的功能，如螃蟹、螺蛳、河蚌等
12 ～ 30	能够包含草本植物与鸟类的边缘种，但多样性较低；能够保护鱼类、两栖类及小型哺乳动物；能满足鸟类迁徙的需求
30 ～ 60	能够包含较多的草本植物与鸟类边缘种，可满足动植物迁徙和传播的需要
60 ～ 100	具有较大的多样性与内部种；许多乔木种群存活的最小宽度
100 ～ 500	保护鸟类适宜的宽度
500 以上	植被与鸟类物种丰富度很高，能满足中到大型哺乳动物迁徙，在湿地公园中较少见

求又能够防止水土流失及过滤各种污染物。

此外，在一些特殊的湿地公园内，可能会为某些动物专门设置的生境走廊，应根据要保护物种的类型与迁徙特性来进行设计。

4.1.3.3　渗透型生态格局

渗透型生态格局较为特殊，修复保育区、缓冲区和活动功能区域在空间上呈与环绕式相反的嵌套模式，即修复保育区在最外围，活动功能斑块渗透在修复保育区与缓冲区内（图 4-22）。渗透式格局的边界效应明显，适合于基地处在大型湿地自然保护区内的湿地公园，例如滕州湖滨湿地公园（图 4-23）、目平湖湿地自然保护区、香港米埔湿地公园。

滕州滨湖湿地公园东侧面向辽阔的湖面，基地内大部分都为保存完好的湿生环境，规划设计以位于北侧紧邻城市地区为功能活动区，缓冲区沿河道渗透入主景区中，以满足景区科普教育与湿地体验的功能。

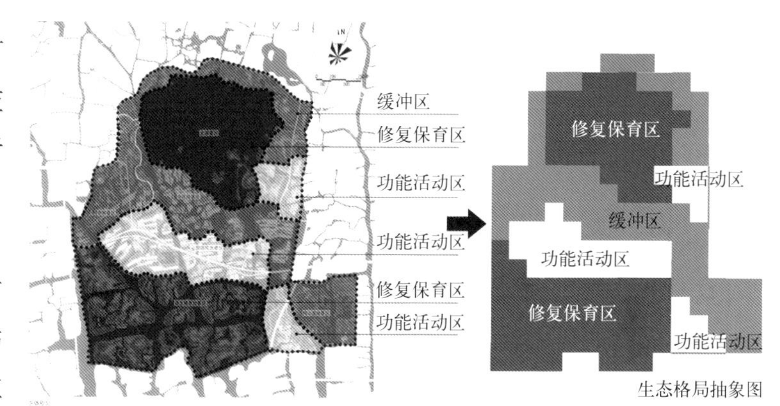

图 4-20　绍兴镜湖湿地公园生态格局示意图
（图片改绘自：王向荣，林箐．湿地的恢复与营造——绍兴镜湖国家城市湿地公园规划设计 [J]．景观设计，2006（3）：78-84）

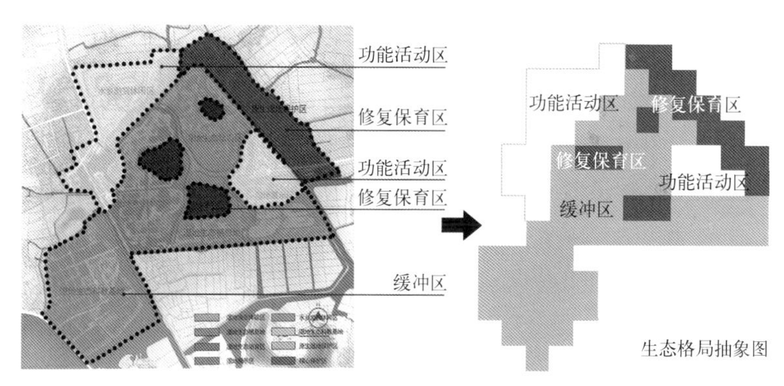

图 4-21　太湖湿地公园生态格局示意图
（图片改绘自：贺风春，俞隽．多学科合作的苏州太湖湿地公园规划设计 [J]．风景园林，2009（2）：83）

① 邓毅．城市生态公园设计 [M]．北京：中国建筑工业出版社，2007：143-144.
② 朱强，俞孔坚，李迪华．景观规划中的生态廊道宽度 [J]．生态学报，2005.25（9）：2406-2412.

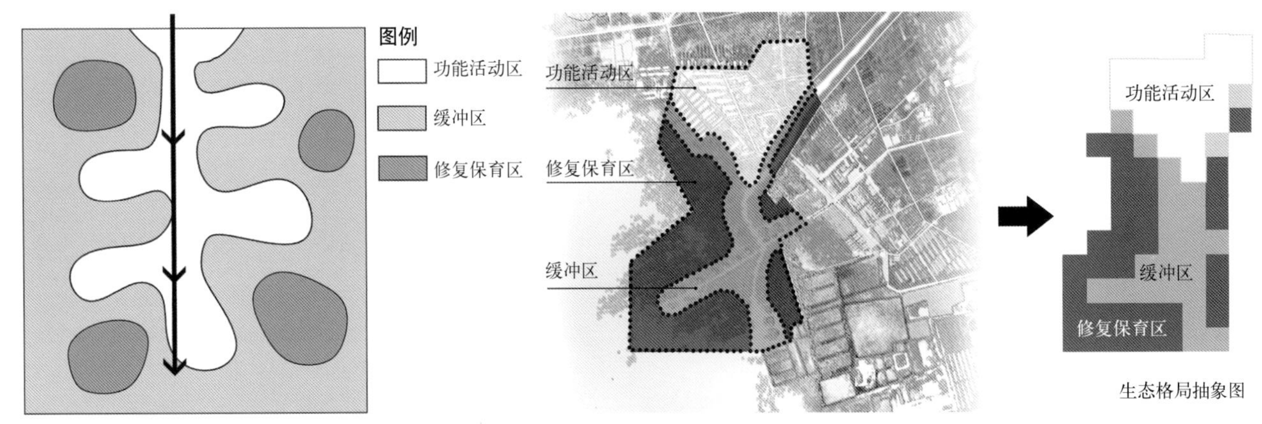

图 4–22　渗透型生态格局示意图

图 4–23　滕州湖滨湿地公园生态格局示意图
（图片改绘自：TAM 地域环境研究所、北京树源景观规划设计事务所、华中农业大学园艺林学学院所编桑沟湾国家城市湿地公园规划）

4.2　基于使用功能的空间建构

基于使用功能的空间建构是在生态格局优化的基础上，对湿地公园的不同使用功能进行选择与空间布局。使用功能的空间建构应当以湿地生态系统的安全与稳定为前提条件，服从与协调于湿地保护的要求。

值得注意的是，湿地公园的功能布局与生态格局是相互影响的。当特殊的基地特征或规划目标使功能布局与生态格局产生冲突时，生态格局布局也会产生调整。因此湿地公园的生态格局并不是空间建构的最终结果，而是进一步设计的基础与前提条件。

使用功能合理布局是湿地公园空间建构的重要条件，本节试图从三个层面进行研究：首先，对于湿地公园按常见的使用功能进行分类；其次，研究功能布局与生态格局之间的相互关系，即从生态格局出发（或从湿地保护与修复出发）如何合理安排使用功能；最后，在前两者基础上，提出三种湿地公园功能布局模式。

4.2.1　使用功能分类

湿地公园使用功能应依据其自然基底、景观特征与游憩主题来进行选择，不同类型的湿地公园使用功能彼此差异显著。在调查国内外各湿地公园使用功能的基础上，依据其具体内容与主题，可归纳为下列六大类：生态保育类、科普教育类、探索体验类、民俗文化类、综合休闲类及管理服务类。

此外，不同湿地公园由于其特殊的地理位置与功能需求还包含部分特殊的使用功能。如部分由煤矿塌陷区改建而来的湿地公园可以开展专门的环境改造示范项目，以记录场地上发生过的这段历史并起到科普教育作用，如徐州九里湖湿地公园设置了基底与水环境整治示范园；再如在部分山水自然环境优越的区域常建设居住区，如湖州长天漾湿地公园。

国内外湿地公园常见使用功能一览表（见表 4–10，表 4–11）。

4.2.1.1　生态保育类

生态保育功能是在重要湿地，或者湿地生态系统较为完整、生物多样性程度较高的区域所采取的专门保护措施。除了特殊类型的湿地公园（如示范型湿地公园），生态保育功能是湿地公园必不可少的组成部分。通常意义而言，生态保育功能所在的区域与生态格局中的修复保育区是彼此重叠的，即生态保育的区域范围、目标物种应与生态格局中的修复保育区是一致的。

具体措施包括针对湿地动物，如两栖类、底栖类、鸟禽类的栖息地及繁殖地设置禁入区，以保护物种生存环境不被破坏；针对一些候鸟及处于繁殖期的鸟禽类活动区应设置季节性的限时禁入区；部分珍稀的湿地

国内外湿地公园常见使用功能一览表 表 4-10

功能分类＼使用功能	名称
生态保育类	湿地动物与植物保护与封育，偶有观鸟或观景活动
科普教育类	湿地考察与研究、湿地动物与植物观赏展示、水体净化演示、水产养殖基地、水体与环境监测等
探索体验类	农业观光、农事活动（采摘耕作）、农具展览、水产品养殖、捕蟹（鱼、虾）、垂钓、湿地漂流、野营、烧烤、泛舟等
民俗文化类	各类民俗表演、宗教设施（祠堂）、民居村落及古镇观光、民俗文化展示、历史遗存展示等
综合休闲类	游船、自行车运动、游泳、打靶、旅游购物街、茶室、餐厅、住宿、儿童游乐、旅游购物、康复疗养、温泉浴场、会议中心等
特殊类型	度假别墅、示范住区、拓展训练、工厂遗址展示等

国内外湿地公园使用功能一览表 表 4-11

湿地公园＼功能类型	生态保育类	科普教育类				探索体验类			综合休闲类				民俗文化类			服务管理类	其他类型
		科学研究	动物观赏	植物观赏	室内参观	农业观光	湿地探索	渔业观光	运动健身	餐饮住宿	休闲购物	洗浴保健	古镇村落	宗教主题	文化主题	游客服务停车等	
上海崇明东滩湿地公园	★	★	★	★	★				★							★	
沙家浜湿地公园（东扩工程）	★		★	★	★		★	★					★		★		
浙江德清下渚湖湿地公园	★	★	★	★		★	★	★	★	★	★		★	★	★	★	
泰州溱湖湿地公园	★		★	★	★	★	★	★		★	★		★		★	★	
湖州长天漾湿地公园	★		★	★	★	★	★	★	★	★		★	★			★	★
绍兴镜湖湿地公园	★	★	★	★	★	★	★	★	★				★			★	
徐州九里湖湿地公园	★		★	★			★			★		★			★	★	
西溪湿地公园	★	★	★	★	★	★	★			★	★		★		★	★	★
尚湖国家湿地公园	★		★	★	★	★	★			★	★					★	
天目湖湿地公园	★		★	★		★	★		★								
唐山南湖湿地公园	★		★	★		★	★	★									
伦敦湿地公园	★		★	★	★		★			★						★	
美国永乐国家湿地公园	★	★	★	★			★		★	★						★	
香港湿地公园	★		★	★	★		★									★	
北京翠湖国家湿地公园	★	★	★	★	★	★	★	★		★							
芜湖芦花荡湿地公园	★	★	★	★	★	★	★			★						★	
哈尔滨太阳岛湿地公园	★		★	★			★	★		★					★	★	★
普洱茶山湿地公园	★		★	★		★	★			★					★	★	
苏州太湖湿地公园	★	★	★	★		★	★	★		★	★					★	★
迪沟国家湿地公园	★	★	★	★		★	★	★	★			★	★			★	
高邮东湖湿地公园	★		★	★		★	★		★	★	★	★	★		★	★	★
南京秦淮河湿地公园	★	★	★	★	★		★								★	★	★
海南新盈红树林湿地公园	★	★	★	★	★	★	★				★					★	
淮安三汊河湿地公园	★	★	★	★	★	★	★			★	★					★	★
台北关渡自然公园	★	★	★	★	★	★	★			★						★	★

植物或较为完整具有地带性湿地植被群落（如常熟沙家浜的芦苇群落）也应设置保护区域。区域内可开展各项与湿地密切相关的科学研究、保护与观察工作，并禁止其他类型的各种人类活动。

考虑到动植物的环境需求及活动特点，生态保育区的外围应划定适当宽度的缓冲区，采取严格的管理措施，充分保障各类湿地物种的生息场所。

杭州西溪湿地公园在湿地群落资源较为优越的东部和西部采取生态保育措施。在东部湿地生态保护培养区内，由于该区湿地资源优越，规划设计中将其完全封闭，通过保育池塘、河流、湖泊与林地来创造原始的湿地生态环境；在西部自然景观封育区内，由于此区域受到少量人为干扰，规划设计中实行半封闭保护，通过乡土湿地植被的种植恢复湿地的生境环境，以期在一定年限后恢复原始的湿地景观特征。

4.2.1.2 科普教育类

科普与教育是湿地公园的重要功能。湿地公园作为科普的重要窗口，承担着向人们普及湿地及相关自然生态知识的职责。湿地公园内保存着较为完整的自然湿地群落与各类丰富的动植物资源，是开展湿地科学研究与科普教育功能的理想场所，与其他类型的城市公园相比，有着卓越的资源优势。

国外湿地公园极其重视科普教育功能。以日本为例，在日本的城市绿地规划体系中，并没有湿地公园一类，湿地公园归类于自然观察园，或者称为湿原。日本的湿地公园要求参观者在游览湿地公园之前先进行相关讨论，在提出各种问题以后再参观湿地公园，从而真正达到对市民的科普教育作用。

科普教育功能，应以各类湿地动植物资源、水文地貌、自然环境等为对象，运用各种观测设施与手段，通过各种参与性项目，满足游人特别是少年儿童的科普需求。另外可将湿地生态知识与湿地观光相结合，使参观者在欣赏湿地自然景色的同时，丰富自身的湿地科学知识，提高生态与环境保护意识。

湿地公园科普教育功能可以分为以下几种类型：

1）户外实地体验

户外实地体验是湿地公园采用最多的一种活动方式，参观者可以通过导游讲解、标示图示或者亲自体验来了解与体验湿地的生态系统及各类湿地动植物的相关知识。例如在香港湿地公园内设有专门的湿地体验区，人们可以进入泥塘中收集水和泥的样本，以了解池塘的生态系统。此外，户外还建有长约50m的河流湿地模型，侧面设有玻璃观察窗，人们可以在此观察鱼类和植物的情况（图4–24）。

鸟类观测是湿地中常见的一项户外科普活动，在国外湿地公园中，由于经营时间较长，开展项目较早，往往专门建立观鸟组织与长期观测基地。湿地公园内设立观鸟站时，应根据鸟类分布情况及生活习性来设计，采取多种隐蔽措施，以减少对于鸟类及其迁徙路线的干扰。例如南京兴隆洲湿地公园位于南京六合区，由于

图 4–24 香港湿地公园河流模型

地处滩涂江段，境内栖息有数以万计的野鸭、水鸡、白鹭、平嘴鸥等多达二十多种的野生水禽类，动物与植被资源极其丰富。规划设计中园内将建有野生水禽保护站，配备望远镜等观测设施，及多个观鸟台，以满足人们的观鸟需求；再如伦敦湿地公园中的观鸟塔只有 1 ～ 2 层，外形封闭，将人类观测活动限制在建筑物内，以减少对于鸟类的干扰。观鸟塔设计详见 4.3.1.6 节游览设施形态。

2）室内参观体验

室内参观体验是湿地公园另一种常见的科普教育活动。室内参观体验可采用多种现代技术手段，结合声光电多媒体等多种措施，模拟湿地生态系统，让参观者更深刻地了解湿地的相关知识。具体措施包括设立湿地科普馆、展览馆、博物馆、多媒体影视中心等。

香港湿地公园的室内参观体验内容极其丰富。在湿地展览馆中除了向人们介绍湿地的重要性、世界分布情况及面临的危机；展览馆内还设有一个按原样复制的泥潭沼泽生态系统模型，其内部模拟自然湿地，栖息了各类两栖动物；此外，展馆内还设有专门的 3D 影院，让游客身临其境的体验在热带雨林沼泽湿地中的感觉（图 4–25）。

3）开展科学研究

科普教育区指具有独特优越湿地研究条件与资源的场所，因此应充分利用此优势开展各种科学研究工作，促进湿地学科的不断发展。南京秦淮河湿地公园在东部建设湿地科学研究站，以开展针对长江湿地生态系统的相关监测与研究及湿地各类水禽的相关研究。上海崇明东滩湿地公园还设有专门的湿地研究中心，除了进行湿地相关学术研究外，还承担着国内外各类有关湿地研究与保护、水禽及其栖息地保护的国际学术研讨会。

4.2.1.3 探索体验类

探索体验功能是指在湿地公园生态敏感度较低的区域内设置一定范围的与湿地相关、游客参与性较强的活动项目。这些使用功能通常依托于湿地特有的动植物资源与景观优势开展，可以按功能主题分为以下几类：

1）以湿地为主题

指充分利用湿地特有的资源与空间特征开展的各类游憩活动，如利用湿地破碎化程度较高的特征开展湿地迷宫与湿地水上探索，再如利用湿地优越的水环境特点开展各类水上活动，如湿地漂流、水上自行车、踩水车等项目（图 4–26）。苏州荷塘月色湿地公园以荷花为主题开展各类游憩活动，游客通过赏荷、摘莲与荷塘泛舟体验江南水乡的优美意境（图 4–27）。浙江德清下渚湖湿地公园设立了下渚汀湿地体验区，内设有杉林水道体验项目，即利用岛屿边缘的大片耐水湿杉树林，如落羽杉、水松等，在其林下架设木栈道，形成林下栈道景观，供游客在林间体验湿地优美的生态环境，此外，还设有港岛迷宫，即利用湿地纵横密布的岛屿港汊，在芦苇荡、鱼塘、河堤之间形成网状水道迷宫。

图 4–25　香港湿地公园室内展示
（左图展示湿地动物迁徙的画面，右图为泥潭沼泽模型）

图 4-26 北京汉石桥湿地公园内水上自行车项目

图 4-27 苏州荷塘月色湿地公园实景
（左图来源：http：//www.nalila.com/wheels/7462，右图来源：新华网 2007/9/25）

图 4-28 溱湖湿地公园内的农家体验活动

2）以农业为主题

在原有场地基底为农田、果园或者农业资源丰富的湿地环境内可开展以农业为主题类似于“农家乐”性质的湿地游憩项目，如蔬果采摘、农田耕作、农庄观光等。同时，区域内还可以结合农业生产，特别是高科技生态科技农业，为参观者提供观赏与了解湿地农业生产的场所，增强湿地公园的观光性与吸引力（图 4-28）。

3）以渔业为主题

很大一部分湿地公园依托于江河、湖泊而建，特别是长江中下游地区鱼塘密布，渔业发达，基于此基底而形成的湿地公园内应充分利用资源优势，在公园内设置专门的区域开展各种以渔业为主题的游憩项目，如垂钓、捉蟹、捉鱼、晒鱼等。此区域还可以结合当地的特色渔类生产开展活动，如常熟沙家浜紧邻阳澄湖，水产丰富，因此湿地公园内专门设置了蟹趣园与螃蟹岛，结合螃蟹养殖，供游人们在此喂蟹、捉蟹，体验江南水乡的渔家生活。

4.2.1.4 民俗文化类

中国的湿地公园往往人文资源积淀深厚。许多湿地公园坐落于历史古镇或村落内，充分利用当地特有的民俗文化资源，不仅能够有利于营造具有地域文化特征的湿地公园，同时对于保护文化、延续历史文脉也具有重要意义。

湿地公园民俗文化类活动功能可以分为以下几种主题：

1）民俗主题

在我国很多地区，湿地千百年以来与人们生活生产密切相关。例如江南太湖流域周边长期都是聚居地，湿地公园基地内常常保存有大片民居与村落。因此，可依托当地特有的地域特征，修建与复建部分民居与村落，同时增加各类民俗活动，以延续当地的历史文化，展现当地的风土人情，丰富湿地公园的游憩内容（图 4-29）。

图 4-29　溱湖湿地公园中赛龙舟活动

图 4-30　常熟沙家浜湿地公园东扩工程修建的水街村落

常熟沙家浜湿地公园东扩工程西侧复建了一组水街村落并根据当地历史记载，恢复了一座庙宇——云庆庵。通过对古村落的恢复，再现当地人们的生产生活风貌与各种民风民俗，大大增强了湿地公园的游憩性与吸引力（图 4-30）。

2）宗教主题

湿地地区人类长期聚居过程中常常产生了共同的信仰与宗教，例如福建海滨渔民在长期的生活生产中产生了对于妈祖（天妃）的供奉与信仰。因此宗教主题常成为湿地公园民俗文化区的另一个重要内容。

佛教寺庙是湿地公园内常见的宗教文化题材。湿地公园引入佛教游览设施，一方面可以极大增强公园旅游吸引力与游憩度；但同时，佛教设施容易造成大量的人流集散，不利于湿地生态系统的保护。因此，应当尽可能将宗教设施远离湿地保护区，对外单独设置出入口，将其负面影响减少到最小。例如浙江德清下渚湖湿地公园规划中设立了毓秀塔山景区，对始建于南宋的云帕寺进行修复与扩建，增加服务用房和场地，以方便游客参观寺院，朝拜佛像等，使其成为具有文化底蕴与人气的湿地公园旅游景点①；再如台湾碧云寺竹林生态湿地公园，其原址为供奉观世音的小琉球碧云寺，香火鼎盛，后由于周边竹林泉水资源优越，建设为竹林生态湿地公园，满足游客朝拜上香与观河赏景的多种需求②。

3）文化主题

中国湿地历史悠久，湿地环境中常常积淀了深厚的文化遗存。文化物遗存是民俗文化区内重要的景观资源，也是珍贵的文化遗产。湿地公园规划中应妥善利用好此类资源，对于营造地域文化、保护文化遗产、延续场地记忆、增强湿地的旅游吸引力具有重要作用。湿地公园内文化遗存种类繁多，常见如古桥、古堤、古代建筑物遗址、古树名木、古人题刻等。

吴江震泽湿地公园内历史文化遗存丰富，震泽自古即为太湖古镇，处于“吴头越尾”的特殊位置，景区内“张墩怀古”是震泽的八景之一，三国周瑜和唐代诗人张志和也在这里留下了印迹。湿地公园内，古桥、古墓、古树随处可见。展现吴越文化的交融是震泽湿地公园的一个重要主题（图 4–31）。

湿地公园内的文化遗存不仅包括物质文化遗存，还包括非物质文化遗存，例如当地特有的手工艺、名人字画、传说故事、诗词题赋及各类地方特产等。将其与湿地景观环境相结合，将大大增强公园的吸引力。杭州西溪湿地文化胜迹众多，规划设计中专门开辟了秋雪庵保护区与曲水庵保护区，通过文化综合保护工程，有选择的对于部分文化遗存进行了保护与修复，恢复了“秋雪八景”、“曲水八景”、西溪草堂、越剧首演地陈万元古宅等多处文物建筑及一批古桥、河埠头等。公园还注重对于非物质文化遗存的保护与景观化改造，完成了《重修历樊榭先生祠堂记》、“蒋相公牌楼”碑刻，论证命名了一批楹联匾额与船名、桥名。此举措有效增强了西溪湿地的文化底蕴与旅游吸引力。

综上所述，民俗文化功能虽然并非湿地公园所必需的组成部分，但由于我国特殊的国情，民俗文化对于提升湿地公园的文化氛围与人气具有很大作用。考虑到民俗文化功能对于湿地环境干扰度较强，规划设计中应远离湿地保护区。在条件允许的情况下，可以单独划为区域，对外设独立出入口，与湿地公园本体相互隔离。同时根据湿地公园生态容量应当控制游客规模，减少对于湿地生态系统的破坏。

图 4–31　震泽古镇内的历史遗存——禹迹桥与师俭堂
（图片来源：http：//hi.baidu.com/walterfusecch/blog/item/87a6b510f3ea69f7c2ce7956.html）

① 王浩，汪辉等．城市湿地公园规划设计 [M]．南京：东南大学出版社，2008.
② 苏芳赐．台湾时报，2009/4/25.

4.2.1.5 综合休闲类

在部分规模较大、自然资源条件较优越的湿地公园内，常常设有综合休闲功能。以此满足游客高层次的游憩需求，如购物、餐饮、住宿、健身、康体、保健等，这些项目与湿地自身关联度较低。随着湿地公园的不断发展与人们使用需求的增加，一些新的休闲内容不断出现在湿地公园中，如温泉浴场、婚庆基地、高尔夫、影视基地等。这些项目有些适宜在湿地公园内开展，有些则建设规模过大，严重干扰了湿地自然生态系统。

对部分干扰强度较小的活动项目，可以设置在湿地保护区周边，如自行车运动、游船等；有些项目干扰强度过高，应远离生态保育区或者设置于基地的入口周边，以满足交通需求，如餐饮购物中心、婚庆基地等。

综合休闲功能通常包括以下内容：

1）洗浴保健

与其他城市公园相比，湿地公园拥有得天独厚的环境资源与生态条件。因此，湿地公园是疗养与保健的最佳场所。常见的游憩项目包括温泉疗养、室外浴场、水疗吧等。

2）餐饮住宿

对于规模较大的郊野湿地公园，应适当设置一定数量的餐饮度假设施，以满足人们的使用需求。同时也可以让游客充分体验到湿地公园优美的水景、清新的空气及丰富的动植物资源。结合湿地自身特征，可以开展各类特色餐饮住宿项目，如水上度假屋、林间木屋、野营野餐、渔村餐馆等以增强旅游的趣味性与吸引力，形成自身的特色。

3）休闲购物

休闲购物是湿地公园的常见使用功能，富有地域特色的各类旅游商品不仅可以满足游客的消费需求，还能增加当地居民的旅游收入与就业机会。湿地公园的休闲购物应与湿地密切相结合，以各类鱼、虾、贝工艺品为主；也可结合当地的民俗文化来开发旅游资源。休闲购物可以整合原有场地内的居民住宅重新加以整修扩建，如下渚湖湿地公园的旅游接待区内设立琳琅水街，结合原有民宅加以整修扩建，风格统一，增修青石板路，营造出具有江南水乡氛围的湿地休闲购物景区。

4）运动健身

湿地公园可充分利用自身资源优势，开展各种富有娱乐性、健康环保的运动健身项目。如湿地探险、水上漂流、自行车运动等。让人们能够充分融入湿地自然环境中，由于此类活动对于湿地公园的干扰度较小，同时游憩性较强，因此应鼓励此类项目在湿地公园中的开展。

此外，还包括一些其他类型的休闲项目，如湿地婚庆基地、影视基地等。例如无锡梁鸿湿地公园，充分挖掘梁鸿孟光举案齐眉这一著名的文化题材，结合湿地自然环境建设梁孟婚庆基地、梁孟婚纱摄影基地等休闲娱乐项目，以期打造一座婚姻家庭主题的湿地公园。

综上所述，湿地公园综合休闲区应在控制湿地生态容量的基础上、建设游憩项目，将对湿地生态系统的干扰降到最低。

4.2.1.6 管理服务类

根据国内外的经验，由于湿地生态系统的特殊性，管理服务功能是湿地公园必不可少的组成部分。湿地公园的管理服务功能常常与入口相结合，能够方便的服务于游客大众，同时又能与外部取得便捷的交通联系。管理服务功能的区域不宜过大，以减少对于湿地整体环境的干扰与破坏，建筑设施适宜小体量、低层数、低密度与低能耗，与湿地公园整体环境氛围相融合。

管理服务功能通常包括湿地公园入口、游客服务、管理办公等。游客服务常包括售票、问询、医疗等。

4.2.1.7 其他类型

生态保育类、科普教育类、探索体验类、民俗文化类、综合休闲类与管理服务类是湿地公园最为常见的使用功能类型，此外，湿地公园还可见以下几种类型：

1）**拓展训练类**

在部分湿地公园内，常利用其特有的基地环境，建设野外拓展训练项目。拓展训练是一种新兴的城市休闲方式，公司或企业常采取这种方式来增强员工之间的团队合作精神与凝聚力，此类活动常常选择在野外自然环境较为优越的场所内开展，因而湿地公园是较为理想的选择。例如浙江湖州长天漾湿地公园内在临近杨丘公路南侧，利用原有矿坑的地势环境建设了素质拓展营地，为各类单位与团体提供拓展训练的基地。

拓展训练区内常设有的游憩项目包括四类，可见表4–12。

湿地公园内拓展训练的常见项目 **表4–12**

类型	常见项目
水上训练	险滩漂流、竹筏渡河
陆上训练	定向越野、野外生存
高空活动	断桥跨越、悬崖攀缘
平地活动	信任背摔、无舟强渡等

拓展训练区由于自成一体并具有一定的危险性，因此常单独设置活动范围以加以保护，并尽量紧靠道路，以便对外有便捷的交通，可单独设置出入口与管理设施（图4–32）。

2）**居住类**

湿地公园内山水环境与自然生态条件优越，常常依托湿地公园建设低密度住宅区域。例如湖州长天漾湿地公园在牟山脚下，利用其背山面水的优越地位为主，建设度假别墅区，其建筑密度控制在18%以内，高度不超过3层，以独栋别墅与联排为主。

由于居住区域对于湿地生态系统干扰较大，应严格控制居住区域的规模与密度，并远离湿地修复保育区与缓冲区。

4.2.2 功能布局与生态格局

功能布局与生态格局是两种不同的规划策略。功能布局以满足人们的使用需求为导向，通过使用功能的合理布局来组织景观空间，而生态格局则以生态保护与修复为出发点，通过景观要素的合理组织来促进生态系统的稳定与顺向演替，达到一个良性的自然平衡。

作为一类特殊的城市公园，湿地公园功能布局与一般城市公园的功能分区有着显著的区别。一般城市公园进行的功能分区是以人的行为模式与心理特征为主要前提，而湿地公园的功能布局规划则必须要服从协调

图4–32 湿地公园内的拓展训练活动

于湿地生态系统保护与修复这一前提条件，虽然湿地公园功能布局规划也要考虑到人的行为模式与心理特征，但其追求的目标已经转变为寻求人与湿地的和谐共生。

同时，湿地公园分区规划与生态格局是交互作用的：一方面生态格局是功能布局的基础；另一方面，功能布局也影响生态格局，特别是基于各种需求的使用功能的介入，也在一定程度上改变了生态格局。湿地公园景观空间正是功能布局与生态格局不断交互作用的结果。因此，湿地公园的功能布局与生态格局往往具有一定的同构关系，在空间布局上彼此关联。

4.2.2.1 使用功能强度分级

研究功能布局与生态格局的相互关系，可以从使用功能对湿地生态系统的保护程度或干扰强度入手，对使用功能大类进行分级，从而找到生态格局与功能布局之间的对应关系。根据工程实践，湿地公园使用类型对湿地保护强度（干扰强度）分级见表4—13。

湿地公园常见使用功能类型对湿地保护强度（干扰强度）分级 表4—13

使用功能类型	保护强度	干扰强度
生态保育类	最强	最低
科普教育类	强	低
探索体验类	中	中
民俗文化类	弱	强
综合休闲类	弱	强
管理服务类	无	强

在对使用功能大类与对于湿地生态系统干扰强度（或保护强度）分级的基础上，可以进一步对湿地公园使用功能与生态格局之间相互关系进行研究。湿地公园使用功能与生态格局之间相互关系可以分为：适宜性较高、适宜性一般、相互冲突，见表4—14。

适宜性较高：指使用功能适宜在生态格局特定分区内开展，两者之间相容程度较高，使用功能还能对生态格局起正向促进作用。

适宜性一般：指使用功能可以在生态格局特定分区内开展，影响程度较小，对生态格局影响较小。

相互冲突：指使用功能与生态格局特定分区无法相容，该使用功能对于生态格局有负面影响，干扰程度较高。

使用功能与生态格局对应关系图 表4—14

使用功能类型 / 生态格局	生态保育类	科普教育类	探索体验类	综合休闲类	民俗文化类	管理服务类
修复保育区	☆	■	■	■	■	■
缓冲区	■	☆	□	■	■	■
功能活动区	■	☆	☆	☆	☆	☆

注：☆ 适宜性较高，□ 适宜性一般，■ 相互冲突

由表可见，湿地公园中修复保育区最适宜设立生态保育类使用功能；而缓冲区内则较适宜开展科普教育与探索体验类活动；综合休闲、民俗文化与管理服务类使用功能则适宜在功能活动区中开展。

4.2.2.2 使用功能分布形态

一般而言，湿地公园使用功能在空间中的分布形态可分为三种方式[①]，见图4—33。

① 参考：邓毅．城市生态公园设计[M]．北京：中国建筑工业出版社，2007：211.

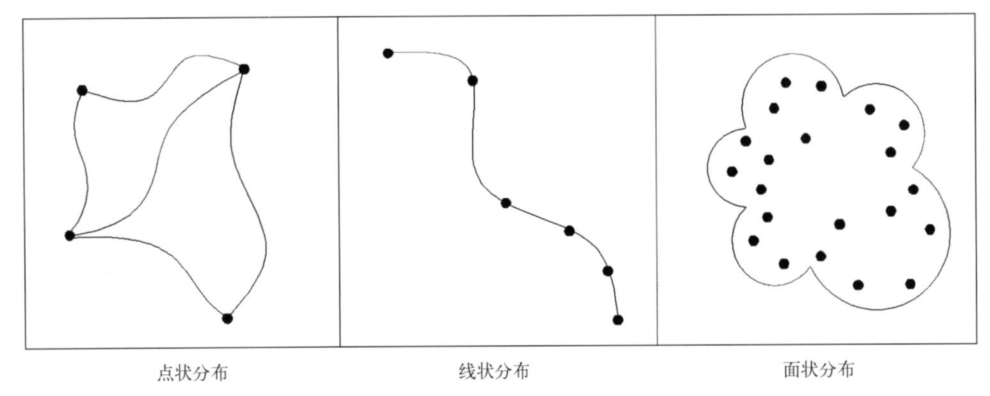

图 4-33　湿地公园使用功能空间分布形态示意图

1）点状分布

指使用功能在空间中呈离散分布状，使用功能所需的场地规模面积较小，使用功能之间通过交通廊道进行连接。

2）线状分布

指使用功能在空间中呈线状分布，交通廊道串联起各使用功能。

3）面状分布

指使用功能在空间中呈聚集状分布，形成较大规模的用地面积，各使用功能之间距离较短，直接相连。

根据湿地公园使用功能的特点与保护强度（干扰强度）的分级，湿地公园各使用功能适宜的空间分布形式见表 4-15。

湿地公园使用功能适宜的空间布局形式　表 4-15

分布方式	适宜的使用功能
点状分布	管理服务类
线状分布	科普教育类、探索体验类
面状分布	生态保育类、民俗文化区、综合休闲区

由表可见，管理服务类使用功能多呈点状分布于湿地公园中，一般结合公园出入口设置，所占面积较小。科普教育类、探索体验类使用功能多呈线状环绕于生态保育区或深入生态保育区之中，在拥有最大的湿地接触面的同时，减小对生态保育区的破坏程度。生态保育类使用功能多呈面状分布于湿地公园中，以期最大限度的发挥湿地的生态功能。而民俗文化类与综合休闲类使用功能由于远离修复保育区，且自身干扰强度较大，因此多呈聚集型面状分布，对湿地环境的干扰较小。

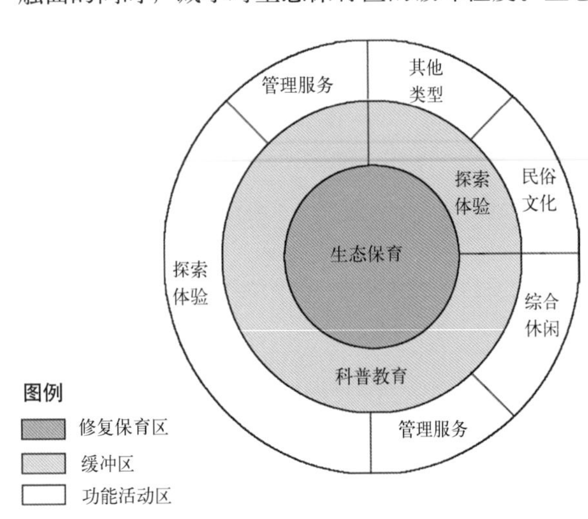

图 4-34　湿地公园理想功能布局图

4.2.2.3　理想功能布局

在使用功能与生态格局相互关系及使用功能分布方式研究的基础上，结合上节生态格局规划方法，可得出湿地理想功能布局模式。这种抽象的功能布局模式在不考虑湿地基底特征的基础上，能有效地反映湿地公园的生态结构及其功能关系（图 4-34），较好地解决了以生态保护与科研、休闲与管理等多功能并存的矛盾。现实中，湿地公园功能布局规划彼此差异显著，例如有的湿地公园规模较小，功能单一，仅有生态保育、科普教育和探索体验功能；再如有的湿地公园类型无生态保育功能，如示范型湿地公园。

湿地公园理想功能布局模式的意义在于通过对不同使用功能的定位，对该区域使用功能的引入作出了限定并提供了一种导则。这种建立在生态格局基础上的功能布局模式，既能够保护场地内湿地生态系统，同时能满足人们各类不同的使用需求。

4.2.3 功能布局类型

湿地公园理想功能布局模式是指在理想状态下的抽象模型。现实环境中，由于湿地基地现状不同，规划目标不同，功能布局彼此差异显著。

由于湿地公园的功能布局与生态格局的密切关系，因此湿地公园功能布局可采取一种生态—功能布局模式。即在湿地生态格局模式的基础上，研究不同类型的湿地公园功能布局。在结合国内外湿地公园案例的基础上，根据上文归纳的三种常见湿地生态格局，即条带型、圈层型与渗透型，可以提出三种湿地公园功能布局模式，其中环绕型与并列型较为常见，而指状型较少见。

4.2.3.1 并列型功能布局

并列型功能布局建立在条带型生态格局基础上，将湿地公园内的各使用功能以并列式排开，按照对于生态系统的干扰强度大小单向布置，生态保育类处在布局一端，科普教育类与探索体验类常常与生态保育类距离最近，民俗文化类、管理服务类及其他使用功能则远离生态保育类（图 4–35）。

此类功能布局方式具有以下特点：

首先，此布局形式常见于一侧与城市相邻、另一侧与自然环境相接的湿地公园，生态保育类功能一般与自然风景环境相接，民俗文化类、综合休闲类功能则常常面向城市或公共活动区域；

其次，功能布局呈阶梯状，从一侧至另一侧使用功能干扰强度与建设强度呈阶梯状变化；

最后，并列型功能布局可有多种拓扑变化，各功能分区之间可能彼此并不完全平行，但其原型依然是并列型功能布局。

典型实例如常熟沙家浜湿地公园（图 4–36）、香港湿地公园、北京翠湖湿地公园、海南新盈红树林湿地公园等。

沙家浜湿地公园东扩工程在紧邻一期景区的西侧安排芦荡人家与湿地植物品种园，与横泾老街隔河相望，形成呼应，景区中部以游憩强度较低的农业采摘、渔业体验与湿地探索功能为主，东部设立生态保育区，区内岛屿均不上人，维持场地内原有的湿地风貌。

4.2.3.2 环绕型功能布局

环绕型功能布局的形成基于圈层型的湿地生态格局。在此布局中，一个或多个湿地保护区域位于中间，

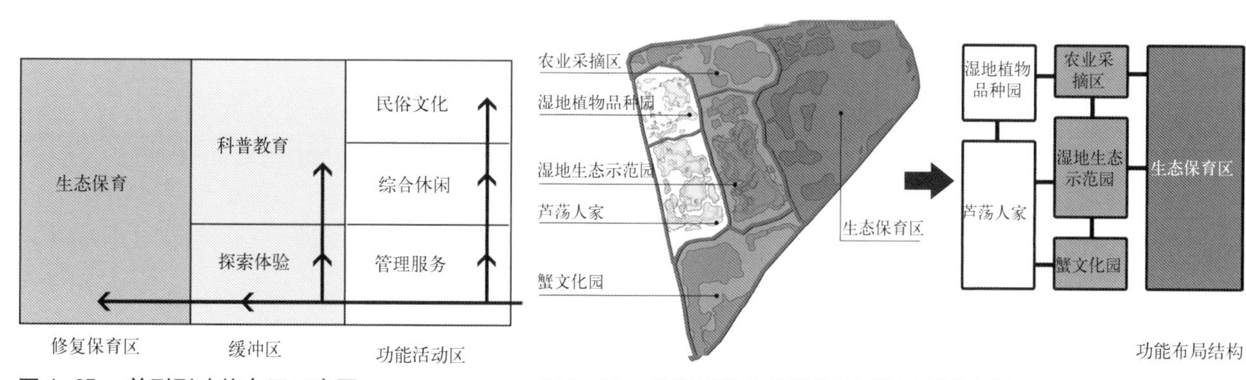

图 4–35 并列型功能布局示意图

图 4–36 沙家浜湿地公园东扩工程功能布局图

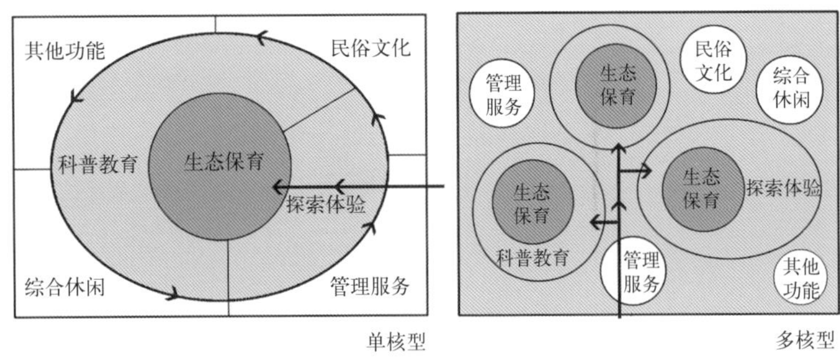

图 4–37　环绕型功能布局图

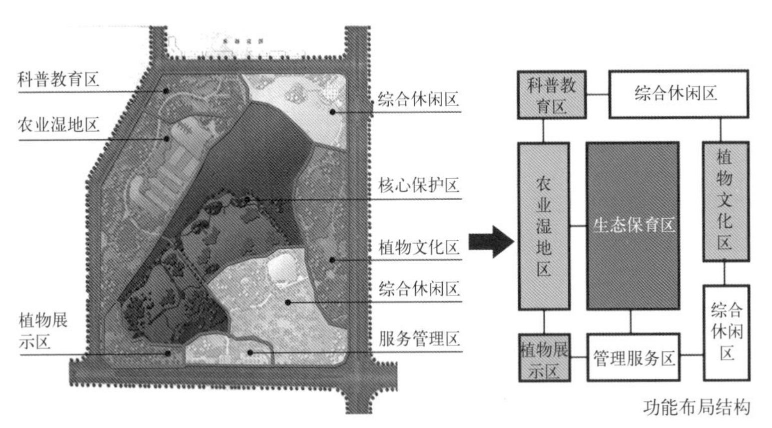

图 4–38　马鞍山东湖湿地公园功能布局图

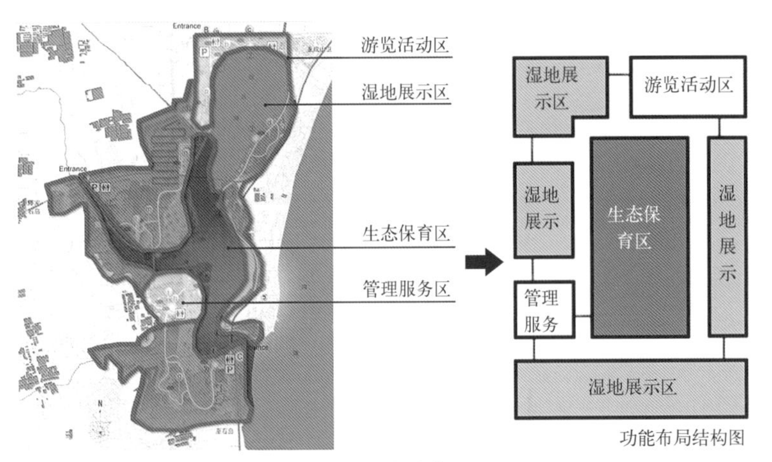

图 4–39　山东荣成桑沟湾湿地公园功能布局图

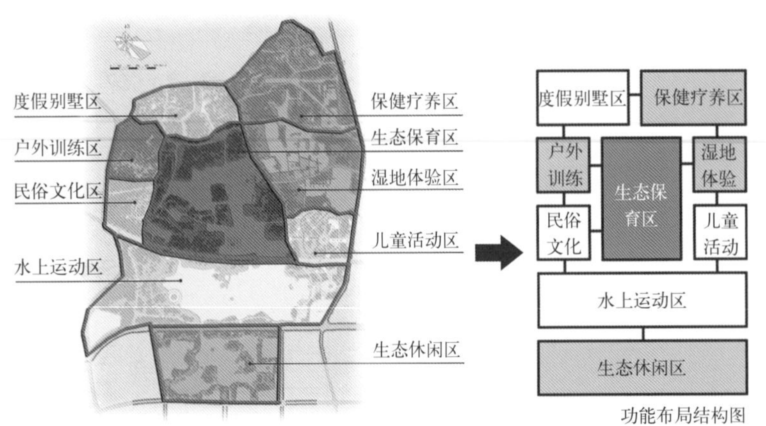

图 4–40　湖州长天漾湿地公园功能布局图
（图片改绘自：王浩，汪辉等．城市湿地公园规划设计 [M]．南京：东南大学出版社，2008：184）

其他使用功能围绕生态保育区呈同心圆状放射分布，科普教育类与探索体验类功能常常与中心的生态保育区距离最近，而民俗文化类和管理服务类常处于最外层与周边城市环境相衔接，以形成便利的交通条件。

该功能布局适合于处于城市环境包围或半包围中的湿地公园，能有效地保护核心湿地环境，与周边形成有效隔离，环绕型功能布局与理想功能布局模式最为接近，现实案例中最为常见（图 4–37）。

与圈层型生态格局类似，环绕型功能布局可以分为两种：单核型和多核型。

1）单核型

适合于规模较小或拥有中心水面的湿地公园，常依托中心水面设置生态保育功能，其他使用功能在外围呈同心圆放射状，实例如伦敦湿地公园、桑沟湾国家城市湿地公园、马鞍山东湖湿地公园、湖州长天漾湿地公园等。

马鞍山东湖湿地公园以湖面为中心，各使用功能环绕湖面展开，基本形成西翼以展示、教育等静态功能为主、东翼以综合休闲、文化体验等动态功能为主的动静分区，两翼之中为入口及管理服务区（图 4–38）。

山东荣成桑沟湾湿地公园功能布局与马鞍山东湖湿地公园相类似，以中心湖面为生态保育区，其他使用功能环绕水面展开：游览活动区与管理服务区呈点状嵌入北侧与西侧景区中。湿地展示区呈带状环绕于保育区四周，将生态保育区与城市相隔离（图 4–39）。

长天漾湿地公园以中心湖面为生态保育区，由于景区南部有城市道路穿过，沿道路两侧结合入口安排水上运动、儿童活动及民俗文化等强度较大的动态使用功能，北侧安排湿地体验、保健疗养、度假别墅等静态使用功能（图 4–40）。

南沙城市湿地公园的功能区规划中，将对湿地干扰较大的活动区域如都市田园区、渔港文化区放置于远离湿地保护区的基地东侧，并紧邻城市道路。而将与湿地紧密相关的观鸟区、湿地生态与植被展示区与保护区、缓冲区相邻（图 4-41）。

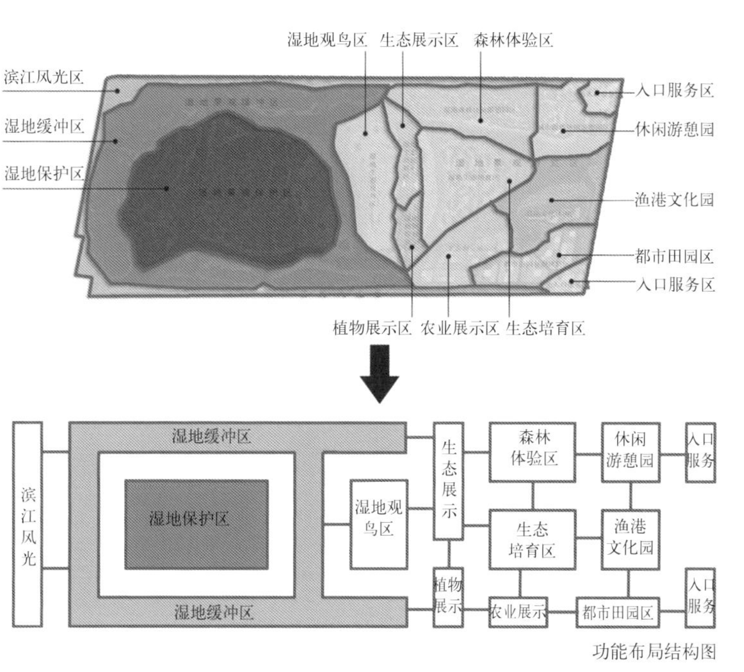

图 4-41　广州南沙城市湿地公园功能布局图

（图片改绘自：蒋敏．城市湿地公园功能分划分和景观区设计研究 [D]．广州大学硕士论文，2010：69）

此种类型属于偏心型的环绕式布局模式，与并列型功能布局有一定相似之处。

2）多核型

适宜于基底环境较为复杂的大型综合湿地公园，景区内设立多个生态保育功能，多个保育功能区域散布于其他使用功能区之中。例如西溪湿地公园、绍兴镜湖湿地公园、太湖湿地公园。

太湖湿地公园依托于四个核心保育区，在其周边围绕湿地主题安排低强度的使用功能，如科普教育、渔耕文化、农业展示、湿地培育等，在远离修复保育区的东北角结合入口设置水乡游览及水街商业功能（图 4-42）。

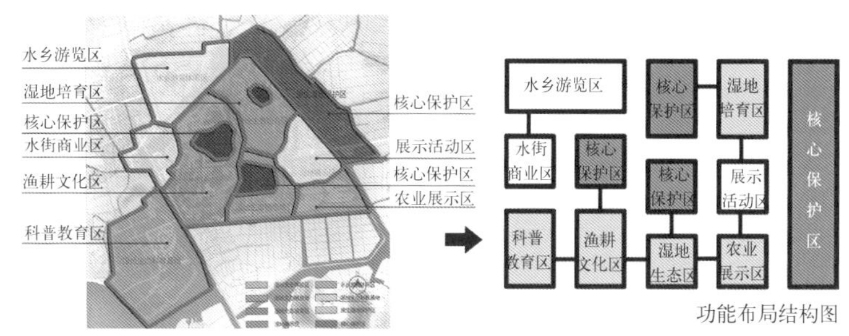

图 4-42　太湖湿地公园功能布局图

（图片改绘自：贺凤春，俞隽．多学科合作的苏州太湖湿地公园规划设计 [J]．风景园林，2009（2）：83）

绍兴镜湖湿地公园也是典型的多核型功能布局，由于城市道路穿越景区将公园从中间一分为二，因此依托于北侧的大湖面与南侧湿地环境较为优越的区域设置南北两个生态保育区，中部沿道路结合农庄安排农家田园观光功能，东南侧结合城市道路安排管理服务功能（图 4-43）。

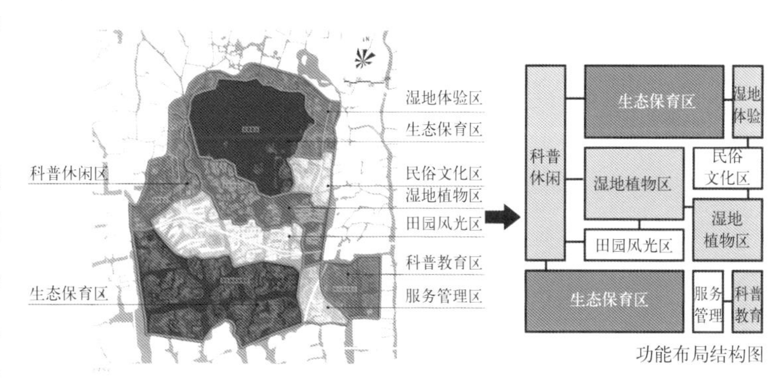

图 4-43　镜湖湿地公园功能布局图

（图片改绘自：王向荣，林箐．湿地的恢复与营造—绍兴镜湖国家城市湿地公园规划设计 [J]．景观设计，2006（3）：78-84）

4.2.3.3　指状型功能布局

基于渗透型生态格局的指状型功能布局中，生态保育功能与其他功能在空间上呈与环绕型相反的嵌套模式，即生态保育功能在最外围，其他功能呈指状渗透入生态保育功能周边的缓冲区中。指状型功能布局边界效应明显，特别适合基地处于大型湿地自然保护区内的湿地公园（图 4-44）。实例如滕州湖滨湿地公园、目平湖湿地自然保护区、香港米埔湿地公园。

滕州滨湖湿地公园由于远离城市，地处大湖一角，形成时间较短，因而大部分区域为保存完好的湿地环境。规划设计中将景区大部分区域进行生态保育，只在公园北侧一角紧靠城市侧结合入口设置小范围的游览休闲区及管理服务区。而湿地探索体验类使用功能则渗透入主景区并分布于十字形的水道两侧，形成指状型的空间形态（图 4-45）。

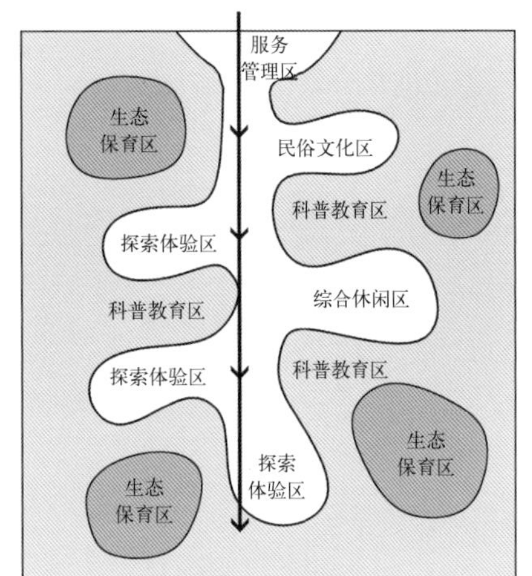

图 4-44　指状型功能布局

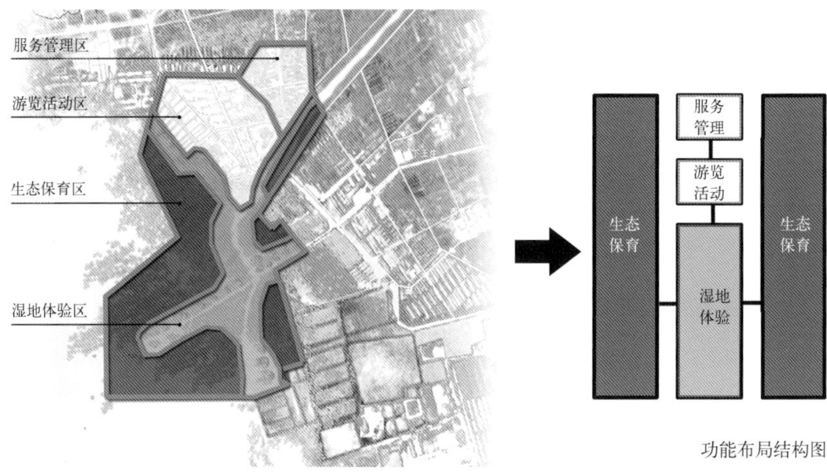

图 4-45　滕州滨湖湿地公园功能布局图

（图片改绘自：TAM 地域环境研究所、北京树源景观规划设计事务所、华中农业大学园艺林学学院所编桑沟湾国家城市湿地公园规划）

4.3　基于景观形态的空间建构

在湿地公园生态格局与功能布局的建构过程中，湿地公园的“内容”是研究的主题。而作为湿地公园，如何表达与“内容”相一致的“形式”，进而给人以美的感受，并进一步能够表达一种哲学思想，如生态理念、场所精神等，则是湿地景观形态空间建构需要研究的内容。

对于景观形态，吴家骅先生认为:“一处富有活力的景观应当由一个具体的物质实体构成，体现逻辑关系，表达一定的感情，作为设计本质的一部分和兼备一定的词汇、形式，这些因素在景观学交流和语言系统中举足轻重[①]。”因而湿地公园的景观形态，不仅仅指湿地公园的空间或视觉形态，还应当包括空间形态的有序组织、思想表达等多层面的景观形态。

4.3.1　湿地景观形态组成

湿地公园景观形态是由众多景观元素所组成，包括水面、驳岸、植被、岛屿、建筑、游览设施等。在此基础上通过一定的组织方式如空间序列、游线组织、色彩组合等将这些景观元素有序结合在一起，形成最终的湿地景观空间。

4.3.1.1　水面形态

水面是湿地公园最基本的组成部分之一，是湿地生态系统生成的基本条件，水面所形成的岸线也是人们在湿地公园内游览时接触最多的空间界面。因此，水面形态规划是湿地公园景点空间建构的重点，可从以下几个方面进行研究：

1）岸线形态

湿地公园岸线形态应符合水流的自然规律，成为湿地环境中的有机组成部分。特别是当基地处于高差较大，或面临洪水危险时，水面形态的科学规划显得更为重要。以汤山农业生态规划园为例，基地处于东西两侧高，中间低的山谷中，北侧湖泊与两侧山谷的汇水都集中在基地中，夏季常常造成基地大面积被淹没。规划设计从疏通水系，改造岸线入手，对于基底内的水面进行沟通，按照行洪的水流规律重新规划南北向的水系，形成几个较大的缓冲湖面，结合河道断面改造有效地缓解了夏季汇水的压力（图 4-46）。

① 吴家骅著．景观形态学 [M]．叶楠译．北京：中国建筑工业出版社，2000：308.

岸线形态设计应按照湿地生态原理与湿生动植物栖息特点进行设计，边界应尽量曲折婉转，形成港湾、半岛、沙洲、浅滩、河心岛与堤岸等多种形态的岸线。形态丰富的岸线能够为各类湿地动植物提供适宜的生息场所，同时能够有效地降低水流速度、削减洪水的破坏力（图 4–47）。

2）水面面积

由于湿地公园特殊的基底特征，公园中水面面积占有相当的比重。国内外各湿地公园水面所占比例统计资料见表 4–16。

由表可见，大部分湿地公园水面所占公园总面积比例接近于 50%，部分湿地公园如绍兴镜湖湿地公园、湖州长天漾湿地公园、泰州溱湖湿地公园由于规模较大，景区内用地类型较为复杂，山体、林地所占比例较高，因此水面面积所占比例有所降低，但仍接近于 1/3 左右。

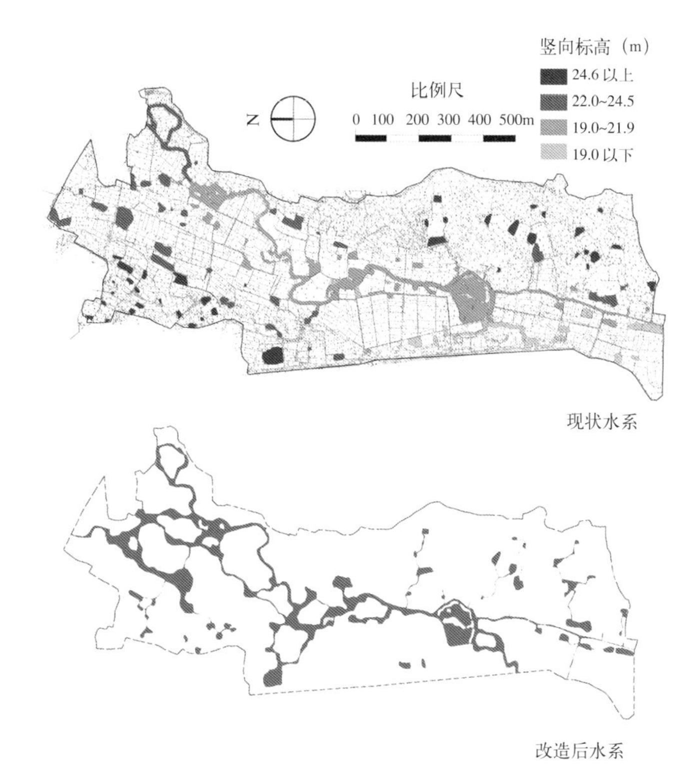

图 4–46　汤山农业生态规划园水系改造图

4.3.1.2　驳岸形态

湿地公园中，驳岸是一类特殊的线性空间，是水生环境与陆生环境的过渡地带，是湿地本体与生态系统所依赖的空间环境。因而，驳岸形态是湿地公园最为重要的空间形态，其建造将直接关系到整个公园湿地空间特征的营造。

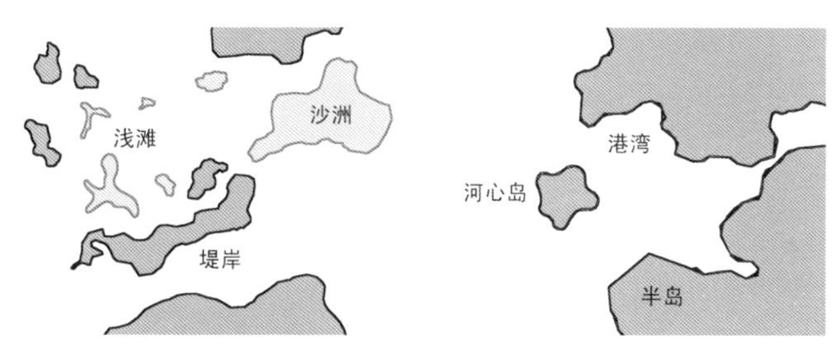

图 4–47　多种形态的岸线

坡度与材料是影响驳岸空间形态的两个主要因素。

湿地公园的驳岸形态应尽量按照湿地的自然形态进行设计，以 30° 自然安息角以下的自然缓坡为主，以形成适宜不同类型湿地植物生长与动物栖息的水上与水下环境。常熟沙家浜湿地公园东扩工程原基地本底为开挖水田，原有的规划方案中，驳岸陡峭，竖向高差较大，与湿地空间形态大相径庭，缺乏浅水湿生区域，无法满足湿生动植物的生长与栖息。规划调整充分考虑现状的基地特征，设计将开挖的土方就近推至水面下，

国内外各湿地公园水面所占比例一览表　　表 4–16

湿地公园名	总面积	水面面积	所占比例
东营广利河湿地公园	36 hm^2	71 hm^2	51%
伦敦湿地公园	43 hm^2	17.3 hm^2	40%
常熟沙家浜湿地公园	56 hm^2	35 hm^2	62%
厦门马銮湾湿地公园	175 hm^2	30 hm^2	约 17%
徐州九里湖湿地公园	300 hm^2	159 hm^2	53%
西溪湿地公园	346hm^2	242 hm^2	约 70%
湖州长天漾湿地公园	800 hm^2	250 hm^2	约 31%
绍兴镜湖湿地公园	1540 hm^2	558 hm^2	36.2%
泰州溱湖湿地公园	2600 hm^2	962 hm^2	37%

形成浅水缓坡，既能满足湿地植物的生长需求，同时取得较好的湿地景观效果。

自然形态的驳岸设计应注重植被群落的层次，在水下形成逐级台地，以满足不同类型的水生植物的生长需要。同时能够提高游人游园的安全性。

在坡度较为陡峭、水流湍急的地段，可用木桩立插形成护岸，木质护岸能够与环境整体风格取得统一。常熟沙家浜湿地公园东扩工程中利用木桩铺设木栈道，既满足护岸要求，又能满足游憩需求。详细营造方法见第 7 章。

处于古镇村落内或紧邻古镇的湿地公园中，硬质驳岸也是常见的一类驳岸类型。硬质驳岸结合临水建筑、道路与石桥能够营造水乡人家的空间特色。根据驳岸与建筑、绿化不同的组合方式，湿地空间中硬质驳岸可有以下类型（图 4–48 ～图 4–51）。

硬质驳岸宜选择具有地域特色的石材，如金山石、青条石等，以融于整体环境氛围中。驳岸露出水面高度不宜过高，以免形成高耸突兀的感觉。一般在 1m 左右较为适宜，既能满足水位防洪要求，又能满足人们的亲水需要。

4.3.1.3 植被形态

植物是湿地公园的皮肤，是湿地景观空间的重要组成部分。因此，湿被形态是构建湿地公园空间形态生成的重要环节。湿地环境的植被形态设计应以生态性与地域性为原则，同时充分考虑到人们的游憩需求。

湿地景观空间中植被形态应具有以下特点：

图 4–48 西溪湿地公园中的硬质驳岸结合自然

图 4–49 沙家浜湿地中硬质驳岸结合建筑形成水廊

图 4–50 沙家浜湿地内驳岸结合码头

图 4–51 沙家浜湿地内营造驳岸形成水巷

1）自然特征

湿地公园中植被群落形态应按照自然界中植被群落的特点进行配置，遵循生态规律，形成具有自我修复与循环能力的湿地生态系统。注重湿地植被种类的多样性，按照耐水湿乔灌木、挺水植物、浮水植物和漂浮植物、沉水植物的空间序列来进行设计，形成层次丰富、富有自然野趣的湿地植被群落（图4-52）。

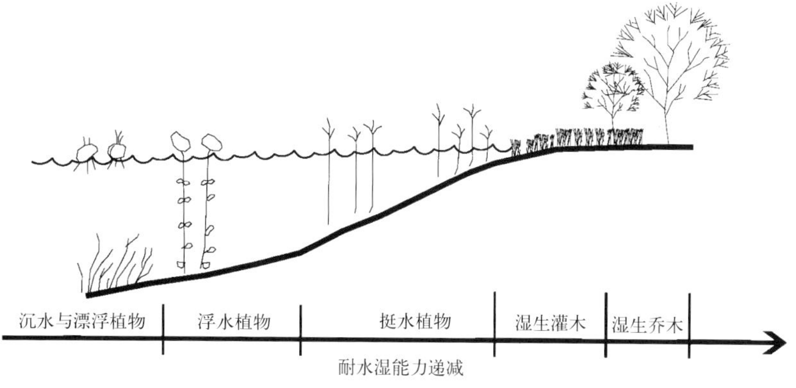

图4-52　湿地植物群落形态

2）地域特征

植被形态设计还应充分考虑所在区域的地域特征如气候、土壤、水文等地域特征，遵循“适地适树”的原则，选择适宜当地生长的地带性物种。例如滨海地区土壤盐碱度较高，草甸或潮滩木本植物是该地域最为适宜的植被群落；长江流域的淡水型湿地土壤决定了流域内适宜生长类型丰富的湿生植物，如芦苇、水稻、茭白、荷花、池杉等。选择地带性植被群落，能营造出富有地域特征的湿地景观空间。

台州永宁公园开发利用当地的乡土茅草作为驳岸绿化，在取得良好的景观效果的同时，体现出地域特色，降低了建设成本；深圳洪湖湿地公园将地带性植被莎草作为下层绿化，进一步增强了植被群落生态稳定性，体现了地域特征（图4-53，图4-54）。

3）视觉特征

湿地植被群落是湿地视觉空间形态的主要组成部分，因此应特别强调湿地植被群落符合人们的视觉观赏需求。

首先，从平面布局看，湿地植物与水面应有协调的面积比例关系。湿地植物不宜长满水面，避免形成拥堵闭塞的感觉。根据工程实践来看，湿地植物水面面积控制在1/3～1/2较为适宜。

其次，由于湿地植物中以浅水植物居多，因此在大量种植湿地植物后，常常形成湖中开阔，湖边拥挤的空间格局，高大茂密的湿地植物如芦苇、芦竹常常形成“植物墙”阻碍视线。因此，在植物规划中，应留出大小不同的视线缺口，并适当种植低矮的湿地植被或陆生花卉等；当园路两侧都为水面时，可以在道路一侧不种植物，避免形成在两片茂密的湿地植物中产生类似通道之感。

图4-53　台州永宁公园应用茅草作为驳岸绿化

图4-54　深圳洪湖湿地公园栽植莎草

（图片来源：景观中国，paper.landscape.cn）

第三，由于湿地植物的季节性特点，夏季雨水充沛，湿地植被生长茂盛，但到秋冬季，大量湿地植物枯死，特别是在水位降低以后，水面干涸，露出水底土壤层，形成衰败单调的湿地景象，严重影响了湿地公园的景观效果与吸引力。针对这种情况，湿地公园应在功能活动区域根据植被的季相变化适当增植常绿树种及各类色叶与开花植物，从时间上延续湿地公园的观赏性，使其四时不同、季季有景。

第四，湿地植物配置应注重色彩的变化。湿地植物色彩已经成为体现湿地景观的重要手段。不同的色彩经过巧妙搭配，可呈现出不同的景观效果。

绿色是湿地公园植被中最为常见的颜色，而在色彩上则有偏色的差异，在色调上也有明暗的不同，这种色差随着季节的变化而改变。例如垂柳初发叶时为黄绿色，逐渐变为淡绿，夏季为浓绿，秋冬季则变为淡黄色、棕褐色并逐渐落叶，翌年又重复这种季相变化。乌桕叶片春季为绿色，至秋季则转变为黄色或红色。

湿地环境中白色也是较为常见的植被颜色。湿地植物中开白色花的植物如泽泻、金鱼草、荷花、石竹、梨属（Pyrus）、睡莲、白花鸢尾（ Iris tectorum）等。白色能够协调于其他颜色并给人以明快、清丽的感觉。但如果数量过多则会因过于素雅而略显冷清甚至产生孤独肃穆之感。

湿地植被中红色最容易吸引人们的注意力，开红色花的湿地植物如睡莲、蔷薇、夹竹桃、金鱼草、荷花、马蹄莲、石竹、花菖蒲等，此外还包括色叶树种乌桕等。红色可起到点缀环境的作用，因此，可将其安排在植物景观的中间且比较靠近游人的位置。红色的花卉与绿色植物的搭配会让人倍感亲切自然，给人以清爽、悦目的感觉。

此外还包括黄色，如黄菖蒲、金鱼草、云南黄素馨、黄花鸢尾（ Iris wilsonii）等，以及秋色叶呈黄色的植物有无患子、乌桕等。黄色湿地植被多用作景观环境中的点缀，可使人产生眼前一亮的感觉，特别是幽深的林中配置黄色的植被能够使林中顿时明快；蓝色植被如花菖蒲、鸢尾等，常与其他色调进行搭配，如与带状黄色湿地植被间植，或在旁边栽种其他颜色植被进行色彩对比。

4）分区特征

针对不同的功能分区，植被形态也应有所侧重。生态保育区植被群落应力图维持原有的湿地群落特征，对其中发生退化的区域，应依据原有的地域特征进行恢复，无需考虑人的游憩观赏需求。探索体验区与科普教育区应以湿地自然与地域特征为前提，适度增加特色观赏湿地植物种类，形成专门的湿地精品植物园，或者结合观光农业形态种植各类果树、蔬菜等，吸引游客的参与，兼顾湿地环境的生态效益、景观效益与经济效益。民俗文化区、综合休闲区可以乡土湿地植被为基础，强化区域内的视觉特征，结合不同的游憩项目形成景观优美、特征明晰的植被空间形态，如在民俗文化区内的古镇村落，种植各类乡土树，如女贞、桂花、榕树、柳树等，突出村落的乡土氛围。

4.3.1.4 岛屿形态

岛屿就是水中的陆地。多种多样的岛屿形态是湿地环境的重要特征与景观特色。

影响岛屿景观形态的因素有：岛屿形状、岛屿面积、岛屿数量以及朝向等。

1）岛屿形状

岛屿形状应根据水流的冲蚀规律来进行设计。因此，岛屿边界各转角应自然圆滑，避免生硬僵直的岛屿岸线。岛屿形状可通过岛屿宽度与长度的比值（$N_1=W/L$）来体现，此比值的意义在于能够确定岛屿的总体形态。常熟沙家浜湿地公园东扩工程岛屿破碎程度较高，数量较多，可通过对于沙家浜湿地岛屿形态的比较研究，得出湿地环境中岛屿形态的一般规律。选取沙家浜湿地公园中 10 个大小不同具有代表性的岛屿，对其长、宽及长宽比统计，见表 4−17。

由表可见，大部分岛屿宽度与长度的比值 N_1 分布在 1/1.5 ~ 1/2 区间之内。比值越接近 1，岛屿越趋于方正规则；比值越小，则岛屿越为细长，在达到一定程度时（小于 1/3），则会形成堤岸形态。

沙家浜湿地公园岛屿形态数据统计表　　表 4–17

岛屿编号	宽度 W（单位：m）	长度 L（单位：m）	$N_1=W/L$
1	15	40	1/2.6
2	40	57	1/1.4
3	87	129	1/1.5
4	46	70	1/1.5
5	100	108	1/1
6	12	19	1/1.5
7	79	135	1/1.7
8	48	87	1/1.8
9	64	108	1/1.6
10	57	92	1/1.6

规划设计中可以充分利用堤岸作为分隔水面的造景手段。通过自然的堤岸形态走向，使水面具有更加自然的边界并增加景观空间的层次与景深，增添公园的景致与趣味。

岛屿边界的曲折度也是影响岛屿景观形态的重要因素。根据生态学原理，岛屿边界应尽量曲折婉转，以形成类型多样的凹岸与港湾，为各类湿地动植物提供栖息的场所。

2）岛屿面积

湿地环境中，岛屿面积也会影响湿地景观空间的营造。湿地环境中，陆地与水面相交界的岸线对于湿地生境最为重要。因此，可通过岛屿岸线周长 C 与岛屿面积 S 比值 N_2（即单位面积内湿地岸线的长度）来说明岛屿面积大小对于湿地空间环境的影响。还是以常熟沙家浜湿地公园为例，通过研究 10 个岛屿的周长 C 与面积 S 之间的比值 N_2，我们可以发现随着岛屿面积 S 的增大，比值 N_2 则迅速下降。即湿地岛屿面积越大，则单位面积内产生的湿地岸线越小（表 4–18，图 4–55）。

沙家浜湿地公园岛屿岸线与面积比值一览表　　表 4–18

岛屿编号	周长 C（单位：m）	面积 S（单位：m^2）	$N_2=C/S$
1	95	297	0.32
2	172	1258	0.13
3	402	7253	0.05
4	201	1662	0.12
5	351	6784	0.05
6	53	152	0.34
7	360	5583	0.06
8	230	2288	0.1
9	286	4040	0.07
10	241	3306	0.07

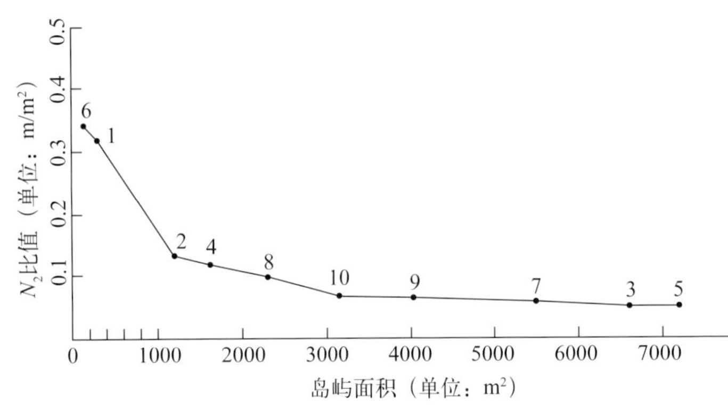

图 4-55　岛屿面积 S 与 N_2 值相互关系

由图可见，当岛屿面积超过 3000m² 时，N_2 值变化幅度不大。因此，可以以此点作为阈值，确定湿地环境中岛屿面积大小的适宜范围。即在湿地环境中，岛屿面积适宜控制在 3000m² 以下（N_2 值约对应于 0.8 左右），对于营造湿地生境环境是比较有利的。

综上所述，湿地环境中岛屿面积不宜过大，应保证一定数量的小岛，作为水禽、两栖动物的湿地栖息生境。

3）岛屿数量

一定数量的湿地岛屿还能起到减低流速、净化水质、营造小气候等生态作用。湿地环境中岛屿数量的控制详见 4.1.2.2 节。

4）岛屿朝向

岛屿的朝向设计也是需要考虑的，特别是在北方寒冷气候条件下，长向应以东西向为主，以满足冬日水禽类对于光照的要求。

4.3.1.5　建筑形态

湿地公园内建筑虽然所占比例不高，但对于湿地空间氛围的营造却具有重要作用。湿地公园内建筑形态的影响因素包括：

1）建筑形体

湿地环境中建筑形体应充分考虑湿地空间环境特征，控制建筑规模与数量，主要功能活动区域内建筑宜以小体量为主，以保证建筑充分融于湿地环境中；大型建筑应远离湿地保护区，可结合入口安排游客服务与展览功能。例如香港湿地公园在接近入口处设立了大型的游客中心及室内展览馆“湿地互动世界”，占地约 10000m²，形体设计成覆土建筑形式，结合环境背景强调水平方向的延伸，以充分融于湿地环境中。再如位于杭州西溪湿地东北角的中国湿地博物馆，总建筑面积约两万多平方米，为减少大体量对于环境的影响，形体也设计为覆土形式，以大规模的绿化融于湿地环境中，同时面向湿地景区内部打开视线通廊。韩国顺天国际湿地中心则顺应地形起伏，强调水平方向的延展，力求将面向湿地景区的景观面最大化，同时通过屋顶覆土绿化，模糊室内与室外空间，使得湿地环境与建筑本体融合为一体（图 4-56 ~ 图 4-58）。

除了覆土建筑形式外，水上架空也是湿地环境中建筑的常见形式。架空形式既能使建筑产生漂浮于水上

图 4-56　香港湿地公园游客中心

图 4-57　杭州中国湿地博物馆

（左图来源：南方都市报，http：//www.nddaily.com/cama/200812/t20081204_928798.shtml）

图 4–58　韩国顺天国际湿地中心

（图片来源：视觉同盟，http：//www.visionunion.com/article.jsp?code=201001190059）

图 4–59　西溪湿地中游客服务中心

图 4–60　西溪湿地中临水茶室

的轻盈感觉，同时还能使人们能充分接近湿地，感受湿地的空间氛围。例如杭州西溪湿地公园内的游客服务中心建筑与临水茶室均采取架空的形式。（图 4–59，图 4–60）

2）建筑风格

湿地公园在特定的地域条件下应选择与之相适应的建筑风格，例如在江浙地区的湿地公园中，由于文化积淀较为深厚，景区内建筑多选择传统民居形式，以表达对于场所精神的传承，西溪湿地内的建筑形体采用浙江传统民居符号，如五花山墙、小瓦、悬山等；苏南常熟沙家浜湿地公园东扩工程内，建筑则采用硬山形式，以体现当地特定的地域空间特征。再如伦敦湿地中心内主体建筑采用传统英国乡村风格，用黄砖与红砖砌成，外墙不粉刷，其他辅助建筑则采用简单的木结构形式，取得与整体环境的和谐融洽（图 4–61，图 4–62）。

湿地公园内建筑还可以运用生态及仿生原理，采用新材料新技术，体现湿地公园的生态与科技氛围，例如七桥瓮湿地公园内的湿地科普馆的设计构想来源于一只绿色的幼虫蛰伏于河边的设计构思。科普馆的骨架选用钢结构为主的椭圆形结构形式，由空间上沿弧形的轨迹由东向西 22 榀骨架所构成，自然隐喻了幼虫蜷曲、昂首与摆尾的姿势。椭圆形结构外包有弧形的玻璃幕墙，体现了湿地科普馆的科技感与未来感（图 4–63）。

湿地环境内的建筑还可将现代与传统风格相融合，用新的技术手段表现传统元素。例如镜湖湿地公园中的游客服务中心运用传统建筑材料如木材、竹子结合现代的建筑形式，表现了对传统建筑的独特理解，竹格栅的外立面充分融于湿地环境中（图 4–64）。

3）材料选择

湿地公园内的建筑适宜选用当地乡土材料，以充分体现地域特征与生态环保理念。例如杭州西溪湿地公园内建筑材料以青砖、花岗岩、木材为主，结合当地传统砌筑工艺，营造出富有浓郁乡土特征的景观空间；

图 4–61　西溪湿地中的民居建筑

图 4–62　伦敦湿地中心主体建筑

（左图为作者自摄，右图来源：新浪博客，http：//blog.sina.com.cn/s/blog_4e898af201000e4s.html）

图 4–63　南京七桥瓮湿地公园科普馆

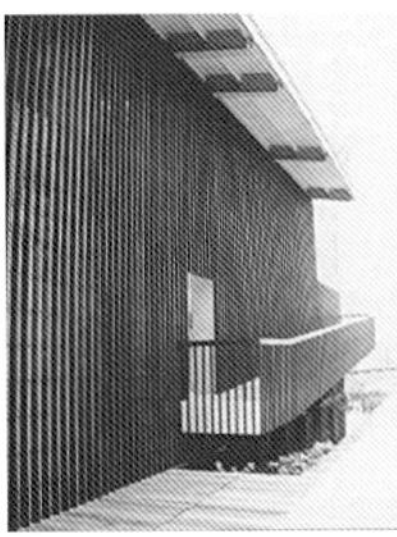

图 4–64　绍兴镜湖湿地公园游客服务中心建筑
（图片来源：易道．浙江绍兴市镜湖新区国家城市湿地公园的规划设计 [J]．园林，2009（5）：36–39）

图 4–65　西溪湿地木结构民居与地方墙体砌筑工艺

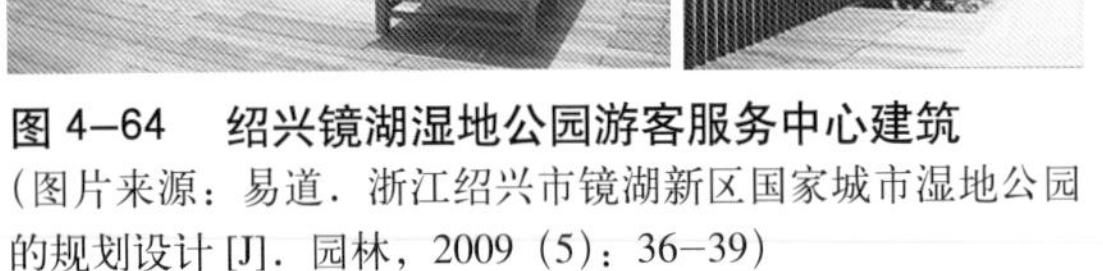

再如香港湿地公园将废弃的蚝壳用以构筑墙面，形成独特的地域风格（图 4–65，图 4–66）。

此外，也可采用新技术与新材料，以天然质感的材料和现代技术手段呼应周边的生态环境，体现现代科技与湿地环境的完美结合。例如七桥瓮湿地公园内科普教育中心的外围护结构选择预氧化的青铜和古铜做装饰面材，表皮设计运用青铜材质表现“幼虫”的背部，采用灰色的清水混凝土饰面表现“幼虫”的腹部，在面向湿地区和中间部位使用了透明玻璃幕墙，可以折射水面和天空的光泽，增加了幼虫表皮的质感。而古铜色泽的百叶则体现了幼虫身体的经络。这样的表皮覆于椭圆曲线的骨架之上，共同提炼出“幼虫”生动的形态。七桥瓮湿地公园内科普教育中心以代表现代科技成果的钢结构、铜皮、清水混凝土、节能玻璃幕墙的结合来重现生物的肌理，用建筑词汇展示科普教育中心如材料的韵律和质感（图 4–67）。

4）布局形式

湿地环境中建筑布局形式可分为三种：沿河发展型、零星散布型和集中布置型。

（1）沿河发展型

指建筑沿河岸一侧或两侧展开，顺应河流的形态，形成沿水发展的有机形态。例如沙家浜湿地公园东扩工程苇荡人家景区内水街村落的布置，建筑沿内河展开，形态自由灵活，营造出富有水乡氛围的湿地空间（图 4–68）。

（2）零星散布型

湿地公园内为减少建筑对于环境影响，提高整体景观风貌的完整，常常将建筑群零星散布在景区内，隐匿于湿地环境之中。例如西溪湿地公园出于整体景观协调性的考虑，将为数不多的民居类建筑散布在湿地的空白区域，呈总体分散、局部集中的空间形态（图 4–69）。

（3）集中布置型

由于使用功能的需要，湿地公园内常常将部分建筑集中布置。如香港湿地公园将接待中心、访客中心、售票处集中布置在接近城市的位置，以避免对于湿地栖息地的干扰，同时将停车场和其他基础设施的面积减小到最小。再如伦敦湿地中心的彼得·史考特访客中心（Peter Scott）位于入口处，由一组 6 栋不同功能的建筑围合成一个封闭性较强的建筑群落，在建筑内通过升降梯、望远镜和玻璃墙来观察室外的湿地动植物。进入湿地中心的游客在此汇集，在最大程度不干扰湿地动物的情况下，实现湿地的科普教育功能。

4.3.1.6 游览设施形态

湿地公园内的游览设施对于营造富有特色的空间形态也起着重要作用。湿地公园内游览设施主要包括桥、栈道、观鸟设施等类。

1）桥

湿地公园内由于水面所占比例与岛屿破碎度较高，形态各异的桥能够连接各个斑块与景区，形成陆上人流与水上游船的空间交汇点。湿地环境中的桥既能成为空间的视觉焦点，同时又是适

图 4–66　香港湿地公园中蚝壳被用来建造墙壁

（图片来源：南方都市报，http：//www.nddaily.com/cama/200812/t20081204_928798.shtml）

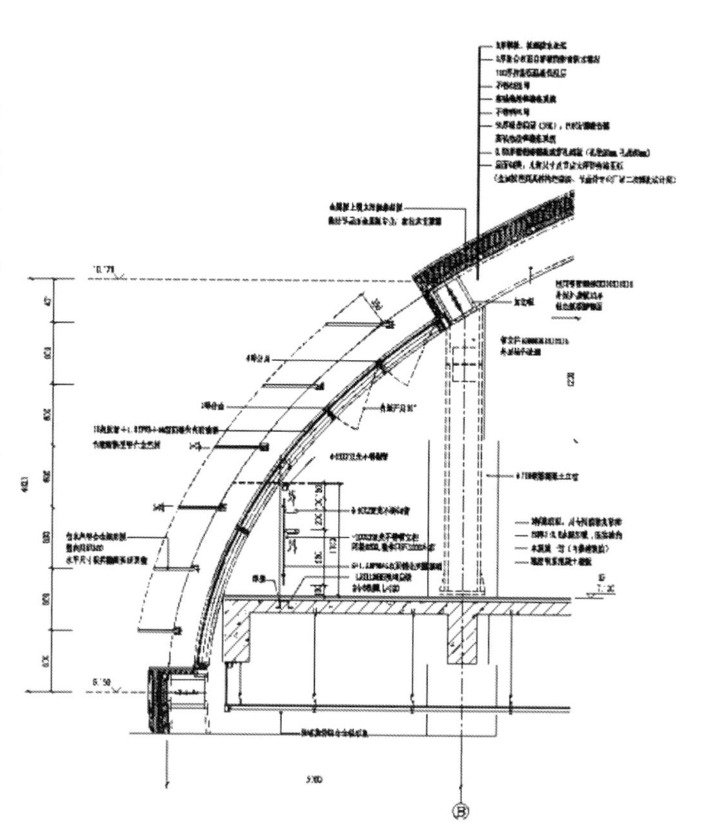

图 4–67　七桥瓮湿地公园内科普教育中心外墙大样

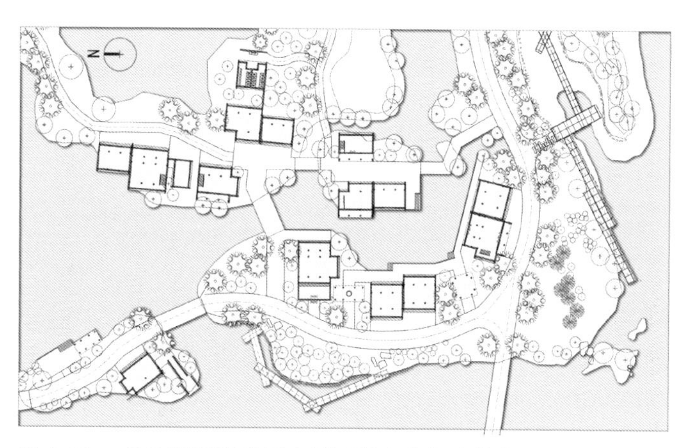

图 4–68　沙家浜湿地公园东扩工程中水街建筑布局

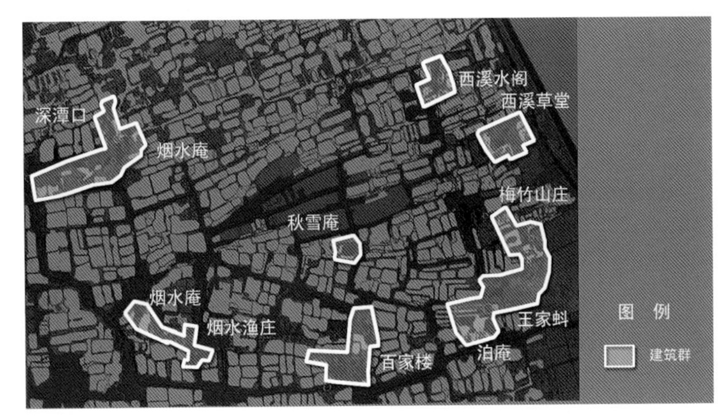

图 4-69　西溪湿地公园中建筑群分布图
（图片改绘自：《杭州西溪湿地公园》）

宜的观景地点。造型独特的桥往往能够成为湿地公园景观的点睛之笔。

根据景区内整体风格，桥的形态与材料变化丰富。一般以石桥或木桥居多。例如无锡长广溪湿地公园中设置了名为石塘桥的五拱石廊桥，上建有连廊与重檐亭，采用传统建筑形制，形成景区水上一景。西溪湿地公园石板桥形式简洁，一般跨数少并且距离短，构造简单，体现乡村田园野趣（图 4-70）。

由于木材的可再生性，因此在湿地环境中得到广泛应用。例如镜湖湿地公园中建有木廊桥，采用茅草屋顶，形式粗犷、形态活泼、富有野趣；溱湖湿地公园中也建有木桥，形式更为简单，体现亲切轻松、质朴原生的湿地氛围（图 4-71，图 4-72）。

钢结构桥在湿地公园中也较常见。钢结构桥由于形式轻巧，跨度与受力强度大，形式新颖，能够体现湿地公园的科技感与时代感。例如南京七桥瓮湿地公园中设置了一处单跨钢桥，造型轻巧，形式感较强（图 4-73）。

湿地环境中桥体形态的精心设计常常能使桥与湿地环境相互辉映，成为园区一景，例如溱湖湿地公园中一处七拱石桥，由于其优美的形态，与水下的倒影及自然环境相互映衬。成为湿地公园中一处优美的风景线（图 4-74）。而景区中年代悠久的古桥则常常能成为湿地景区的核心景观，如南京七桥瓮湿地公园内，就保留有一座始建于明代永乐年间的古桥——“七瓮桥”，此桥经过修缮成为景区内一处重要景点（图 4-75）。

2）栈道

栈道是湿地公园内特有的游览设施，其形式将人为活动限定在一定的范围内，同时通过架空，可以避免对于湿地基底的破坏，保证动植物的生态廊道，从而有效地将人类活动对湿地生境的破坏降到最低。湿地环境中的栈道多采用生态环保材料，如木材、钢，混凝土一般仅用于基础部分。

（a）西溪湿地中的石拱桥

（b）西溪湿地中的石板桥

（c）长广溪湿地中的五拱石廊桥

图 4-70　湿地公园中的石桥

图 4-71　绍兴镜湖湿地公园中的茅草廊桥

图 4-72　溱湖湿地公园中的木桥

木栈道是湿地环境中最常见的栈道类型，依据不同的环境特征，木栈道形式多样：如在湿地较浅的环境，可设置无扶手的木栈道，以最大化的满足人们接近自然的需求，如香港米铺湿地公园内芦苇与荷花滩涂中设置的木栈道，紧贴水面，亲水性较强，在深水段则设置安全扶手（图 4–76）。在临江、湖一侧，常常也设置木栈道，以满足人们临水观景的需求。如西溪湿地中运用地方乡土材料棕毛铺设滨水栈道，营造出富有地域特色的滨水空间（图 4–77）。溱湖湿地公园中临水面河底较深的一侧设置了形式感较强的木扶手栈桥，保障游人的通行安全（图 4–78）。

图 4–73　南京七桥瓮湿地公园中的单跨钢桥

在部分空间狭小的密林湿地环境中，可设置单扶手的窄浮桥栈道，将对湿地环境的干扰减少到最小。如香港米铺湿地公园红树林生长茂密，为了满足游人的游览需求，设置了单扶手的木浮桥栈道，使游人在双脚不沾泥泞的情况下，体验红树林湿地的氛围（图 4–79）。

由于钢结构跨度与强度大，形式轻巧且耐腐蚀，因此在一些湿地环境要求较高的区域得到广泛使用。例如位于新加坡花柏山附近的某热带雨林中，设置了白色的林间钢栈道，呈“之”字形架空在热带雨林湿地环境中（图 4–80）。香港米铺湿地公园中在沼泽上铺设了钢丝网栈道，以满足雨水渗透与游人的行

图 4–74　溱湖湿地公园中的七拱石桥
（左图来源：http：//njchenfei.blog.sohu.com）

图 4–75　南京七桥瓮湿地公园中明代七瓮桥

图 4–76　香港米铺湿地公园中设置的亲水木栈道
（图片来源：非常梧桐论坛，http：//wu–to.com/bbs）

图 4–77　西溪湿地中的棕毛栈道

图 4–78　溱湖湿地公园中临水一侧的木栈道

图 4–79　香港米铺湿地公园中的浮桥栈道
（图片来源：非常梧桐论坛，http：//wu–to.com/bbs）

图 4–80　新加坡花柏山附近某湿地内钢桥
（图片来源：http：//www.wretch.cc/blog/a0919223312/32080887）

图 4–81　香港米铺湿地公园中钢丝栈道
（图片来源：非常梧桐论坛，http：//wu–to.com/bbs）

走需求（图 4–81）。

栈道设计中应按照人的视觉审美来控制栈道的空间形态。例如镜湖湿地公园水岸边的栈道线型随着岸线起伏婉转，形成优美的滨水曲线（图 4–82）。此外，栈道设计还应当充分考虑到人的行为特点，多以钝角相接，避免多次小角度的曲折来回，以符合游人的行为特点（图 4–83）。

3）观鸟设施

观鸟设施是湿地环境中所特有的一类设施，为满足游客观测鸟类生活与科研人员进行科学考察而建，适宜设置于背向日光的林间水源地及靠近江河湖岸边等那些鸟类活动频繁的区域。

观鸟设施的形态必须充分考虑鸟类的生活习性，将对鸟类活动的干扰减少到最小。观鸟设施外形应以封闭或半封闭为主，将人隐匿于建筑中仅露出观鸟的洞口，同时观鸟塔或观鸟屋自身也应当隐匿于湿地环境中，不宜以巨大的体量突兀于场地中，观鸟设施高度一般以 1 ~ 2 层为主，过高的观鸟塔容易对鸟类造成惊吓。国外与中国香港、中国台湾地区的湿地公园中观鸟设施多建成 1 ~ 2 层高的观鸟屋或观鸟站，以木材为主，外形封闭，隐藏于湿地密林中。如香港米铺湿地公园中设立了观鸟屋，用木百叶进行遮蔽，仅留出部分洞口方便游人观察；香港湿地公园中观鸟屋则隐藏于密林中，留出类似箭窗的洞口以满足游客观鸟的需求（图 4–84 ~ 图 4–87）。

造型独特、形式新颖的观鸟屋常常成为湿地环境中的标示景观。例如七桥瓮湿地公园中的观鸟塔，在亭的基础上增加了一个木百叶包裹的观景塔楼，每片百叶向内倾斜 30°，竖直方向留 80mm 的距离，这样在里面可以透过百叶的间隙方便地观测外面鸟类的活动，同时又能很好的隐蔽自身。旋转的七边形屋架自然地形成富有韵律的内部空间，让人们在一个个宛若

图 4-82 镜湖湿地公园曲线优美的木栈道

（左图来源：http：//blog.sina.com.cn/psls）

图 4-83 沙家浜湿地公园东扩工程栈桥设计

图 4-84 米铺湿地公园中的观鸟屋

图 4-85 香港湿地公园中的观鸟屋

图 4-86 观鸟屋中留出的洞口

（图片来源：非常梧桐论坛，http：//wu-to.com/bbs）

图 4-87 洪泽湖湿地中高耸突兀的观鸟塔

巢穴的空间里感受自然之美，新颖而独特（图 4-88）。

此外，考虑到湿地公园内很大一部分游客群体是少年儿童，因此在设计观鸟屋及观鸟器材时应当考虑少年儿童的尺度及行为习惯，如采取可调节高度的观测望远镜并适当降低观测窗及观测的高度等，满足少年儿童的使用需求（图 4-89）。

4.3.1.7 其他元素

湿地公园中其他景观元素包括入口大门、雕塑小品、导示与标示几类。

1）入口大门

湿地公园入口大门应体现湿地生态、环保与乡野的特点，规模不宜过大。国外及中国香港、中国台湾地区

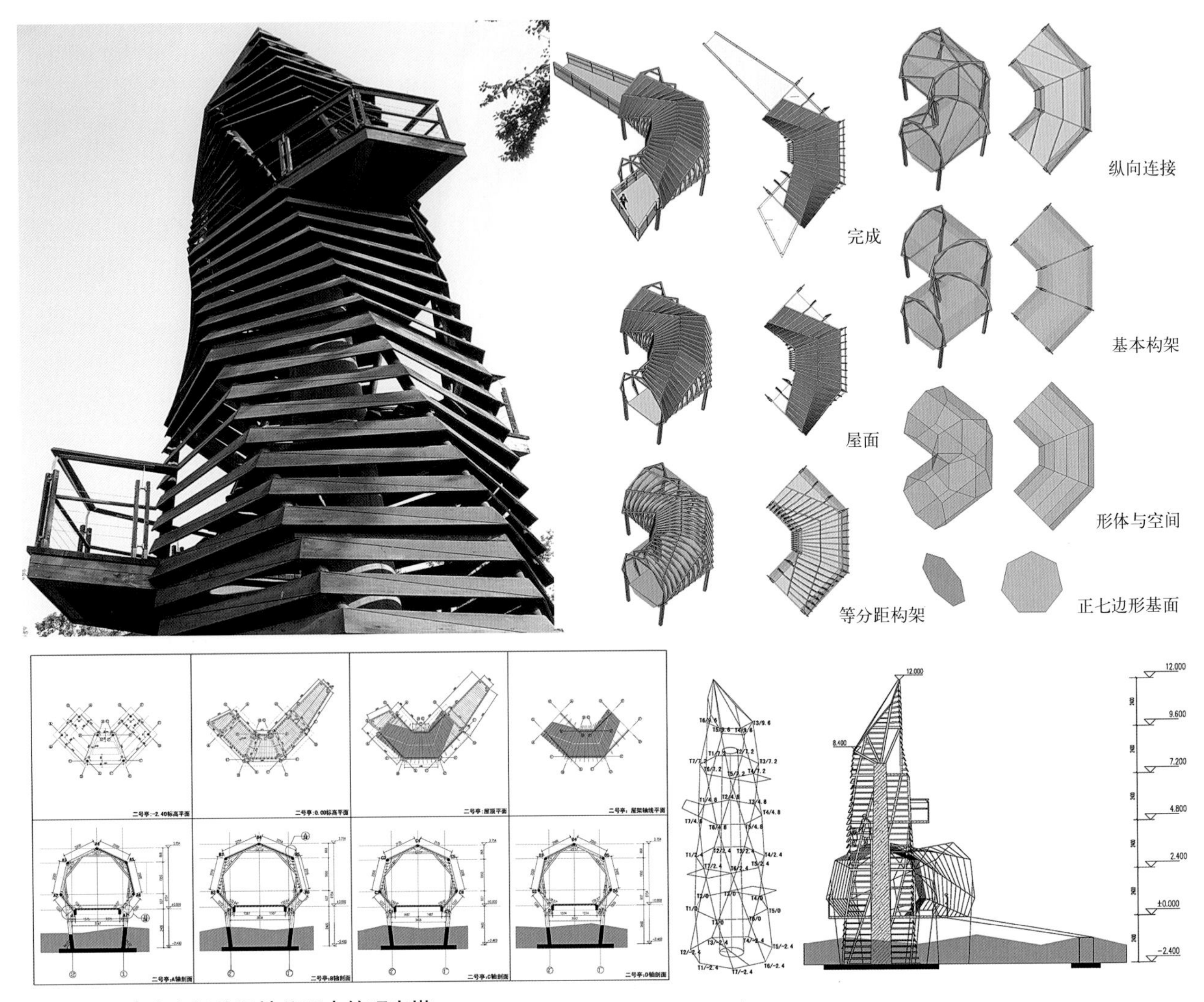

图 4-88　南京七桥瓮湿地公园中的观鸟塔

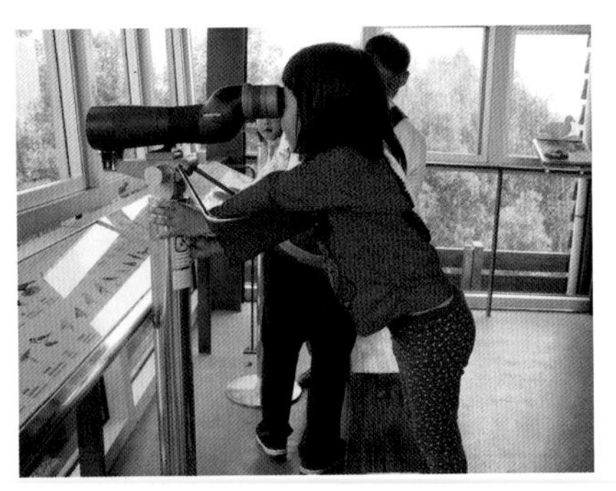

图 4-89　香港湿地公园内的观鸟屋

湿地公园，有的仅竖立刻有名称的标牌，如伦敦湿地中心和新加坡布洛湿地公园；国内外湿地公园常结合自然环境设置入口标示，如镜湖湿地公园将入口与山体结合，体现了浙江湿地山水环抱的特点；溱湖湿地公园入口大门设立了形似牌楼的构筑物，体现了溱湖湿地古镇渔乡的文化特点；七桥瓮湿地公园中将圆木桩相互搭接，上刻公园名称，体现了粗犷原生的湿地氛围（图 4-90）。

2）雕塑小品

形态独特、造型新颖的雕塑小品常常能成为湿地环境中的亮点，对儿童具有较高吸引力。应充分利用此特点，将科普知识以生动活泼的形式融于景观小品中，达到对于少年儿童教育的作用。如伦敦湿地中心内的景观雕塑将废弃的自行车与金属、铁环重新利用，制作成骑自行车的鱼的造型，既富童趣又体现了环保节约的理念（图 4-91）。再如七桥瓮湿地公园中的景观小品将不同的动物造型连接在金属螺旋环上，蕴含着自然界动植物食物链的循环原理（图 4-92）。

在特定地域中的湿地公园内还可将富有乡村野趣的农家设施作为雕塑小品放置在湿地公园中，以体现湿地环境的地域特征。例如太湖湿地公园中将巨大的水车立于景区之中，体现了太湖渔乡的景观特征，并成为公园的景观标识；再如西溪湿地公园中将乡间捕鱼的竹篓作为景观小品放置在景区中，营造出西溪湿地水乡渔家的环境氛围。因此，湿地环境中可以放置一些牌楼、古塔、石碑，以体现湿地的特定文化氛围（图 4-93）。

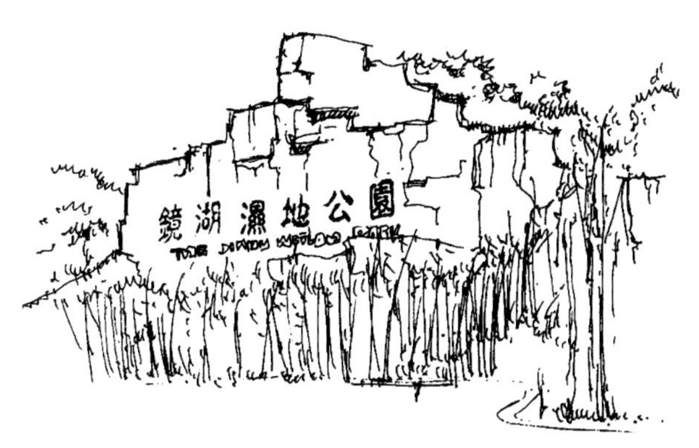

1	2
3	4
5	

1. 新加坡布洛湿地公园入口
2. 伦敦湿地中心入口
3. 绍兴镜湖湿地公园入口
4. 溱湖湿地公园入口大门
5. 南京七桥瓮湿地公园入口大门

图 4–90 湿地公园入口大门

图 4–91 伦敦湿地中心的景观雕塑

（图片来源：http：//bellbeiuk.spaces.live.com/blog/）

图 4–92 七桥瓮湿地公园中的雕塑

水车

鱼篓

石碑

牌坊

木塔

图 4–93　体现地域特色的湿地公园建筑小品

图 4–94　查尔顿市沼泽公园水面苔藓墙面

（图片来源：赵思毅，侍菲菲．湿地概念与湿地公园设计 [M]．南京：东南大学出版社，2006：46）

米铺湿地公园中标明候鸟迁徙距离的标牌

七桥瓮湿地公园中的标示牌　　西溪湿地公园中的标示牌

图 4–95　湿地公园中的导示与标示

（上图来源：http：//www.doyouhike.net/city/hongkong/2/）

湿地公园中还可以利用环境中的一些景观元素加以重组再生，形成独特视觉魅力的景观小品。如 WEST8 景观事务所设计的查尔顿市沼泽花园，运用特殊的景观技术与手段，展现了湿地神秘的空间气氛与童话般的空间效果。设计者通过钢丝相连的钢管所组成的矩形空间，将苔藓挂在钢丝上，形成富有光影变化的墙面，与沼泽中的树木形成对比。苔藓墙面在风中摆动，透过光线，营造出奇妙的空间环境（图 4–94）。

3）导示与标示

导示系统应统一于湿地公园的环境氛围中，采用乡土材料，体现地域特征与环保理念（图 4–95）。

4.3.2　景观形态组织

对于湿地景观形态的组织，可以从三个方面进行研究：空间层次侧重于空间静态组织，游线组织侧重于空间动态组织，而色彩组合则是两者基础上，针对营造具有地域性特征的湿地空间所提出的一种新的景观形态组织方式。

4.3.2.1　空间层次

湿地公园应根据自身的基底特征营造出富有空间层次的湿地景观。由于湿地公园多以自然植被群落为主导，景区内建筑所占比例较低，建筑规模较小，因此湿地公园常常以单一的自然形态为主，缺少空间形态与空间主题变化。

以西溪湿地公园为例，景区内除了小规模的民居村落，大部分区域以自然农田风貌为主，景象单一。对西溪湿地典型剖面与立面进行分析，发现西溪湿地由于田埂纵横，景观空间较为均质，缺少视野的开合与视线通廊，空间郁闭度较高；另一方面，景区内景象单一，基本以农村常见的桑树、柿子树、柳树等低矮树种与一二层民

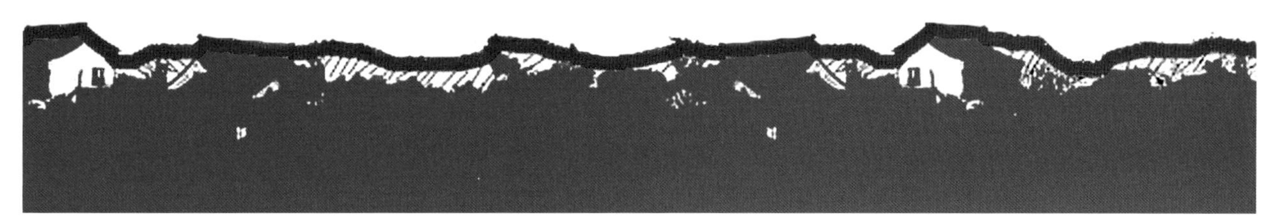

图 4-96　西溪湿地立面分析图

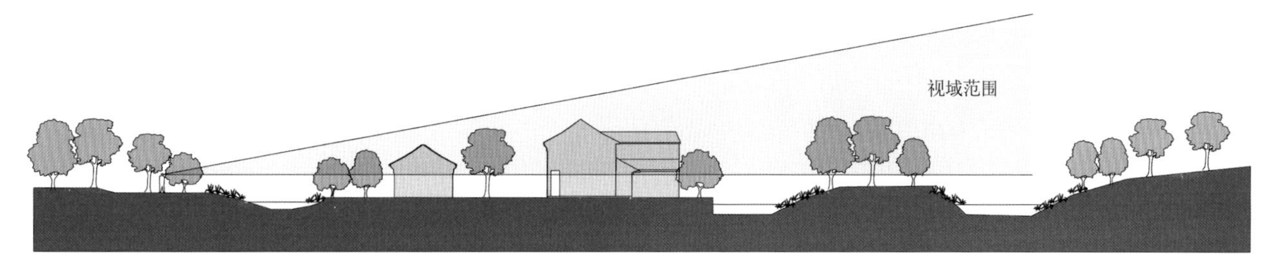

图 4-97　西溪湿地剖面视线分析

居为主，缺少高大的乔木与建筑，天际线单一。综上所述，所得出的结论是西溪湿地景观空间单一、缺少层次变化（图 4-96，图 4-97）。

据此，湿地公园景观空间层次可以从以下几个方面进行优化：

1）丰富竖向变化

针对湿地空间普遍存在的天际线平缓、缺乏竖向变化的特点，可采取多种措施丰富湿地竖向变化，优化空间层次。如在适当的位置增加塔、阁、水车等设施，打破平缓单一的天际线，形成空间视觉焦点，丰富景观层次。再如通过植被配置来增强竖向起伏变化，例如成都活水公园地势平坦，针对这个特点，植被规划仿照峨眉山亚热带植被群落，形成从高大的乔木到低矮的灌木，再到亲水的湿地植物空间层次，高低错落的林冠线加上背景的电视塔与建筑群落，使得视觉层次更为丰富。在山水结合的湿地环境中，则可以充分利用山体的走向，打开景观视线，通过山形背景来达到丰富空间层次的效果（图 4-98 ～图 4-100）。

2）嵌入中间层次

嵌入中间层次也是丰富空间层次的重要手段。在景观空间单一的背景下，通过嵌入新的景观层次，如建筑、岛屿、堤岸等，能够有效地丰富空间效果。例如西溪湿地公园中某水面形态单调，缺少变化，通过在河上增设一道石桥将单一的景观纵深打破，

图 4-98　西溪湿地公园中木塔打破平缓单一的天际线

图 4-99　成都活水公园天际线
（图片来源：http：//996174057.qzone.qq.com/blog/1264839403）

图 4-100　无锡长广溪湿地公园山体背景

图 4–101　西溪湿地中一景

图 4–102　杭州西湖苏堤

图 4–103　德清下渚湖湿地公园中的湖面、岛屿与山体

图 4–104　空间郁闭的湿地环境

增加了中间层次，从而活化了景观空间，连桥上过河的游客也成为一景（图 4–101）。在山水环抱的湿地环境中，则可以通过在山水之间增加岛屿、堤岸等过渡层次来达到丰富景观空间效果的目的。例如杭州苏堤以多层次的山水堤岛格局而闻名（图 4–102），湿地公园中也可以借鉴这种造景手法，下渚湖湿地公园在湖中的岛屿上种植高大乔木，嵌入山水之间，起到了丰富景观空间的效果（图 4–103）。

3）构建视线廊道

湿地公园中由于湿地植被生长旺盛，空间破碎度高，常常造成空间闭塞，缺少视野的开合变化。可以通过构建多条视线廊道，形成视线汇聚点以丰富空间层次（图 4–104）。

规划设计中如可以利用湿地自身的地形条件设置景观节点，在地势较高处设立多角度的观景视野或构筑景观节点，形成湿地空间内的视线焦点。在地势平坦的滨水地区，则可以控制通过植被群落的聚散开合，留出能够直视景观节点的视线通廊（图 4–105）。

此外还可以通过研究湿地空间中景观节点的分布及其相互对位关系，通过轴线对位与视线引导等多种途径，在各个景点之间形成视线的延续与转折，构成景观空间中的视线结构关系（图 4–106，图 4–107）。

4.3.2.2　游线组织

湿地环境中的景观节点是通过一定的游线形式组织起来的。通过游览线路，将湿地公园中不同的功能空间加以连接，架构起公园的骨架形式。一般而言，湿地公园中的游线组织应使游人沿主要景观节点逐一展开景观空间，形成有起伏、有节奏的游览体验。同时，湿地公园中的游线形态应以自然曲线为主，保持较小的自然曲率以融合于环境，避免笔直僵硬与曲率过大的游线。湿地游线宜以线性空间为主，植被茂密的湿地环境中，线性的游览空间能够让人感受舒缓、宁静与无限延伸的空间纵深感。

湿地公园游线组织可以从以下几个方面研究：

1）游线组织依据

湿地公园游线组织应紧密结合湿地环境特征，展现湿地的自然风貌，与一般的城市公园拉开差距。总体而言，湿地公园游线组织以体现从人工到自然，从城市到郊野的逐渐过渡为依据与线索（表 4–19）。

图 4-105　西溪湿地公园中通过留出视线廊道丰富景观层次

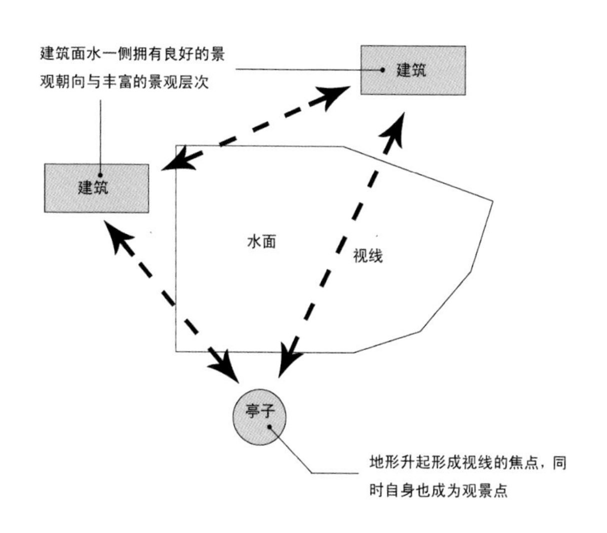

图 4-106　西溪湿地公园中的视线对位关系分析

视线分析

A 点向 C 点视线分析：视线依次穿越牌坊、河面、石桥，最终结束于 C 点建筑。

B 点向 C 点视线分析：视域范围内依次穿越荷花塘、牌坊、河面，最终结束于 C 点建筑。

C 点向 D 点视线分析：视线依次穿越河面、牌坊、建筑，与远处青山形成视线通廊。

A 点向 B 点视线分析：两栋建筑之间隔荷花塘相望。

结论：

A 点与 B 点均有丰富的景观层次，C 点则拥有最佳的景观朝向，D 点作为中间层次起到视线的引导与转折作用。

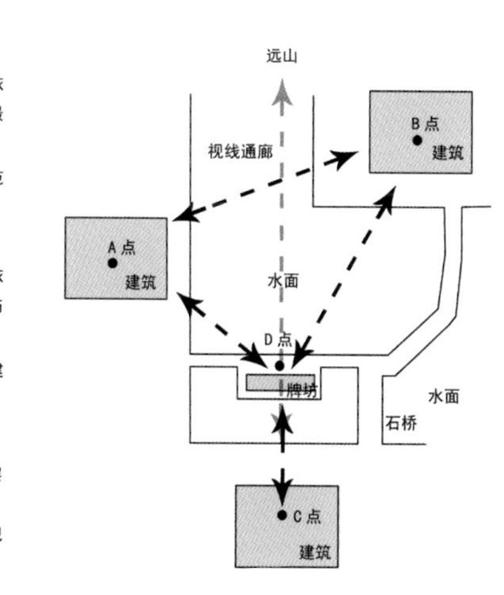

图 4-107　西溪湿地公园中的视线对位关系

按照从人工到自然的过渡方式组织湿地游线能使空间富于变化与节奏变化，并且符合游客的心理体验过程。在具体游线组织过程中，可以形成两种游线模式：一种是从人工到自然的简单游线组织模式；另一种是组合模式，即从人工到自然，再从自然到人工，或在此基础上再重复，这个游线模式一般用于规模较大，内容较为复杂的湿地公园（图 4-108）。

此外，湿地公园游线组织还可以按照特定的过程或展示顺序进行，如湿地科普馆以湿地生态系统的演化

湿地公园游线组织特征 表 4-19

节点特征 \ 游线特征	人工（城市）——自然（郊野）
使用功能	景区入口（旅游服务区）——修复保育区
交　　通	交通便利——到达困难
游憩开发	开发强度大——开发强度小
游线密度	密度高——密度低
景观设施	设施多——设施少

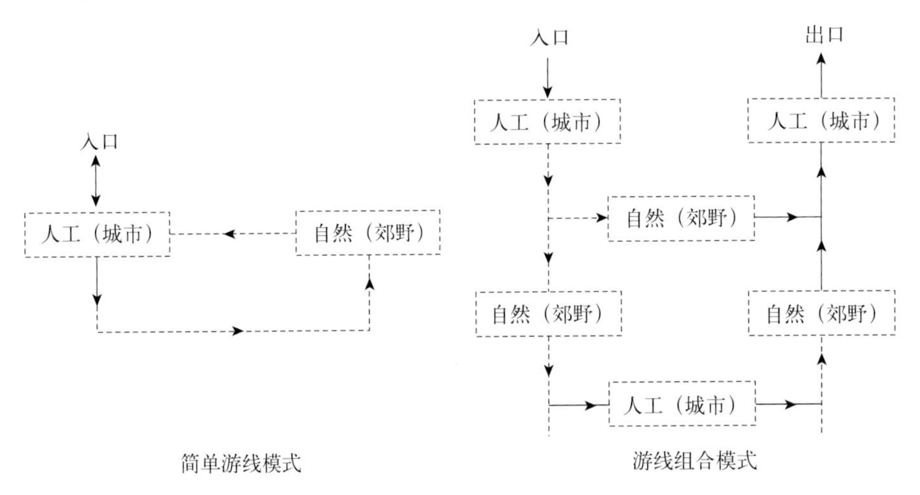

图 4-108　游线组织模式图

顺序安排展陈空间，湿地示范园区以水净化的过程安排游览顺序等。这种游线组织形式既可以成为大型湿地公园局部景区的游线组织依据，也可以作为示范型湿地公园总体空间序列的组织依据。如成都活水公园根据府南河水的净化过程组织游览线路。

2）游线结构形式

根据上述游线依据，则可生成多种湿地公园游线结构模式：

（1）单一轴线结构

单一轴线结构是指湿地公园主要游线呈单一轴线发展，次要游线及游步道围绕轴线展开，呈树枝状分布在主要游线两侧。单一轴线游线结构多贯穿公园两端，连接公园两侧出入口。这种游线结构模式常用于处于城市环境中的中小规模湿地公园，主要游线常偏于景区一侧，以回避湿地修复保育区。两侧入口连接城市道路，以方便游客入园。

马鞍山东湖湿地公园地块被水系分为四个独立区域，彼此之间可达性较差。游线设计中为减少道路对于生境的干扰并降低工程造价，设置了一条贯穿南北的主要游线，连接南北两个出入口，同时以此为轴线，两侧分布次级道路。主要游线自由的形态回避了保护与保育区域，保证了湿地生态系统的完整性（图 4-109）。

成都活水公园游线结构也是单一轴线模式，公园沿东西向轴线展开游览线路，连接东西两个入口。由于公园规模较小，主要游线与次要游线区别不大，因而轴线感不强。游线呈现网络状分布（图 4-110）。

（2）复合轴线结构

针对大型湿地公园，则可采取复合轴线结构游线模式，所谓复合轴线是指湿地公园内以多条主要游线形成轴线，串联起景区内各主要景点，轴线之间彼此相连，轴线两侧连接次要游线以串联其他景点。这种游线结构模式多结合复杂的场地条件呈现非对称的有机形态，能够最大限度地覆盖景区的主要景点并形成多个出入口，是大型湿地公园常用的游线结构模式。

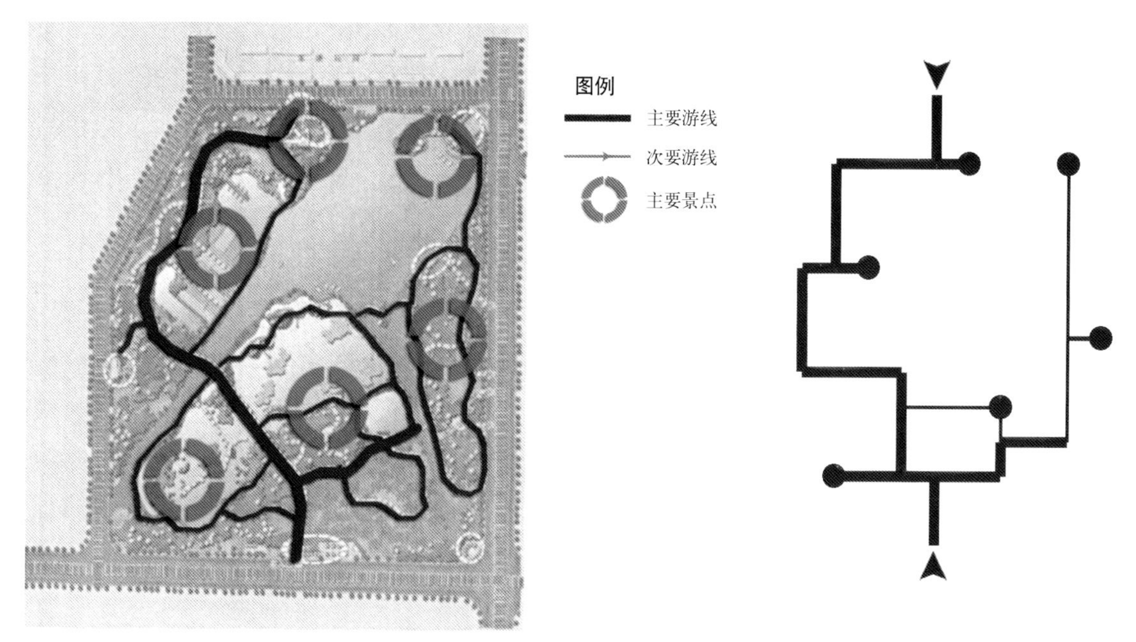

图 4-109　马鞍山市东湖湿地公园游线结构图

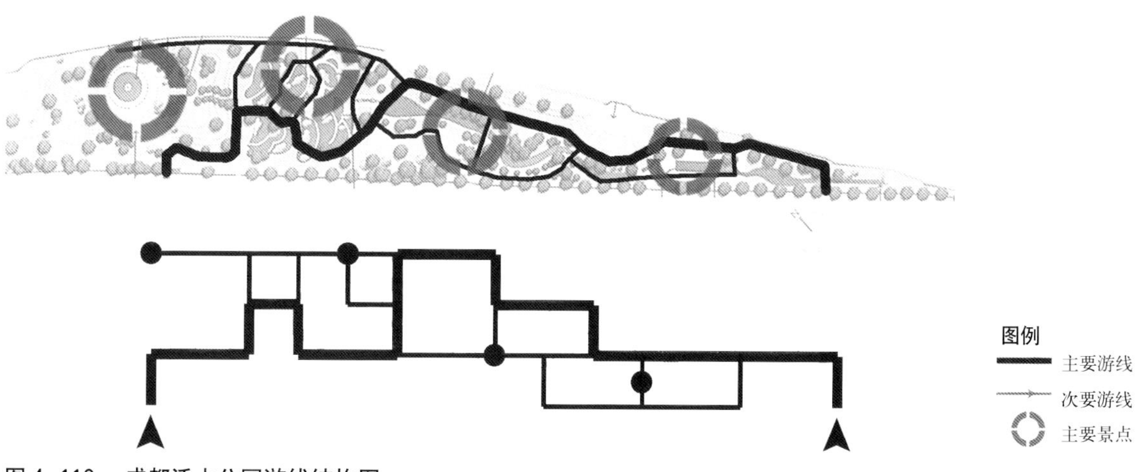

图 4-110　成都活水公园游线结构图
（上图改绘自：唐勇，刘妍，刘娜．成都活水公园体验亲水主题构建城市湿地 [J]．城乡建设，2006（3））

浙江德清下渚湖湿地公园面积广阔，包含七大主要景区。游线设计中形成东南西北四个主要出入口及主要游线，以主要游线为轴生成次要游线，以覆盖主要景点（图 4-111）。

（3）闭合环形结构

指湿地公园游线呈闭合状，通过环形游线将各主要景点串联起来，局部可增加环形次级游线连接其他景点。这种游线结构的优势在于环形是最为经济也最节省空间的游线形式，能够在满足最大面积的游览范围同时将游览活动对于环境的影响降低到了最小，避免了游客走回头路的弊端。闭合环形结构是湿地公园最常采取的游线结构形式。闭合环形游线也有其缺陷，即环形的道路系统往往会阻断物种的流动与迁徙，并将自然栖息地切割为各个孤岛从而加速湿地破碎化的进程，不利于湿地环境的保育与恢复。

典型实例如杭州西溪湿地公园一期，公园以环形游线串联起秋雪庵、梅竹草堂、西溪草堂、泊庵等多个主要景点，同时将费家塘、朝天莫漾生态保护区隔离于游览区外，保证了这两个区域的湿地生态系统的完整（图 4-112）。

常熟沙家浜湿地公园采用大环形加小环形的游线结构模式，串联起景区内三个主要岛屿与各主要景点（图 4-113）。

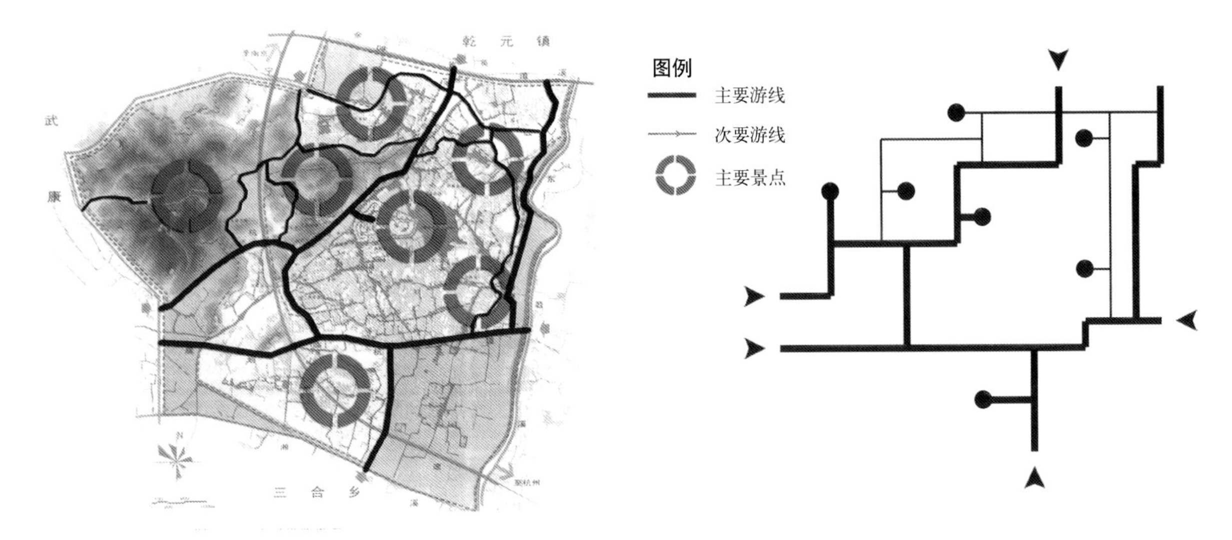

图 4-111　浙江德清下渚湖湿地公园游线结构图

（左图改绘自：王浩，汪辉等．城市湿地公园规划设计 [M]．南京：东南大学出版社，2008：141）

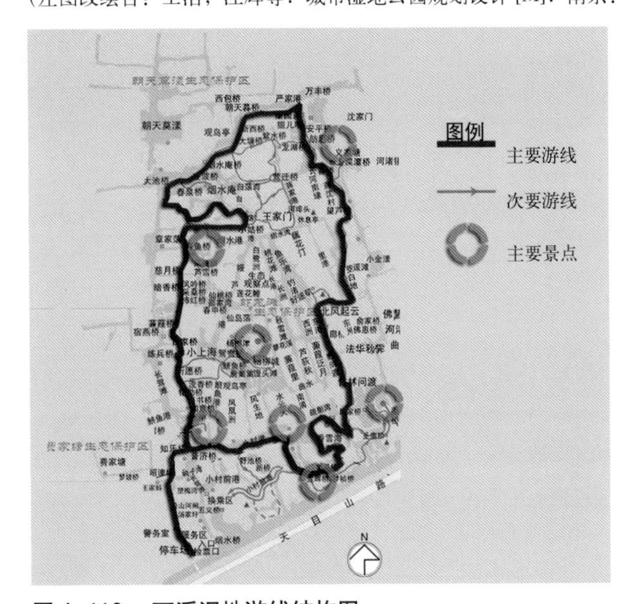

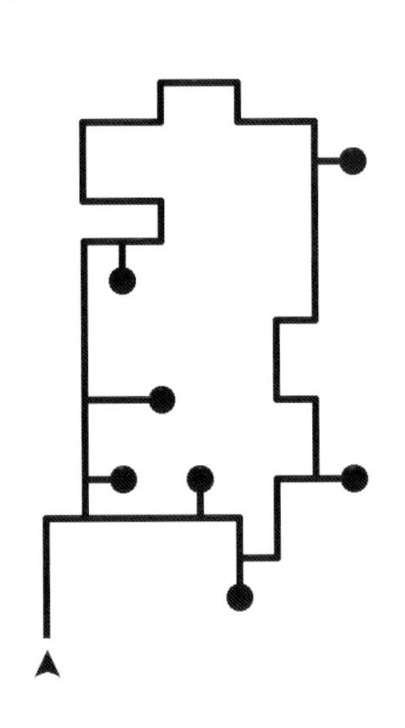

图 4-112　西溪湿地游线结构图

（上图改绘自：http：//www.9tour.cn/Wiki–map/city31/18095/2）

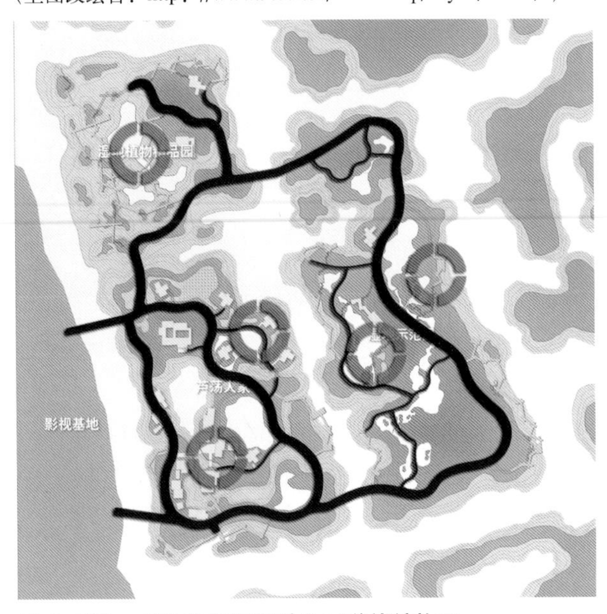

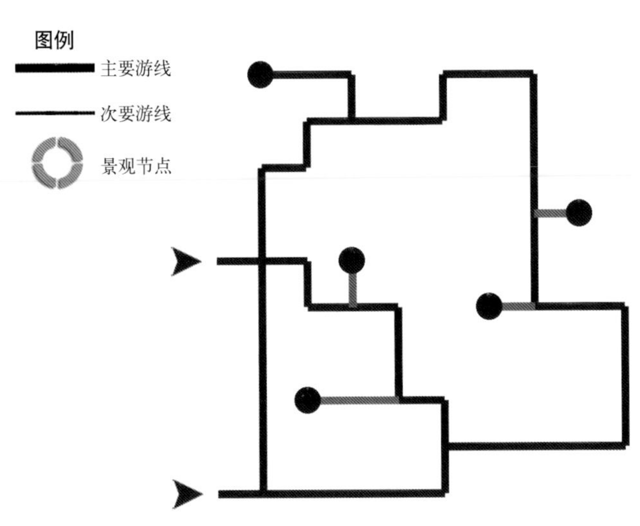

图 4–113　常熟沙家浜湿地公园游线结构图

3）水上游线组织

水上游线是湿地公园所特有的一种游线形式，能够充分展示湿地公园与众不同的景观特色。湿地公园水上游线的组织形式可分为以下几种：

（1）连接景区

湿地公园由于水域广阔，各个景区之间常常隔水相望，特别是在湖泊型湿地公园中，不同景区之间常常跨越湖面，相距甚远。因此常设置水上游线，以连接各个功能分区。例如溱湖湿地公园中，设置水上游线连接入口景区与其他五个功能活动区域及位于湖中岛上的古寿圣寺景区（图 4-114)。

（2）独立游线

独立游线是指充分利用湿地独特的空间特征，形成独立的水上游览线路以观赏湿地两岸景观。例如常熟沙家浜湿地公园东扩工程依托于迷宫状的芦苇荡，专门设立了水上游线，以满足游客的游憩需求并进一步彰显沙家浜湿地的芦苇荡特色（图 4-115)。

再如西溪湿地公园设立了两套水上游线系统，外围河道较宽，形成环绕景区的大船游线，游线较长，串联起各主要景区。内部水网较密，形成多个“8”字形的小船游线，能够使游客充分体验西溪湿地的水上魅力(图 4-116)。

4.3.2.3 色彩组合

景观环境的色彩研究越来越受到人们的重视，湿地环境中不同的色彩组合形式能够形成不同的景观空间形态效果。色彩还与特定的地域环境相联系，不同的场所由于植被、土壤、建筑材料的不同，往往会形成不同的环境色彩，成为当地特殊的场所记号。

例如西溪湿地公园侧重于江南水乡特征的塑造，因此色彩组合多采用符合江南红壤土色系的暖色调组合：建筑与景观小品多采用土黄、栗壳、灰黑与白色搭配的色调；植物群落色彩丰富，春夏季以黄绿色、黄褐色为主调，冬季以红褐色、黄紫色为主调。总色调形成黄绿色中夹杂暖灰色与白色的色彩组合形式（图 4-117)。

成都活水公园游憩性较强，为营造轻松活泼的气氛，色彩组合更为丰富，色调浓重，极富有地方特色：建筑与小品多采用绛紫色、红褐色、土黄色等富有地域特征的色调；植被群落色彩浓烈，以墨绿色与季节性花卉色彩的点缀为主。总体色调形成墨绿色调中夹杂紫红色与黄褐色的色彩组合,具有极强的地域特征(图 4-118)。

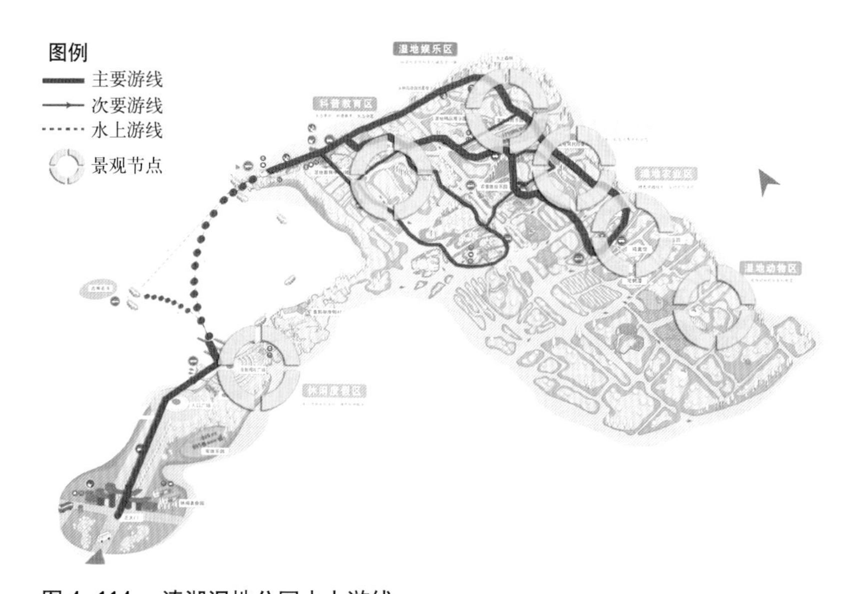

图 4-114　溱湖湿地公园水上游线
（图片改绘自溱湖湿地公园内导游图）

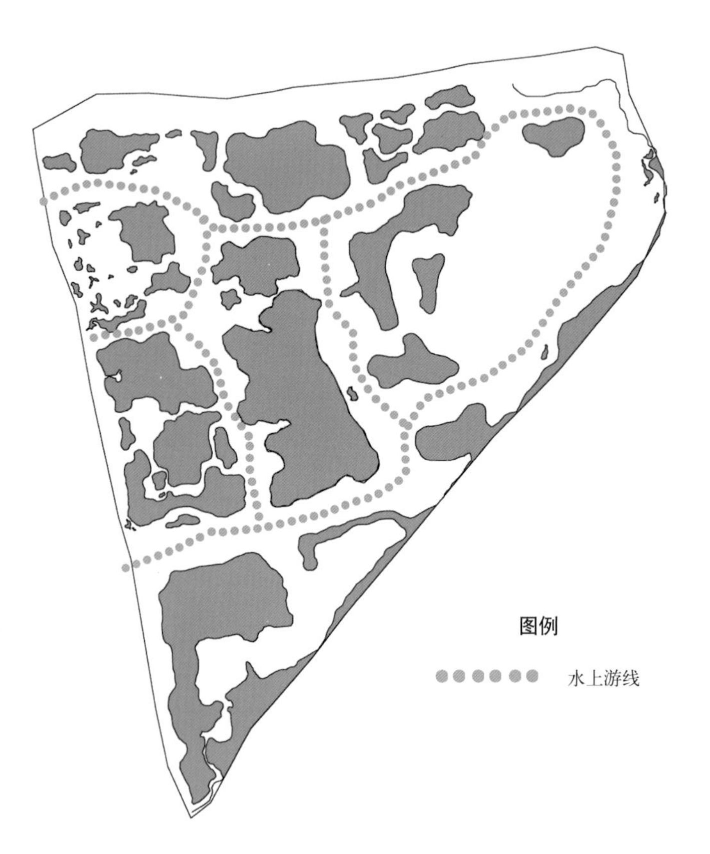

图 4–115　常熟沙家浜湿地公园水上游线

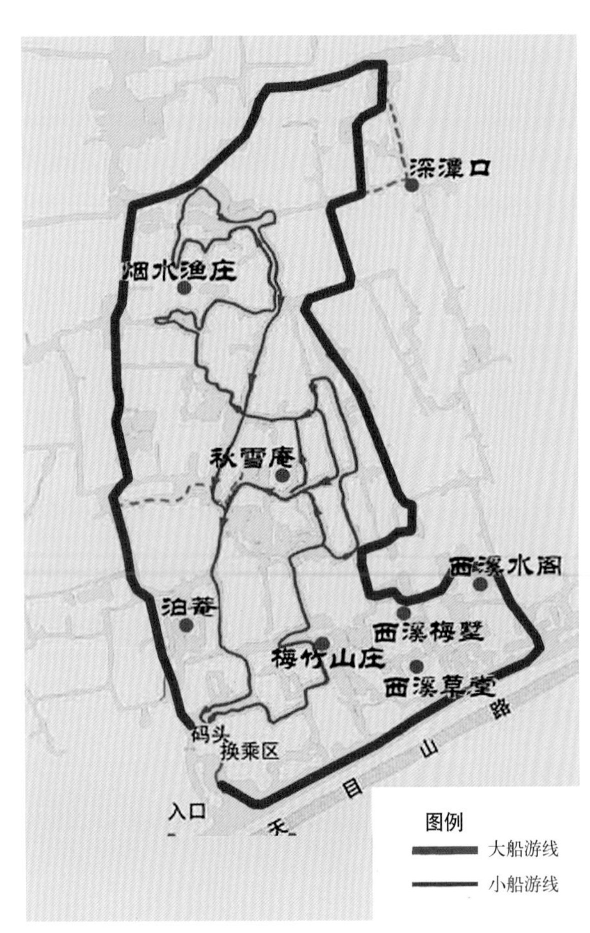

图 4–116　西溪湿地公园水上游线
(图片改绘自西溪湿地导游图)

西溪湿地鸟瞰

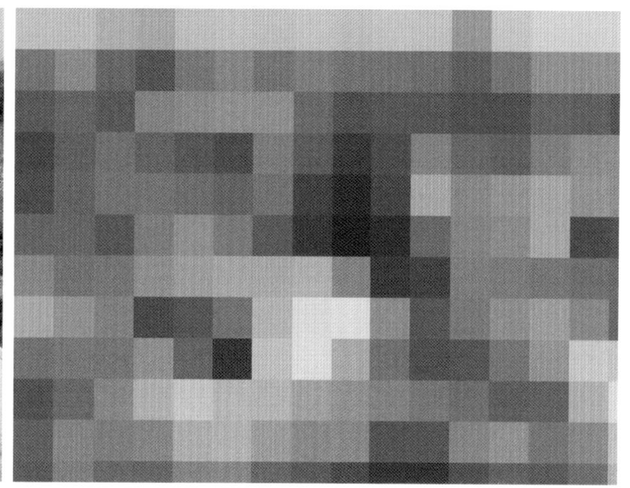

色彩分析图

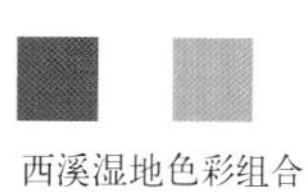

西溪湿地色彩组合

图 4-117　西溪湿地公园空间色彩分析

成都活水公园一景

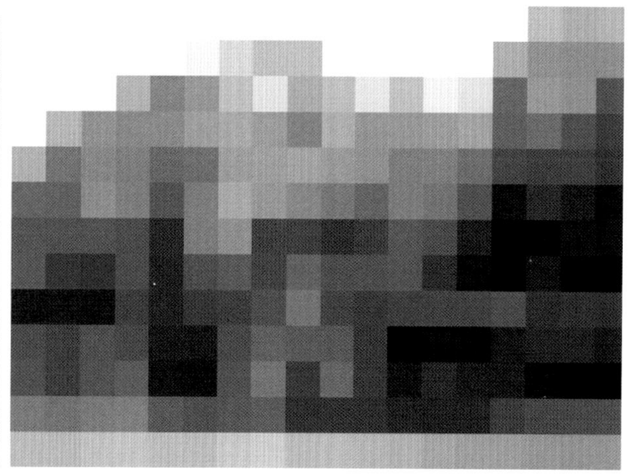

色彩分析图

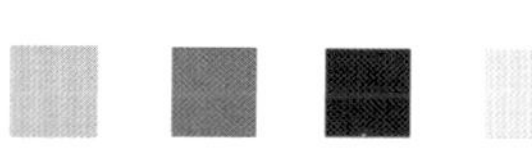

成都活水公园色彩组合

图 4-118　成都活水公园空间色彩分析
（左图来源：http：//996174057.qzone.qq.com/blog/）

再如太湖湿地公园，由于水面辽阔，以蓝色色调为主，环境色彩种类较少，总体色调偏冷。因此，规划设计时应根据环境总体色调特点，丰富环境色彩类型，特别是增加暖色调元素，以平衡空间色彩关系（图 4-119）。

太湖湿地基底

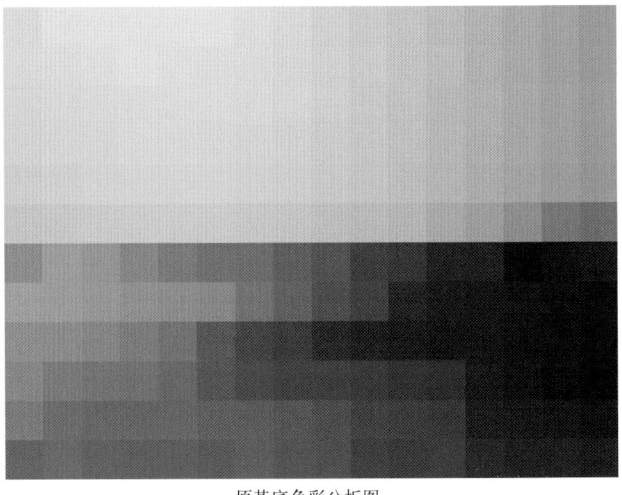

原基底色彩分析图

太湖湿地基底色彩组合

建设后

太湖湿地公园实景

太湖湿地公园色彩分析图

太湖湿地公园色彩组合

图 4-119　太湖湿地公园空间色彩分析

第 5 章 基于不同基底的湿地公园景观空间营造

5.1 基底与湿地景观空间

大量工程实践表明，湿地公园基底特征与生成的景观空间之间常常存在一定的关联性，表现为一定基底条件下的湿地生成的景观空间形态往往较为接近。湿地公园景观空间建构应当顺应自身的基底条件，尊重原有的场地肌理，营造出富有地域特征的景观空间。

本章从研究湿地空间构型——湿地空间的抽象构成关系入手，着重研究了不同基底对于湿地空间形态的重要作用，并在此基础上提出了基于六种不同基底条件下的湿地公园营造策略。

5.1.1 湿地空间构型

空间构型是对湿地基底（或本底）空间关系的抽象与概括，水体与陆地作为湿地的两大基本组成部分，是湿地环境中最为关注的对象。其平面两维关系反映了该场地的主要空间构成关系，其面积、大小、形态及破碎度等为主要研究对象。

本章在调查国内外湿地公园基底空间形态的基础上，归纳出了四种基本的湿地空间构型，这四种空间构型反映出了基于不同的自然基底条件而产生的不同湿地空间形态。

5.1.1.1 网络状

网络状空间构型是一种常见的湿地空间形态，基底平面由规则或规律的网络状田埂、土堤所构成。网络状湿地空间多见于农田基底的湿地，系人工长期作用的结果，因而此种湿地空间类型受到人为干预程度最大，人文因素积淀最深。

1）网络状空间构型的特点

网络状空间构型有如下特点：

（1）此类空间构型往往基底水网发达，地下水位较高，地表水资源充足，湿地动植物资源丰富，具有建设湿地公园得天独厚的自然条件；

（2）此类空间构型破碎程度与孔隙度都较高，与理想的湿地空间形态非常接近；

（3）网络状空间基底经过长期人工作用，往往积淀有深厚的人文资源，依附于水网常常建有村落与古镇，是湿地公园规划中可以利用的有利资源；

（4）网络状空间构型的局限性：一方面网络状空间多为人工的鱼塘、蟹塘，水道形态与岸线僵直呆板，空间形态单调，与理想的湿地岸线形态具有一定的差距；同时，这种空间构型受到人工影响较多，不利于修复保育与生态保护建设。

2）网络状的空间构型类型

空间构型可细分为以下两类：

（1）正交网络状

正交网络状的湿地空间构型多见于水稻田分布较多的长江中下游地区。杭州西溪湿地即为典型的正交网络状湿地空间。基底内密布农田与鱼塘，形成层层叠叠形似鱼鳞状的空间网络肌理。鱼塘与农田的田埂、堤坝等陆地成为湿地空间的线型要素，彼此呈正交状，而水田、鱼塘和其他水域在线型要素的围合下呈密布的面状空间（图 5–1）。

（2）不规则网络状

不同的地域环境，会产生不同的空间形态，云南云阳梯田湿地虽然和西溪湿地空间形态差异显著，但其空间构型仍可以抽象为规律的网络状湿地空间。所不同的是，梯田湿地所呈现的网络状空间呈不规则状。此类湿地空间也是由于长期的人工作用于坡地所产生的特殊大地肌理，多见于云贵高原地区的梯田湿地（图 5–2）。

图 5–1 西溪湿地空间构型图
（改绘自：《杭州西溪湿地公园》）

5.1.1.2 散布状

散布状空间构型是指湿地基地内存在有多个大小不一、排布无一定规律的水体斑块的湿地空间形态，这些斑块往往是人工开挖的结果，如取土坑或煤矿开挖后形成的人工湖面。实例如唐山南湖湿地公园（图 5–3）、马鞍山东湖湿地公园、徐州九里湖湿地公园。

散布状空间构型的特点是水体斑块由于人工开挖分布杂乱，彼此缺少沟通与联系，形态呆板，距离理想的湿地空间形态相差较大，亟需景观化改造以营造适宜水生植物生长的空间环境。

图 5–2 云贵高原梯田肌理
（图片来源：雨花石网络 http：//www.yhs8.cn/b_pic/）

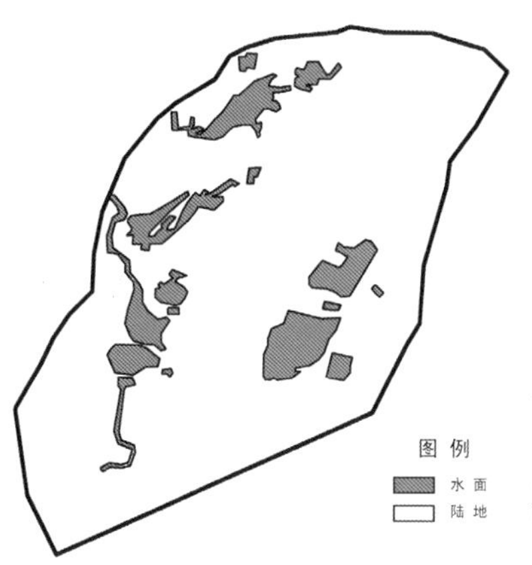

图 5–3 唐山南湖湿地公园空间构型图

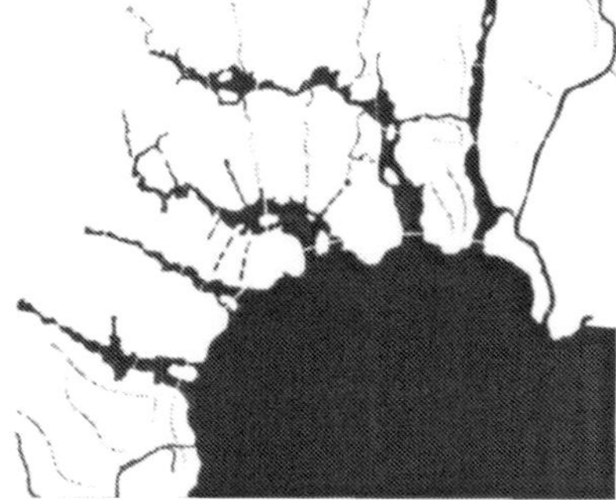
图 5–4 合肥巢湖湿地公园空间构型图

图 5–5 南京幕府滨江湿地空间关系图

5.1.1.3 渗透状

渗透状空间构型是指那些陆地与大型湖面、海面相交接时所形成的一种湿地空间形态。陆地与水面彼此渗透交叉，长期相互作用，形成互为正负形的湿地空间构型。湖泊、滨海型湿地多呈现此类空间形态。例如合肥巢湖湿地公园就是典型的渗透状湿地空间，巢湖水面侵入陆地内部形成河道水网，总体空间形成彼此渗透交叉的格局（图 5–4）。

渗透状空间构型的特点是：

（1）此类空间构型在陆地与水面相交接处形成形态各异的“岛屿”、“半岛”，景观空间变化丰富。

（2）渗透状空间水陆交汇处由于湖面、海面长期侵蚀陆地，形成了水下浅滩面，适宜湿地植物生长与动物栖息，具有建设湿地公园得天独厚的自然条件。

5.1.1.4 条带状

条带状空间构型是指基底平面内水体呈线性条带状分布，陆地或分布于水流两侧，或夹于水道中间。条带状湿地空间多见于线性的江河流域，在滨海潮间带地区也能见到此种类型的湿地空间。

条带状空间构型可以细分为以下不同的类型：

（1）单一形

基地内有一条单向的河流或江流，湿地分布于河道一侧或两侧的浅滩。这种湿地空间类型，多见于城市近郊的河流或江流。例如南京幕府滨江湿地，位于长江南侧的沿江地带，由江滩、河漫滩所构成（图 5–5）。

图 5–6　南京兴隆洲湿地公园空间关系图

图 5–7　南京七桥瓮湿地公园空间关系图

图 5–8　镜湖湿地公园空间构型图[①]

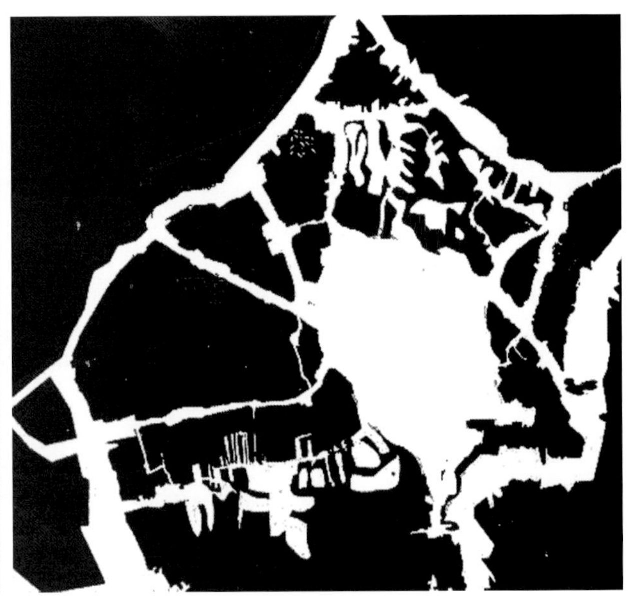

图 5–9　德清下渚湖湿地公园空间构型图[②]

（2）夹心形

指陆地处于线性的水体中央，为江河所夹，呈江心洲状。典型实例如南京兴隆洲湿地公园，基地地处长江中心，江流呈带状夹兴隆洲而过，为典型的江心洲湿地。由于江水冲积、泥沙大面积淤积，兴隆洲成为各种湿地鸟禽类栖息的理想场所（图 5–6）。

（3）分叉形

指陆地处于线性的水体分叉处或两条水流的交汇处。典型实例如南京七桥瓮湿地公园，基地处于运粮河与秦淮河相交汇处，由图 5–7 可以看出位于河口分叉处与河道转弯处的浅色地带为湿地浅滩，由上游河流带来的泥沙大量淤积所造成，再如南京秦淮河湿地位于秦淮河、句容河和溧水河三条河流交汇处。

应当看到，很多湿地公园空间形态并非单纯的上述三种空间构型，而是同时存在着几种空间构型，或是以一种空间构型为主，兼有其他几种空间构型。此种类型一般多为规模较大，场地条件较为复杂的湿地公园。

例如绍兴镜湖湿地公园与德清下渚湖湿地公园内既有中心湖面，周边又分布有农田鱼塘，呈现以网络状与渗透状相结合的空间形态（图 5–8，图 5–9）。

① 图片改绘自：王向荣，林箐，沈实现．湿地景观的恢复与营造浙江绍兴镜湖国家城市湿地公园及启动区规划设计 [J]．风景园林，2006.4：20.

② 图片改绘自：下渚湖湿地公园导游图．

5.1.2　湿地基底与空间构型

上文中，我们把湿地常见空间形态分为四种类型。在分析过程中，可以发现正是不同的湿地基底自然条件决定了湿地的空间形态：如农田与鱼塘、蟹塘型的湿地基底会形成网络型的湿地空间形态；而江河型的湿地基底条件则往往生成条带状的湿地空间形态；湖泊、滨海的湿地自然基底由于水面侵蚀作用会形成渗透状的湿地空间形态；而人工开挖型的湿地自然基底会形成散布型的湿地空间形态（表5–1）。

湿地基底与空间构型对应关系表　　表5–1

基底类型	空间构型
农田型（包括鱼塘、蟹塘）	网络状
江河型	条带状
湖泊型、滨海型	渗透状、综合型
修复型	散布状

应当看到，湿地的基底类型与空间构型并不是绝对一一对应的。现实中湿地公园基底条件千差万别，因此即使同一类型基底条件所形成的空间形态也常常差异显著。例如有的滨海型湿地呈现条带状空间形态，有的修复型湿地也会呈现渗透状空间形态。但总体而言，一定条件下的湿地基底条件所生成的湿地空间形态往往具有一定规律性。

基于自然基底对于湿地公园景观空间的决定性作用，本章提出基于不同基底的湿地公园景观空间营造方法与策略，即针对不同的自然基底，在湿地公园规划设计过程，应因地制宜采取不同的规划设计策略与开发模式，力求寻找出一种适宜于场地自身的湿地公园景观空间建构方法。

5.2　基于不同基底的景观空间营造

湿地公园根据不同的基底条件，可以分为以下五种基本类型：农田型、江河型、湖泊型、滨海型、修复型。由于农田型、湖泊型与江河型较为常见，本章加以详细叙述。此外，示范型湿地公园作为一类特殊类型，放在最后一节予以讨论。

5.2.1　农田型湿地公园

农田型湿地公园是指那些原自然基底为农田（主要为水稻田）、鱼塘、蟹塘的湿地公园类型。此类型在长江中下游江南地区较多。该区域水网发达，地下水位较高，适宜水稻种植与水产品养殖。因此，也具备了建设湿地公园的得天独厚的优越条件。

5.2.1.1　空间特征

农田型湿地公园基底为垂直正交的田埂与水田、鱼塘、蟹塘等所形成网络型空间形态，人工作用对于湿地环境影响较大，其空间特征有：

（1）湿地基底水网发达，常常形成河港、湖汊、河道、港湾等形态各异的水面形态，由于地下水位较高，地表水体丰富，农田型湿地水陆比值较高，一般均在1∶1以上。例如西溪湿地水体总面积约为1008hm^2，而水面面积达700hm^2，占到景区总面积的70%（包括鱼塘）；常熟沙家浜湿地公园场地规模约56hm^2，水面面积28hm^2，占总面积约50%（图5–10）。

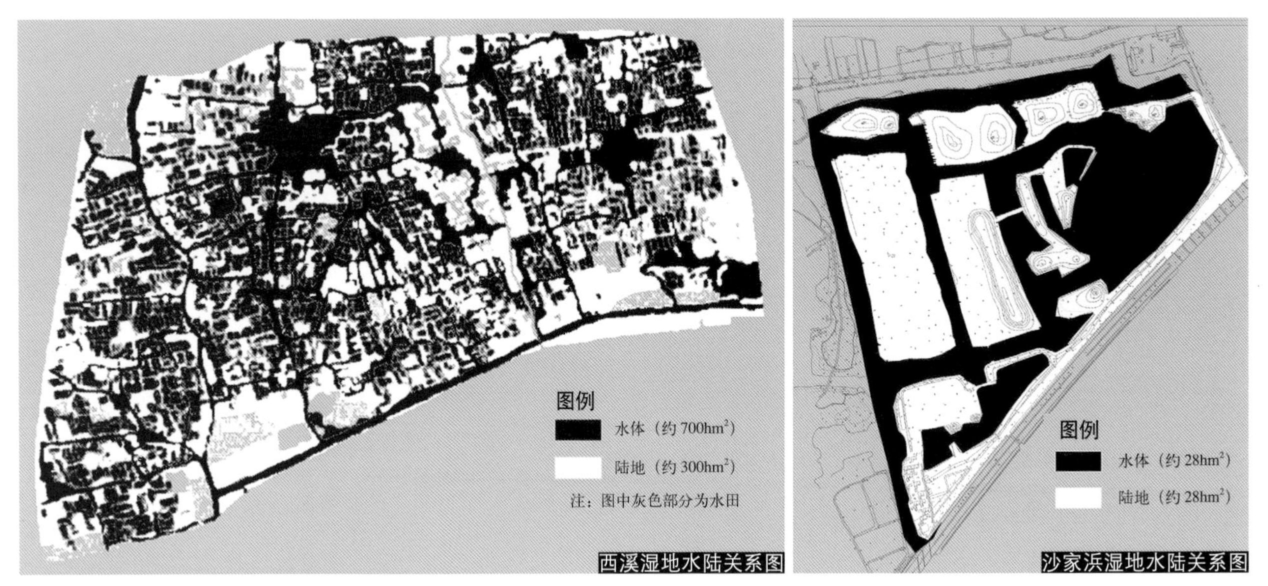

图 5-10　农田型湿地基底水陆关系图

（2）农田型湿地基底由于水网密布，因此空间破碎度与孔隙度都较高，与理想的湿地空间形态非常接近，但湿地原初多为人工的鱼塘、蟹塘，岸线形态僵直呆板，缺少适宜湿地植物生长的浅水区域，需要进行竖向改造，以形成水上与水下缓坡。

（3）由于场地大部分区域为农田与鱼塘，植被类型单一，缺乏多样化的景观元素，空间均质且单调，竖向变化与空间梯度变化较少。同时，生态格局不完善，缺乏各种水禽及两栖动物栖息所必需的生境环境，与村落、城市缺少隔离与缓冲，不利于修复保育与生态保护区域建设。

（4）由于长期人文因素积淀，基地内多保存有历史文物与遗存，在湿地空间建构中应加以利用，形成富有地域特色的湿地景观空间。

5.2.1.2　营造策略

1）保留场地肌理

场地内部农田、鱼塘网络状的空间肌理见证了场地的历史，保存了人工活动的痕迹，蕴含着湿地空间的场所记忆。同时，这种空间肌理自身就饱含着大地艺术般的形式感。因此，规划设计中应尽量保留原有农田场地中网络状的土地间肌理。保存原有的场地肌理，与营造湿地的地域特征，与适应场地环境中的自然过程与人文环境是一致的，这种营造方式必然是最经济的、也是最生态的。

杭州西溪湿地公园原有场地内密布农田与鱼塘，形成层层叠叠形似鱼鳞状的空间网络肌理。规划设计中将此空间格局加以保留，使游人在游览时能够体验原汁原味的乡村空间形态与田间风貌。通过这一举措，延续了原有的场地文脉，彰显了西溪湿地特有的地域特征（图 5-11）。再如镜湖国家湿地公园基地内包含有大面积的农田基底，其中纵横交错的网络状水渠是场地内最显著的肌理。规划设计中充分利用横向的水渠作为景观元素，沿水渠种植湿地植物，增强场地的横向秩序感，与周边自然环境产生强烈的对比，使人们感受到独特的空间体验与视觉冲击。

2）完善空间格局

农田型湿地虽然建设湿地条件优越，但由于长期作为农田、鱼塘，区域内湿地生态格局并不健全与完善。针对这种情况，可以适当对部分湿生环境保存较好的湿地植被群落进行保育规划，划定为修复保育区，通过适度的“人为干预”或人为活动的限制，加速湿地的自我修复过程，以期在一定年限之后形成具有原始湿地景观风貌的区域。

图 5-11　西溪湿地空间肌理[①]

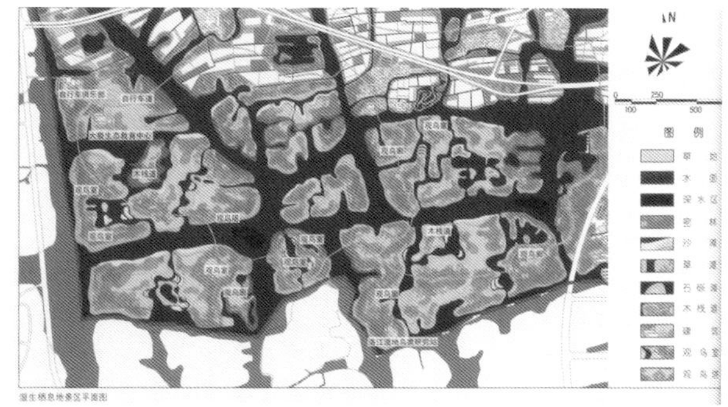

图 5-12　镜湖湿地公园湿生栖息地区域

（图片来源：王向荣，林箐．湿地的恢复与营造—绍兴镜湖国家城市湿地公园规划设计 [J]．景观设计，2006（3）：78-84.）

例如在西溪湿地中，对于东部与西部两个湿地自然环境较为良好的区域进行保育：其中东部区块的设计目标是营造原始湿地沼泽区，因此对此区域实行完全封闭，而西部则实行一定年限的封闭保育，并在两个区域外围建设缓冲区域，通过这种措施来完善西溪湿地的空间格局。常熟沙家浜湿地公园东扩工程原基地条件单一，为大片芦苇荡湿地，规划设计中形成从西向东的建设梯度，对东侧的原生态湿地植被群落进行封育形成修复保育区，中部形成缓冲区域，从而进一步完善了湿地空间格局。

再如镜湖湿地公园南部原为农田湿地，基地内鱼类、两栖类、鸟类资源丰富，规划设计中改造大面积的农田与鱼塘、蟹塘以营建湿生植被群落和动物栖息地。遵循景观生态学及恢复生态学等相关理论，引入乡土湿生、中生等多层次植物种类，进行人工干预下的湿地自然修复，完善其生态格局，建立稳定、可持续、多样性丰富的湿地生态系统。根据不同的湿地动物，特别是涉禽、游禽和陆禽、攀禽等鸟类对栖息生镜的不同要求及生态规律进行竖向设计及植物群落配置，吸引动物来到此区域觅食、筑巢、栖息。同时，根据现状的生态敏感度和干扰度，合理设置游览设施，控制游人的活动范围[②]（图 5-12）。

3）挖掘乡土主题

农田型湿地基地内常常历史悠久、积淀深厚，应充分挖掘当地乡土文化主题，丰富湿地游憩活动和景观空间。可专门开辟民俗文化区以保留与展示当地的乡土文化与民俗风情，还可保留与扩建部分民居建筑，并开展各类富有当地民俗特色的旅游活动，形成以乡土文化为主题的湿地空间氛围。

挖掘乡土主题可以从以下几方面入手：

（1）还原乡村场景

还原乡村场景能使游客身临其境的感受当地的乡土文化。例如常熟沙家浜湿地公园东扩工程原方案以常见的水上休闲活动为主，缺乏景观地域特色。规划调整中，深入挖掘常熟地方文化，从当地的民风民俗特征出发，改造功能区划，将沙家浜地区的传统村落场景与民居元素予以再现，增设了水街、云庆会所与芦荡人家等富有常熟地域特色的建筑群落。通过这一措施，将常熟地区特有的地域民俗风情加以景观化再生，既与河对面的横泾老街形成空间上的对话，为湿地公园增添了一个新的人文景点，完善景区的旅游设施功能，同时又进一步凸显沙家浜水乡人家的景观特色，彰显常熟地区的地域文化特点（图 5-13）。

（2）再现农家生活

在还原乡村场景的基础上，通过赋予一定生活内容与功能，从而激活场景与环境，使人们能够真切地体验到当地人们的生产生活。常熟沙家浜湿地公园东扩工程内水街建筑组合形式采用传统的常熟地方民居聚落

① 图片来源：王竹，张艳来．西溪湿地的诗意栖居——杭州西溪湿地保护及其住居的适宜性开发 [J]．新建筑，2006（2）：61.

② 王向荣，林箐，沈实现．湿地景观的恢复与营造浙江绍兴镜湖国家城市湿地公园及启动区规划设计 [J]．风景园林，2006.4：21．

图 5-13　沙家浜湿地公园东扩工程水街与芦荡人家鸟瞰图
（图片来源：沙家浜湿地公园东扩工程规划设计文本）

图 5-14　沙家浜湿地公园东扩工程水街建筑
（图片来源：沙家浜湿地公园东扩工程规划设计文本）

形式，充分体现常熟的地域特色。以水街为主轴贯穿全线，点缀以农家特色的乡土美食，使得芦荡人家景区生机盎然，饶有生活气息。北侧的芦荡人家采取农舍形式，屋前屋后设有水田及各类农作物，使游客在休闲的同时能亲身体验到江南农家生活（图 5-14）。

（3）地域风格刻画

挖掘乡土主题，还应注重地域风格的刻画，还原当地的乡土风格。这种空间特征不仅包括建筑风格，还包括植被特征、水文特征等。例如西溪湿地中保留了大量的乡土树种，如芦苇、荻、柿树、梅花等，仅一期工程中保留下的柿树就达 2800 棵。通过地带性植被，游人能感受到浓烈的乡土空间氛围。再如常熟沙家浜湿地公园深入挖掘常熟地区民居建筑特点并加以归纳概括，设计中通过硬山顶、甘蔗脊、直棱窗、小瓦等各种建筑细部来体现沙家浜地区特定的地域空间特征（图 5-15）。

图 5-15　沙家浜湿地公园东扩工程民居建筑

4）调整水网岸线

纵横密布的水网是农田型湿地的重要特征，以西溪湿地为例，在 1008hm² 的基地范围内大小鱼塘近 3000 个，彼此重叠交错呈“鱼鳞状”。农田湿地内数量众多的河道由于长年淤泥阻塞，常常水流不畅，在夏季洪水时容易发生危险，同时景观效果不佳。因此在这类湿地进行规划设计时，应首先对水网河道进行疏浚沟通、岸线调整，以保证洪峰水流的安全并符合湿地空间的视觉美学。

具体措施包括：

（1）通过疏通水系，保证水流在景区内的贯通与延续性。对于基底内分散的河流池塘，应予以保留并加以沟通，使整个景区内水环境、与景区外水环境连成整体。适当扩宽河道的截面积大小，增大过水面积，恢复漫滩湿地和洪水泛滥区，以降低水流速度。

（2）合并调整农田、鱼塘形态，形成大小不同、差异性显著的水面与岛屿形态，增加空间破碎度与岸线长度。为不同的湿地动植物营造不同的生境环境，如形成芦苇岛、竹岛、水杉岛等各种类型多样的岛屿群落，提高湿地多样性，丰富湿地景观空间。

（3）原有农田、鱼塘岸线僵直呆板，予以柔化处理，顺应水流冲蚀规律，以形成优美的岸线形态。

以沙家浜湿地公园为例，原基地本底为水田开挖而来，岛屿岸线较为平直，转角生硬，岛屿破碎程度低。原有的规划方案中，岛屿驳岸陡峭，场地堆土较高的土山，与湿地空间形态相去较远。规划调整从充分利用现状出发，本着挖填方均衡的原则，通过土方就地挖取与堆积，减少工程量，形成凹凸程度较高的水岸线，并在此程度上进一步改造岛形，疏通河道，增加岛屿数量与破碎度，形成较为理想的湿地空间形态（图 5–16）。

5）改造驳岸形态

农田型驳岸形态往往僵直陡峭，离理想的湿地驳岸形态有一定距离。可通过小范围的挖方与填方以营造各种类型的滩地，将僵直的驳岸恢复成自然的缓坡，使得间歇性淹水区域面积更大。

在沙家浜湿地公园中，原有湿地环境中缺少浅水湿生区域，驳岸陡峭高耸，无法满足湿生动植物的生长与栖息环境。规划调整充分考虑现状的基地特征，设计将开挖的土方就近堆积到水面下，形成水下坡地营造出适宜各类湿地植物生长的浅水区域。此措施大大减少营造湿地的土方工程量，同时取得较好的景观效果（图 5–17）。

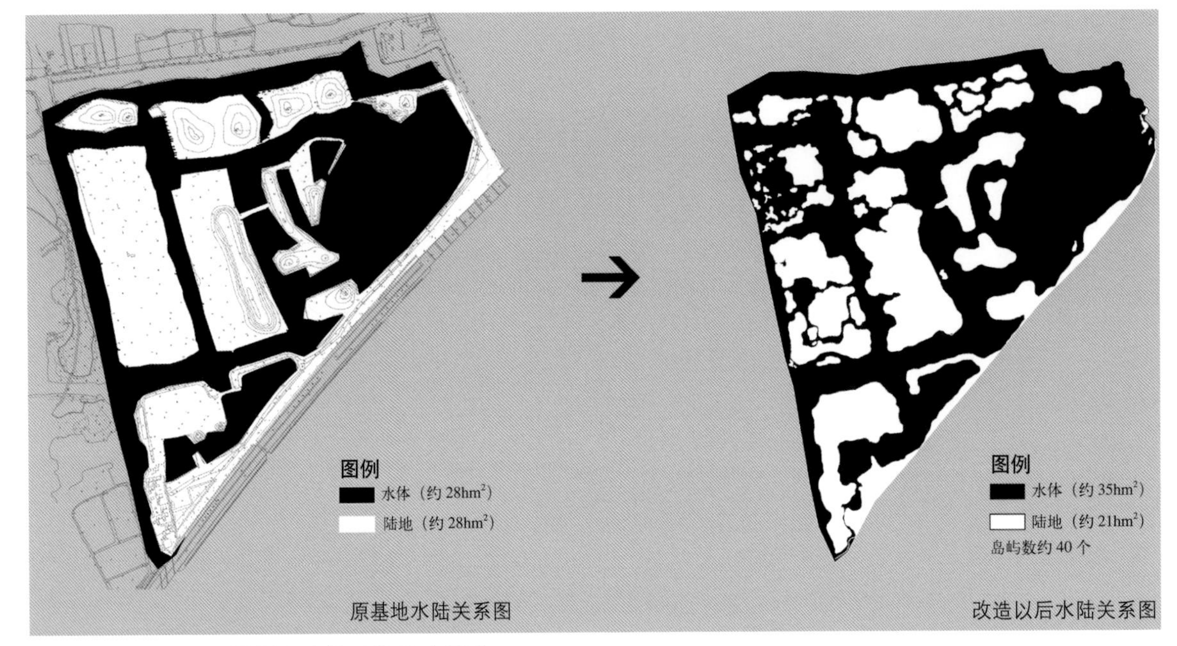

图 5–16　沙家浜湿地供水陆关系前后对照图

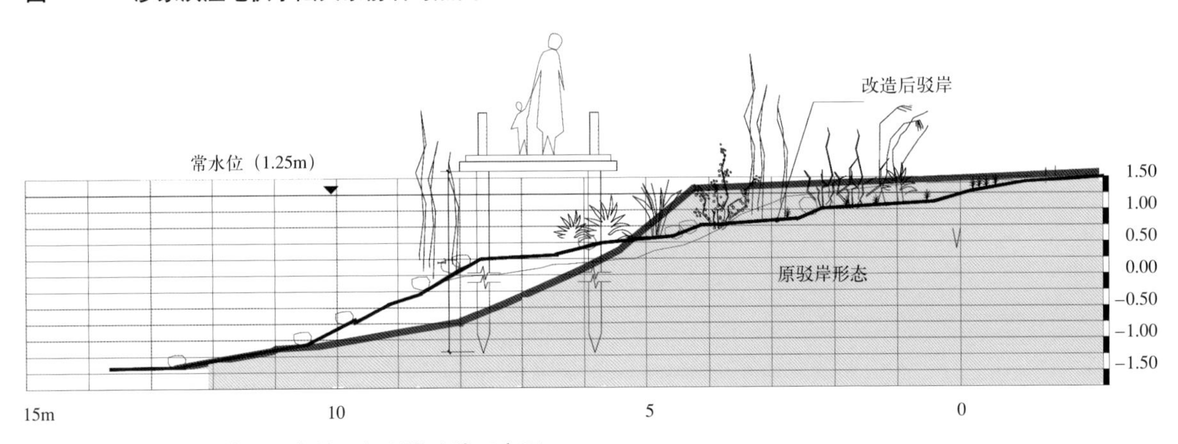

图 5–17　沙家浜湿地公园东扩工程驳岸改造示意图

5.2.2　湖泊型湿地公园

湖泊型湿地公园是指依托大型自然湖泊或人工水库，在水面与陆地的水陆交界处所建设的湿地公园。据统计，全国大于 1km² 的天然湖泊有 2700 余个，总面积约为 9 万 km²。依托于大小湖泊，湖泊型湿地在我国各地均有分布，形成不同的地域特色。例如在江浙，湖泊型湿地常称为荡、漾，如苏州盛泽荡湿地公园、湖州长田漾湿地公园，在北方则常称为淀，如河北保定的白洋淀湿地公园。

5.2.2.1　空间特征

湖泊型湿地是湖水长期冲积陆地所沉积形成的，在空间形态上往往彼此渗透交叉，形成互为正负形的渗透状空间。依托湖面，人们在岸边修建堤坝、围湖造田，形成村落。湖水向内陆渗透，往往形成河流与农田、鱼塘、水渠，在空间形态上往往又会形成网络状的空间构型。因此，大型湖泊型湿地常常呈现多种类型的空间构型。

湖泊型湿地的空间特征有：

（1）湖泊型湿地较其他类型湿地，空间舒展，视野开阔，常常能形成水天一色的湿地景象。但由于湖面所占比例过大，容易造成景象空旷单调，大而无物之感。

（2）由于湖水长期冲击陆地，湖泊型湿地拥有丰富的迎水浅滩面，十分有利于湿地植被的生长与各类动物的栖息，具有建设湿地公园得天独厚的自然条件。但由于防洪防汛的需要，长期以来，人们在迎水面修筑堤防，一方面从空间与视觉上将内陆与湖面分隔开，同时由于土堤坝多采用块石砌筑陡峭的硬质驳岸，与水面形成显著的高差，景观效果较差，与理想的湿地空间形态相距较远。

（3）湖泊型湿地由于湖面所占面积比例较大，可用地块面积较小，实际开发用地面积有限。以常熟尚湖湿地公园为例，总规划用地面积 1700hm^2，水域面积 1190hm^2，占总用地面积达 70%。

（4）同江河型湿地类似，湖泊型湿地受水文影响显著，景观季节性波动较大，夏季湖水丰沛，水位较高，水面积较大，而冬季则进入枯水期，水位较低，水面面积缩小。同时，由于人为长期围湖造田，景观空间存在驳岸僵直、岸线较短等诸多问题。

（5）湖泊周边由于长期的人类聚居，常常建有渔村与古镇，人文资源与历史遗存丰富，是湿地公园规划中可以充分利用的有利资源；同时动植物资源较农田型与江河型也更为丰富，拥有大量的鱼类资源，常常吸引水禽与鸟类聚集形成活动区域。例如下渚湖湿地历史悠久，除德清古镇外，景区保存有庙宇、祠堂、古碑等多处历史文物，同时景区内动植物资源丰富，仅高等植物就有 500 余种，包括红豆杉、天目木兰、厚朴等多种国家保护植物及近 400 种动物种类，其中珍稀鸟禽大约 160 种，数量多达上万只。

5.2.2.2　营造策略

1）丰富空间层次

湖泊型湿地往往空间开阔，景象单调，缺乏空间层次，可通过种植规划与竖向设计等多种途径以达到丰富空间层次的效果。典型实例如西湖公园，其空间格局由山体、湖面与堤岸所组成，白堤、苏堤与杨公堤依托于山体背景，形成了层次丰富的空间效果（图 5–18）。

图 5–18　西湖公园山水空间格局

湖泊型湿地公园亦可借鉴这种造景手法，如下渚湖湿地公园原湖区面积广阔，缺乏空间围合感，规划设计依据原有的湖泊平面格局，通过在湖中岛屿大量种植水杉、池杉等高大挺拔的乔木及香樟等常绿乔木，达到强化空间层次，增强湖面空间围合感的效果，形成远处山景，岛屿、建筑中景，滨水湿地近景的多层次空间效果。同时，通过规划水上游览项目，增设水上栈桥、平台、渔船码头等以进一步活跃空间氛围（图 5–19）。

图 5–19　下渚湖湿地公园山水岛屿植被空间关系

太湖湿地公园内为一望无际、烟波浩渺的太湖湖面，湖上仅有星星点点的渔舟，缺少层层叠叠的山体作为背景，相较于下渚湖湿地、镜湖湿地景象更为单一。规划设计中适当增加湖中景观设施如渔船码头、水上餐厅等以丰富湖面景象，同时增设水车以形成竖向变化，达到丰富景观层次的效果（图 5–20）。

图 5–20　太湖湿地公园空间关系图
（图片来源：http：//657095.blog.sohu.com）

2）融入渔乡文化

长江中下游地区湖网密布，各类大中型湖泊

周边常常聚集有渔村古镇，当地渔民长期的生产生活创造了丰富的渔家文化。因此，湖泊型湿地往往积淀有深厚的人文资源。因此，除了科普教育作为公园主题外，渔家文化是湖泊型湿地较为适宜的营造主题。

湖泊型湿地可选择适宜的区域保存与复建部分原有渔村，向游客展现原有场地内渔民的生产生活状态，使人们能够亲身体验鱼乡风情、品尝湖鲜水产，参与体验各种捕鱼活动。

依托渔家文化主题，可建设渔村、渔船码头、垂钓平台、渔家主题馆、餐厅等各类辅助设施。道路系统以步行与舟行及各类木栈道为主，体现生态与文化主题。

3）优化湖岸形态

湖泊型湿地由于长期围湖造田，湖面普遍被鱼塘和农田侵占，同时还存在湖面岸线较短、驳岸僵直等问题。因此，应采取有效手段优化湖面与岸线空间形态，营造富有湿地特征的空间环境。

（1）拓展湖面岸线

针对湖面被侵占的现状，首先应拓展湖面，恢复被鱼塘、农田侵占的水域，同时对岸线形态进行改造。以绍兴镜湖湿地公园为例，原场地内镜湖南侧有近一半水域被鱼塘所侵占，湖面水域空间狭小。规划设计通过拓宽湖面面积、增加湖岸边界长度，并通过小范围的挖方与填方来营造各种类型的滩地以达到优化湖岸形态的目的。经过改造，湖面面积由 237hm^2 增加到 385hm^2，岸线由 87km 增加到 143km，大大增强了镜湖的湿地环境特征①（图 5–21）。

（2）丰富岛屿类型

岛屿也是湖泊湿地环境中的重要景观元素。应根据湖中岛屿不同的基底特点，形成类型丰富、大小差异显著的岛屿形态，如半岛、湖心岛、堤岸、港湾等，同时根据岛屿植被类型与主题不同，也可形成风格各异的鸟岛、芦苇岛、桃花岛、水杉岛等，以丰富湖泊的景观层次与竖向空间，增强湖泊湿地的多样性。

4）合理空间规划

湖泊型湿地由于受到湖水水位的季节性影响，季节波动很大。夏季雨水充沛，降雨量较大，水位上升，水面扩大，常常淹没大片湖岸地区；冬季则进入枯水期，水位下降，水面缩小，大片水下裸地暴露出来。因此，应根据水文变化规划规律对空间格局进行合理的动态规划。

合肥巢湖湿地公园规划对于巢湖湿地环境季节动态变化进行研究：在春季时，场地内湿地区域较少，河道较窄，水面面积较小；夏季时，水位上升，沿湖水深入的河道两侧形成泛滥区，大片地区淹没在水中，形成面积广阔的湿地区域；秋季时，水位下降，但土壤含水率仍较高，同时由于候鸟大量迁徙到湖边，形成独特的景观效果；冬季水位最低，大量支流干涸，湿地环境最为萧条。在季节变化所影响的区域范围基础上，可进一步有效地进行生态格局和功能空间规划，如在河流宽阔与常年浸水区建立湿地保育区域与鸟类栖息地，在水面淹没范围之外可建设游憩活动区与一些永久性的游

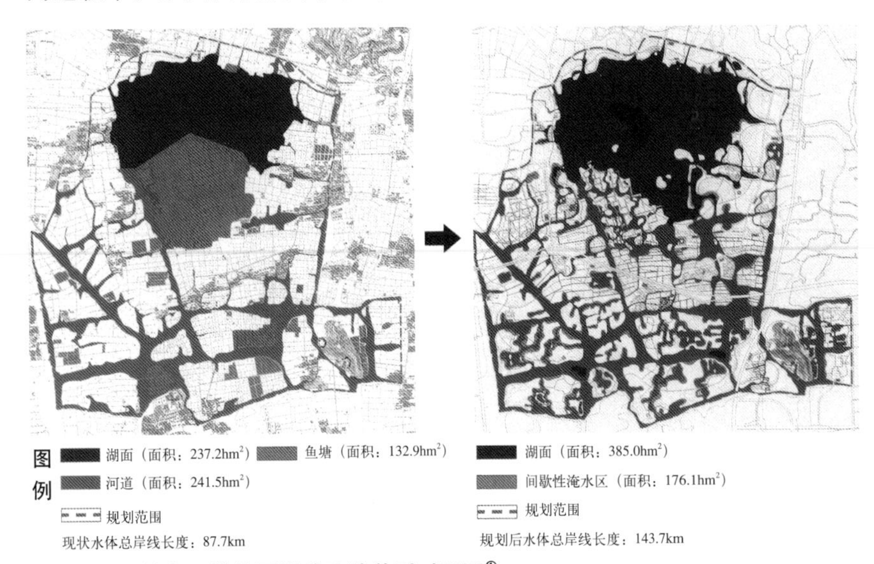

图 5–21　镜湖湿地公园岸线改造前后对照图①

① 王向荣，林箐．湿地的恢复与营造—绍兴镜湖国家城市湿地公园规划设计 [J]．景观设计，2006（3）：78–84.

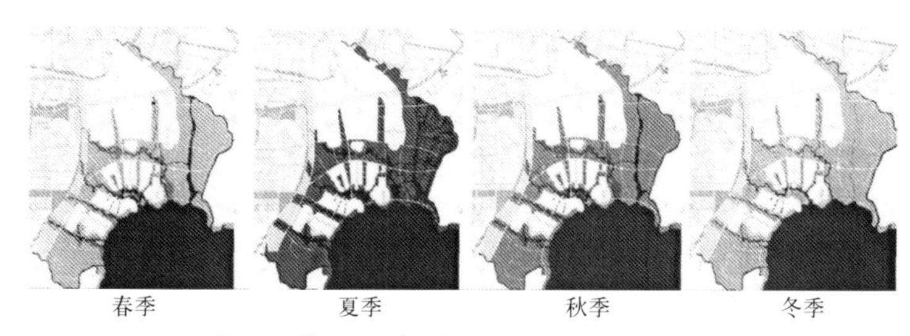

图 5–22　合肥巢湖湿地公园空间格局四季分析图

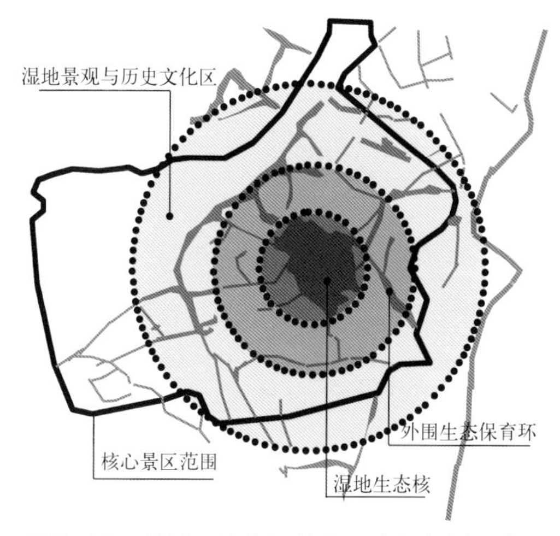

图 5–23　德清下渚湖湿地公园空间规划示意图
（图片改绘自：汪辉．基于生态旅游的湿地公园规划[D]．南京林业大学）

图 5–24　广东新会湖泊中的岛屿成为鸟类的天堂

憩设施。由此，原则上可形成一个从湖心向外扩散的同心圆状的空间规划格局：即以湖面及泛滥区、鸟类栖息区为修复保育区，再向外扩散至季节性积水区域以形成缓冲区，在最外圈水面淹没范围之外形成功能活动区域。这种空间格局即为上文中所定义的圈层型生态格局（图 5–22）。

圈层型生态格局是湖泊型湿地常见的空间格局类型，例如浙江德清下渚湖湿地公园空间格局形成了从中心湖面向外层层发散的圈层型生态格局。中心湖面及周边湖水侵入区域由于有大面积的浅水滩涂、港汊岛屿，湿地自然条件较好，形成适宜湿生动植物栖息的湿地生态核（修复保育区）；生态核外圈形成生态缓冲圈，对核心湿地起到保护隔离作用；湿地景观休闲及历史文化区域安排在最外圈层，以尽量减少对于湿地环境的干扰和破坏（图 5–23）。

5）营造鸟类栖息地

湖泊型湿地拥有大面积广阔的浅水滩涂与数量众多的岛屿，是鸟禽类特别是候鸟迁徙的理想栖息地。以浙江下渚湖湿地公园为例，全区湖面广阔，达 130hm^2，每年秋冬季有大量候鸟与留鸟在此栖息，据统计下渚湖湿地常见野生鸟禽类大约 160 余种，如白鹭、苍鹭、翠鸟、野鸭等；北京野鸭湖湿地拥有 150 多公顷水面，是北京重点湿地鸟类保护区，以满足冬春南北迁徙候鸟的中转与栖息需求。景区内常见国家各类保护鸟禽 200 余种，每年 3、4 月间总计数量约 500 多只天鹅在此聚集（图 5–24）。

因此，鸟类栖息地营造是湖泊型湿地空间规划的重点，一般应依托于湖面及周边地带建立鸟类栖息保护区。区域内应禁止游人进入与游船进入，通过封育建立起自然状态下的野外湿地生态系统，以吸引水禽及涉禽在保护区内觅食与过冬。同时，根据鸟类的生态习性在保护区外设置缓冲区以隔离人为干扰及视线。

北京翠湖湿地内鸟类资源丰富，包括黑天鹅、绿头鸭、白鹭、苍鹭、池鹭、鹈鹕等多种类型的鸟类。规划设计中建立多个区域的鸟类保护区，区域内禁止游船航行，并在外围设置防护区，以满足鸟类栖息的需求（图 5–25）。

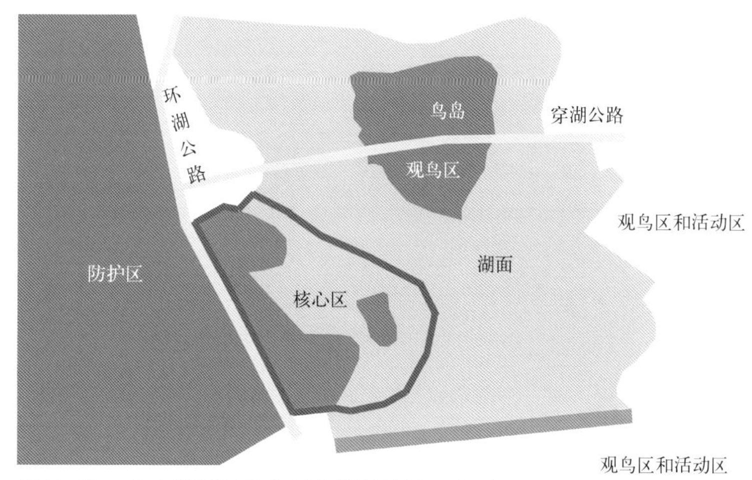

图 5–25　北京翠湖湿地公园鸟类保护区示意图

图 5–26　鸟类栖息岛屿营造模式图

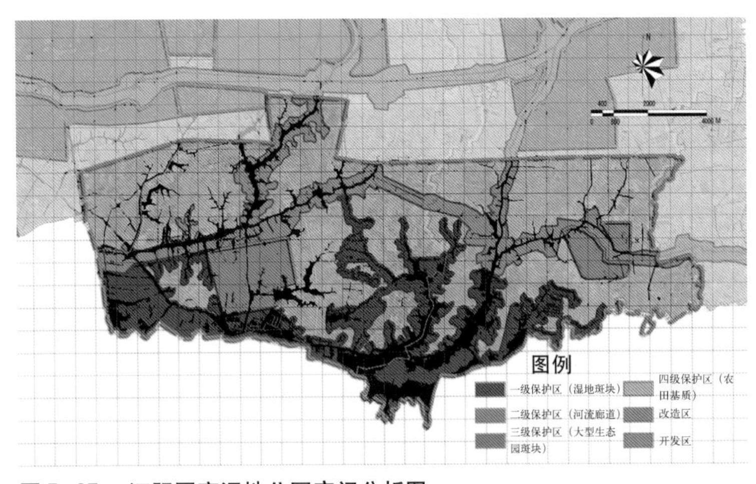

图 5–27　江阴国家湿地公园空间分析图

（图片改绘自：国家湿地公园规划设计的关键问题及对策——以江阴市国家湿地公园概念规划为例）

值得注意的是，湖中大大小小的岛屿由于其良好的湿地环境及与外界良好的隔离，成为鸟类繁殖与越冬的最佳场所。因此，规划设计时应尽量保留并增加湖泊中的岛屿数量，改造岛屿形态，使之与独立于人们的活动区域之外，成为鸟类栖息的理想场所。

图 5–26 为典型的鸟类岛屿栖息地营造模式图，岛屿周边水面主要以水鸟及游禽的活动为主；岛屿边缘以滩涂和沼泽为主，主要满足涉禽的觅食与栖息繁殖需求；岛屿中部种植高大乔木树林，以满足林鸟与大型鸟类的栖息需求。

5.2.3　江河型湿地公园

江河型湿地公园是指依托于江河，在其水陆交汇处的河滩、江滩所建设的湿地公园类型。我国江河众多，据统计流域面积在 100km^2 以上的河流有 5 万多条，其中绝大部分分布于东部湿润多雨的季风区。江河型湿地多位于弯曲度大、比降小、河漫滩宽广、汊流多、河槽平浅的水流段，由于这些河段排水不畅，泥沙沉积容易形成湿地；有的河段汛期水位升高，水流溢到河漫滩或洪泛区，也会形成湿地。江河型湿地作为水量的调蓄器，通过丰水期、枯水期不同的保水量，保持河流流量趋于稳定[①]。

5.2.3.1　空间特征

江河型湿地基底特征较为简单，多呈条带状的空间形态，河道两侧或河道所夹的水陆交汇浅滩常常是湿地公园建设的区域。当江河的支流向内陆延伸分叉时，往往又会形成渗透状的空间形态，典型实例如江阴国家湿地公园（图 5–27）。

江河型湿地的空间特征有：

（1）江河水陆相交接处常常犬牙相错，形成形态各异的“岛屿”、“半岛”、河漫滩，空间尺度适宜、变化丰富。同时，江河型湿地由于不同的人为开发模式，用地类型也更为丰富。以扬中长江湿地公园为例，基底呈带状从西到东呈三种不同的用地类型，西部与中部有大面积的自然沼泽湿地，以芦苇、芦竹、杞柳等湿地植被为主，中部偏西侧为大面积鱼塘，水位较为恒定，东侧为砂石码头与部分建设用地，见图 5–28。

（2）水陆交汇处由于长期泥沙淤积，形成了水下浅滩面，极适宜湿地植物生长与动物栖息，具有建设湿地公园得天独厚的自然条件。

（3）江河型湿地由于多呈条带状分布，岸线过长，但进深过短，不利于湿地保护与游线的组织。

（4）江河型湿地多位于城市近郊，受人为影响较大，存在驳岸硬质化、河滩陆地化、水面淤塞、湿地面积缩小所带来湿地生态系统严重衰退等问题。

① 陶思明．湿地生态与保护 [M]．北京：中国环境科学出版社，2007.

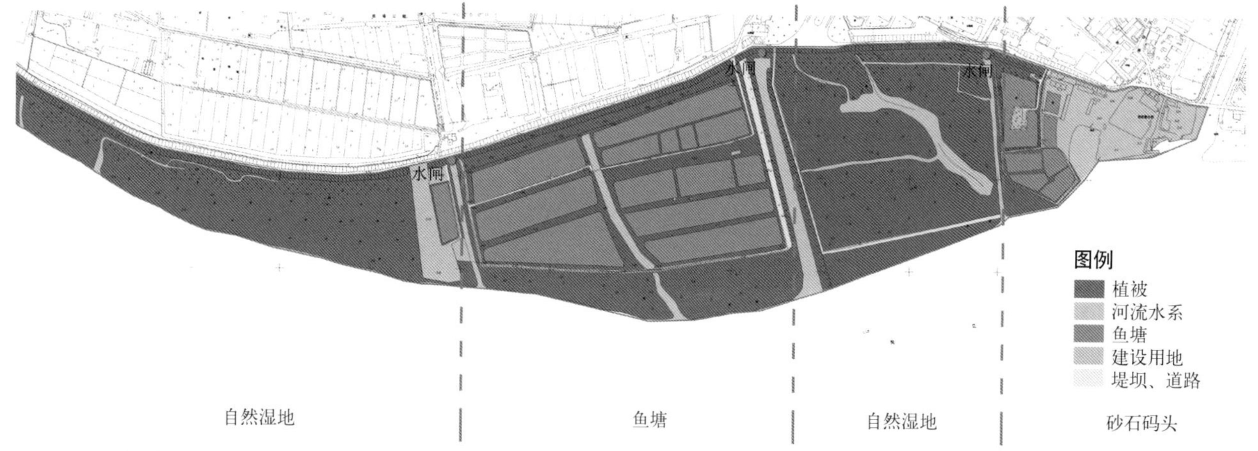

图 5-28 扬中长江湿地公园用地类型分析图

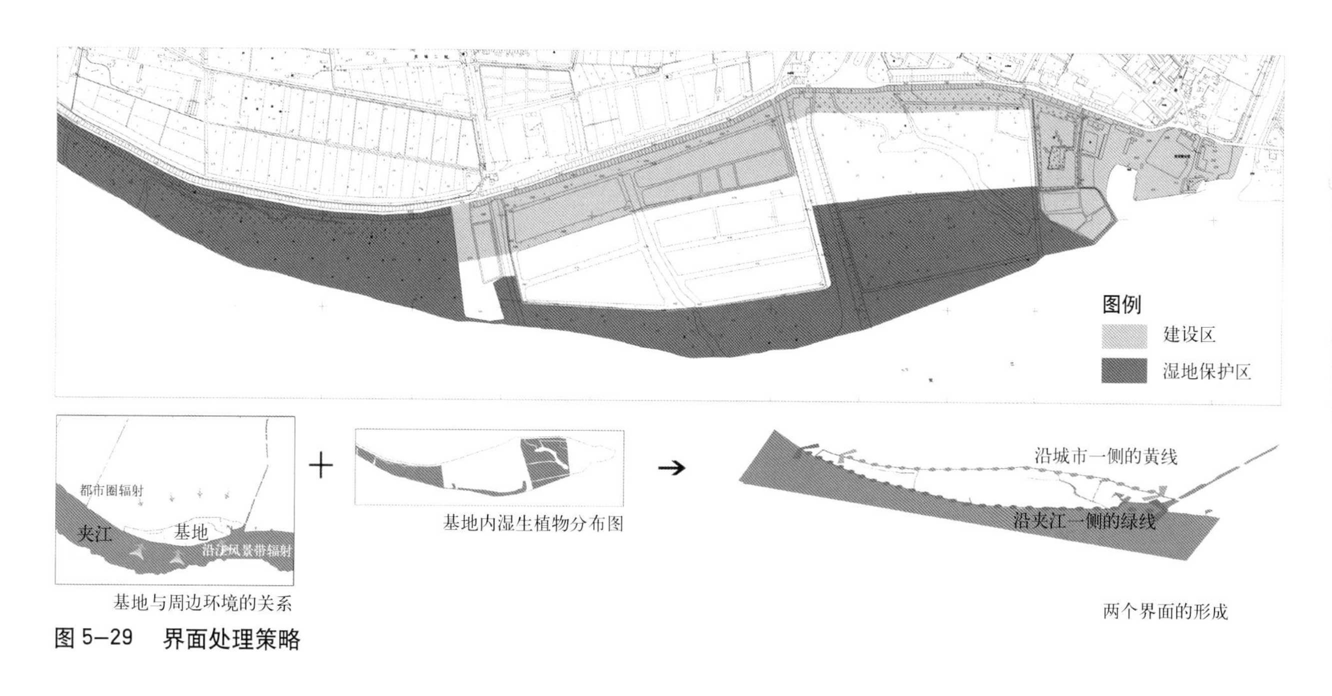

图 5-29 界面处理策略

5.2.3.2 营造策略

1）界面处理策略

江河型湿地公园多呈条带状分布，一侧面临城市、一侧面临江河。因此，此类湿地公园常存在两种界面，对于这两者界面，宜采取不同的设计策略。以扬中长江公园为例，基地处于夹江与城市之间，既是沿江湿地自然风貌区的一部分，同时也受到城市影响，具有双重属性。因此，湿地公园规划应结合基地现状，同时满足两个定位需求，做到保护与利用并行，形成两个界面，一个是毗邻夹江的自然湿地界面，设计策略以保护为主，形成沿江景观带中的一条绿洲；二是靠近城市的界面，设计策略在保护的基础上整合利用现有资料，适当考虑人的游憩行为，将其打造为城市滨江休闲的重要节点（图 5-29）。

2）丰富景观主题

江河型湿地公园多位于城市近郊，休闲与科普功能较强，因此景观主题较其他类型湿地公园更为丰富多样。结合自身环境特征的湿地主题，能够增强湿地公园的吸引力与游憩性。

以扬中长江湿地公园为例，根据不同的场地资源与基地特征，适当加以改造、更新，将其划分为四个景观主题，四个主题各有侧重，优势互补，与生态融为一体，共同构成了湿地公园四核串联的景观格局（图 5-30）：

（1）湿地休闲：集中于东侧原砂石码头处，布置了商业建筑群、市民广场、游船码头等，是一个自然与

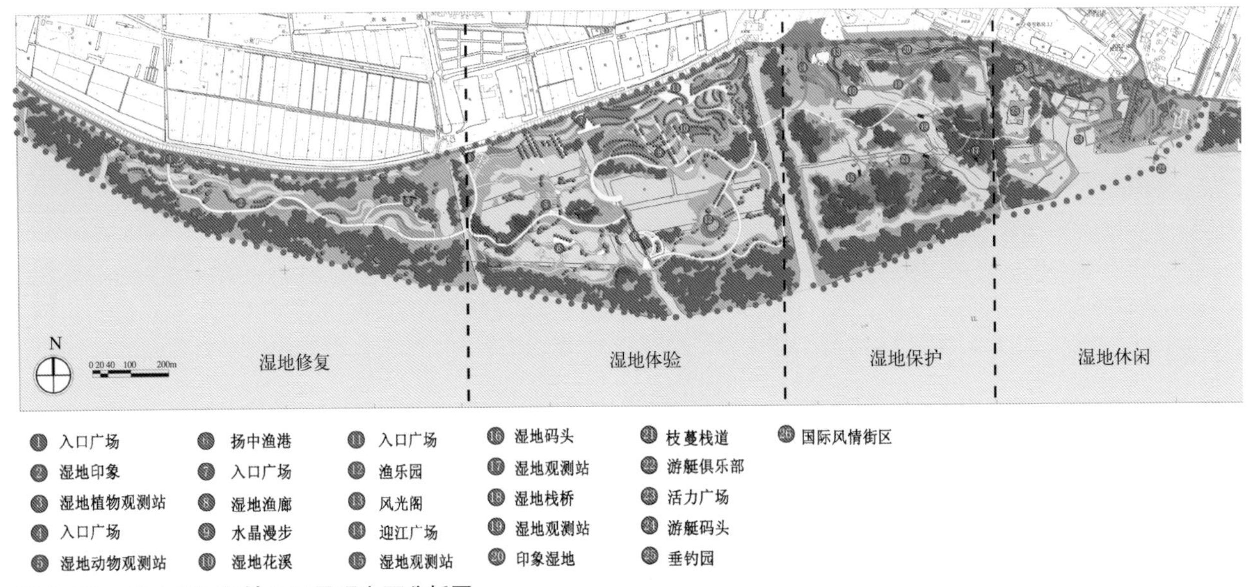

图 5–30　扬中长江湿地公园景观主题分析图

城市交融的城市休闲区。

（2）湿地保护：位于基地中部东侧，以湿地生态保育为主，是湿地公园的核心区域。

（3）湿地体验：位于基地中部西侧，以科普展示为主，布置了相关景观设施，向公众展示珍稀植物品种、动物品种，强调感官体验，创造一个人与湿地交流的互动世界。

（4）湿地修复：西侧区域受人为干预较少，湿地形态保存完整，规划以湿地修复为主，同时增设道路，提供人们参与湿地的可能。

再以无锡尚贤河湿地公园为例，基地位于太湖新城中心，面积约为 180hm^2，是市民游客开展运动、休闲与科普教育的城市公园。尚贤河呈长条形布局，将北部无锡市行政中心与南部太湖相沟通，从行政中心到太湖，尚贤河湿地起到了从城市向自然过渡的作用。由于尚贤河周边城市用地性质的不同，尚贤河湿地空间主题也是多样化的。从北至南，尚贤河湿地划分为四大区域：湿地公园区、湿地探知区、湿地体验区与动植物栖息区，使得湿地环境在不同的区域产生不同的空间主题与功能（图 5–31）。

除了综合多种景观主题，江河型湿地还常常围绕一种独特的景观主题营造空间。如苏州市荷塘月色湿地公园以荷花为主题，由数百个废弃鱼塘、荒滩和河道组成，种植有荷花、睡莲等 300 个荷花品种。公园功能分区紧紧围绕荷花主题，形成荷花展示风情园、江南农舍休闲园、水生科普园、水上运动园等多个功能区域。公园游憩活动也围绕荷花主题开展，如荷塘迷宫、菱香舟影、莲香品茗馆、荷塘夜景、水趣园、荷香阁等项目。通过深入挖掘荷花主题，使游人充分体验湿地荷文化的内涵与精彩（图 5–32）。

再如 WEST8 景观事务所 1997 年在美国南卡罗莱纳州查尔顿市设计的沼泽花园，运用特殊的景观技术与手段，展现了湿地神秘的空间气氛与童话般的空间效果。设计者通过钢丝相连的钢管所组成的矩形空间，将苔藓挂在钢丝上，形成富有光影变化的墙面，与沼泽中的树木形成对比。公园中沼泽水面的折射与反射，与太阳、雨滴的光线，相互辉映透露出人与自然的协调（图 5–33）。

3）**优化河道断面**

水流通过对泥沙的侵蚀、搬运与堆积，形成了形态丰富的江河湿地空间，营造出了深潭、沼泽、浅滩等多种类型湿地断面形态。国内外研究表明，多样化的河道湿地断面形态有利于湿地水质的净化及湿生动植物的保护，同时也有利于降低洪水的灾害性与突发性[①]（图 5–34）。

① Forman，R. T. T.. Land Mosaics：The Ecology of Landscapes and Regions[M]. Cambridge：Cambridge University Press，1995.

湿地公园区

湿地公园区位于城市的中心，具有休闲、娱乐、参观、游览、运动、健身等功能。

湿地探知区

由多样的湿地类型构成的湿地探知区是人们了解、学习、研究湿地生态系统的理想场所。

湿地体验区

湿地体验区将原有的农田、鱼塘、工厂改造为水生作物花园、陆生作物花园、水生植物净化展示园、百花园、百果园等花园，展示可持续的思想与技术。

动物栖息区

动物栖息区位于太湖之滨，与太湖生态林带融合在一起，根据栖息在太湖鸟类的生态习惯和生境条件，结合人的活动对鸟的影响的分析，构筑了鸟类的栖息地。

图 5–31　无锡尚贤河湿地公园功能规划与用地性质关系图
（图片改绘自：《无锡太湖新城尚贤河湿地》）

图 5–32　苏州荷塘月色湿地公园实景
（图片来源：华声论坛，http：//bbs.voc.com.cn）

图 5–33　查尔顿斯沼泽公园

(图片来源：赵思毅，侍非菲. 湿地概念与湿地公园设计 [M]. 南京：东南大学出版社. 2006：46)

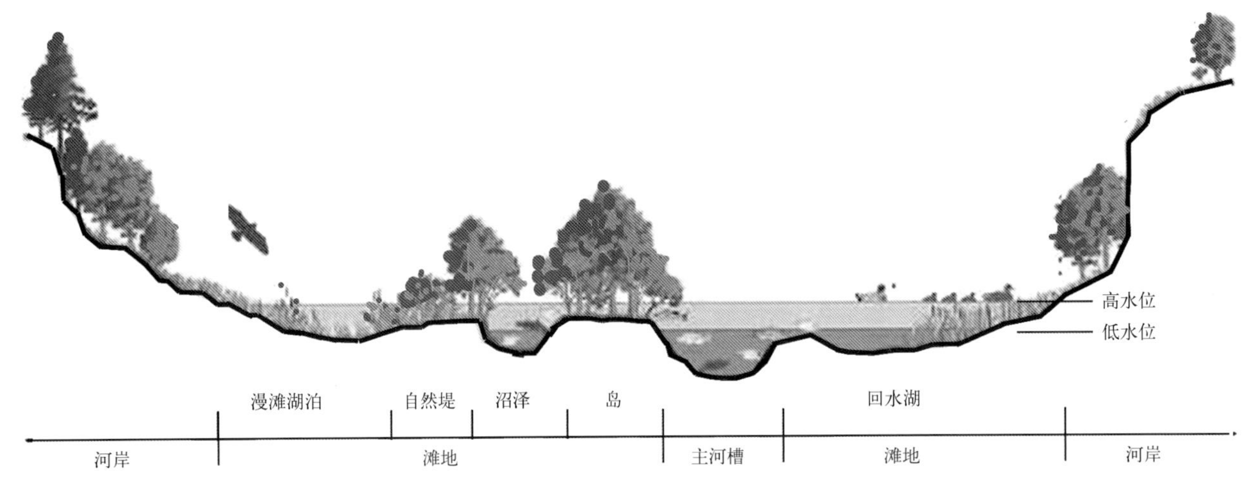

图 5–34　典型江河湿地河道断面示意图

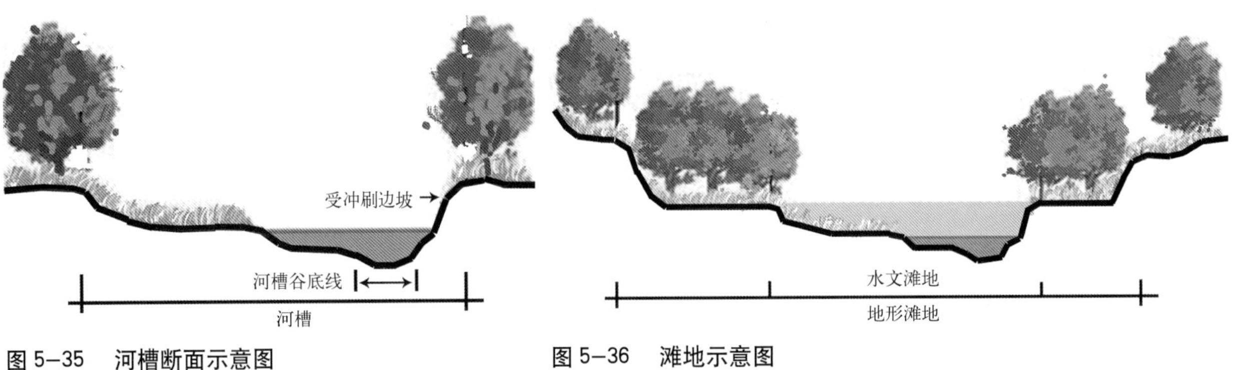

图 5–35　河槽断面示意图

图 5–36　滩地示意图

由图可以看出，典型的江河湿地河道断面由河槽、滩地与河岸缓冲带三大部分所组成。

（1）河槽

由于水流对于江河两岸的冲刷力不同，河槽的断面呈现不对称状，水流冲刷力较强一侧形成河槽谷底，并形成陡峭的驳岸与深潭，而水流冲刷较弱侧则由于泥沙淤积形成浅滩、岛屿，水流的自然规律形成多种景观空间形态，并为水生生物提供多样的湿生环境。

规划设计时，应尊重河流的自然规律，在河道自然基地的基础上根据不同的湿地空间形态营造不同的湿地生境，避免用一个标准断面来规划整个河流（图 5–35）。

（2）滩地

水流两侧的滩地，是由于水流从上游带来的泥沙淤积而成的。由于周期性被水淹没，土壤保水量较高，适宜湿地植被的生长环境，也是湿生动物包括各类两栖动物、鸟禽类、小型哺乳动物最适宜的栖息环境。同时，河岸滩地在蓄水、滞洪等方面也起到重要作用，因此应着重保护河岸两侧滩地环境（图 5–36）。

由图可以看出，由于水位的季向变化影响，河道两侧滩地可分为高位滩地与低位滩地。根据研究人员对于三江平原自然分布特征的研究发现，近 80% 的自然湿地分布在河漫滩上，而其中大部分分布于低河漫滩[①]。因此，规划设计时应根据这个特点采取不同的营造策略。如在高位滩地以耐水湿乔灌木为主，以满足河道两侧景观绿化与游憩需求，同时避免冬季水位下降后带来的景观萧条问题；低位滩地及迎水面以湿地植被空间为主，可以根据水位变化设置高低不同的多层木栈道与平台，既可以满足冬季人们观景需求，夏季涨潮时淹没低处的栈道，高处的栈道依然可以继续满足游客的游览要求。

（3）缓冲带

缓冲带是指河道一侧或两侧的相对高地，构成河滩湿地环境与周边其他环境之间的过渡地带。缓冲带既是湿地动物特别是鸟禽类迁徙的廊道，同时也是湿地功能活动开展的区域。由于江河型湿地多呈带状分布，滨水面很长，但进深很短，因此不利于湿地动植物的保护。规划设计时应因地制宜采取多种策略：如对宽度较窄、与湿地核心区相临近的部分加强生态保护，在宽阔的地带或远离湿地核心区的地区集中安排功能活动空间，如景区入口、旅游服务设施及强度较大的游憩项目；利用水流对于河道的冲刷力不同，在靠近河槽谷底的河岸安排旅游服务及规模较大的游览项目，而在河对岸泥沙淤泥的河滩地进行湿地保护或安排与湿地相关的体验探索、科普教育类的小规模游览项目。

4）规划水面形态

江河型湿地水面形态的规划也是空间营造的重点。多样化的水面形态不仅能够满足湿地动植物的多种生存环境，有利于湿地生物多样性；同时形态丰富的河面、江面也是湿地景观视觉空间的重要组成部分，能够给人以美的空间感受。

江河水面的形态应根据水流的自然规律进行设计，以空间形态多样性与湿地生物多样性为原则，结合历史、现状及规划目标来确定（图 5–37）。

由图 5–37 可见，曲折蜿蜒是自然江河水面的典型空间特征：曲折蜿蜒的水面使江河产生了河湾、江滩、跌水、深潭及主流、支流等多种多样的空间形态，为鸟类、鱼类、两栖类湿地动植物提供了多样化的繁衍生息环境，具有显著的生态意义；同时，曲折蜿蜒的水面能够减弱水流冲力，保证河床稳定，是河流多年来自然冲刷沉积的结果，因而具有工程意义；曲折蜿蜒的水面也具有极强的形式美感，是湿地视觉空间的重要组成部分。

因此，对江河型湿地水面进行形态设计，应尊重水面的自然形式，不破坏其曲折性。避免对水面进行简单的沟道化和裁弯取直，对已经遭到破坏的河道水面，应恢复其曲折蜿蜒的形态。

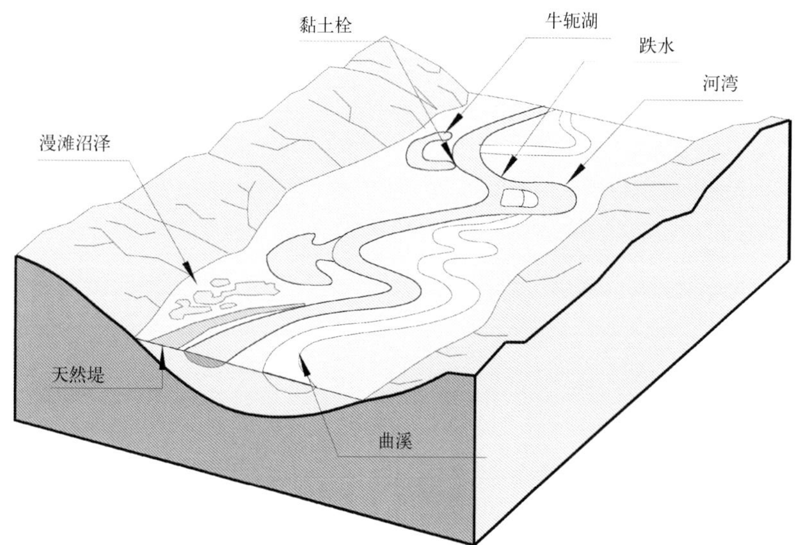

图 5–37 河道形态断面示意图

对于水面曲折度的研究，有学者发现水面的曲折弯曲多具有正弦模式的波长。Lepold 通过对大量自然河流的测量，发现了河流宽度与河流弯曲段半径的关系，并得出两者之间关系为 $L=10.9W^{1.01}$，其中 L 为弯曲段半径，

① 黄妮，刘殿伟，王宗明．1954—2005 年三江平原自然湿地分布特征研究 [J]．湿地科学，1999（3）：33–39.

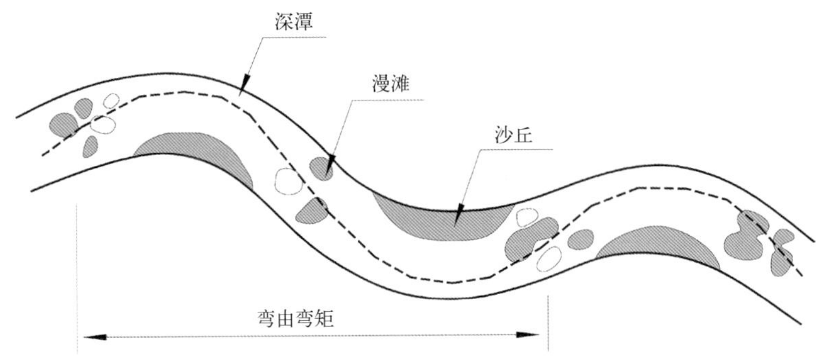

图 5–38　自然河道蜿蜒规律

W 为河流宽度（图 5–38）。

以扬中长江湿地公园（图 5–39）为例，综合采用适度改造、沟通水系和整合更新三种策略，对原有的水面形态进行重新规划：

（1）适度改造、沟通水系：针对湿地保护区、湿地修复区和湿地休闲区，采取适度改造、沟通水系策略，柔化水面形态，使其具备湿地植被生长的条件。

（2）整合更新：针对湿地体验区的水面形态较为完整、面积较大的特点，设计中结合现状，整合水体，形成大小不一、形态自由的水面。

再如英国的 skerne 河湿地生态修复，原有一段河道岸线僵直，规划设计时按照水流规律重新规划水面形态，增强水面曲折度，恢复了河道两侧的洼地、湿地、浅滩等多种区域，营造出适宜各类动植物生长的湿地环境（图 5–40）。

5）应对水位变化

与湖泊型湿地类似，江河型湿地由于受到江河水位的季节性影响，季节波动很大。夏季雨水充沛，降雨量较大，水位上升，水面扩大，常常淹没大片临水地区；冬季则进入枯水期，水位下降，水面缩小，大片水下裸地暴露出来。此外，江河临水面常常设有防洪堤坝，因此，应根据水文变化规律规划及防洪防汛要求对湿地公园进行合理的动态规划设计。

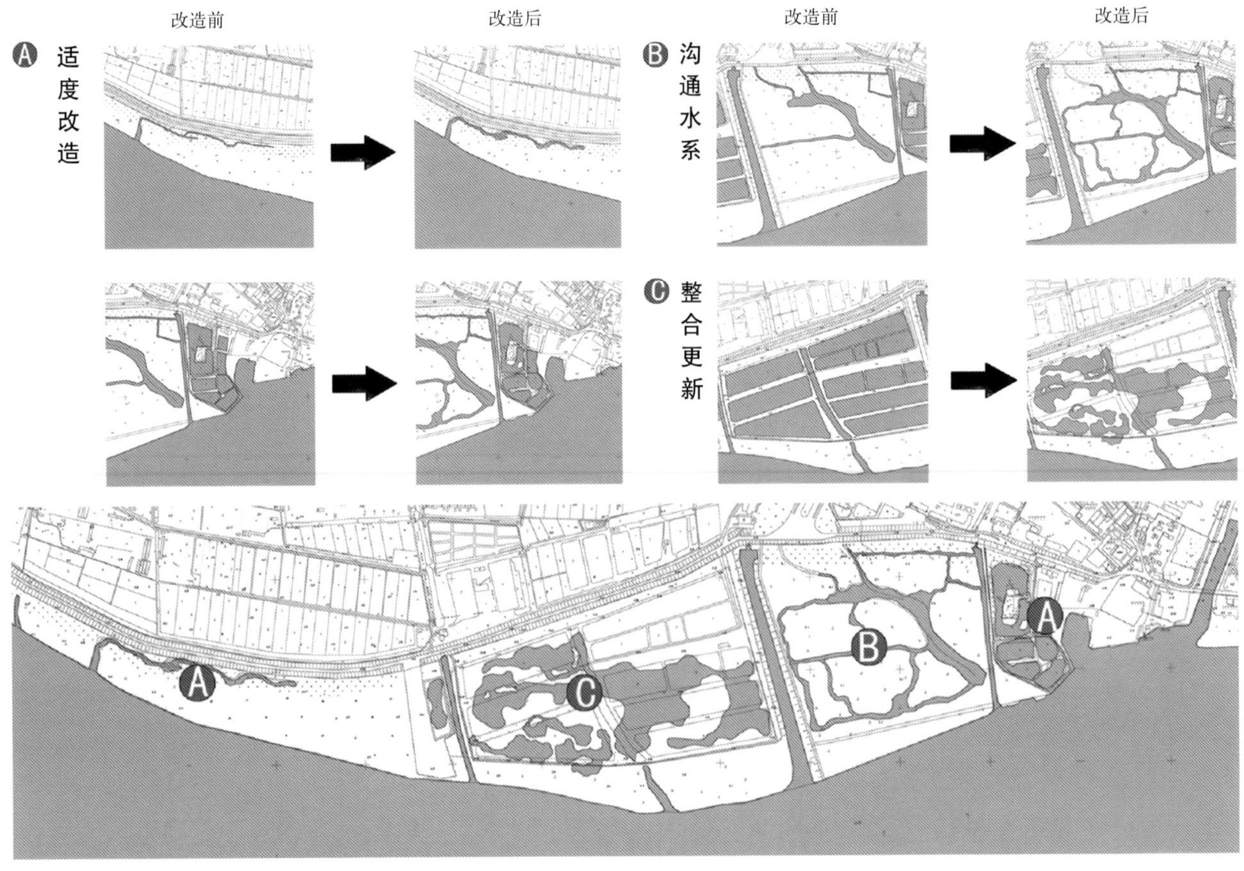

图 5–39　扬中长江湿地公园水面改造策略示意图

以扬中长江湿地公园为例，针对夹江水位季节性变化的特点，湿地公园设计主要从以下三方面着手：

（1）建筑：为了确保场地内主要建筑在洪水位能够正常使用，可采用两种处理手法：一是部分建筑采用底层架空形式；二是控制建筑标高，使高水位时主要建筑的使用不受影响。

（2）道路：内部交通采用分层路径的形式，组织成为完善的道路系统，从而能使公众在不同季节获得多种的观赏体验；湿地中的栈桥采用浮筒形式，使得不同水位状态下，公众都有进入湿地、参与湿地的可能。

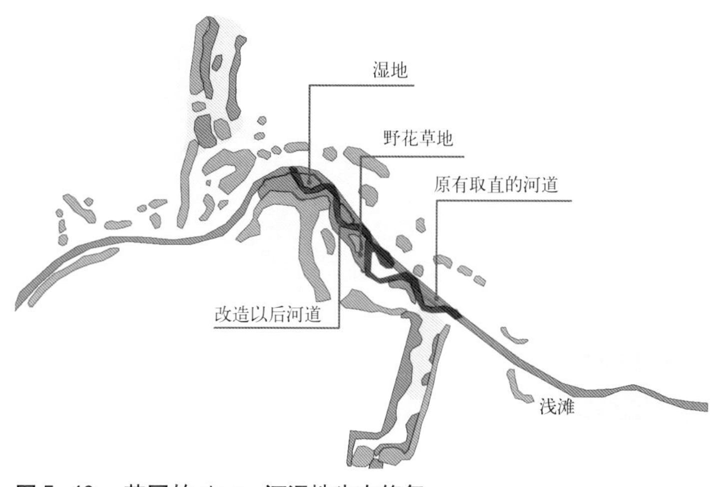

图 5-40　英国的 skerne 河湿地生态修复

（3）景观设施：游船码头可采用浮桥形式，使其能够适应水位的变化；码头局部采用台阶式的处理方法，允许水面涨落淹没部分区域，而不影响其正常使用（图 5-41）。

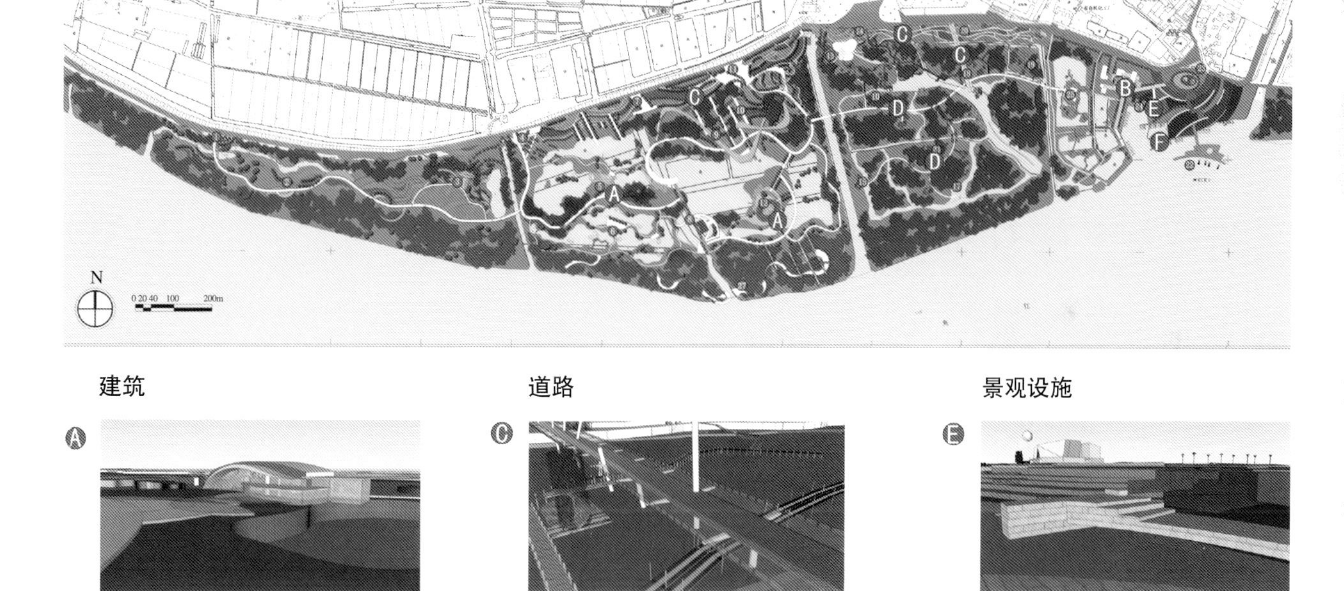

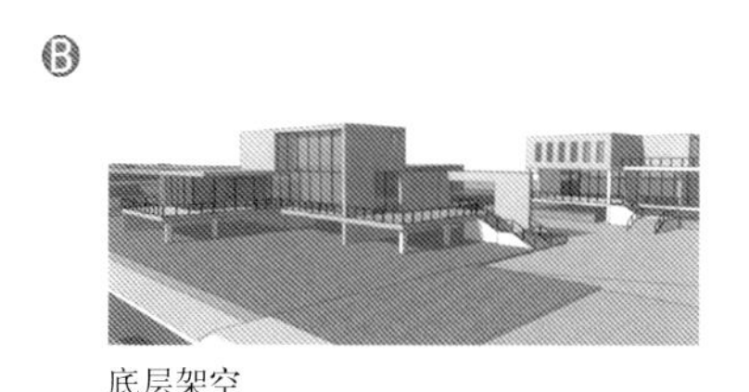

图 5-41　扬中长江湿地公园应对水位变化策略

5.2.4　滨海型湿地公园

我国从南到北沿海 11 个省区分布有大面积的沿海滩涂。约有 1500 多条大中河流入海，这些区域拥有建设湿地公园的优越条件。滨海型湿地以保护滨海地区特有的湿地生态系统，如红树林湿地、珊瑚礁湿地、河口湿地及海岛湿地环境为主要内容。

以红树林湿地为例，红树林是指生长在热带、亚热带海岸边，受到潮水周期性淹没，以红树植物为主的常绿灌木或乔木组成的浅滩湿地木本植被群落。许多国家和地区如泰国普吉岛、美国佛罗里达、新西兰北奥克兰岛都建设有以红树林为主题的湿地公园，在我国的深圳福田、山西山口、海南、香港、台湾等地也相继建有红树林湿地公园。例如香港湿地公园、米铺湿地公园即为以红树林旅游为主题。

5.2.4.1 空间特征

滨海型湿地与海域泥沙来源密切相关，江河入海后带来的大量泥沙淤积后形成了滨海的滩涂场。因而，滨海型湿地多分布于河口地区，此外开敞式海岸及半封闭的海湾地区也有分布。以浙江省为例，其滨海湿地滩涂有一半分布于长江入海口及钱塘江河口，此外在三门湾、乐清湾等半封闭港湾也分布有滩涂，约占 1/4（见《浙江省滨海滩涂湿地开发中的保护对策》）。

滨海型湿地由于其特殊的地理位置与保护对象，其空间特征较为独特：

（1）滨海型湿地相比于其他类型湿地，面积更为辽阔，以盐城国家湿地公园为例，其园区范围包括五个区域，跨越大丰区、射阳区、东台等多个市辖区，包含两个国家级动物保护区：盐城国家珍禽自然保护区，总面积约为 45 万 hm^2；大丰麋鹿自然保护区，总面积 7 万 hm^2。再如山东荣成桑沟湾湿地公园位于滨海河口，是国内第一个国家级湿地公园，南北长 6km，东西宽约 4km，总面积约为 $1400hm^2$。这两处国家级湿地公园面积都远远大于一般意义上的湿地公园概念（500 亩即 $33.3hm^2$ 以上）。

（2）由于海水潮汐作用决定了滨海湿地植被的分布，因而滨海湿地空间形态直接受到海水潮汐作用影响。以红树林为例，由于其多生长于平均海平面与大潮高潮位之间的潮滩面。因此，滨海红树林多呈带状空间平行于海岸线分布。由此生成的滨海湿地空间形态呈现由海岸向内陆的四条带状分布：白滩带、稀疏红树淤泥带、浓密红树泥潭带和淡水红树沙滩带。

（3）由于滨海型湿地面积广阔，其包含内容相比一般湿地公园更庞杂、景观资源更加丰富。以盐城滨海湿地公园为例，景区内涵盖动物自然保护区、地质保护区、文化遗迹、林场、盐场等多种类型的景观资源（表 5–2）。

盐城国家湿地公园主要景观资源一览表 表 5–2

编号	类型	名称
1	动物保护区	盐城珍禽自然保护区
2		大丰麋鹿自然保护区
3		东台中华鲟抢救实验基地
4	盐文化及盐场	盐场盐文化博物馆
5		新滩盐场
6		灌东盐场
7	历史文化	新四军纪念馆与重建军部旧址
8	林场	射阳林场
9		东台林场
10		大丰林场
11	河口、港口、沙洲	灌河口与开山岛
12		辐射沙洲
13		废黄河口
14		新洋港及闸下河段
15		射阳河闸下河段
16		射阳河沿岸低地公园
17		梁垛堤闸风景区

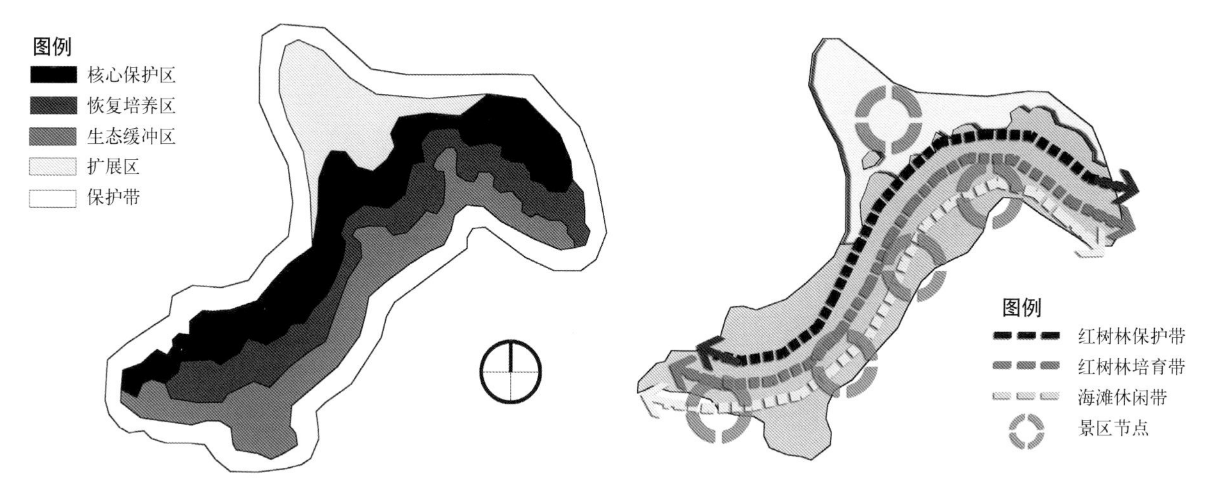

图 5-42　海南新盈红树林国家湿地公园规划设计图（图片来源见脚注 2）

5.2.4.2　营造策略

1）分级分区保护

滨海型湿地相较于其他类型湿地，更接近于自然保护区模式。根据保护对象的特点，着重对滨海湿地空间进行分级保护。以红树林湿地为例，由于潮水淹没时间长短对于红树林的生长与分布有决定性的影响。因此，根据潮汐浸淹程度，红树林从外侧向内侧划分为四个带：白滩带、稀疏红树淤泥带、浓密红树泥潭带、淡水红树沙滩带，大部分红树植物分布于浓密红树泥潭带。结合四个区域可划分不同的空间保护区域：对于稀疏红树淤泥带与浓密红树泥潭带，由于红树林生长良好、湿地风貌最完整，因而可设为生态保育区；对于淡水红树沙滩区与无林白滩带，可设为缓冲区域，可开展科普教育与湿地探索体验活动，无林白滩带可作为红树林扩展区，为红树林生长预留空间；对于外围海域与内侧农田、林地、村庄则开辟为功能活动区域[①]（图 5-42）。

对于面积辽阔、跨越多个县域的大型滨海湿地，可有针对性的把整个湿地公园划分为多个地理区域，再根据每个区域的环境特点构建不同的景观格局。

盐场国家湿地公园根据地理区域划分为射阳、大丰、东台三个区域，每个区域都有其重点保护的对象及其富有特色的湿地游览主题[②]（表 5-3，图 5-43）。

2）突出自然主题

滨海型湿地景观空间应充分体现海岸湿地的地域特点，展现滨海的自然野趣。因此，应特别突出滨海湿地的保护优先原则，维护与修复滨海湿地生态环境。通过设立严格的保护区、缓冲区来保护湿地动植物的自

盐城国家湿地公园分区规划及内容一览表　　表 5-3

内容＼区域	射阳区	大丰区	东台区
重点保护动物	丹顶鹤等珍禽	麋鹿	中华鲟
自然保护区名	盐城国家珍禽保护区	大丰麋鹿保护区	中华鲟自然保护区
典型湿地植被	河口芦苇滩	互花米草盐沼湿地	沿海森林
湿地景观特征	农田、鱼塘、盐场	沿海滩涂、海文化	沙洲、贝壳滩
湿地游憩内容	科普教育、观鸟看海	滩涂博物馆、港口游览	林间度假、沙滩休闲

① 陈云文，李晓文．红树林湿地的生态恢复与景观营造以海南新盈红树林国家湿地公园总体规划为例 [J]．风景园林，2007（3）：74-76; 文中图 3-37 改绘自该文图 07、08.

② 葛云健，张忍顺，杨桂山． 创建盐城国家滨海湿地公园的构想——江苏淤泥质海岸生态旅游发展的新思路 [M]． 资源科学，2007（1）：106-111.

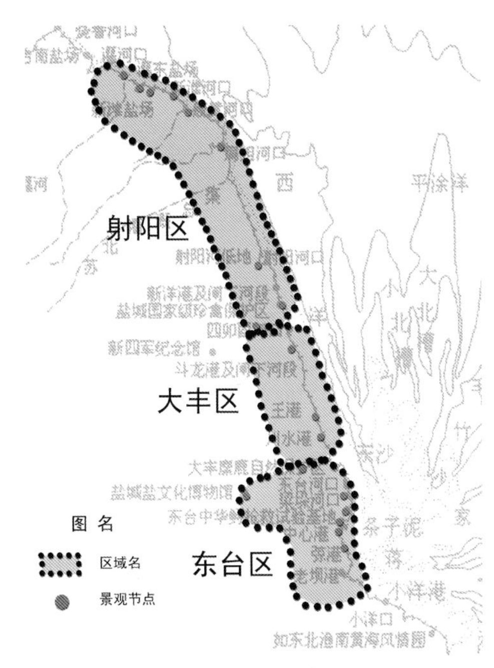

图 5-43　盐城滨海国家湿地公园分区图
（图片来源：《创建盐城国家滨海湿地公园的构想》）

然生境，维持滩涂生态系统的完整。

游憩项目应紧紧围绕滨海湿地的自然特征，开展低强度的旅游活动，突出自然主题。例如围绕红树林湿地开展红树林科普研究活动，设立红树林研究中心、造林实验园及观鸟屋；在滨海泥潭地区，开展泥潭浴、玩泥巴等特色项目；在沿海沙滩开展观海潮、看海鸟、赏日出、捡贝壳等海滩主题的活动项目。

3）强调滨海文化

滨海型湿地应彰显其独特的滨海文化，以提升湿地公园的吸引力，增强游览的趣味性。盐城滨海国家湿地公园规划设计注重对于滨海文化体裁的深入挖掘，包括盐文化、围垦文化、渔村文化及新四军文化等。以盐文化为例，由于盐城沿海的草煎盐业具有独特的地域特征，可在景区中复原古代盐业生产场所，让游客亲身感受海盐的生产流程。公园内建筑吸收盐城当地渔村的建筑风格，为游客还原原汁原味的海边渔乡生产与生活，使游客身临其境的感受滨海文化的氛围。

5.2.5　修复型湿地公园

修复型湿地公园是指利用由于人工开挖煤矿或者取土导致地表塌陷、地下水位上升而形成的大面积河流湖泊建设而来的城市湿地公园。此类湿地公园大多都位于城市工业区中。

修复型湿地分为许多类型，按照形成类型可以主要分为两类：

第一类由煤矿塌陷区所形成的湖面改造而来。国内工业城市，特别是煤矿开采城市，存在着大量此类湿地。许多矿区在经历开采以后被废弃，地下水上升至塌陷的地表，结合自然降水并经过多年的自然修复，形成了芦苇丛生的湿地地貌，典型实例如徐州九里湖湿地公园、马鞍山东湖湿地公园、唐山南湖湿地公园等；

另一类由大型工程开挖取土所形成的湖面改造而来。此类湿地形成的原因多为周边大型工程项目如道桥、建筑开挖取土，在多年自然降水与地下水上升的作用下，形成湖泊河流，典型实例如金湖西海公园、常熟淼泉湖湿地公园。

修复型湿地随着老工业区的更新与再生，越来越受到人们的重视。可以说，经过多年的自然修复，此类湿地类型已初步形成了具有独特空间特征的湿地环境。因此，因地制宜，结合场地肌理与地域特征，将此类废弃地建设为城市湿地公园，为老工业区的更新与再生提供了一种全新的思路。

5.2.5.1　空间特征

修复型湿地基底上由于人工开挖与地表塌陷散布有多个大小不一、排布无一定规律的水体斑块，形成散布型的空间构型，此为人工型湿地最重要的空间特征。此外，人工型湿地场地内常常保留工业生产留下的痕迹，场地内轨道交通、竖向高差都受到当时工业生产影响，部分基地内还保存有各类工业遗存，如厂房、铁路、高炉、吊车等。

修复型湿地具有以下空间特征：

（1）由于基地生态系统破坏较为严重，自然修复时间较短，因此基地环境质量较差，常常仅见单一的芦苇及各类速生树种，缺乏景观多样性，空间单一荒芜，迫切需要进行生态修复与治理。图 5-44，图 5-45 为唐山南湖湿地公园基地内的粉煤灰堆场与垃圾所堆成的山体。

（2）场地内水体斑块由于人工开挖分布杂乱，深浅不一，彼此缺少沟通与联系，形态呆板，亟需景观化改造。

同时由于开挖破坏了植被生境，使原来完整的景观被分割成大大小小的斑块，景观破碎化程度较高，导致无法满足鸟类及两栖物种的栖息地面积及食源地的要求。

(3) 湿地所在场地由于处于工业区中，与外界缺少足够的隔离与缓冲，常受到铁路、公路与人类建设的影响，不利于湿地生境空间的营造。

(4) 由于矿区塌陷是一个漫长的过程，随着时间的推移，景区内的塌陷水面会逐渐扩大，因此，修复型湿地的景观空间将呈现一个不断持续变化的过程。图 5-46 为唐山南湖湿地公园水面形态预测变化图。

图 5-44　唐山南湖湿地公园基地内垃圾山

5.2.5.2　营造策略

1) 综合修复模式

修复型湿地的重要特点是其水下地表形态的不规则性。不仅表现为水体岸线的不规则，同时还体现为水下深度与基底土壤条件的不均衡性。即使同一块场地中，有的地块塌陷较深，而有的地块则塌陷较浅。

针对这种情况，规划设计应因地制宜，采取综合修复模式，对不同条件的斑块采取不同的修复措施：

对于一些孤立的深度塌陷地与开挖坑，其地表常呈现为陡坡与大面积的积水坑，对于此类斑块可以采用“挖深垫浅”的方式，即在塌陷区的深部取土，垫在较浅部分，面积较小的可引入沉水植物将其修复为鱼类养殖型湿地，对于面积较大的塌陷地则可拓展成人工湖。

图 5-45　唐山南湖湿地公园基地内的煤灰堆场

对于季节性的积水湿地或浅水湿地，可种植一些水生植物与作物，结合农业生产与观光活动，如蔬菜大棚、瓜果等，开展农业主题项目。

对于部分自然修复效果较为理想的斑块，可将其进行保护与封育，为此地区保存一片珍贵的湿地自然群落。

此外，对于场地内的废弃煤灰堆场或垃圾堆积山，也可采用综合修复模式，以达到综合效益利用最大化。唐山南湖湿地公园对于垃圾山进行综合利用与改造，针对垃圾山土质条件差的特点，播撒耐土壤瘠薄、抗干旱的野花草种，如野牛草、白三叶草、马兰、野菊等，同时对垃圾山进行形态改造，形成景区内一处科普景点（图 5-47，图 5-48）。

2) 工业遗存再生

工业采矿与取土区域内常常保留有大量的工业遗存，如废弃铁道、仓库、旧厂房、吊车等，这些遗存往往蕴含有丰富的历史与文化价值，同时也具有一定的景观价

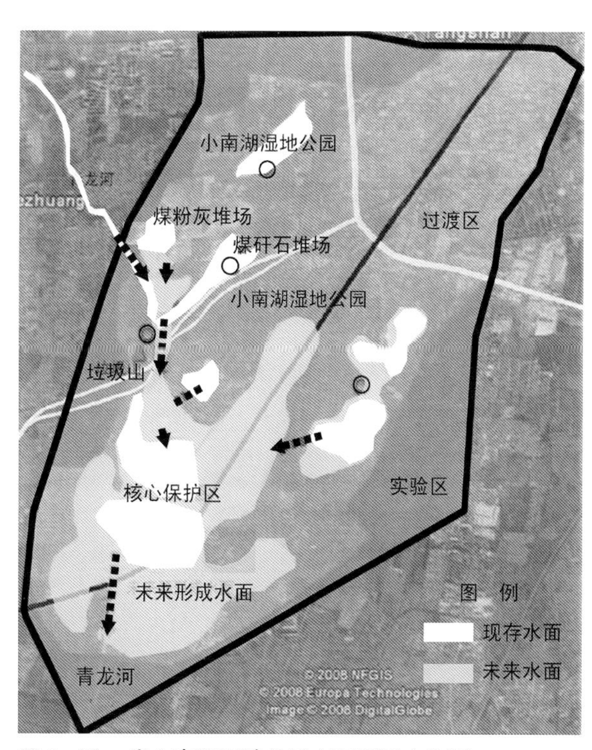

图 5-46　唐山南湖湿地公园水面预测变化图

图 5-47　唐山南湖湿地公园垃圾山改造示意图

图 5-48　白三叶草地

图 5-49　唐山南湖公园内的采矿井架、运煤车及轨道等工业遗存

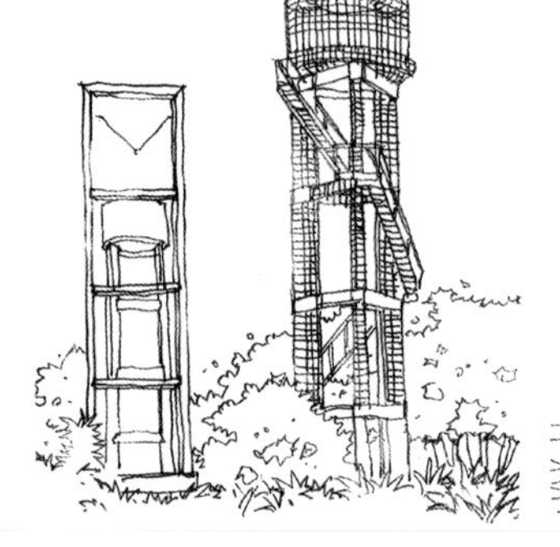

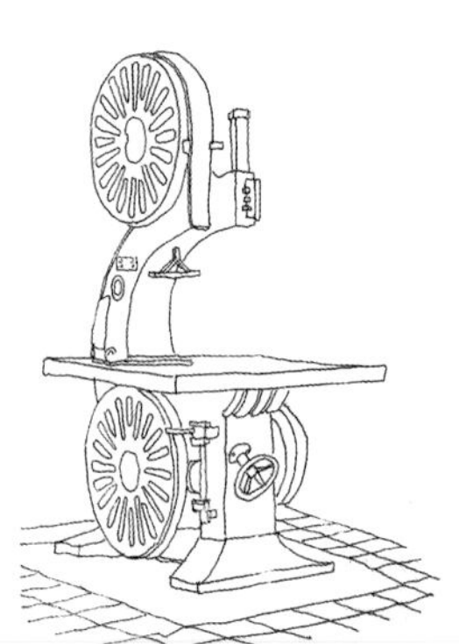

图 5-50　中山岐江公园内工业遗存的再生

值，是场地地域特征的重要组成部分。规划设计中应对这些工业遗存进行景观化改造，使其重新焕发生命力，形成富有地域特色的景观空间（图 5-49）。

国外许多公园是由废旧的工业遗址改造而来，如德国的杜伊斯堡公园，将废弃的工业遗址与机器设施加以景观化改造，形成富有活力的休闲公园；再如国内的中山岐江公园，建立在废弃的中山造船厂旧址上，规划设计中将场地内的工业遗存加以再生，将龙门吊改造成入口标示，将水塔改造成灯塔与观光塔，将厂房改造出新，成为茶室，将齿轮、变压器和龙骨融合成雕塑。规划以再现基地的历史片段为主题，传承了场地文脉，体现了场所精神（图 5-50）。

3）动态空间预测

矿区塌陷将是持续变化的漫长过程，因此应对基地内的空间格局进行有效的动态预测，以此指导当下的场地规划。

唐山南湖湿地公园是一个由矿场开挖遗留下的工业废弃地改造而来的湿地公园，规划设计对塌陷积水区进行了地质勘查，并对未来几十年内的空间格局变化做出了评估与预测：总体趋势为，未来十年中，场地中塌陷区域将继续扩大，积水范围将会向南部延伸扩展，形成一片新的由于采煤塌陷、地下水位上升形成的大面积积水区。最终，地表大面积的农田与陆地将持续地淹没在水中，湿地环境将取代现有的陆生环境。

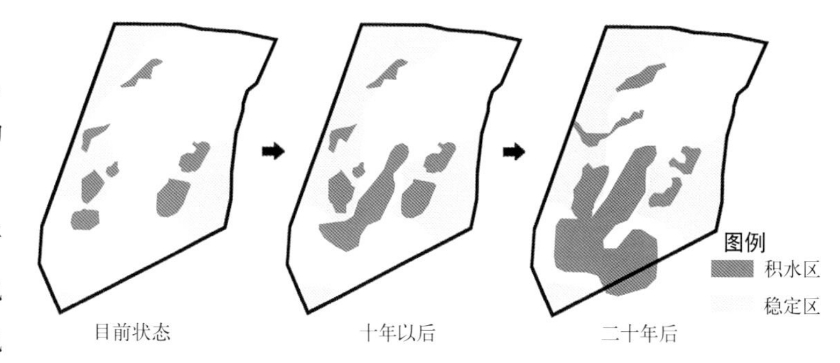

图 5–51　唐山南湖湿地公园空间动态预测图

针对这种空间变化趋势，规划设计根据不同的时期采取不同的规划策略：

近期十年内，由于受到地基下沉影响较小，规划范围内都是可以进行景观规划的。考虑到东部及南部将来会塌陷下沉成为水面，因此此区域内不规划永久性建筑设施，以生态修复与简单的农业、渔业项目为主。

十年后，地块西南部地基下沉，水面扩大，可增加水上活动，形成以水上活动的湿地公园。让人们通过全新的视角来体验完全不同的湿地环境。

二十年以后，水面将会扩大到西南部的农田地区，将会形成新的湿地区域。未来的南湖湿地将以水上游线为主。大部分景点都将位于水上，其中包括部分工业遗存，可沿水岸设置栈桥及浮动的码头，以方便人们游览景区内水上景点（图 5–51）。

5.2.6　示范型湿地公园

示范性湿地是指那些专门修建或由污水处理水厂改造而来的水处理示范型湿地公园，水处理示范型湿地公园由于类型特殊，对基底要求较低，一般依托河流、水塘建设，大量依靠水处理设备与技术，主要起科技示范性作用。

5.2.6.1　空间特征

示范型湿地公园一般规模不大，与城市紧密结合，更加注重科普与休闲功能，生态功能较低。与一般湿地公园不同，水处理示范型湿地公园一般不专门划分为修复保育区、生态缓冲区与功能活动区。

5.2.6.2　营造策略

1）空间艺术化处理

示范型湿地公园作为城市休闲公园的一种，休闲娱乐性较强，因此其总体布局与空间形态较一般湿地公园变化更为丰富，形式更为灵活，更加注重艺术处理：例如成都府南河活水公园吸取了传统中国美学思想，取鱼水难分之象征意义，巧妙地将鱼的身体剖面融于公园的总体空间布局中，隐喻人类与水、自然的依存关系，大大增强了公园的游憩性与趣味性。再如美国华盛顿州 Renton 水园中，以植物形态串联空间。曲折的园路如同植物的茎秆穿过湿地和池塘串起 5 个花园空间，湿地和池塘如同叶片和花朵，整个水园总体形态充满美感，体现了艺术与生态的巧妙结合①（图 5–52）。

2）游线趣味性组织

示范型湿地公园一般规模较小，因此合理巧妙的游线组织是示范型湿地公园规划的重要内容。例如成都

① [美] 克雷尔．S．坎贝尔，迈克尔．H．奥格登．湿地与景观 [M]．吴晓芙译．北京：中国林业出版社，2004.

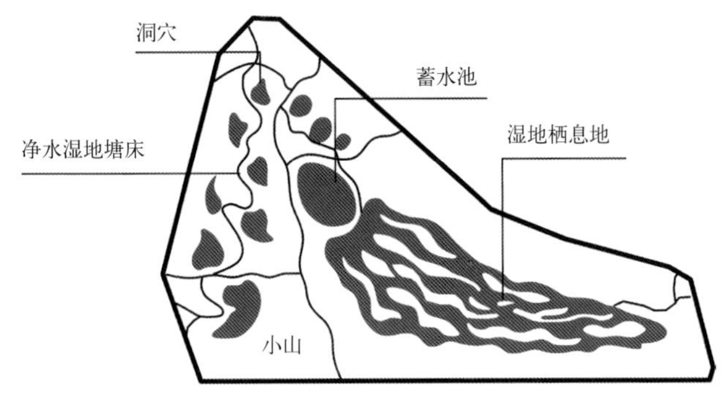

图 5–52　美国华盛顿州 Renton 水园

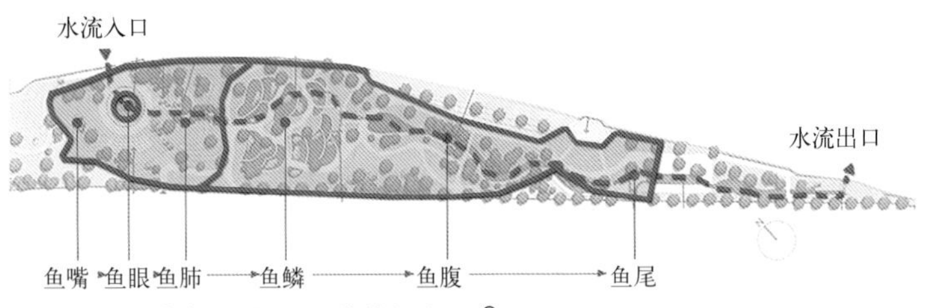

图 5–53　成都活水公园游线组织图①

图 5–54　上海梦清园蓄水池通风管

活水公园以鱼形设计游线，起始是“鱼嘴”部分，用当地的石材砌筑台阶式浅滩，栽植天竺葵、莲香、含笑、桢楠、黑壳楠、桫椤等，并参照峨眉山自然植被群落配置乔灌木植物；接下来是“鱼眼”部分，用两架川西水车将府南河水泵入全园最高处的“鱼眼”蓄水池。并利用地形建造覆土建筑，设立环保展览及教育中心及净水工艺厌氧处理池。临河依照传统木构民居建筑三层通透式茶楼，以供游客品茗休憩；河水继续流入“肺区”，此处利用气旋，使水流如山涧溪流般在石雕塑中回旋跳跃，生动展现了曝气充氧的技术过程；人造湿地系统仿照“鱼鳞”设计，错落有致地种植了芦苇、菖蒲、凤眼莲、水烛、浮萍等水生植物；经过湿地植物初步净化的河水，继续流向由多个鱼塘和一段竹林小溪组成的“鱼腹”，在那里通过鱼类对浮游动植物的取食、沙子和砾石对鱼类排泄物的过滤，最后流向公园末端的“鱼尾区”。至此，原来上游的污水，经过多种净化过程，重新流入府南河。游人在顺“鱼”而下的游线过程中，亲眼目睹了“死水”如何步步净化、逐渐激活，最终变为“活水”的全过程（图 5–53）。

3）技术景观化展示

随着科学技术的发展，各种先进的生态水处理技术与设施不断涌现。示范型湿地公园正是向公众展示此类各种新兴技术的平台与环境，因此艺术化与景观化的生态技术和生态过程展示应成为示范性湿地公园的表现主题之一。

上海第一座活水公园——梦清园引入了国内首座 3 万 m^3 的合流制排水系统地下调蓄池，设计师在地面巧妙的设计了数个金属弯管，使人们可以通过金属管听到地下蓄水池的声音（图 5–54）。再如葡萄牙里斯本市滨水公园与美国路易斯维尔市河滨公园，将泄洪疏浚、生态恢复与表达水与地形相互作用三者相结合，形成隆起的富有变化的雕塑般的地表特征。

湿地环境中植被生长需要含氧量较高的水体，如果流经湿地植被的水体污染严重会对湿地植被造成伤害并严重减弱湿地植被的净化功能。因此，对于流经湿地植被的水体需要经过稀释、充氧曝气等环节的预处理，使水中污染物浓度降低到一定程度、含氧量达到一定标准以上再经过湿地植被。对这个技术过程可以采取多种景观表现形式：

① 图片改绘自：曾忠忠．城市湿地的设计与分析——以波特兰雨水花园与成都活水公园为例城市环境设计 [J]．城市环境设计（Urban Space Design），2008（01）．

成都活水公园采用水景雕塑的形式将水流充氧曝气的技术流程与景观小品相结合，水流雕塑根据水力学原理设计，从高到低结合地形，使水流从上层层跌入石雕塑中。在水跌落过程中，使水流产生水花与摆动，增加大气与水流的接触面积与接触机会，从而增加水流中的含氧量。层层跌落的水流与 S 形排列高低错落的石雕塑，形式自由，充满动感（图 5−55）。

上海苏州河梦清园采用水廊的形式展现水流的充氧曝气过程。水流从水廊一侧高处流下，水池面上紧密排列了突起的石块，当水流流经层层石块时，流速减缓，水花飞溅，增加了水流与空气的接触时间与面积，与成都活水公园有着异曲同工之妙，但形式更具现代感（图 5−56）。

图 5−55　成都活水公园中的充氧曝气池

（图片来源：http：//blog.sina.com.cn/s/blog_51a69ed20100hew0.html）

图 5−56　上海梦清园中的充氧曝气水廊

第6章 | 湿地公园的生境设计和群落恢复技术 |

湿地公园的生态工程涉及湿地生境（水文、土壤）的修复或重建，湿地生物的恢复，以及其他相关的景观游憩设施建设。湿地生境设计是指通过生态工程技术对退化或消失的湿地基底进行修复或重建，再现干扰前的结构与功能，以及相关的物理、化学和生物学特性，使其能够继续发挥应有的作用。湿地受到干扰前的状态大多为湿林地、沼泽地或开放水体，湿地公园建设将恢复到哪一种状态在很大程度上取决于对受扰前或近于原始湿地的状态。由于恢复与营造的差别，通常“恢复”是指再现湿地原有的状态，“营造”则可能会出现一个全新的湿地生态系统。湿地的恢复包括湿地植被的结构恢复或重建，以及湿地动物栖息地的营造。

6.1 湿地恢复和营造的策略

6.1.1 湿地恢复和营造

1）湿地生境设计

湿地生境设计是通过采取生态化改造或营造措施提高湿地生境的稳定性和异质性。湿地生境恢复包括湿地基底和水环境恢复、重建。湿地的基底恢复与营造是指通过采取工程措施，维护基底的稳定性，改良基底土壤、改善基底形态。湿地水环境恢复包括湿地水文条件的恢复和湿地水环境质量的改善。

2）湿地物种恢复

湿地物种恢复技术包括湿地植物群落的恢复营造和湿地动物栖息地的构筑。湿地植被为动物提供栖息地和食源，因此湿地植被恢复是生物恢复的首要环节。湿地植被恢复通过自然修复和人工栽植两种途径对湿地区域进行因地制宜的植被恢复。通过对湿地植物生态习性的了解，在适宜区域栽植湿地物种，以此恢复湿地生态系统的生物多样性，并根据景观美学进行合理配置以达到生态、美观的双重标准。湿地动物种群恢复的关键在于针对不同生物种的迁徙、繁殖需要有目的地进行栖息地的营造。

6.1.2 湿地恢复和营造的策略

在湿地恢复与营造的过程中，湿地丰富的功能不可能完全被兼顾到。为了提高湿地的自我调节能力以增加复原速度，必须确立需要优先恢复的功能。在确立湿地恢复的功能性目标时，通常需要遵循以下原则：

（1）湿地生态恢复目标的设立应该充分考虑导致湿地退化的原因。大多数的湿地恢复只涉及区域内开始退化或退化不严重的部分。但是被恢复的湿地范围以外的各种干扰仍然会对生态恢复产生各种不利的影响。倘若导致湿地退化的因素仍然存在，并没有任何相应对策，则湿地的恢复较难取得最终成效。

（2）增强湿地的自我维持功能。通过一些适宜技术将已经退化的湿地生境的生态完整性重新建立起来。要确保恢复湿地的长期稳定性，最佳策略是增强湿地的自我维持功能，减少供水设施、植被管理等人为辅助工作在湿地发育或演替中的作用，以降低后期的维护管理成本。在水域、流域范围内采取有利于自然进程和自然特性的措施可加速这一进程。在水域生态系统中，结构与功能两者都与湿地关系密切。湿地公园的营建应将水体的污染控制与自净相结合，才能使生态恢复的成效得以持续进行，从而恢复湿地生态系统的自组织能力。

6.2 湿地生境恢复与营造技术

6.2.1 基底环境恢复与营造技术

6.2.1.1 基底恢复技术

基底环境是湿地植物的立地条件和动物的栖息场所。基底的土壤结构对湿地公园的营建起着至关重要的作用。一些湿地区域由于自然或人为因素而存在退化的现象，从而影响了湿地生境的稳定。在湿地公园的建设过程中，有必要采取一定技术措施恢复基底环境，促进水生植物、生物的再生。

湿地区域往往地势较为平坦、高差较小，而且低洼容易积水。湿地土壤既是湿地许多物质转化过程的媒介，同时也是大部分湿地植物可利用化学物质的主要贮存库。对于一些基底退化的湿地环境，针对湿地基底土壤的不良性状和障碍因素，可采取相应的物理、化学或微生物措施，改善土壤性状，提高土壤肥力。土壤改良过程可划分为两个阶段：

• 保土阶段：采取工程或生物技术措施，使土壤流失量控制在容许流失量范围内。如果湿地土壤流失量得不到控制，土壤改良亦无法进行。

• 改土阶段：其目的是增加土壤有机质和养分含量，改良土壤性状，提高土壤肥力。改土措施主要是种植豆科绿肥或施以农家肥。当土壤过砂或过黏时，可采用砂黏互掺的办法。

湿地基底土壤的恢复通常采用以下几种方式：

1）**物理改良技术**

采取相应的农业、水利等措施，改善土壤性状，提高土壤肥力的过程。具体措施包括：

（1）一般土壤的改良：适当清淤、改善基底，提高湿地水力传导系数；

（2）贫瘠土壤的改良：适时耕作，增施有机肥；

（3）过砂过黏土壤的改良：局部客土、漫沙、漫淤、砂黏互掺等；

（4）风沙土的改良：植树种草，营造湿地外围防护林，设立沙障、固定流沙等；

（5）盐碱土的改良：对于受到盐碱侵蚀的区域可以设立灌、排渠系，排水洗盐、种稻洗盐。

2）**化学改良技术**

湿地土壤的化学改良技术主要是通过采用化学改良剂改变土壤酸碱性。常用的化学改良剂有石灰、石膏、磷石膏、氯化钙、硫酸亚铁、腐殖酸钙等，针对不同的土壤性质而选择使用。如对碱化土壤需施用石膏、磷石膏等以钙离子交换出土壤胶体表面的钠离子，降低土壤的 pH 值。对酸性土壤，则需施用石灰性物质。

3）**生物修复技术**

运用植物或微生物来消除或降低土壤污染，具有场地区域、污染类型等多方面的特异性。相对于化学改良技术，生物修复更易与湿地环境融合，人为干扰程度低。生物修复法有植物修复法和微生物修复法两类。

（1）植物修复法：植物修复技术是以植物忍耐和超量积累某种或某些污染物的理论为基础，利用植物及其共存微生物体系清除环境中的污染物的技术[①]。针对存在一定重金属污染的土壤，通过湿生植物对其中有害物质的吸收、富集和转化改善土壤环境（表 6–1）。

土壤修复的常用植物 **表 6–1**

效用	水生植物	其他植被类型
萃取重金属污染物	芦苇、宽叶香蒲	大叶相思、银合欢、石竹、女贞、泡桐、夹竹桃、白茅、狗牙根、狗尾草、子蝇草、瞿麦
固氮、改善土壤肥力	藻类	豆科、苏铁属、罗汉松属、木麻黄属、桦木属、胡颓子属、沙棘属、杨梅属、马桑属、悬钩子属、仙女木属
吸收石油污染物	芦苇、灯芯草、凤眼莲、眼子菜	向日葵、狗牙根、棉花、高丹草

（2）微生物修复法：利用微生物的生命代谢活动降低土壤环境中有害物质的浓度，从而使污染的土壤能够部分或完全地恢复到原初状态。

4）**湿地轮作技术**

在湿地公园中，经由长时间的人为干预之后，湿地土壤中的营养元素逐步丧失，开始走向贫瘠。因此，湿地环境中也可以采用类似农业耕地轮作的方式来改善土壤“疲态”，通过停床休作恢复基底系统的渗透性能，给其以缓冲和自然修复的时间。

① 陈欢林．环境生物技术与工程 [M]．北京：化学工业出版社，2003：375.

6.2.1.2　基底营造技术

1）基底土壤的选择

基底土壤是湿地系统的重要组成部分，土壤的特性直接影响到后期的景观和水处理效果。构建湿地的基底是一项复杂的生态工程，往往需要长期的定位监测并不断改进方可成功。由于砂质土营养物含量低，水体下渗快速，保水和保肥能力差，植物生长困难，因此砂质土不宜设在基底最下层。湿地土壤的物理性能一般要求土壤渗透率 0.025 ~ 0.35cm/h 为宜，可限制植物根系或根茎穿透。黏性土水渗透较慢，保肥能力和营养含量较高，因此通常采用黏性土质构筑湿地基底。壤土也可以代替黏土置于底层，但应适当增加厚度。

土壤的物理特性见表 6–2。

土壤的物理特性　　　　表 6–2

土壤类型	渗透性	通气性	含水量	营养含量	保肥能力
砂质土					
砂壤土					
砂质黏土					
粉砂壤土					
黏壤土					
黏土					

2）基底的形态

湿地生境低洼积水，采取有针对性的整地措施，如通过坡面整地、堆土作垄等利于排水的整地措施，改善水生植物生长的立地条件。湿地基底的营造应以多变的形态代替“锅底式”的单一水下空间，化整为零，复杂的基底环境更利于水生植物的生长和动物栖息地的构筑。同时，基底的设计应根据栽种的植物种类及根系生长深度来确定，以保证有氧条件下的最大水深，实现较长的接触时间和较好的处理效果。按照湿地降雨量的不同，可将湿地划分为瞬时水淹区、季节性水淹区、半永久水淹区、一般暴露区、永久水淹区五级水位形态[①]，但由于湿地类型的不同，基底的断面形态也存在一定的差异（图 6–1，图 6–2）。

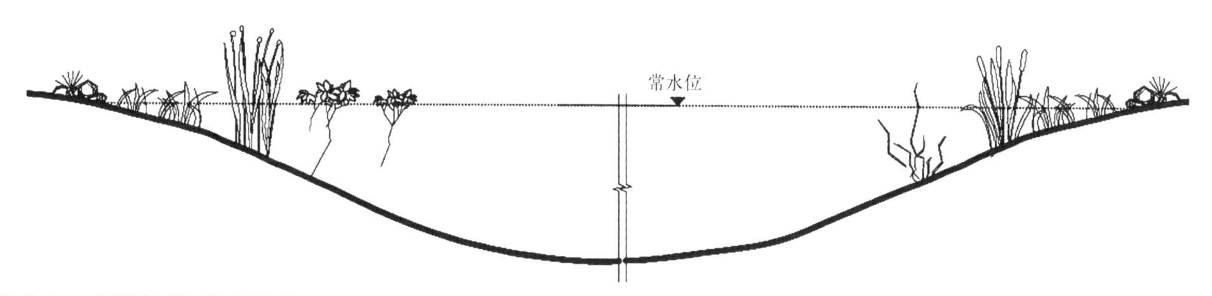

图 6–1　“锅底式”湿地基底

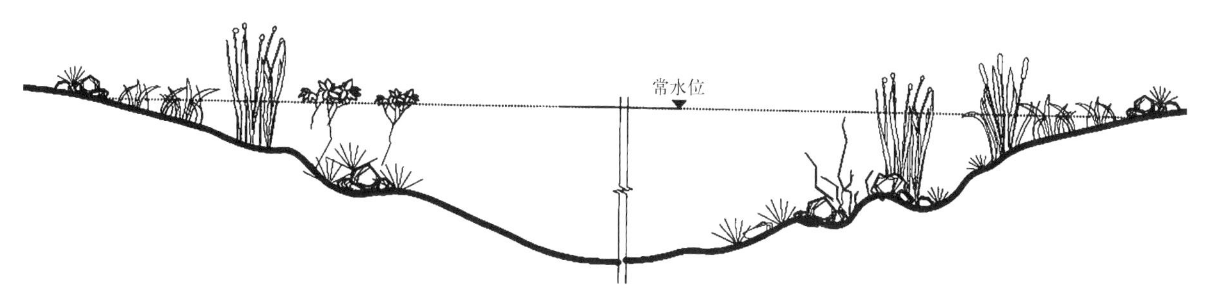

图 6–2　多变的湿地基底

① 陆健健，何文珊，童春富，王伟．湿地生态学 [M]．北京：高等教育出版社，2006：31.

（1）江河型

江河湿地是水陆之间，定期会受到洪水泛滥的区域。江河主体湿地的周边会衍生出一些林木湿地、灌木湿地等，这些区域往往是瞬时水淹区和季节性水淹区。因此，在江河型基底的营造过程中，要根据现有基底情况，合理构筑软基质河（江）底和各类湿生植物的生长基底（图 6–3），具体包括：水生植物生长基底、灌木湿地基底、林木湿地基底（林木湿地、灌木湿地构建的作用详见本章 3.3.1.3 节——耐湿乔灌木的“生境过滤器”作用）。

（2）湖泊型

湖泊型湿地发育、生长于湖泊的边缘地带，湖泊湿地往往由湖泊的沼泽化而来。对于湖泊型湿地的基床设计，应遵循湖泊从水到陆，由浅至深的基本原则，在充分了解湖泊水环境周期变化的基础上，构成由于水量变化而引起的季节性景观变化（图 6–4，图 6–5）。湖泊湿地的构筑以港湾式为主，这种形式可以降低湖泊瞬时变化而给湿地带来的影响。同时，在湖泊主体湿地的周边设置林木湿地基底，因为林木湿地可在一定程度上起到水过滤的作用，从而减轻湖泊湿地的水处理压力。

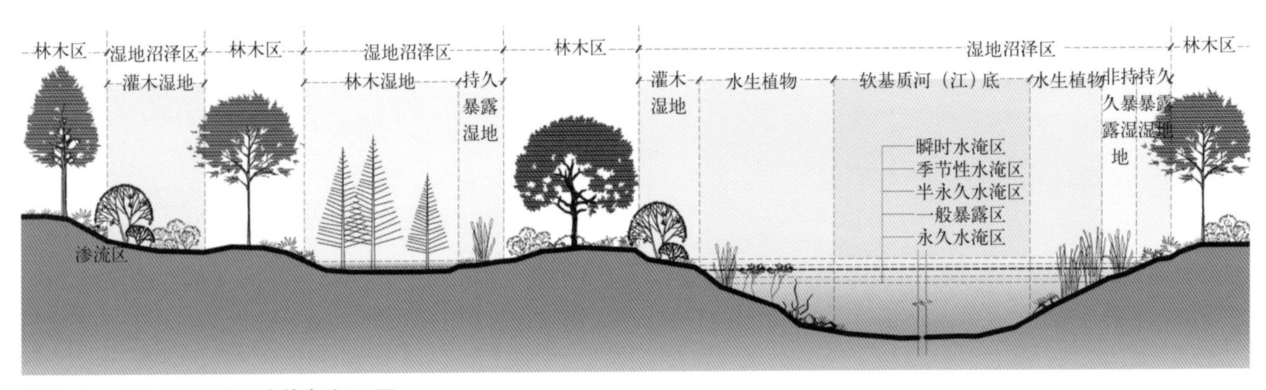

图 6–3　江河型湿地基底恢复断面图
（根据《湿地生态学》改绘）

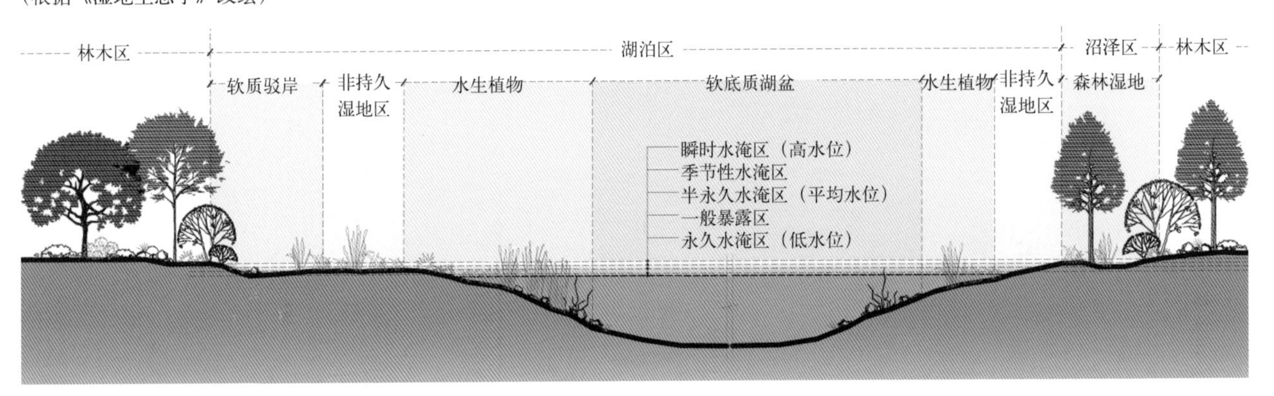

图 6–4　湖泊型湿地基底恢复断面图
（根据《湿地生态学》改绘）

图 6–5　泰州溱湖湿地公园中的非持久湿地区

（3）滨海型

滨海型湿地基底的构筑重点在于潮间带的建设，因为作为海水涨退潮的水陆过度界面，这里的生境更加能够促进水生植物的生长。由于海洋潮汐的现象对滨海湿地的生境（湿地的地形、生物过程等）影响较大，因此通过海底“消力带”的构建可以在一定程度上减缓海洋潮汐的冲击力，防止水平潜流侵蚀，降低其对湿地环境的不利作用。同时，在潮间带留出一定的裸露的泥滩地能够吸引候鸟的驻足、栖息。通过利用自然潮汐变化、地势变化产生的重力等自然力作为公园水系循环的动力。由于海岸土壤质地和海水特征差异，潮间带在各地宽窄不同，一般可设计为 3 ~ 4km（图 6–6 ~图 6–9）。

（4）农田型

农田基底深度较浅，土壤排水不畅，地下水位高，土壤团粒结构被破坏，地下水长期浸湿、水温低，上表面松软、下面板结、不透气，致使水、气、肥、热不能协调，阻碍植被生长。在生物多样性丰富的低产农田区实施退耕还湖工程，在退化和被改造的滩涂区实施湿地恢复与重建工程，将农业生长与湿地景观的营造结合在一起。

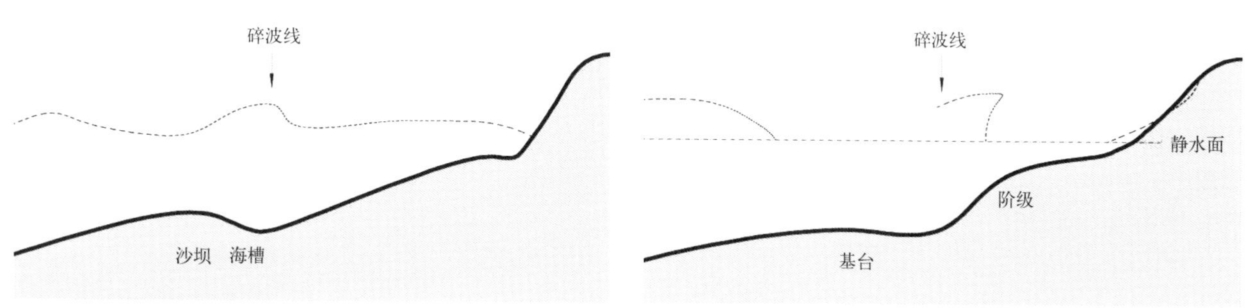

图 6–6 不同坡度海滩剖面
（根据《海岸工程水文学》改绘）

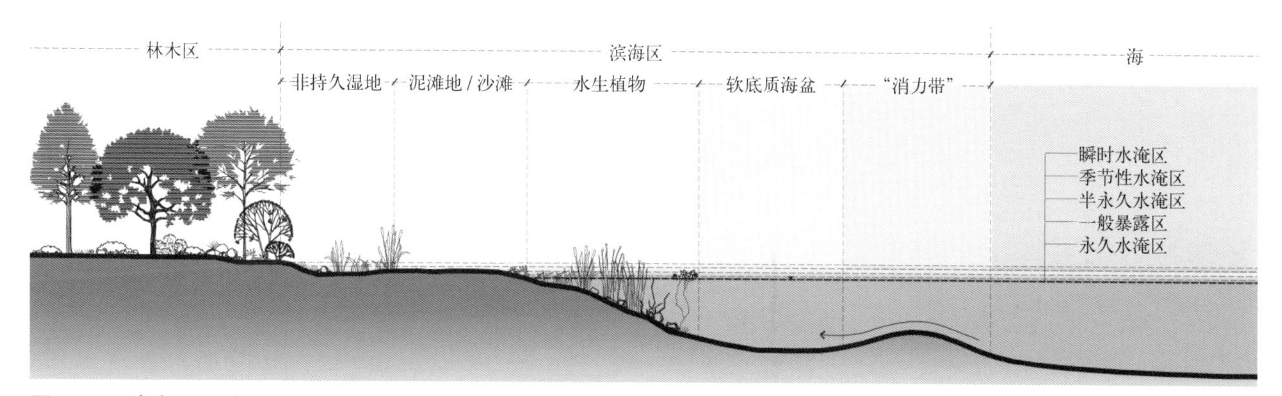

图 6–7 滨海型湿地基底恢复断面图

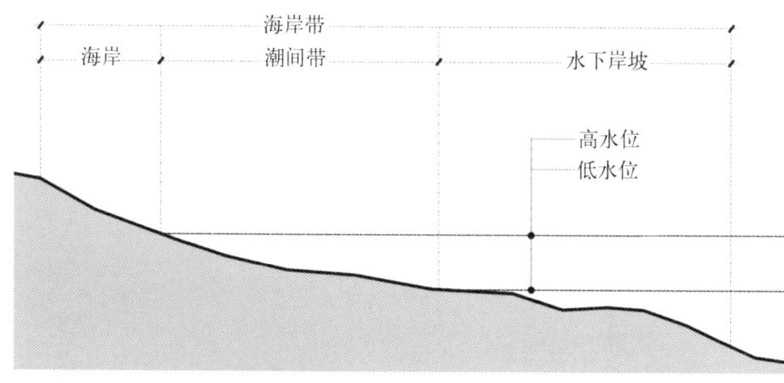

图 6–8 滨海潮间带断面图

图 6–9 吴淞炮台湾湿地公园泥滩地

6.2.2 水环境恢复与营造技术

6.2.2.1 水环境恢复目标

湿地原有功能和生产力的恢复，通常需要建立在水文恢复的基础之上。大多数待恢复的湿地都因为人类活动对水文系统造成干扰而有或多或少的退化现象。人类活动干扰的后果有多种表现，如洪水泛滥、干旱和湿地生产力降低，这些又会进一步造成地形变化。水环境恢复以期达到以下目标：

（1）保障湿地水资源

湿地水资源总量的控制对于湿地生境的恢复具有积极的作用，通过上游和湿地区域内的水系统调整，维护湿地水资源总量，避免“湿地不湿”现象的出现。

（2）恢复水体自净能力

利用地形和通过适当的人工干预手段，恢复和保持湿地水体的流动性和高低水位的周期性变化规律，保持水体原有的水文特征；建立水体中的各种水生生物群落，形成与湿地水体生境适应、结构完整、功能健全的湿地生态系统，进而恢复水体的生态属性。

6.2.2.2 湿地水污染控制技术

由于湿地公园的建设是一个系统工程，水污染的问题难以避免。湿地水污染包括外源污染和内源污染两部分。前者涉及湿地上游或城市污染对湿地环境的影响，但是由于其对于湿地公园的建设管理来讲可控性不强，因此，湿地公园的水污染控制主要是针对湿地自身产生的污染物。

1）物理处理法

（1）加强水系之间的自然联系，对水质较差但有一定换水条件的区域，进行换水、清淤、放养螺、蚌等底栖动物和野生鱼类。

（2）挖掘底泥：减少甚至消除潜在性内部污染源。将湿地的泥浆翻起平铺于岸边，保持水岸的自然弯曲；在水面开阔的水岸设置一定的斜坡和水生 0.3 ~ 1m 之间的浅水区域，栽植水生植物，恢复湖塘、河道水陆边界的生态属性。

（2）深层曝气：采用人工曝气的手段恢复池塘的自净能力。补充水中氧含量，使水与底泥界面之间不出现厌氧层，经常保持有氧状态，有利于抑制底泥磷的释放。

2）化学处理法

采用凝聚沉降和化学药剂降低水中富集元素。例如通过铁、铝和钙的阳离子与磷酸盐生成不溶性沉淀物。但是，值得注意的是，化学处理技术花费较大，方法不当易造成二次污染。

3）水生植物修复技术

（1）富营养化水生植物修复

水生植物修复是治理水体富营养化生物、生态方法中的常用技术。该技术运用水生植物和根际微生物共生、产生协同效应，利用代谢活动吸收水体中氮、磷等物质。修复类型见表 6-3，水生植物修复具有以下优点：

①水生植物可以直接从水体和底泥中吸收氮、磷，并将它们同化为自身的结构组成物质。同时，水生植物会向水体中释放化感物质以抑制浮游藻类的生长。

②水生植物为浮游动物和微生物提供了附着基质和栖息场所。甲壳类浮游动物可以大量捕食浮游藻类，从而控制藻类的群体数量。水生植物为微生物降解污染物质提供所需的氧[①]。

③水生植物增强了水环境的抗干扰能力，为悬浮物的沉淀去除创造了有利条件，降低了底泥重新悬浮的

① 于世龙，韩玉林，付佳佳，黄苏珍．富营养化水体植物修复研究进展 [J]．安徽农业科学，2008，36（31）．

富营养水体的植物修复类型 表 6-3

植被类型	处理效果	典型植被
挺水植物	繁殖速度较慢，对于富营养化水体的处理效果一般	芦苇
漂浮植物	繁殖速度极快、根系直接从水体中吸收养分与元素，并对悬浮颗粒产生过滤与吸附效果，对于富营养化水体的处理效果较好	凤眼莲、浮萍
沉水植物	能够阻止上层水动力扰乱湿地底部，有效地遏制底泥营养盐向水体释放，从而较好地控制富营养物质	苦草、金鱼藻

可能性。

（2）水体重金属的植物清除

水生植物以其生长快速、吸收大量营养物的特点为降低水中重金属含量提供了一个经济可行的途径。水生植物的富集能力顺序一般是：沉水植物＞浮水植物＞挺水植物。值得注意的是，尽管沉水植物和浮水植物能够吸收很多重金属，但是这种吸收不断增加会导致营养元素的丧失，倘若超负荷，会导致植物死亡。所以沉水植物和浮水植物适合在低污染区域作为吸收重金属和监测水体重金属含量的载体[①]。

4）人工湿地技术

对水质极差又缺乏恢复可能的池塘，采用微生物处理池的方式，并种植水生高等植物，培育浅水湿地生态景观。通过人工湿地的构筑对湿地进水进行污染降解，减少污水对环境的不良影响（人工湿地技术详见本书 7.3 节）。

5）控制湿地公园水上游憩行为

水上游线通常是一些湿地公园的游憩活动之一，但这种行为需要严格控制。限制通行船只的大小和数量、行船范围和行船速度。湿地内尽量利用无动力船只，如西溪湿地公园和溱湖湿地公园采用摇橹船和手划木船成为游客进入湿地观光的主要交通工具。这样，不仅能够控制船舶对水质的影响，更能降低行船对河岸产生的冲刷风险。

6.2.2.3 水环境调控技术

水环境营造须根据湿地季节性水位变化的特点有针对性地展开设计。丰水期，非持久暴露区域被水淹没，水域面积扩大；枯水期，此区域露出水面，这种水位间歇变化的场所可为不同生态位的物种提供多样性的生态环境，形成池塘、滩地、沼泽、岛屿等多种生境类型，成为各种鱼类、水禽类繁衍、栖息的场所和迁徙通道。湿地水环境的营造可从最小生态环境蓄水量计算、水深设计和水质控制三方面展开。湿地进出水构成见图 6-10。

1）最小生态环境需水量

湿地最小生态环境需水量是指维持湿地生态过程并使环境进一步得到改善所需要的最低水量。这是一个整合概念，可分为生态需水和环境需水两方面。维持并保证湿地最小生态环境需水量，是保护湿地及其生物多样性的必要策略[②]（表 6-4）。

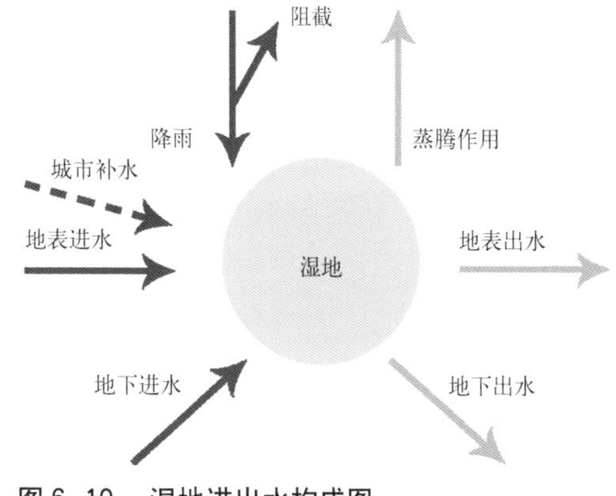

图 6-10 湿地进出水构成图

2）水深

湿地动植物的生长、种类和密度与水深有密切的关系。水对植物的生长发育可分为最高、最适和最低基点[③]（图 6-11）。湿地的水深应以湿地动植物的生境要求进行设计。水深及水周期变化直接影响着湿地植物的生长和分布（表 6-5）。典型的湿

① 陈斌．杭州西溪国家湿地公园水质改善的生态措施 [J]．杭州科技，2008.
② 崔保山，杨志峰．湿地生态环境需水量等级划分与实例分析 [J]．资源科学，2003.
③ 崔宝山，杨志峰．湿地学 [M]．北京：北京师范大学出版社，2006.

湿地最小生态环境需水量 **表 6–4**

<table>
<tr><td rowspan="6">湿地最小生态环境需水量</td><td rowspan="3">湿地生态需水量湿地每年用于生态消耗而需要补充的水量</td><td>①湿地土壤需水量：
• 田间持水量，是指在地下水位比较深时，土层能保持的最大含水量，对于湿地土壤而言，上部土层的田间持水量与土壤孔隙、结构、有机质、腐殖质含量有关，其体积含水的百分比在 31% ~ 36% 之间，下部土层通常都少于上部
• 饱和持水量，饱和持水量是土壤孔隙能容纳的最大水量，因此，它的体积百分比不能超过总孔隙度。对于沼泽土而言，沼泽土吸水力强，加之有季节性积水或常年积水，土壤水分常处于饱和状态。容重越低，孔隙度越高，持水量则越大
• 以田间持水量、饱和持水量和土壤蓄水能力为依据，划定沼泽土壤的需水量级别</td></tr>
<tr><td>②湿地植物需水量：选择关键物种和特征指标是该指标的测定关键</td></tr>
<tr><td>③湿地生物栖息地需水量：由水面和沼泽植被共同组成的湿地系统为生物提供良好的栖息场所，水面和沼泽植被面积的相对比率，是决定物种丰富性的重要因素。通过水面面积百分比和水深要素可以划定需水量级别</td></tr>
<tr><td rowspan="3">湿地环境需水量湿地每年用于环境消耗而需要补充的水量</td><td>①补给地下水需水量：湿地通过渗漏途径可以补给地下水。水分的渗透运动的大小决由水位差、渗透距离、土壤层孔隙度及断面大小等决定。水在土壤中垂直运动用渗透系数表示，而土壤的渗透系数与土壤类型、剖面组成等有关</td></tr>
<tr><td>②防止岸线侵蚀需水量：防止岸线侵蚀需水量主要在河口和入海口等地区，根据不同水平年入海水量的差异分析，确定入海的侵蚀冲淤平衡需水量级别</td></tr>
<tr><td>③净化污染物需水量：湿地净化污染物功能级别的划分依据达标水质级别来确定。污染物主要考虑 NH_3–N、COD_{Cr}、BOD5 等几种，相应容许浓度按照地表水环境质量标准进行</td></tr>
</table>

（表格来源：根据《湿地学》改绘）

湿地水深与植物群落 **表 6–5**

水深（m）	群落组成	优势种	伴生种
<0.6	旱生植物	柽柳、碱蓬、翅碱蓬	芦苇、戟叶鹅绒藤、狗尾草、白茅、野大豆
–0.6~0		芦苇、柽柳	狗尾草、黄蒿、酸模叶蓼、白茅、野大豆
0~0.4	水生植物	芦苇	水蓼、蒲草、白茅、野大豆
0.4~0.8		蒲草、芦苇	穗状狐尾藻、金鱼藻、黑藻
0.9~1.0		金鱼藻、狐尾藻、芦苇	水蓼、蒲草
>1		菹草、黑藻、狐尾藻	芦苇

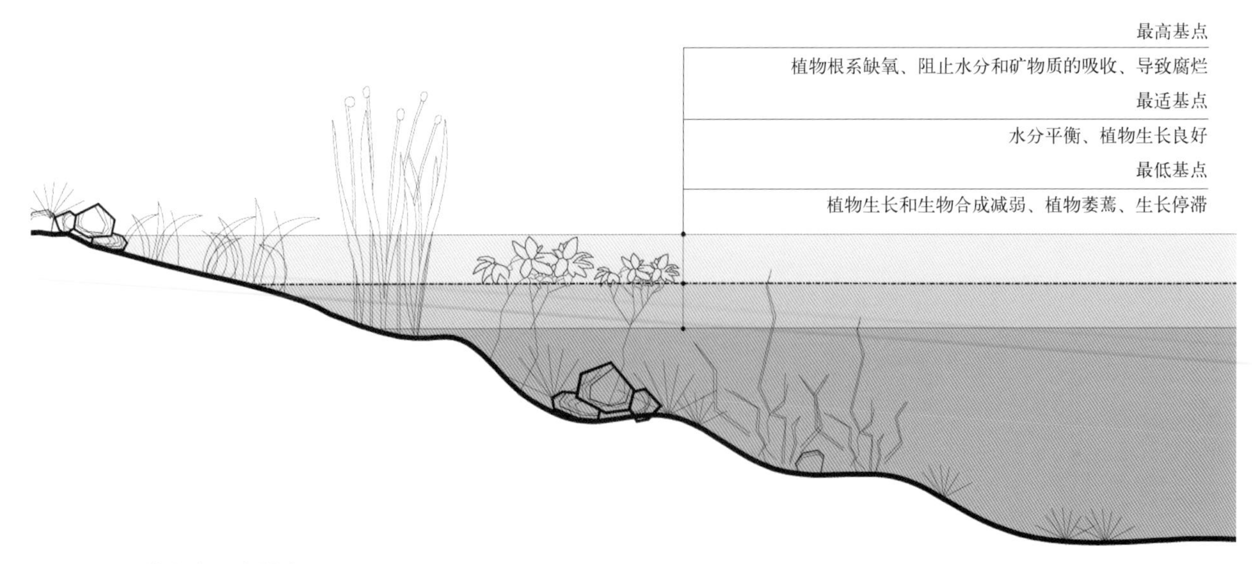

图 6–11 湿地水生三大基点

地植物种会展示对水深的明显变化，特别对于缺氧的不同敏感性。因此，干湿交替的水周期变化显得尤为重要。内陆湿地具有洪季和枯季的变化，而受到海陆交互作用影响，滨海湿地的面积和形状亦会有所改变。

3）水质

湿地水质不容忽视，人们常误以为湿地能够吸收并处理所有类型的污染，因此向湿地直接排放污水，这种做法对生境和湿地生物造成灾难性的破坏。在水环境营造中，可通过 pH 值、COD（化学需氧量）等作为水质的监测指标，当 COD 值下降说明水质得到改善。

6.3 群落修复技术

湿地群落和种群主要包括湿地植被和湿地生物两大类。由于湿地生境的特质与一般风景环境存在差异，植物和生物的结构组成也具备自身的特点。在湿地恢复过程中，由于许多物种的栖息地需求和生物耐性可能无法被完全了解，因而恢复后的栖息地没有完全达到原有特性的效果，再者恢复区面积经常会比先前湿地小，使先前湿地功能无法得到有效发挥。因此，尽可能全面的了解、熟悉受扰前湿地的环境状况、生物特征以及生态系统功能和发育特征，对于湿地的物种恢复和重建将起到极为关键的作用。

6.3.1 湿地植物配置设计

自然界的植被群落是植物经过长期自然选择和演替的结果，湿地植物作为一种既有景观效果又具有生态功能的植物资源，在生态园林的应用和景观水体的保护中发挥着举足轻重的作用，它不仅是衬托水体的本质花卉，更是水域生态系统的重要组成部分。湿地公园的建设会存在人为干预或重组的植物群落，除了效法自然外，这种群落的建构存在一定的复杂性和可变性，往往受到湿地生境变化、人的游憩行为等多方面的影响。

6.3.1.1 湿地植物的类型

1）湿地植物的主要作用

（1）改善水质：吸收利用污水中的营养物质，过滤、吸附和富集重金属和一些有毒物质；

（2）为根区好氧微生物输送氧气，为各种生物化学反应的发生提供适宜的氧化还原环境；

（3）增强和维持介质的水力传输；

（4）围合空间，美化环境，为竖向变化较少的湿地公园增加层次。

2）湿地植物的类型

（1）沼生植被

沼生植被主要有 10 科 16 属 19 种，全部为藻类及草本植物（表 6–6）。按其特点共分禾草型沼生植被和杂草型沼生植被两个群系组。

沼生植被带分类 表 6–6

<table>
<tr><th></th><th>植被群系组</th><th colspan="2">生境类型</th><th>群落高度</th><th>盖度</th><th colspan="2">植被类型</th><th>典型植被</th></tr>
<tr><td rowspan="7">沼生植被带</td><td rowspan="4">禾草型沼生植被群系组——芦苇群落</td><td colspan="2">常年积水型</td><td>0.5 ～ 3m</td><td>90%</td><td colspan="2">喜湿或耐水湿植物</td><td>水烛、蔗草、水毛茛、狐尾藻</td></tr>
<tr><td colspan="2">季节性积水型</td><td>0.2 ～ 0.8m</td><td>70% ～ 80%</td><td colspan="2">伴生草本植物</td><td>水蓼、荩草</td></tr>
<tr><td rowspan="2">旱洼型</td><td>上层土壤干燥、腐殖质含量低</td><td rowspan="2">0.8 ～ 1m</td><td rowspan="2">70%</td><td colspan="2" rowspan="2">伴生草本植物</td><td>盐地碱蓬、中华补血草、盐角草</td></tr>
<tr><td>上层土壤含盐量较低区域</td><td>结缕草、草木樨、白茅、罗布麻、合萌</td></tr>
<tr><td rowspan="3">杂草类沼生植被群系组——香蒲群系</td><td colspan="2" rowspan="3">常年积水型（水深 0.3 ～ 0.8m）</td><td rowspan="3">0.5 ～ 1.0m</td><td rowspan="3">60% ～ 80%</td><td rowspan="3">伴生草本植物</td><td>挺水型</td><td>水烛、两栖蓼</td></tr>
<tr><td>沉水型</td><td>眼子蓼、金鱼藻</td></tr>
<tr><td>浮水型</td><td>浮萍、荇草</td></tr>
</table>

(2) 挺水植被

挺水植被类型包括芦苇、芦竹、香蒲、茭草、旱伞竹、藨草、水葱、水莎草、纸莎草等。挺水植物的共同特性：

①适应能力强，或为本土优势品种；

②根系发达，生长量大，营养生长与生殖生长并存，对氮、磷、钾的吸收都比较丰富；

③能够在无土环境生长。

根据植物的根系分布深浅及分布范围，可以将这类植物分成四种生长类型，即深根丛生型、深根散生型、浅根丛生型和浅根散生型（表 6–7）。

挺水植被带分类　　表 6–7

	类型	根系深度	净化能力	典型植被
挺水植被带	深根丛生型	>30cm	较强	芦竹、篁竹草、旱伞竹、野茭草、薏米、纸莎草
	深根散生型	20 ~ 30cm	较强	香蒲、菖蒲、水葱、藨草、水莎草、野山姜
	浅根丛生型	<20cm	一般	灯心草、芋头
	浅根散生型	5 ~ 20cm	一般	美人蕉、芦苇、荸荠、慈姑、莲藕

(3) 漂浮植被

常用的漂浮植物有水芹菜、大藻、浮萍、水蕹菜、豆瓣菜等。漂浮植物的特点：

①根系发达、生命力强，对环境具有良好的适应性；

②生物量大，生长迅速；

③具有季节性休眠现象，如冬季休眠或死亡的大藻、水蕹菜，夏季休眠的水芹菜、豆瓣菜等。生长的旺盛季节主要集中在每年的 3 ~ 10 月或 9 月至次年 5 月；

④生育周期短，主要以营养生长为主，对氮的需求量最高。

(4) 沉水植被

沉水植被指植物体完全沉没于水中的植物。它们的根有时不发达或退化，植物体的各部分都可吸收水分和养料，通气组织特别发达，有利于在水中缺乏空气的情况下进行气体交换。这类植物的叶子大多为带状或丝状，如苦草、金鱼藻、狐尾藻、黑藻等。

(5) 耐湿乔灌木

耐湿乔灌木是湿地生态系统的组成部分，也是湿地公园景观视觉的重要影响因素之一。在湿地环境中湿生乔灌木具有一定的稳定性、耐水湿能力、萌芽力强；同时，耐湿乔灌木对动物栖息地的构筑有良好的促进作用。常见耐湿乔木树种有：垂柳、水杉、池杉、落羽杉、水松、意杨、枫杨、乌桕、杞柳、红树、水青冈等。

6.3.1.2　湿地植物种的选择

1）地带性

自然界植被的分布具有明显的地带性，不同区域自然生长的植物种类及其群落类型存在差异。湿地环境中的地带性植被，对光照、土壤、水分适应能力强，植株外形美观、枝叶密集、具有较强扩展能力，能迅速达到绿化效果。同时，地带性植被抗逆性和抗污染能力强、自成群落、易于粗放管理，在条件较差的生境中也能生长，从而大大丰富了湿地景观环境的植物配置内容。地带性树种根系深而庞大，能疏松土壤、调节地温、增加土壤腐殖质含量，对土壤的熟化具有促进作用。因此，湿地物种配置应以本土和天然为主，这种地带性植物多样性和异质性的设计，将带来动物的多样性，能吸引更多的昆虫、鸟类和小动物来栖息。在湿地公园中，大量使用乡土湿地植物物种，可以尽可能地模拟自然生境，而且能将维护成本和水资源的消耗降到最低。

2）耐污性

耐污染能力是选择湿地植物的重要衡量因素，大多数植物对于污染的生境有一定的适应性，会产生一定的抗性，不同植物耐污能力差异较大。营建湿地群落时，在环境敏感区域应尽量选择耐污能力强的植物，以保证植物的正常生长，而且也有利于提高湿地的污染物净化效果。常用的耐污植物有凤眼莲、水浮莲、满江红等。

3）经济性和观赏价值高

湿地植物的选择要考虑经济和观赏价值。经济性较高的湿地植物，尤其是地带性植物栽植成活率高，造价低廉，常规养护管理费用较低，往往无须太多管理就能长势良好。同时，湿地公园作为游憩场所，湿地的空间层次往往体现在植被群落的营造上，因此植被的美学价值也很重要，如不同花期植被的栽植可增强湿地景观的丰富度。

根据各种水生植物特性，国内常用的水生植物主要类型及名称见表6–8。

国内湿地常用水生植物　　表6–8

植被类型	植被特性	植被名称	拉丁名	应用途径
挺水植物	①适应能力强，或为本土优势品种 ②根系发达，生长量大，营养生长与生殖生长并存，对N和P、K的吸收都较丰富 ③能于无土环境生长	芦苇	*Phragmites communis*	适宜表面流人工湿地
		芦竹	*Arundo donax*	适宜潜流式人工湿地
		香蒲	*Typha angustifolia*	适宜潜流式人工湿地
		宽叶香蒲	*Typha latifolia*	适宜潜流式人工湿地
		菖蒲	*Acorus calamus*	适宜潜流式人工湿地
		茭白	*Zizania caduciflora*	适宜潜流式人工湿地
		灯心草	*Juncus effusus*	适宜表面流人工湿地
		水葱	*Schoenoplectus sp.*	适宜潜流式人工湿地
		水芹	*Oenanthe javanica*	适宜潜流式人工湿地
		莲	*Nelumbo nucifera*	适宜表面流人工湿地
		美人蕉	*Canna indica*	适宜表面流人工湿地
		旱伞竹	*Cyperus alternifolius*	适宜潜流式人工湿地
		芭茅	*Miscanthus floridulus*	适宜潜流式人工湿地
		风车草	*Cyperus alternifolius*	适宜潜流式人工湿地
		藨草	*Scirpus triqueter Linn*	适宜潜流式人工湿地
		水莎草	*Cyperus glomeratus*	适宜潜流式人工湿地
		纸莎草	*Cyperus papyrus*	适宜潜流式人工湿地
浮水植物	①生命力强，对环境适应性好，根系发达 ②生物量大，生长迅速 ③具有季节性休眠现象，生长的旺盛季节主要集中在每年的3～10月或9月至次年5月 ④生育周期短，主要以营养生长为主，对N的需求量最高	凤眼莲	*Eichhornia rassipes*	适宜表面流人工湿地
		浮萍	*Lemnaminor*	适宜表面流人工湿地
		空心莲子草	*Alternanthera philoxerides*	适宜表面流人工湿地
		菱	*Trapa natans L.*	适宜表面流人工湿地
		荇菜	*Nymphoidespeltatum*	适宜表面流人工湿地
		水蕹菜	*Ipomoea aquatica Forsskal*	适宜表面流人工湿地
		豆瓣菜	*nasturtium officinale*	适宜表面流人工湿地
		李氏禾	*Leersia hexandra Swartz*	适宜表面流人工湿地
		大薸	*Pistia stratiotes*	适宜表面流人工湿地
沉水植物	一般用作人工湿地系统中最后的强化稳定植物，以提高出水水质	马来眼子菜	*Potamogeton malaianus*	适宜潜流型人工湿地
		菹草	*Potamogeton crispus*	适宜潜流型人工湿地
		金鱼藻	*Ceratophyllum demersum L.*	适宜潜流型人工湿地
根茎、球茎及种子植物	①耐淤能力较好 ②适宜生长环境的水深0.4～1m左右 ③具有发达的地下块根或块茎，其根茎的形成对P元素的吸收量较大	睡莲	*Nymphacaietragona*	适宜表面流人工湿地
		荷花	*Nelumbo nucifera*	适宜表面流人工湿地
		慈姑	*Sagittaria trifolia L.*	适宜表面流人工湿地
		荸荠	*Heleocharis*	适宜表面流人工湿地
		马蹄莲	*Zantedeschia aethiopica (Linn.) Spreng.*	适宜表面流人工湿地
		薏米	*Semen Coicis*	适宜潜流式人工湿地
		芡实	*Euryale ferox Salisb*	适宜表面流人工湿地
		泽泻	*Alisma plantago-aquatica Linn*	适宜表面流人工湿地
		芋头	*Colocasia esculenta (L.) Schott*	适宜表面流人工湿地

6.3.1.3 湿地植物配置

1）乔灌草配置模式

通过水生、陆生植被的培育和保护，使其成为结构完善、功能完善、抗逆性强的湿地生态系统。修复湿生环境、构建湿地植被，主要是湿地植物种类的植入和人为辅助的自然修复。在湿地公园的营造过程中，应考虑尽可能地保持植被的完整性、增加湿地系统的生物多样性。因为生态系统的物种越多，结构组成越复杂，则其稳定性越高，对外界干扰的抵抗能力也就越强。这样可以提高湿地系统的处理能力，延长湿地系统的使用寿命。在湿地环境中适当栽植乔木、灌木等植物，提高生物多样性，同时建立树木廊道。耐湿乔灌木种类丰富，适应性强，开发野生资源，丰富园林景观，营造地域特色，其前景十分广阔。另外，由于湿地乔灌木栽培管理比低矮的水生草本植物简易粗放，且能体现地方植物的造景特色，在园林应用中具有很大的发展潜力。

根据对淮盐高速公路湿地植物配置模式评价结果：乔灌草复合模式 > 挺水植物模式 > 芦苇种植模式 > 地被草花种植模式 > 浮水植物模式[①]。乔灌草复合模式作为最适宜的配置模式推广到湿地生境中，此模式应用的植物种类丰富、生活型结构多样、层次鲜明、层次间过渡自然，生态功能和景观功能良好。

湿地环境乔灌草配置模式主要内容包括以下几点：

（1）由于外来植物种可能难以适应本地环境，不易成活，有的可能过多繁殖而导致失控。因此，应尽量利用和恢复原有自然湿地生态系统的乔灌木种类。

（2）注重湿地中乔木、灌木、草本植物的协调，注意速生和慢生、常绿和落叶树种之间的搭配。避免树种单一化，冬季景观萧条。注重植物空间结构和景观布局的立体感，空间层次上要有乔灌木与草本植物之分。作为上木的乔木、灌木会影响到对下层水生植物的阳光照射，因此，在种植搭配时要防止上木的过密栽植和耐荫水生植物的运用。

（3）通过乔灌草的合理搭配，使水面与岸呈现一种生态的交接，同时为两栖爬行类、鸟类等动物提供良好的生存环境。从景观上来说，这种过渡区域又能带来丰富、强烈而又自然的视觉效果[②]。

（4）在水流较急、泥沙量大，不利于水生草本植物生长的区域可栽植茎叶发达的乔灌木以利于阻挡水流、沉降泥沙，采用根系发达的植物以利于吸收水系污染物，以此为下游水生植物提供良好的"生境过滤器"。这种方式能保持湿地系统的生态完整性，带来良好的生态效果（图 6–12）。

（5）漫水区的草毡选择生命力强、耐水淹、柔软、能与水松共生的、且观感上有一种"野"性的草种[③]。

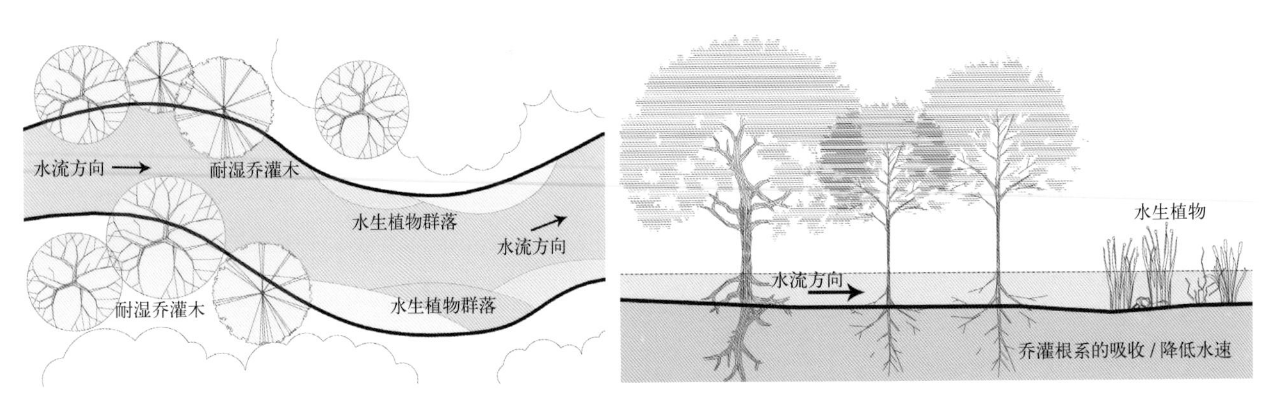

图 6–12　耐湿乔灌木的"生境过滤器"作用

① 江苏省交通工程建设局，南京林业大学．高速公路沿线湿地保护与景观营建技术研究 [R]．2009.

② 杨莉莉．浅谈湿地景观中乔灌木资源 [J]．农业科技与信息．现代园林，2008.

③ 建设部．城市湿地公园规划设计导则（试行）[Z]．建城 [2005]97 号．

2）湿地公园的植被配置方式

（1）根据不同的湿地类型和基底环境

湿地类型多样，基底环境各异，湿地植被配置方式也存在一定的差异。但总体而言，都应以湿地植被的演替规律作为植物配置的基本原则。

① 江河型湿地植物配置

根据江河水位变化情况设计不同的植被分布格局，包括沼生植被带（湿生草本植被和耐湿木本植物）、挺水植被带、漂浮植被带和沉水植被带。

南京幕燕滨江湿地公园位于幕燕风景区的沿江地带，总长约 6km，规划面积为 166.8hm^2，地理位置独特，湿地资源丰富，其生态系统的建成将在涵养水源、净化水质和维持该地区湿地生物多样性方面发挥作用。滨江湿地植物的选择遵循乡土植物原则和生物多样性原则，应用适宜于本地生境的物种，增加本地区的生物多样性，构建挺水、浮叶和湿生植物群落等，丰富城市植物生态系统和景观多样性，提高整体生物多样性。根据南京幕燕滨江湿地公园湿地类型及水域形状、水体的不同，构建植物生活型配置模式可分为四种类型（表 6–9）：

南京幕燕滨江湿地公园植被配置① 表 6–9

生境类型	适宜配置方式
滨江滩涂湿地植物生活型配置模式（江—陆）	芦苇群落—浮叶植物群落—漂浮植物群落—挺水植物群落—耐水湿乔灌丛 + 草本植物群落
大面积水域淡水池塘、蓄水池湿地及内河湿地植物生活型配置模式（水—岸边）	沉水植物群落—浮叶植物群落—漂浮植物群落—挺水植物群落—湿生植物群落—耐水湿乔灌丛 + 地被草花群落
小面积水域低洼水坑、沟渠植物生活型配置模式	挺水植物群落—湿生植物群落 + 地被草花群落
洲、岛植物生活型配置模式（雨水冲刷及土壤沉积）	耐水湿乔灌丛—湿生植物群落—挺水植物群落

②湖泊型湿地植物配置

湖泊型湿地植物配置的基本梯度关系与江河型相似。

常熟尚湖湿地公园是国家太湖风景名胜区重要景点。湖区宽广的湖面，与十里虞山山水相映。环湖绿树成林，其中有两个以池杉为主体的人工湿地林、沿湖堤岸人工林和以狐尾藻等为主体的沼泽湿地，成为越冬鸟类主要的栖息地（表 6–10）。

绍兴镜湖湿地公园总面积 15.6km^2，其中水域面积约 5.3km^2。湿地内自然生态资源丰富，分布有植物 65 科、132 属、151 种。在湿地公园植物配置时，根据南、北、中三大功能区域的本体条件进行植物种的合理栽植与搭配（表 6–11）。

溱湖国家湿地公园核心区部分的植物配置精选优良乡土植物、水土保持植物，并适当配植一些具有美化功能的园林景观植物。公园内引进栽植树木 120 万株，栽植莲花、菱角、芦苇、蒿草等 26 种水生植物共 80 万株，香蒲、水葱、茑尾等植物 60 万株。

③滨海型

滨海型植物尤其是热带、亚热带红树林湿地存在明显特色，湿地植物配置往往在于水生植物的梯度栽植。

香港本地的野生湿地植物资源相当丰富，在配置时遵循物种多样性，再现自然的原则，体现陆生—湿生—水生生态系统的渐变特点，植物生态型从陆生的乔灌草—湿地植物或挺水植物—浮叶沉水植物的梯度变化（图 6–13，图 6–14）。

① 卢建国，江婷．南京幕燕滨江湿地公园植物配置 [J]．南京林业大学学报，2008.

常熟尚湖国家湿地公园植物配置 表 6–10

植物配置模式	模式特点	适宜场所	植物种类
陆生类湿地植物模式	乔灌草型	陆生景观区、防护绿地等	香樟、垂柳、水杉、女贞、广玉兰、枫香、蜡梅、迎春、漫疏、石榴、紫薇、荻、狗尾草、白茅、狗牙根、早熟禾等
	乔灌型	陆生景观区、服务设施周边绿化等	香樟、垂柳、水杉、女贞、广玉兰、枫香、蜡梅、迎春、漫疏、石榴、紫薇等
	乔草型		香樟、白玉兰、枫香、桂花、乌桕、樱花、合欢、广玉兰、木芙蓉、狗牙根、早熟禾、吉祥草、麦冬、马蹄金等
	灌草型		紫荆、夹竹桃、金丝桃、木槿、石榴、紫薇、蜡梅、迎春、漫疏、碧桃、狗牙根、早熟禾、吉祥草、麦冬、马蹄金等
湿生类湿地植物模式	湿生乔木型	湿地植被恢复区、滨水植被区	垂柳、池杉、水杉、乌桕、木芙蓉等
	湿生乔草型		垂柳、池杉、水杉、乌桕、木芙蓉、香蒲、芦苇、稗草、旱伞草、千屈菜、斑茅、孤、荻、狗尾草、白茅等
	湿生草本型		香蒲、芦苇、稗草、鸢尾、旱伞草、千屈菜、斑茅、孤、荻、狗尾草、白茅等
	挺水型	水生植被区（水深 0 ～ 1.5m）	荷花、芡实、芦苇、花叶芦竹、花叶菖蒲、菖蒲、石菖蒲、紫芋、再力花、水生美人蕉、千屈菜等
	漂浮型	水生植被区（水深 0.3 ～ 2.0m）	萍蓬草、睡莲、荇菜、浮萍、野菱、水鳖等
	沉水型	水生植被区（水深 0.5 ～ 3.0m）	黑藻、苦草、殖草、竹叶眼子菜、金鱼等

（表格来源：根据"城市湿地公园植物景观规划与设计研究"一文改绘）

绍兴镜湖国家湿地公园植物配置① 表 6–11

功能区块	植被配置类型	植物种
南部区块	高草湿地型、低草湿地型、浅水植物湿地型	芦苇、香蒲、再力花、旱伞草、千屈菜、睡莲、浮萍等
中部区块	果基鱼塘、桑基鱼塘	水稻、茭白、菱角、芋、荸荠等
北部区块	湖泊湿地型、林木湿地型	水杉、池杉、垂柳、女贞、香樟、芦苇、芦竹等

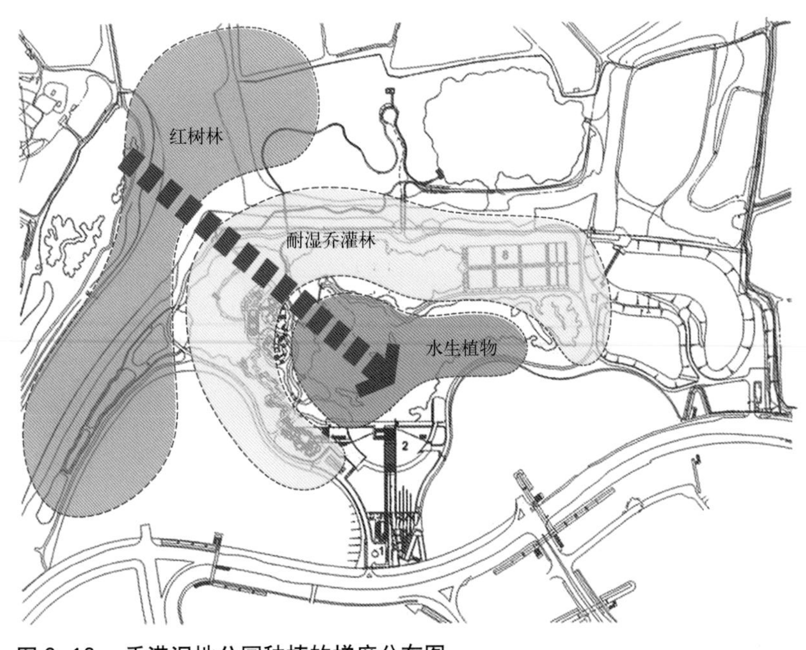

图 6–13 香港湿地公园种植的梯度分布图

④农田型湿地植物配置

农田型湿地以原有耕作田地、池塘等作为立地基础，植物配置应体现出人文与野趣相结合的意境，如大面积种植油菜花作为区域性陆生植物特色。

杭州西溪湿地是一个水陆交错的大型水体，陆地面积占 30%，水域面积占 70%。园区水域主要为农田、河塘、湖漾、沼泽等。以沉水植物、浮水植物、漂浮植物、挺水植物、海生植物以及沿岸耐湿的乔灌木构成，并根据水面的大小选择适当数量的水生植物，结合水生植

① 王向荣，林箐．湿地的恢复与营造——绍兴镜湖国家城市湿地公园规划设计．景观设计，2006.

图 6–14　香港湿地公园种植的梯度变化

物本身习性和栽植地的环境，利用各种水生植物的不同姿态、叶形、叶色、花期、花色上产生的对比和协调，来构建植物景观。目前园区自然生长及人工种植的水生植物分布面积达 0.85km²，其中挺水植物 0.6km²，浮水植物 0.13km²，沉水植物仅 0.02km²。在水生植物栽植中，可见以芦苇、茭白为主的挺水植物占据主体地位。杭州西溪湿地公园柿林培育通过对原有果园进行整理，或重新植种柿树形成景观林，具有采摘和观光价值。水生植物区在烟水鱼庄配置水生植物园，栽植各种本地水生植物，同时培育沿岸湿生植物，并恢复自然群落。湿地公园保护杨柳林，防止外来物种入侵，并通过合理配置草坪提高生物多样性和水土保持能力，所选草种具有耐践踏，低费用的特性，如：双穗雀稗、结缕草、狗牙根等。

常熟沙家浜湿地公园东扩工程针对原湿地环境中植被栽植存在的问题和不足展开植物调整与重新配置（表 6–12，图 6–15，图 6–16）。

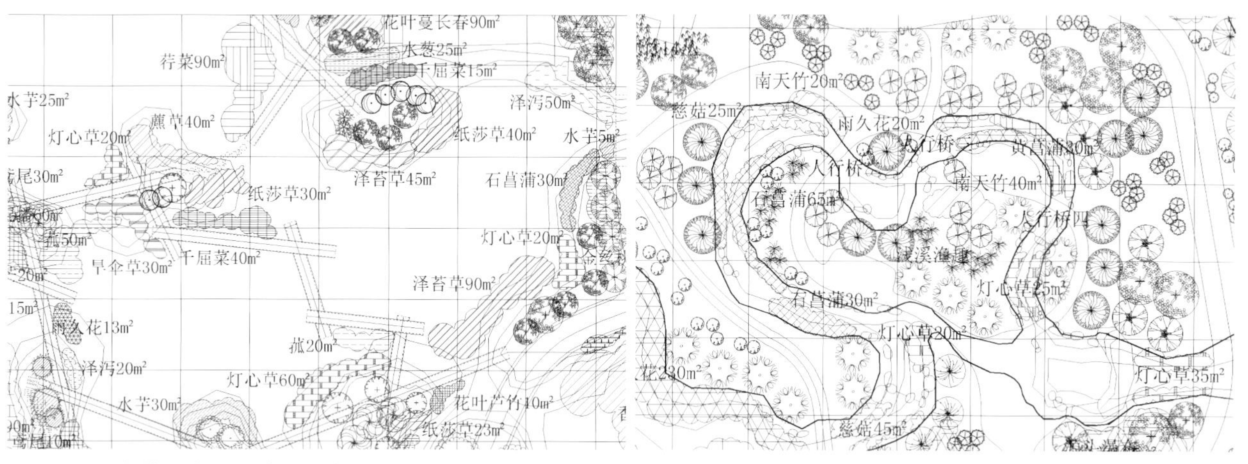

图 6–15　常熟沙家浜湿地公园东扩工程植物配置
（引自成玉宁工作室《常熟沙家浜湿地公园东扩工程施工图》）

图 6–16　常熟沙家浜湿地公园东扩工程植物栽植

常熟沙家浜湿地公园东扩工程植物配置 表 6–12

功能景区	存在问题	应对措施
芦苇荡民俗文化区	a. 植物配置种类过于单调，常绿与落叶比例严重失调。该区内现有设计的落叶乔木主要是水杉、沙朴、池杉、羽叶复栾、无患子等，而常绿乔木仅有香樟，冬季景观不甚理想 b. 乔灌草比例不协调，景观丰富度较差。现有花灌木主要有桂花、紫薇、木绣球、西府海棠、鸡爪槭等，这样的植物配置，远达不到“四季常绿、三季有花”的植物造景效果	a. 可适当增加一些耐水湿的常绿或半常绿乔木，如水松、墨西哥落羽杉、湿地松、黑松等 b. 丰富植物种类，根据该功能区内不同活动行为，合理配置植物景观。在民俗文化街充分挖掘当地的民俗文化以植物造景的形式表现出来，展示当地的地域特色；在芦苇荡浅溪游憩区利用植物景观围合一定的景观空间，游憩趣味与美学效果并重；湿地生态净化展示区选择一些既可净化水体又可美化水体的植物，如黄菖蒲、梭鱼草、再力花、大薸、睡莲、荷花、芦苇、芒等系列观赏草种类
芦苇荡生态休闲区	a. 原有乔木层局部树种种类较单一，以香樟、石楠为主，搭配女贞、河柳、枫杨等。乔木观赏特性不强。种植形式没能做到疏密有致 b. 下木层中水生植物种类偏少，主要是芦苇、菖蒲、千屈菜等，且多为挺水种类，缺少诸如浮水、漂浮、沉水类的植物 c. 地被灌木层运用植物较为普通，多为栀子花、云南黄馨、椤木石楠，且大部分为模纹状，和江南水乡的主题不匹配 d. 缺少适合生境的观赏草、花境景观和水生植物进行搭配，景观层次较为单调 e. 原有规划立意的学生野外植物实习基地中植物种类偏少，不能达到预期效用	a. 增加乔木层树种，适当增加色叶乔木，如乌桕、枫香、重阳木等点缀在观鸟塔、观测木墙等人类活动较为密集的区域。在游憩密集度较低的地块采用密林植物栽植，体现整体效果 b. 运用沉水、浮水、漂浮多类型水生植物结合挺水植物进行组合造景。一方面突出植物群体美，强调远观，成带状或大片栽植，凸显湿地特色。同时也不忽略植物个体美。湿地植物个体的“色”、“香”、“姿”、“韵”具有很高观赏特性，植物景观的设计过程，通过展现湿地植物的群体与个体美的对立统一 c. 增加灌木层植物的种类，以自然式栽植为主 d. 增加观赏草类和花境类植物，丰富植物的层次、形态、色彩上的变化。体现湿地景观“古朴、野趣”特征，突出湿地乡土植物景观的气息 e. 增加原有规划的野外植物实习基地中水生植物的种类，多选择新、奇的种类，达到教育学习的目的
水上娱乐区	a. 百鸟争鸣景点：植物种类稍嫌简单，与景点名称不甚相符。乔木种类只有水杉、池杉、香樟、河柳等几种，且多为落叶树种 b. 临风小歇景点：常绿树种仍显不足，冬季景观较为单一 c. 心籁共鸣景点：玉兰和海棠的种类比较少，景观显得单板，仅限于白玉兰和西府海棠	a. 建议丰富植物种类，尤其要多加入常绿树种 b. 加入松柏类常绿植物，颇有临海听松的气势，风声、水声、松声齐鸣，不仅丰富了冬季景观，而且更加丰富了可观、可听的景点 c. 作为安静休息的区域，在地势较高、排水良好的区域栽植广玉兰、紫玉兰、黄花玉兰等木兰科植物，海棠类选择贴梗海棠、倭海棠、木瓜海棠、垂丝海棠等
蔬果采摘区	a. 植物种类过于单一，现有果树有梨树、桃树、柿树，乔木有香樟、复羽叶栾树、乐昌含笑、水杉、河柳。缺乏常绿树种，冬季花叶凋零，景色萧条，景观效果不理想 b. 植物造景较为简单，配景植物略显单薄 c. 现有植物生长势不太理想	a. 可丰富蔬果采摘种类，如桃、杏、石榴等多种林果；亦可选择“新、优、特”品种，划分单元，设置特色果园，如观光菜园、观光果园、藤蔓园、品种观赏区。让游人体验不同的农家风情 b. 选择耐水湿乔、灌、草植物。采摘区在以蔬果种植为主的前提下，点缀一定观赏类植物 c. 选用适应当地气候以及水生环境的植物。同时，植物规格应根据不同分区选定
水上采摘区	a. 垂钓区的水生观赏植物种类稍显单调 b. 木本植物种类单一，高大乔木居多	a. 垂钓区水边的植物适宜选择根系浅且观赏性高的水生植物，如水葱、花叶水葱、孔雀蔺、水莎草、纸莎草、花叶芒、荻、白茅、红茅、蒲苇、矮生蒲苇、黄菖蒲等 b. 选择如池杉、落羽杉、墨西哥落羽杉、合欢、木芙蓉等适宜栽植在水边的木本植物，乔灌草结合

（根据成玉宁工作室《常熟沙家浜湿地公园东扩工程施工图》改绘）

⑤其他类型湿地植物配置

在采煤、采石场等生境条件较为恶劣的区域，植物栽植应选择适应性强、生长量较大的植物种。

唐山大南湖湿地是基于采矿区而生成的湿地公园，由于人为扰动较大，因此在生境修复的基础上进行植物合理配置，以改善采矿场遗留的荒芜感（表 6–13）。

（2）根据设计主题

主题与原则在林地保护带功能区及全园植物景观设计中，充分体现与人的共生关系，以创造完整的湿地

唐山大南湖湿地公园植物配置 **表 6–13**

典型群落类型	配置特点
观花观果植物群落	常绿、落叶阔叶混交类型、针叶阔叶混交类型。以木本观花观果植物为主，花灌木占群落的50%以上，春、夏、秋三季观赏期。群落结构清晰，层次分明，大乔木通常作背景，数量占少数，群落郁闭度在30% ~ 50%左右
净化空气和保健植物群落	以针阔混交林为主要类型，常绿树种和裸子植物比例较大
废弃物堆砌场植物群落	地带性植物为主，如火炬树—荆条—野牛草群落、紫穗槐—爬山虎群落、臭椿—野牛草群落
近自然人工湿地植物群落	以自然群落为基础，适当进行人工干预补植垂柳、桃树、水杉、迎春、金银木、紫薇等树木，形成以芦苇、香蒲、水葱、千屈菜、凤眼莲等湿地植物组成自然丰富、种类多样、观花期长、生物多样性和稳定性的湿地植物群落

图 6–17 杭州茅家埠种植的斑茅和常州荷园种植的荷花

生态系统为明线[①]。湿地植被作为湿地公园中重要构成元素，合理的搭配能够很好的起到烘托设计主题的效果。杭州茅家埠景区为突出“茅”这一意境，在桥头、驳岸、漫滩、栈道旁大量种植斑茅，使其成为十月芦荻扬花的主角；在浴鹄湾景区为凸显“花”这一主题，水生植物选择了淡紫色花絮的再力花、兰色花絮的海寿花、白色花絮的小鬼蕉、粉色花絮的红蓼以及多花色的花菖蒲等，同时营造了黄菖蒲群落、千屈菜群落和萍蓬草群落，突出群体的花色效果[②]。常州荷园占地面积12.77hm^2，其中水域面积在65%以上，其前身为废弃的水产养殖场，地势低洼。景观设计结合原有地形、肌理和自然郊野的生境条件，以“荷”为主题，突出“荷”文化，目前收集栽培荷花380余种，其中包括有中美莲杂交培育的友谊牡丹莲（图 6–17）。

（3）根据植被群落稳定性

多层次、多物种植物合理搭配，提高湿地系统的生物多样性、水处理性能和景观品质。多样化的水生植被类型，不仅增加了群落的稳定性和生物多样性，也有利于群落的更新演替。水生植物高低错落搭配，组织游人的观赏视角，以免相互遮挡[③]。湿地公园中，以水生植物为主要特色，同时也离不开其他植物种的参与，乔灌草搭配模式更容易形成稳定的生态群落。在植被空间塑造时，应根据湿地公园现有植被类型和总体布局的要求，在尽可能保留现有植被的前提下，进行湿地植被种植，既考虑保证湿地生境的多样性，又追求营造出不同季相及林相变化的湿地植物景观，使公园湿地生态系统多样性与景观多样性得到充分的展示。适度扩展优良乡土树种对于植物层次的丰富和湿地生态的构建具有积极的作用。香港湿地公园中大量使用香港苗圃不常见的乡土湿地植物物种，既便于模拟自然生境，形成层次丰富的植被结构，同时能够有效降低维护成本和水资源的消耗。沉水植物在植物配置中通常被忽略，此类植物能够增加滩地水生植物多样性，降低水体富营养化，降解水中污染物，如荇菜、狐尾藻和水韭菜等。西溪湿地公园中水生植物共有百余种，芦苇、茭白、

① 建设部．城市湿地公园规划设计导则（试行）[Z]．建城 [2005]97 号．

② 李红艳，周为．杭州西湖湖西景区的湿地景观设计 [J]．中国园林，2004.

③ 王小芹，申小芹，韩梅红，章霞．溱湖国家湿地公园植物资源和配置之探讨 [J]．上海农业科技，2008.

再力花等占据主体，湿地景观冬季萧条。公园中水生植物的应用基本完全限于草本植物，冬季枯草出现后，除了少数鸢尾科植物外，绿色的水生植物品种十分少见。表 6–14 是湛江绿塘河湿地公园的植被选用。

湿地环境中水生植物必须具有一定的宽度。保持河岸岸边 30m 以上的植被带会起到有效的降温、过滤、控制水土流失等作用，提高生境多样性。60m 以上宽度的河岸植被带可以满足动植物迁移和生存繁衍的需要，并起到生物多样性保护的需要[①]。

湛江绿塘河湿地公园[②] 　　表 6–14

原有植物的保存	大叶榄仁、黄瑾、芒果、香蕉、芒、芦苇、野芋、水菖蒲、水芹菜、狗尾草、含羞草
拓展乡土树种	榕树、葡萄、夹竹桃、苦楝、青竹、菖蒲、碎米莎草、紫露草、蕨类、肿柄菊、马缨丹
适当新增开花植物	黄槐、串钱柳、洋金凤、决明、长春花、凤凰木、洋紫荆、野菊花、红绒球

（4）根据气候因素

季节性波动是湿地的自然特色，适当配植色彩绚丽的花木是解决冬季景象单调的一种途径。植物对污水的净化能力明显地受到季节的影响。在冬季，植物地上部分开始枯黄，生命活动降低，吸收养分的能力降低，对污水的净化效果下降。在夏季，植物新陈代谢旺盛，生命活动加强，生物量大，净化能力强；同时，夏季植物的覆盖度高，使得根际的微生物活性增强，也影响土壤微生物活性，有利于有机物的分解。由于大量水生植物如芦苇等在冬季枯败，导致整个在湿地公园冬季景色萧条，缺乏游憩趣味（图 6–18）。

①考虑地区的气候特点，在温度较高的区域配置喜温植物，而在温度较低的地区配置一些抗冻性比较强的植物。在冬季，可以选择一些周年生常绿植物，如石菖蒲、麦冬等，以提高冬季植物的覆盖度，增加湿地的景观效果。

②考虑植被的花期和色彩，如选用乌桕、枫香等耐湿红叶树种营造深秋景观，红叶观赏期可从 10 月持续到 12 月下旬，可以选用红花檵木、枸骨、石楠、全缘石楠等花灌木，使冬季和早春有花可赏。

（5）根据不同湿地生物对栖息生境的要求

根据不同湿地生物尤其是水禽类对栖息生境的要求，按照生态规律配置植物群落，充分利用湿地原有的湖面、水系和堤圩的地形地貌展开设计，营造多样的湿地鸟类生境，吸引各种类型的鸟类。设置一些蜜源植物和鸟嗜植物，为鸟类提供食物来源，鸟类食后，有营养的果肉、果皮部分被消化，而种子随其粪便排出体外，间接完成了种子的传播，有利于林木的天然更新。

栽植要点：

①栽植池杉、水杉、落羽杉等耐水湿林种，建设水上森林，形成林水相间的特殊湿地景观。

②候鸟是冬季的一道独特风景，栽植芦苇、芦竹、蒲苇等挺水植物，为鸟类营造一个良好的藏身、觅食、

图 6–18　泰州溱潼湿地公园冬季景观萧条

① 国家林业局，易道环境规划设计有限公司．湿地恢复手册 原则·技术与案例分析 [M]．北京：中国建筑工业出版社，2006：116.

② 杨姿新，吴刘萍．湛江绿塘河湿地公园植物配置研究 [J]．广东园林，2007.

繁殖的栖息地。

③以地带性植物为主，本地植物由于与昆虫、鸟类协同进化的结果，更适合本地鸟类的栖息繁衍。同时选用果实类植被为鸟类食物来源，满足鸟类生存发展需要。常见的果实类植被有桃、柿树、桑树、枇杷、樱桃、朴树、野山楂、冬青、女贞、枸杞、垂丝海棠、楝树、乌桕、珊瑚树、葡萄等。同时，配植坚果类树木，招引啮齿类的动物。

④合理配植多花植物，为昆虫、线虫提供食源，以此增加昆虫的种群和数量。

（6）根据不同湿地植被的栽植密度

湿地植物的配置除了考虑美学价值外，植被本身的生态习性，如生长密度也很关键，适宜的栽植密度将会影响到后期的植被生长与景观效果。因此，在湿地植被配置设计和后期施工时，要适时的根据植被分蘖、分枝特性和栽植季节等综合考量栽植密度[①]，见表 6–15。

常见湿地植被栽植密度 表 6–15

植被类型	生活型	植被名	拉丁名	栽植密度	备注
沼生植物	单生	红蓼	Polygonumorientale	9 ~ 12 株 /m^2	
	丛生	斑茅	Saccharumarundinaceum	1 ~ 2 丛 /m^2	20 ~ 30 芽 / 丛
		蒲苇	Cortaderiaselloana	2 ~ 3 丛 /m^2	20 ~ 30 芽 / 丛
挺水植物	单生	芦苇	Ph.australis	35 株 /m^2	
		香蒲	Typhaorientalis	20 ~ 25 株 /m^2	
		千屈菜	Lythrumsalicaria	12 ~ 16 株 /m^2	
		泽泻	Alismaorientale	16 ~ 25 株 /m^2	
		野芋	Colocasiaantiquorum	16 株 /m^2	
	丛生	花叶芦竹	Arundodonaxvar.versicolor	5 ~ 6 丛 /m^2	5 ~ 10 芽 / 丛
		再力花	Thaliadealbata	2 ~ 3 丛 /m^2	10 ~ 20 芽 / 丛
		水葱	Scirpusvalidus	6 丛 /m^2	20 芽 / 丛
		水毛花	S.triangulatus	12 ~ 16 丛 /m^2	30 ~ 40 芽 / 丛
		花蔺	Butomusumbellatus	25 丛 /m^2	2 ~ 3 芽 / 丛
		玉蝉花	I.ensata	12 ~ 16 丛 /m^2	5 ~ 8 芽 / 丛
		海寿花	Pontederiacordata	12 丛 /m^2	3 ~ 5 芽 / 丛
		溪荪	Irissanguinea	12 ~ 16 丛 /m^2	5 ~ 8 芽 / 丛
漂浮植物	丛生	睡莲	Nymphaeatetragona	1 ~ 2 头 /m^2	
		萍蓬草	Nupharpumilum	1 ~ 2 头 /m^2	
		荇菜	Nymphoidespeltat	20 ~ 30 株 /m^2	
		芡实	Euryaleferox	4 ~ 6 株 /m^2	
		水罂粟	Hydrocleysnymphoides	20 ~ 30 株 /m^2	
		水鳖	Hydrocharisdubia	60 ~ 80 株 /m^2	
		大漂	Pistiastratiotes	30 ~ 40 株 /m^2	
		槐叶萍	Salvinianatans	100 ~ 150 株 /m^2	
		凤眼莲	Eichhorniacrassipes	20 ~ 30 株 /m^2	
		四角菱	Trupaquadrispinosa	20 芽 /m^2	
沉水植物	丛生	苦草	Vallisnerianatans	40 ~ 60 株 /m^2	
		黑藻	Hydrillaverticillata	9 ~ 12 丛 /m^2	10 ~ 15 芽 / 丛
		穗状狐尾藻	Myriophyllumspicatum	9 丛 /m^2	5 ~ 6 芽 / 丛
		竹叶眼子菜	Potamogetonmalaianus	30 ~ 50 株 /m^2	

① 陈煜初．水生植物的种植密度 [J]．杭州天景水生植物园，2010–3–25.

6.3.1.4　湿地植物栽培与养护

合理的湿地植物的栽培与养护方法为湿地景观的建设和后续运行提供技术保障。

1）湿地植物栽培技术

（1）江河型湿地

栽培技术：播种、移植、扦插等。在植被恢复之前，应采用机械或人工办法去除杂草，尤其是葎草等蔓生杂草。为保证移植和扦插的存活率，木本植物应该设计在平均最高水位以上，并设计林下植被带。根据所采用的草本植物的不同耐淹性来决定它们在最高水位和最低水位之间的位置。如沉水植物应设计在最低水位以下的浅水区内，以利用吸收光能①。

（2）湖泊型湿地

湖泊型湿地植物栽植方式与江河型湿地相似，通过栽植形成植被带梯度。

（3）沼泽型湿地（表 6–16）

沼泽型湿地植物栽植方式　　表 6–16

退化湿地类型	栽植方式
刚退化的湿地	利用湿地的天然种子库进行湿地植被恢复，包括湿地内的种子库和孢子库、种子传播、植物繁殖体
退化严重湿地	播种大量乡土植被的种子、营养体扦插、移植等方式

2）湿地植被的养护技术

植物群落的稳定对于湿地生态和湿地景观具有重要意义，合理的湿地植被养护显得尤为重要。通常采用以下三种技术措施对湿地植物进行养护、管理。湿地公园中的保育、恢复区域以自然修复为主、人工干预为辅，形成地带性湿地植被形态。

（1）维系栽植形态、防止物种间侵染

由于水生植物的生长速度、生长范围各异，在栽植后一定时期内会出现植物串种的现象，强势植物尤其是地带性强势种会侵蚀、侵占弱势植被的生长空间，最终导致湿地植被单一化，从而影响了设计之初的湿地景观效果。因此，在水生植被栽植之初就需要做好“防范”措施，可以人为设置一些隔断，防止强势植被根系的大范围蔓延。通常，在湿地植物栽植交界处设置塑料或木隔板，插入基底的深度可根据所栽植湿地植物的生态习性（如生长速度、萌蘖情况）确定（图 6–19，图 6–20）。

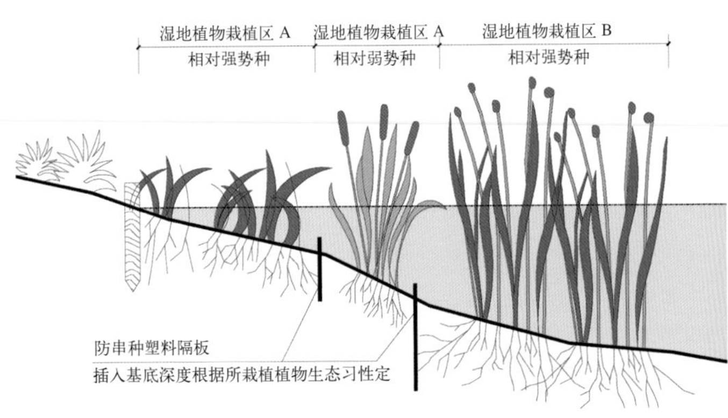

图 6–19　湿地植物防串种隔板

图 6–20　沙家浜湿地公园东扩工程防串种隔板

① 国家林业局，易道环境规划设计有限公司．湿地恢复手册 原则·技术与案例分析 [M]．北京：中国建筑工业出版社，2006.

图 6–21　泰州溱湖湿地公园控制放牧

（2）控制火烧与定期收割

冬季火烧（可控范围内）和定期收割可能会对湿地植物的生长和繁殖有一定的促进。火是防止某些植物（如对热敏感的树和灌木）拓殖并使草场和水生植物床恢复活力的有效处理手段。湿地公园中的大部分植物是自然分布的，但部分区段存在较多的人为干预。通过一些人为的控制可以限制入侵性植物（如水花生、水葫芦）的扩张。一些湿地植物生长量大，如芦苇等年产可达 300 ～ 350kg/ 亩，但冬季萧条，枯枝败叶会逐渐加厚湿地基底，从而导致生境逐渐从水生过度为陆生。因此，水生植物的冬季收割、控制火烧和定期清淤对于控制其生长量、维护生态环境具有一定的促进作用。香港米埔地区芦苇覆盖了 46hm^2 湿地，是香港同类植物保存面积最大的地区。近年来，由于基围塘淤泥的增加，米埔地区的芦苇生长面积又有所增加。世界各自然保护区已经成功制定出各种策略，将芦苇床作为野生动物栖息地来管理。这些策略包括控制芦苇床的水位，或者以 3 ～ 5 年为周期，在不同时节喷洒除草剂并采用刈割或燃烧的方法来控制芦苇的长势。

（3）控制放牧

在一些郊野湿地公园的营造中，通过保留原有的家畜为湿地生境的改善服务。食草动物在湿地中留下的排泄物可以补充湿地土壤的有机物含量，同时，这些动物的活动能够增加湿地土壤的微生境，如蹄印等。控制放牧家畜也是保留目标植被的一种有效手段，利用家畜活动来实现植被均衡，为野生动物提供栖息地和食物（图 6–21）。

6.3.2　湿地动物群落栖息地的营造

生物多样性是湿地的基本特征之一，湿地动物也是其中必不可少的一环。从生态链角度来讲，动物处于较高层次，需要良好的非生物因子（生境）和植被的承载。湿地动物群落多样，且存在地域差异。总体而言，可以分为四种基本类型：湿地鸟类、湿地鱼类、湿地两栖类和湿地底栖类（表 6–17）。湿地动物群落的恢复与吸引关键在于其栖息地的营造，通过对湿地生物生态习性的了解，有针对性地生境创造（如水域的畅通）、植物栽植吸引更多的动物在湿地安家（图 6–22）。

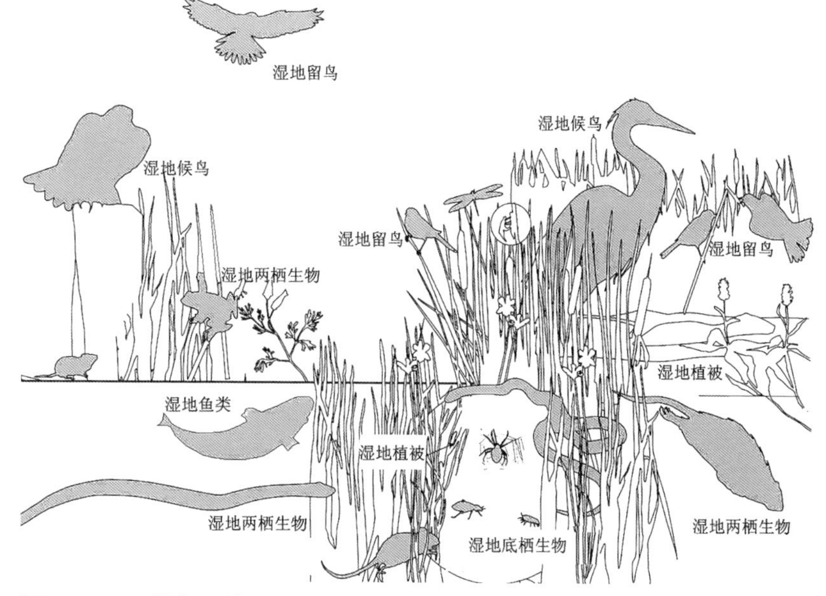

图 6–22　湿地与湿地动物

湿地动物群落栖息地类型 表 6–17

生物种类	鸟类	留鸟生活型、候鸟生活型
	鱼类	内陆湿地鱼类、近海海洋鱼类、河口半咸水鱼类、过河口洄游性鱼类
	两栖类	原生两栖动物、次生两栖动物
	底栖类	原生底栖动物、次生底栖动物
景观构成	沼泽栖息地	沼泽栖息地介于水陆之间，两栖类、底栖类生物的栖息地和鸟类的食源地
	岛屿栖息地	作为湿地小环境的组成部分，具有一定的私密性，成为鸟类的停留、栖息的场所
	河流栖息地	湿地鱼类的主要栖息地
	乔灌木栖息地	以乔灌木结合为湿地动物提供庇护、栖息场所，主要包括鸟类、两栖类生物

图 6–23 阿克塔马什野生动物自然保护区中的留鸟

图 6–24 伦敦湿地中心的候鸟

1）鸟类栖息地营造技术

鸟类是湿地的一个活跃元素，为它们提供一个良好的生活环境是留住它们的关键。营建适宜水鸟生活的栖息地通常是湿地生态恢复的主要目标之一。因此，在为鸟类提供丰富食源的同时也应划定特定的区域避免人类对其的过多干扰，尤其在它们的繁衍期。在湿地公园营造景观的多样性和鸟类栖息地的异质性。多样的景观和异质的生境才能吸引多样的鸟类停留、栖息。由于鸟类的活动性强，并且多为迁徙物种，因此，必须首先确定需要吸引和恢复的目标物种。

（1）湿地留鸟：指终年生活在湿地环境中、不随季节迁徙、四季皆可见的鸟类。它们通常终年在其出生地（繁殖区）内生活（图 6–23）。

（2）湿地候鸟：很多鸟类具有沿纬度季节迁移的特性，夏天的时候这些鸟在纬度较高的温带地区繁殖，冬天的时候则在纬度较低的热带地区过冬。夏末秋初的时候这些鸟类由繁殖地往南迁移到渡冬地，而在春天的时候由渡冬地北返回到繁殖地。这些随着季节变化而南北迁移的鸟类称之为候鸟（图 6–24）。东非—西亚、中亚—印度、东亚—澳大利西亚三条鸟类迁徙通道覆盖了中国全境（图 6–25）。

湿地公园鸟类栖息地恢复与建设方式：

（1）营建一定面积的深水区域，平均深度约0.8～1.2m，以供游禽类栖息，营造水鸟栖息景观。堤岸采用自然缓坡形式，并保留一部分裸露滩涂区域；另外设置软坡，以泥滩为主（图6-26，图6-27），并栽植芦苇和灌木丛等，两种类型相结合；在水面中央可设置0.5～1hm² 大小供鸟类栖息的安全岛（图6-28），提供隐蔽的繁殖或栖息场所。安全岛同样留有裸露泥涂、种植芦苇等水生植物以及种植少量乔灌木。

（2）营建开阔浅水区，栽植荷花、菱角和芡实等水生植物，以吸引涉禽类在此栖息繁殖，同时起到美化湿地景观的效果。

（3）池塘分布广，数量多，一般栖息的水禽种类多；池塘面积小，受人为干扰大，栖息的数量少。河道漫滩水库和滨海滩涂湖泊区，分布广、面积大，能够为春秋季节大量候鸟提供了良好的栖息场地。

（4）提供水鸟觅食所需要的水动力条件，同时控制公园内的水质稳定，水质对于湿地鸟类的栖息和繁衍至关重要。生态保护区内的水与外界设置水闸等物理阻隔设施，

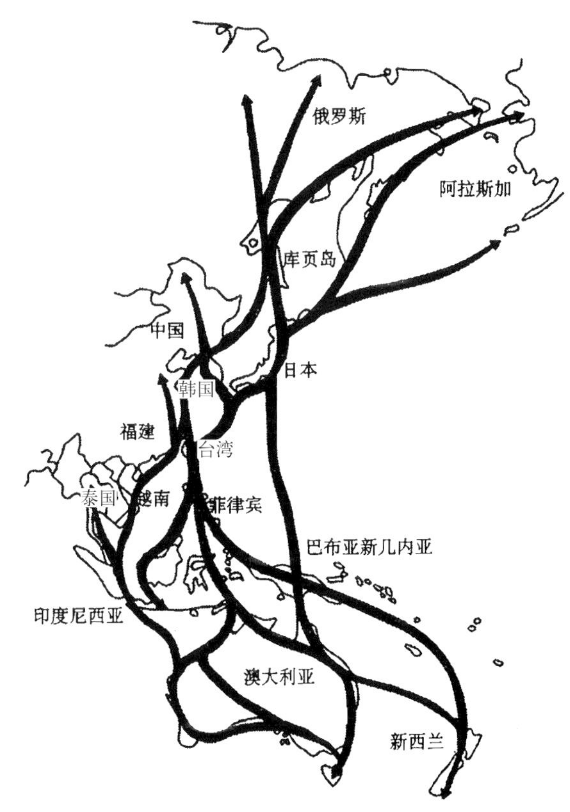

图6-25 东亚—澳大利亚迁飞区水鸟迁徙主要路线示意图
（图片来源：湿地与水鸟）

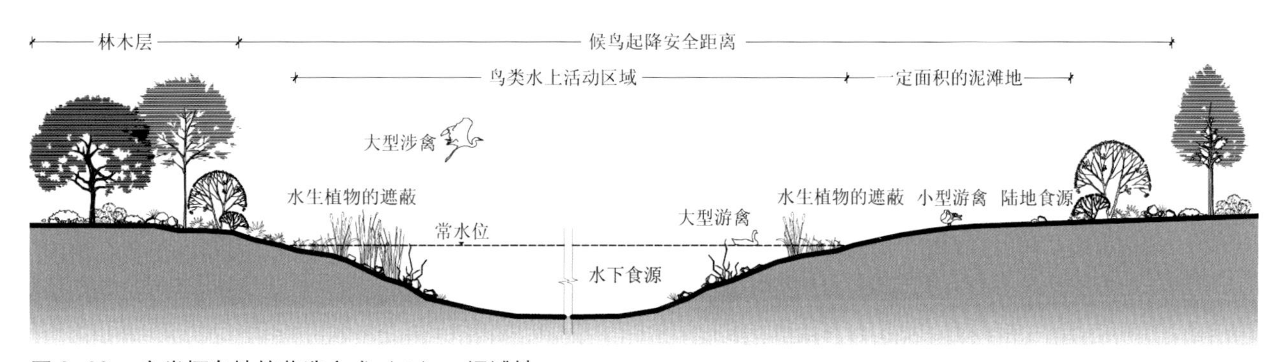

图6-26 鸟类栖息地的营造方式（Ⅰ）—泥滩地

图6-27 泰州溱湖湿地公园裸露的滩涂

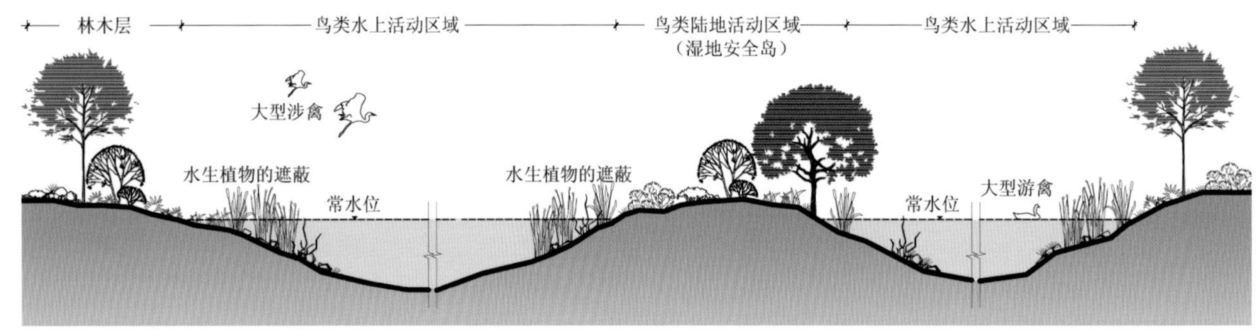

图 6–28 鸟类栖息地的营造方式（Ⅱ）—湿地岛

必要的时候可以阻断游览区和外界水源的污染。水位间歇变化的场所可为不同生态位的物种提供多样性的生态环境，成为各种鸟类繁衍、栖息的场所和迁徙通道。

（5）在园区的各水域提供充足的鸟类饵料，栽植鸟类喜嗜或喜栖植物（表 6–18），在条件允许的情况下适当养殖小型的本地鱼类，并适当轮番晒塘，以便为水鸟提供足够的食物。在泰州溱湖湿地公园中通过适度栽植女贞、冬青、苦楝、火棘等挂果树种和黑麦草等结籽多的草本植物为鸟类提供食源。

候鸟喜栖树种和厌栖植物　表 6–18

候鸟喜栖树种	水杉、池杉、杉木、柏树、女贞、冬青、樟树、棕榈、苦楝、榆树、朴树、火棘、乌桕、鸡爪槭、枇杷、月桂、胡颓子、桑树、杨梅、石楠、桃树、樱桃、盐肤木、垂丝海棠
候鸟厌栖植物	意杨、皂荚

（6）湿地中网络型防护林的建设应尽可能放大尺度，以便为大型飞禽提供足够的起降距离。在湿地公园内的水体一侧尽量不设置高大乔木，为鸟类提供充足的活动空间（图 6–29，表 6–19 ~ 表 6–21）。

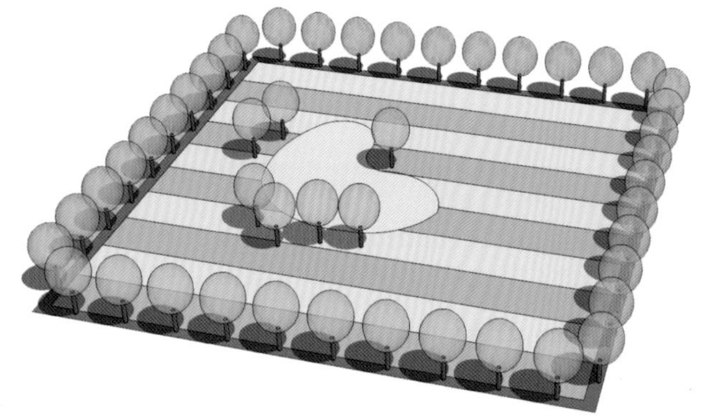
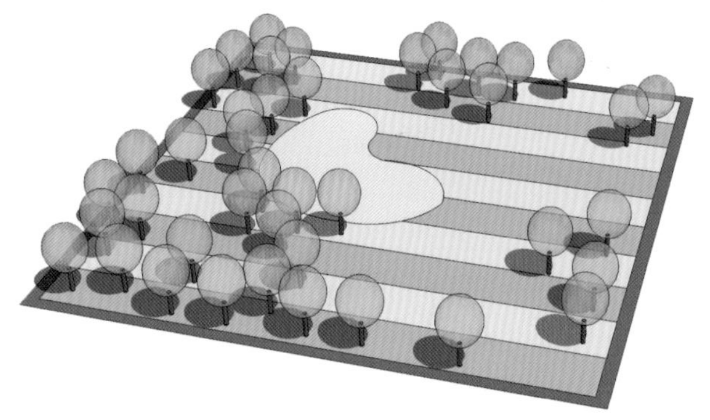
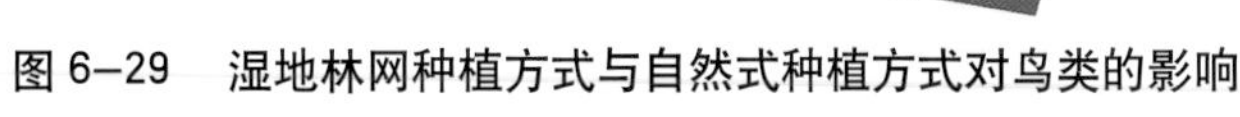

图 6–29 湿地林网种植方式与自然式种植方式对鸟类的影响

湿地鸟类生活型分类　表 6–19

生活型	鸟类类型	植被类型
游禽类栖息地	䴙䴘目、雁形目和鸥形目的鸟类	低草湿地型和浅水植物湿地型为主
涉禽类栖息地	鹳形目、鹤形目、鸻形目的鸟类	高草湿地型、稻田型植被为主（包括岛屿周边的深水区）
傍水禽类栖息地	包括佛法僧目和雀形目的部分种类，如普通翠鸟、小云雀、灰喜鹊	草本湿生型和中生乔灌木为主
猛禽类栖息地	鹰、雕、鵟、鸢、鹫、鹞、鹗、隼、鸺鹠等次级生态类群	水边疏林灌丛型和草本湿生型为主

（表格来源：根据《湿地公园植被专项规划》改绘）

水禽生态分布汇总 表 6–20

生境类型	水禽种类
江河型湿地	鸊鷉目、雁形目
湖泊型湿地	鸊鷉目、雁形目
沼泽型湿地	鹳形目、鸻形目、鹤形目、鸊鷉目、雀形目
浅水岸滩	鹳形目、鸻形目、鹤形目、鸊鷉目
疏林灌丛	鹤形目、雁形目、鸡形目、雀形目、鸽形目
农田型湿地	隼形目、鹳形目、鸻形目、鹤形目、雁形目、鸽形目

（表格来源：根据《湿地公园植被专项规划》改绘）

水禽的生态位分析① 表 6–21

种类	栖息地	筑巢地	食源
隼形目	场地开阔，以多草的沼泽地、芦苇地及稻田为最佳	树顶、崖壁	蛇类、蛙类、鼠类、鸟类、鱼类
鹳形目	河岸、草甸、苇丛、沼泽、稻田、水渠、池塘浅水区、水域附近的灌丛等漫水地带	阔叶或针叶树顶、竹上、茂密的苇丛或苔草中	节肢动物、软体动物、甲壳动物、昆虫、鱼类、蛙类、鼠类、水草等
鸻形目	泥滩、沼泽、苇丛、草甸、稻田、矮草地、路边树林等浅水或湿润的地方	江心岛的卵石间、河岸等处，巢距水近，较潮湿	节肢动物、甲壳动物、昆虫、鱼类、谷类、草茎、植物果实
鹤形目	河岸、水边灌丛、湖边、草丛、竹丛下，稻田及苇塘	茭白、香蒲、芦苇丛中或近水灌丛	鱼类、昆虫、鼠类、豌豆、谷类、草子
鸊鷉目	平原、沼泽、河流、湖泊、池塘及水库等深水地带	河湖水上、苇丛、灯心草、香蒲间，巢漂浮于水上	水生植物、鱼类、螺类、虾类
鸥形目	江（河）岸浅滩	江河、荒滩，巢一般是在地面的浅穴内铺上少许杂草	植物果实、昆虫、鱼类、虾类、蛙类、鼠类等
雁形目	湖泊、池塘、河流、水库、水田耕地中捕食。白天在水域休息，黄昏飞至食物场游荡觅食，晚上返回宿地	河湖边的荒野草丛、浅穴、水中岛、水渠，灌草丛、沼泽湿地、树洞	甲壳类、软体动物、昆虫、水生植物的芽和茎、谷类等
鸽形目	村庄周围及稻田、高树、电线。成对于开阔的农耕区、稻田、晒场、谷物堆上觅食	落叶松、云杉、柏、灌木、荆棘丛中的树杈上，叶茂密隐蔽处	杂草种子、农作物种子和各类植物果实
鸡形目	栖息于针阔叶混交林，河边、农田附近茂密的林中。性机警，以小群活动	林内和林缘的岩石下，灌草丛间	谷类、豆类、玉米、草籽、蜗牛、蜘蛛、昆虫
雀形目	栖息环境较为复杂，如森林、草原、河边、湖沼等	树木或灌丛间	谷类、杂草种子、昆虫等

（表格来源：根据《湿地公园植被专项规划》改绘）

2）鱼类栖息地营造技术

在湿地恢复中，鱼类群落的动态可以用来监测湿地水质。水质越差，鱼类的多样性就越低。湿地鱼类包括内陆湿地鱼类、近海海洋鱼类、河口半咸水鱼类、过河口洄游性鱼类四类。内陆湿地鱼类占大部分。鱼类恢复的主要措施有：投放鱼苗、建造人工鱼礁、构筑水下石块群、控制捕捞强度。鱼类喜嗜植物：金鱼藻、黑藻、浮萍、慈姑、槐叶萍、苦草、格菱。

湿地鱼类生境的营造有下列三种方式：

① 屈亚潭．湿地公园植被专项规划 [J]．榆林学院学报，2008.

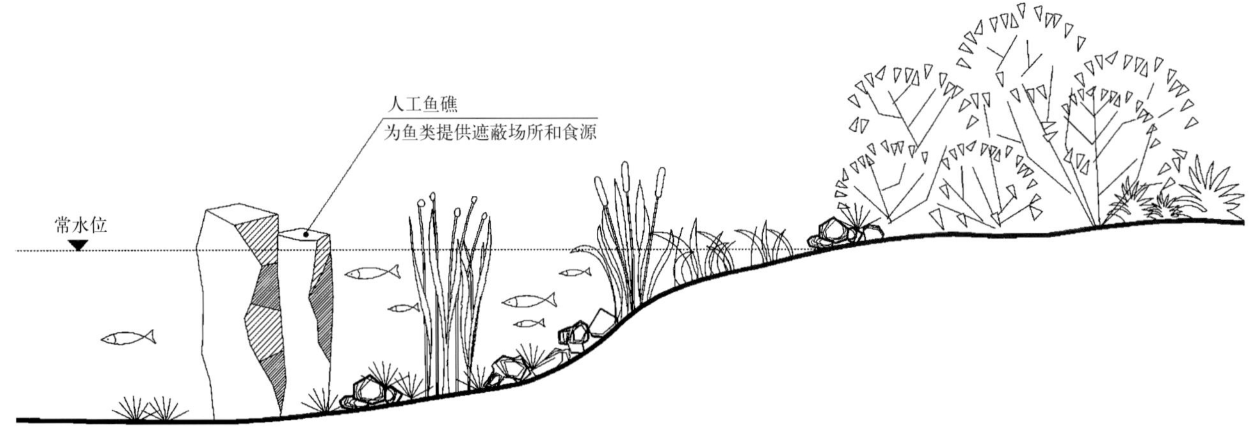

图 6–30　水生生物栖息地营造—人工鱼礁

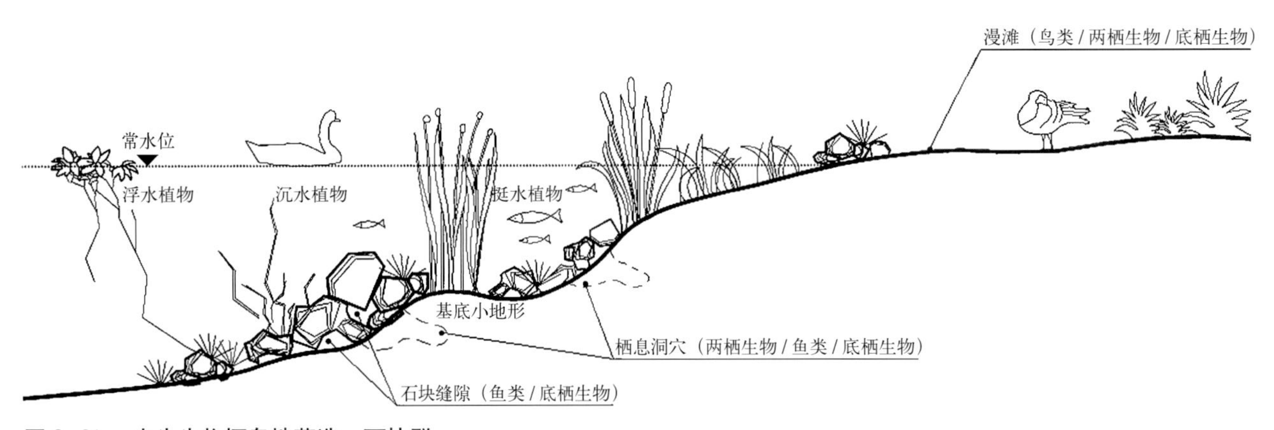

图 6–31　水生生物栖息地营造—石块群

①人工鱼礁

人工鱼礁这种构筑物放置于湿地环境中，使水流向上运动，有效促进水体交换，补充了水环境中的营养物质，为浮游生物创造了良好的生长条件，同时有利于螺蛳等各种生物的附着、滋生，从而为鱼类提供了食物；另外，人工鱼礁为鱼类提供了遮阴和躲避天敌、洪水的庇护所。人工鱼礁的建设一般选在较为平坦且离岸不远的地方，通常用钢筋混凝土构件制成具有圆柱状、三角状、多面状、半球状、漏斗状等各种形态。人工鱼礁的大小可以根据栖息地的鱼种类进行设计（图 6–30）。

②石块群

在基底放置石块或石块群可以增加水系结构的复杂度和水力条件的多样性，这对于包括水生昆虫、鱼类、两栖动物、哺乳动物和鸟类等生物的组成、水生生物群的分布具有积极影响。在河道内安放单块石块和石块群有助于创建具有多样性特征的水深、底质和流速条件，从而增加河道栖息地多样性。石块之间的空隙是水生生物良好的遮蔽场所，石块群还有助于形成较大的水深、气泡、湍流以及流速梯度。石块群一般用于稳定、顺直、坡降介于 0.5% ~ 4%的较小的宽浅式水系中。在平滩断面上，石块所阻断的过流区域不应超过 1/3。一个石块群组往往由 3 ~ 9 块砾石组成，石块间距一般控制在 0.1 ~ 1m（图 6–31）。

③废旧构筑物

对于一些特殊类型（如取土坑）等高差变化较大的基底，可以通过对环境无污染的废旧构筑物（如废旧水泥船）的抛掷、沉底减少回填的土方用量。同时，采用这种措施可以提高基底丰富度，废旧构筑物的孔洞为水生生物（鱼类、两栖生物、底栖生物）提供了庇护、栖息的场所，也为一些水生植物构成了立地条件（图 6–32）。

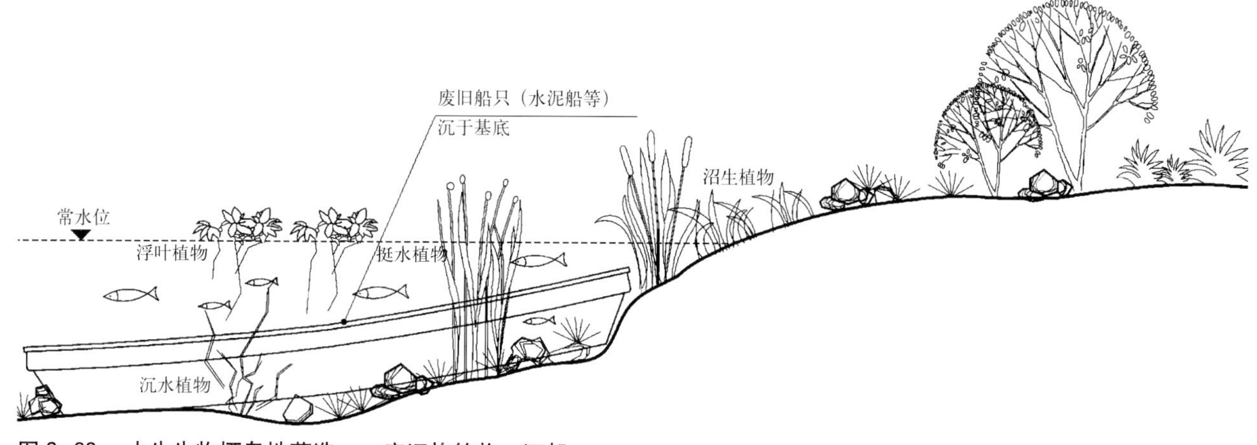

图 6–32　水生生物栖息地营造——废旧构筑物、沉船

3）两栖类

两栖动物是一类典型的湿地动物。对于这类动物的保育和恢复需要仔细研究它们对栖息地的要求。有的物种如蛙类能适应稻田、滨岸等不同湿地环境，但有的物种如大鲵则只能适应非常洁净的水体。在基底改造中，应适当提高水下地形的丰富度，可以人为营造一些小的栖息洞穴。利用枯树投入浅水区域，可用于控导水流，似自然倒伏的树干为鸟类、两栖动物、底栖生物提供庇护、阴凉、攀爬的媒介和食源（表 6–22，图 6–33，图 6–34）。

在常熟沙家浜湿地公园东扩工程中建立了一个以两栖生物为主的游览区域，原竖向变化较大，设计利用原自然地形构成若干个不同标高的生长池，通过对生长习性的了解将各类生物分别安置于不同的标高层，平均水深约 0.6m。水系周边设计了大小不一的滩面，河滩石、植被等为生物提供了良好的陆上栖息场所。水系之间有相通也有隔断，隔断的目的在于减少上游水质对下游生物的影响，同时，设置小型水闸控制水位。考

湿地常见两栖类和底栖类生物生境要求　　表 6–22

生物名	筑巢要求	食源
蟹	• 水深：1 ~ 1.5m，pH 最适为 7.5 ~ 8.5，水质要求较高 • 坡比 1 ∶ 4 为宜，与畦面呈 15 度左右倾斜角，深 20 ~ 30cm 的洞穴 • 用砖瓦等材料筑好巢穴后，加深水位，使巢穴沉浸水中，以供蟹种栖息 • 增加水草覆盖度	小杂鱼、小虾、蚌肉、螺蚬肉、蚕蛹、鱼粉、昆虫幼体、浮游动物、丝蚯蚓
龟	• 两倍于龟体长的土层厚度和适当的杂草适宜龟类巢穴的营造 • 泥土干燥、大型石块会阻碍龟的筑巢 • 基底淤泥或有覆盖物的松土是龟类冬眠的良好场所	昆虫、蠕虫、小鱼、虾、螺、蚌、植物嫩叶、浮萍、瓜皮、麦粒、稻谷、杂草种子
蛇	• 荫蔽潮湿、杂草丛生、树木繁茂、有枯木树洞或乱石成堆、具柴垛草堆和古埂土墙、饵料丰富 • 设置一定的滩面供蛇暴晒	鼠类、蛙类
蜥蜴	• 巢穴附近留出一定的滩面，供蜥蜴暴晒在阳光下，刺激其消化和营养的吸收 • 巢穴周边避免设置景观灯，提供夜晚黑暗的栖息环境	昆虫、石龙子、蔬菜、南瓜、水果
大鲵	• 溪流之中，在水质清澈、含沙量不大，水流湍急，并且要有回流水的洞穴中生活	水生昆虫、鱼、蟹、虾、蛙、蛇、鳖、鼠、鸟
蛙、蟾蜍	• 潮湿环境、产卵于水生植物的茎叶	昆虫、小型节肢动物、蠕虫
蚌	• 基底：泥沙 • 珠蚌：生活在流动的河水里 • 池蚌：生活在水面平静的池塘里	微小生物、有机物质
河蚬	• 沙、沙泥或泥的江河、湖泊、沟渠、池塘及河口咸淡水水域 • 幼蚬栖息深度 10 ~ 20mm，大蚬可潜居 20 ~ 200mm，以 20 ~ 50mm 分布最多	硅藻、绿藻、眼虫、轮虫

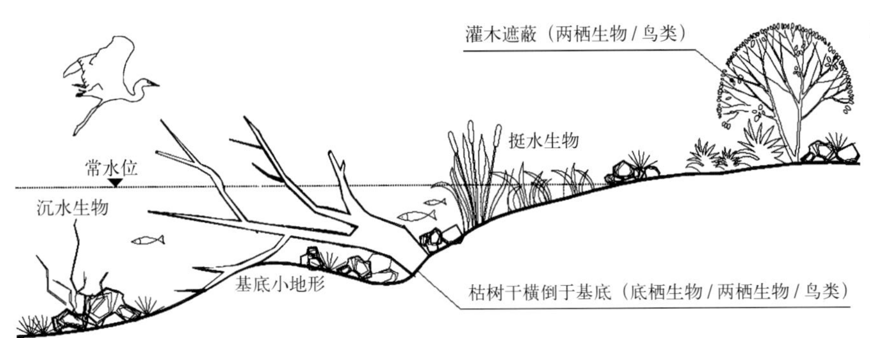

图 6–33　水生生物栖息地营造——枯树

图 6–34　香港湿地公园枯树生境

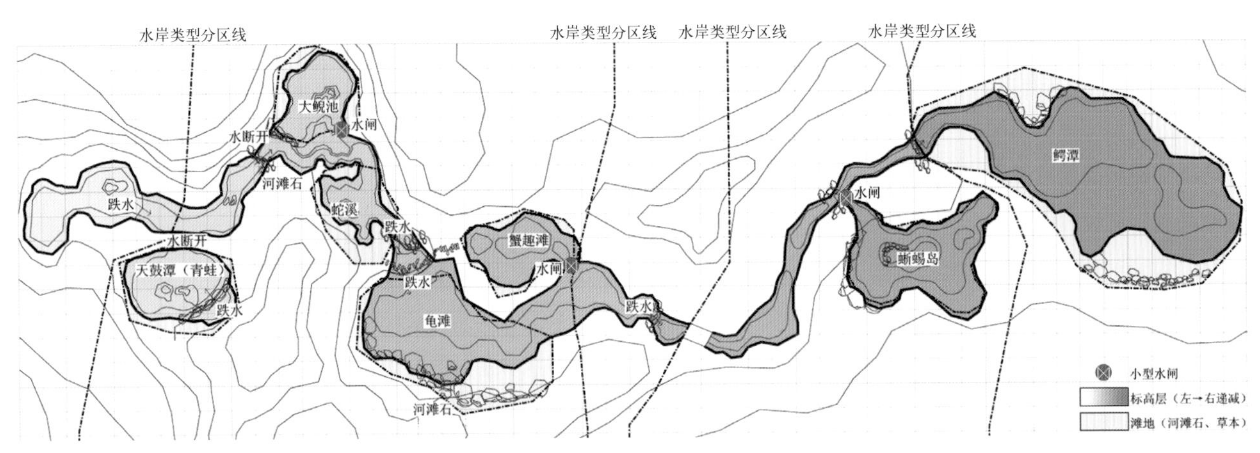

图 6–35　常熟沙家浜湿地公园东扩工程两栖动物养殖池设计平面图

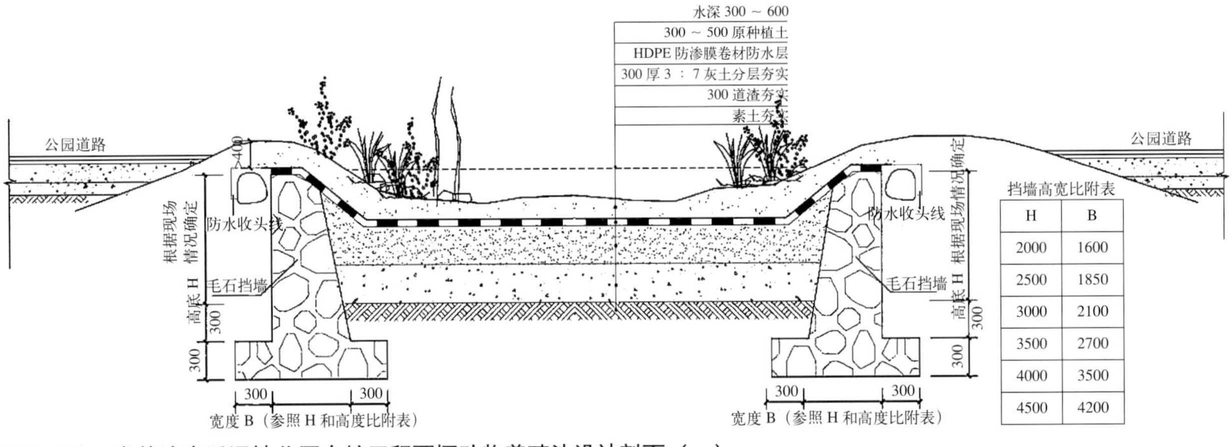

H	B
2000	1600
2500	1850
3000	2100
3500	2700
4000	3500
4500	4200

图 6–36　常熟沙家浜湿地公园东扩工程两栖动物养殖池设计剖面（一）
（注：此断面适用于水岸两侧均低的地段）

虑到养殖的要求，在原基底土壤上加设灰土层、防水卷材等以增强基地的保水能力。根据不同湿地生物的生态习性要求（如洞穴深度）确定防水卷材的铺设深度，避免卷材对生物筑巢打洞的负面影响。同时，在场地四周加以玻璃隔断、筛网等维护设施以防止动物窜出，加强游人的观赏安全（图 6–35 ~图 6–39）。

4）底栖动物

底栖动物是生活在湿地水体底部的肉眼可见的动物群落。底栖动物是一个庞杂的生态类群，其所包括的种类及其生活方式较浮游动物复杂。多数底栖动物长期生活在底泥中（图 6–40），具有区域性强，迁移能力弱等特点，对于环境污染及变化通常少有回避能力，其群落的破坏和重建需要相对较长的时间。同时，不同种类底栖动物对环境条件的适应性及对污染等不利因素的耐受力和敏感程度不同。

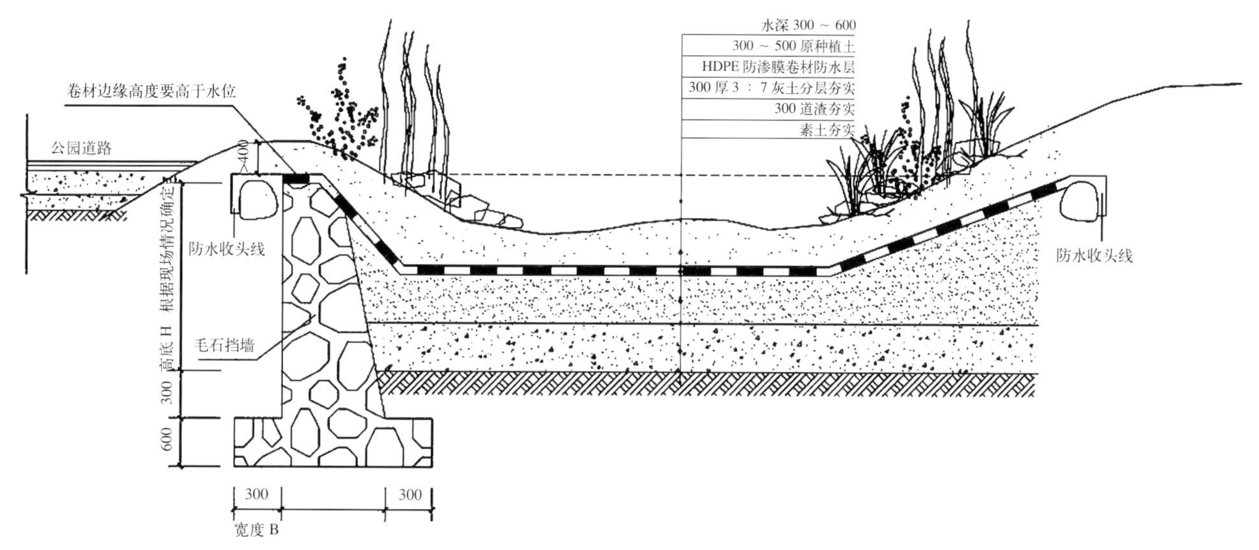

图 6–37　常熟沙家浜湿地公园东扩工程两栖动物养殖池设计剖面（二）
（注：此断面适用于水岸一侧高一侧低的地段）

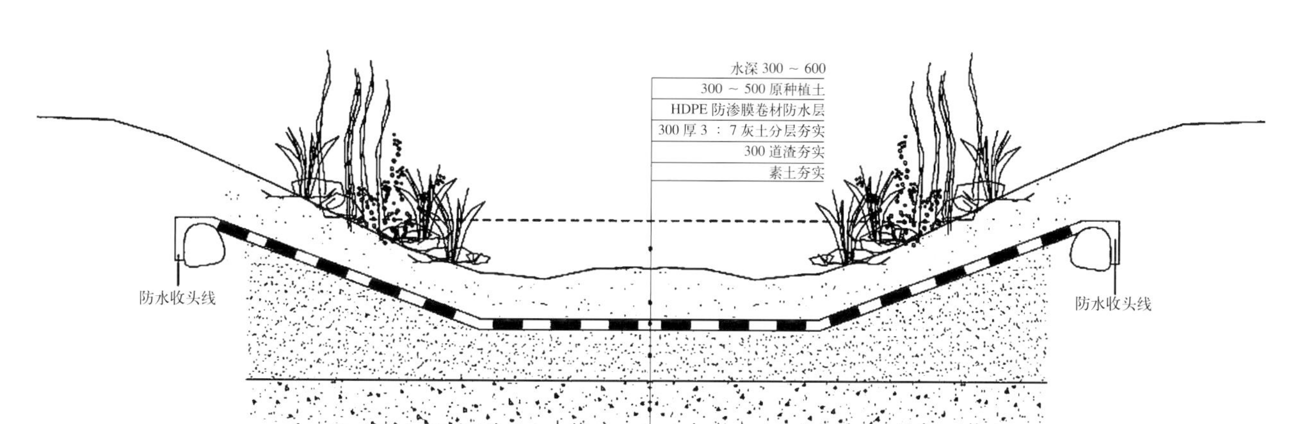

图 6–38　常熟沙家浜湿地公园东扩工程两栖动物养殖池设计剖面（三）
（注：此断面适用于水岸两侧均高的地段）

图 6–39　常熟沙家浜湿地公园东扩工程两栖动物养殖池

（1）原生底栖动物：是能直接利用水中溶解氧的种类，包括常见的蠕虫、底栖甲壳类、双壳类软体动物等。

（2）次生底栖动物：是由陆地生活的祖先在系统发生过程中重新适应水中生活的动物，主要包括各类水生昆虫、软体动物中的肺螺类，如椎实螺等。

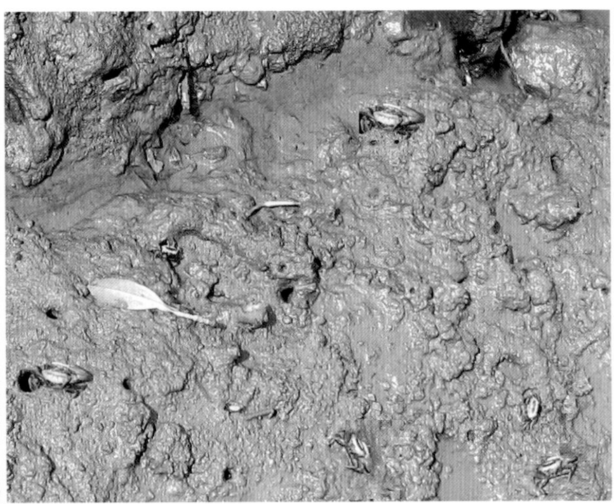

图 6–40　香港湿地公园底栖生物——招潮蟹

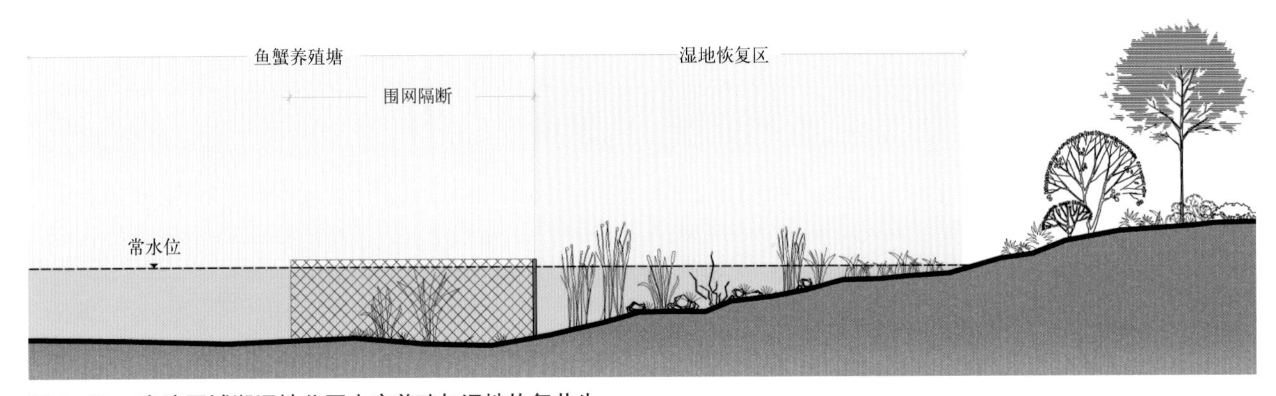

图 6–41　高淳固城湖湿地公园水产养殖与湿地恢复共生

湿地底栖动物生境的营造：

（1）湿地基底的营造除了泥沙等松软基质外，还需要设置岩石等坚硬的基体。

（2）栽植底栖动物喜欢附着的水生植物，如芦苇。

（3）在滨海型湿地中要加强潮间带的建设营造。

（4）为底栖动物提供食源，包括悬浮物和沉积物两种。

在高淳固城湖湿地公园中采用有效调蓄的方式使得湿地植物生长与水产养殖和谐共生（图 6–41）。通过现有四个水闸有效调蓄园区内部水位，保持水位基本恒定，满足植物与鱼蟹生长的水环境要求。通过增设一些阻隔设施如金属隔网等减少鱼蟹对湿地植被生长的影响；同时在养殖区内可以种植一些苦草、菹草（春季）、黑藻（夏、秋季）等鱼蟹喜嗜植物。

第 7 章 |湿地公园的生态化营造技术|

随着景观生态学、生态美学以及可持续发展的观念引入到景观规划设计中，湿地景观的营造不再是单纯地以满足人的活动、建构赏心悦目的户外空间为主要目标，而更在于协调人与环境的持续和谐相处。因此，湿地公园营造的核心在于对土地和景观空间生态系统的干预与调整，借此实现人与环境的和谐。通过对保护优先、可持续发展、和谐共生设计概念的理解，对于湿地的保护，并不意味着将其完全隔离化。通过合理、精心的规划设计以及生态化营造技术的支持，实现湿地保护和旅游开发、科普教育和休闲娱乐等多重目标。湿地公园的生态化营造技术包括基于湿地资源可持续利用的水、土改造、调控技术和基于游憩行为考量的公园活动设施构筑技术。

7.1　湿地公园生态技术措施

7.1.1　竖向改造设计

7.1.1.1　湿地植被土壤环境

在竖向地形的塑造上，按照生物系统的分布格局进行设计。在自然湿地中有凹岸、曲流、岛屿、浅滩、沙洲与深潭的交替分布，多种地形地貌和植被为各种生物繁衍创造了适宜的生境，能够有效降低水流速度、蓄水涵水、削弱洪水的破坏力。湿地公园的建设需为植物提供立地条件和适宜的生长环境。以水生植物为例，挺水、浮水、沉水、沼生等不同的植物种对于基底的要求亦有所区分。沿水系分布的坡面以缓坡地形为主，林地的自然坡度满足基本排水，创造舒缓、悠闲、富于变化的景观特色。在水系统设计上，建立一个广泛连通的湖和水道，形成贯穿湿地公园活动区域内水系的蓝道系统。

1）常熟沙家浜湿地公园东扩工程

在常熟沙家浜湿地公园东扩工程中，原地形陡峭、高差显著（图 7–1），设计者将原有陡峭的坡面改造成阶梯状台地，从而形成了适合不同种类水生植物生长的种植面。这种“变坡为台”（图 7–2，图 7–3）的方式增加了漫滩面积，不仅解决了水生植物的立地问题，同时达到土方的自身平衡（图 7–4），具有很好的经济效益。在靠近苏嘉杭高速区域湿地生境营造中，取土坑的竖向高差不利于水生植被的生长。因此，在设计中通过抛掷当地废弃水泥船，减少土方量的投入，这种方式亦有利于形成丰富的基底，继而构成生物栖息地。

2）高淳固城湖湿地公园

高淳固城湖湿地公园是基于鱼蟹养殖塘生成的，竖向改造考虑地带性原则，因地制宜，充分利用原始地形，追求土方平衡。基地内原有路网作为湿地的生成骨架，减少土方改造量。现有的鱼塘与蟹塘，普遍深度较浅，鱼塘一般在 0.9 ~ 1.2m，蟹塘在 0.6 ~ 0.9m 之间，同时水体富营养化程度较高，因此应充分利用此有利条件进行开挖形成湿地。在原有鱼蟹养殖塘边缘地带通过塑造地形，形成阶梯状种植台面，满足挺水、浮水、沉水等不同类型湿地植物的生长需求（表 7–1，图 7–5）。

图 7–1　常熟沙家浜湿地公园东扩工程中原有陡峭的岸线

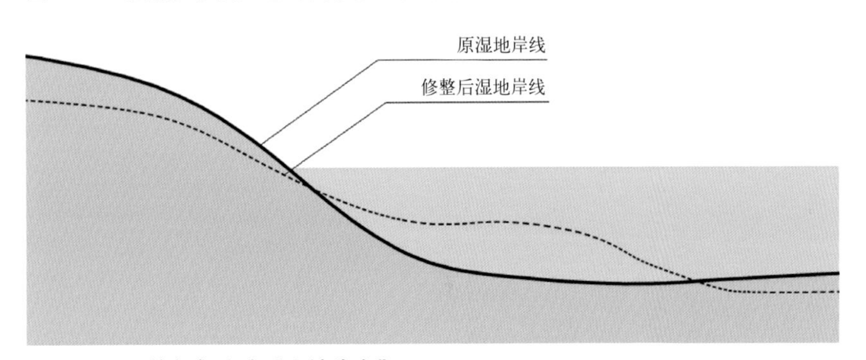

图 7–2　湿地竖向改造“变坡为台”

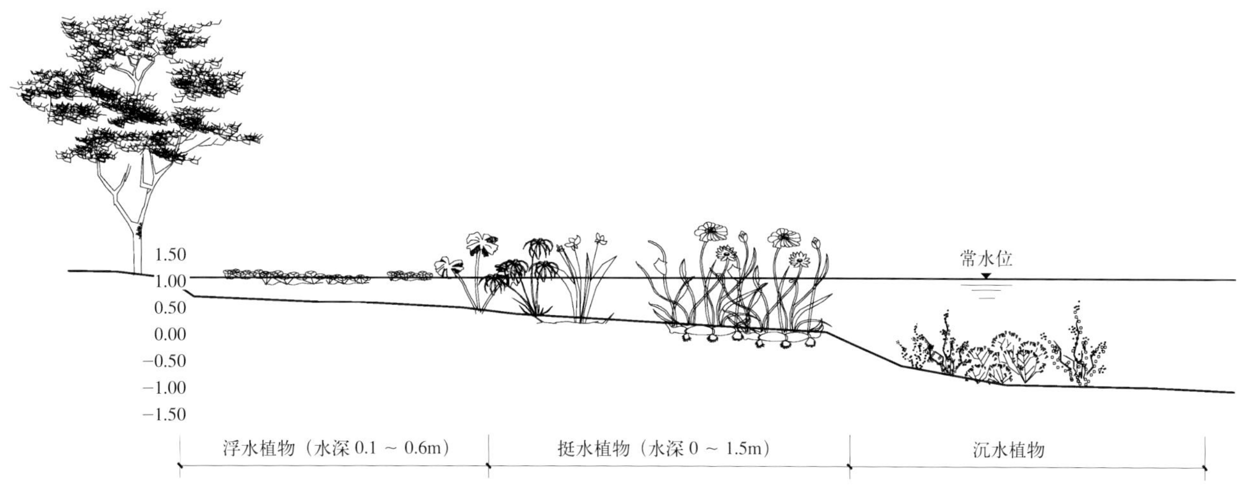

图 7–3　常熟沙家浜湿地公园东扩工程“变坡为台”改造

固城湖湿地公园景观生成技术　　表 7–1

景观类型	依托本体	竖向改造措施
湖泊型湿地景观	鱼塘深度：0.9 ~ 1.2m 蟹塘深度：0.6 ~ 0.9m	在整合多个大型鱼蟹养殖塘的基础上，营造湖泊岸线的自然形态，丰富岸线植物景观，改善水质，形成碧波荡漾的核心湖区湿地景观
河道水渠型湿地景观	河道深度：1.9 ~ 2.2m 水渠深度：0.8 ~ 1.8m	在现有河道、水渠的基础上进行改造与整合，通过技术措施营造湿地植物生境与改善水质，减少河水富营养化，营造多样性的河道湿地景观。应尽可能用自然材料处理驳岸，使水系岸带与整个园区的自然景观形成一个和谐统一的整体
池塘型湿地景观	鱼塘与蟹塘周边地带	对于保留下来的鱼塘与蟹塘周边地带进行适当的景观改造，增加木栈道、观赏平台等景观设施，游人可在此垂钓、捕捉鱼蟹，体会人工湿地的自然野趣

苏州太湖湿地公园将湿地公园核心区通过保留、梳理现状鱼塘肌理，形成“旷奥相融、水巷密布”的湿地水体系统，使湿地公园核心区形成“一湖多湾”的水体构造。打开原有封闭的鱼塘，使水系互相连通，合理安排湿地公园的引、排水线路，贯通河网水系，实现水的自然循环。通过竖向调整，公园的水域面积大大增加，占总面积的比率由原来的 48%增加为 71%[①]（图 7–6）。

3）金湖西海公园

金湖西海公园的竖向设计中，利用原有的地形高差，降低边界坡度，使之也成为各种滩地，有效增加和丰富了水陆交汇面。水面被设计为三个标高层，每层平均水深约 1 ~ 1.5m，边缘呈台地状，水深 0.5m，高差转换处设置溢流口。在土方改造过程中，利用原狭长农田堤岸、田埂，将其改造为大小不一的岛屿，实现土方就地平衡（图 7–7）。

图 7–4　常熟沙家浜湿地公园东扩工程土方计算

① 贺凤春，俞隽，多学科合作的苏州太湖湿地公园规划设计 [J]．风景园林，2009.

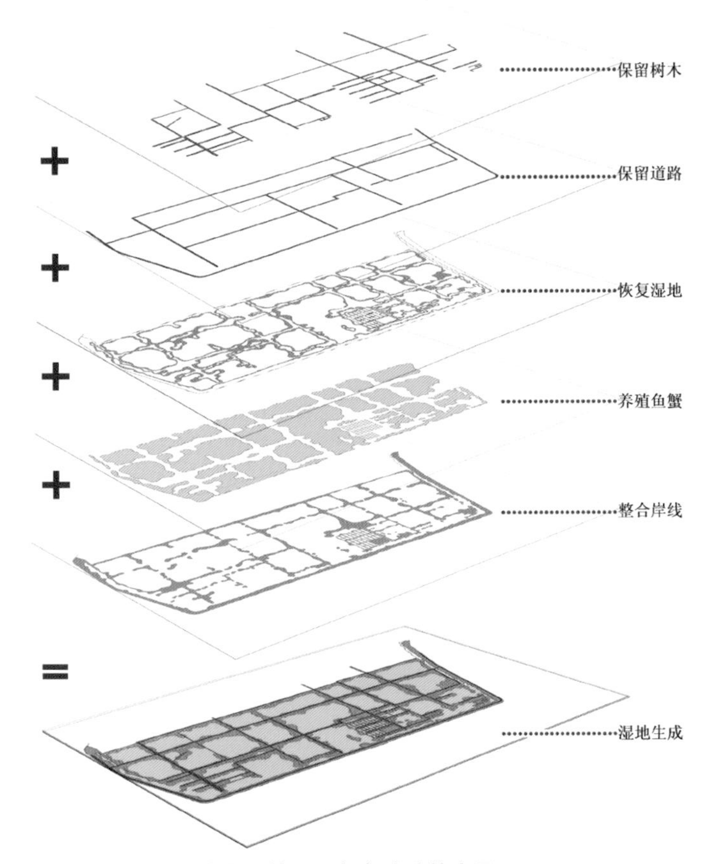

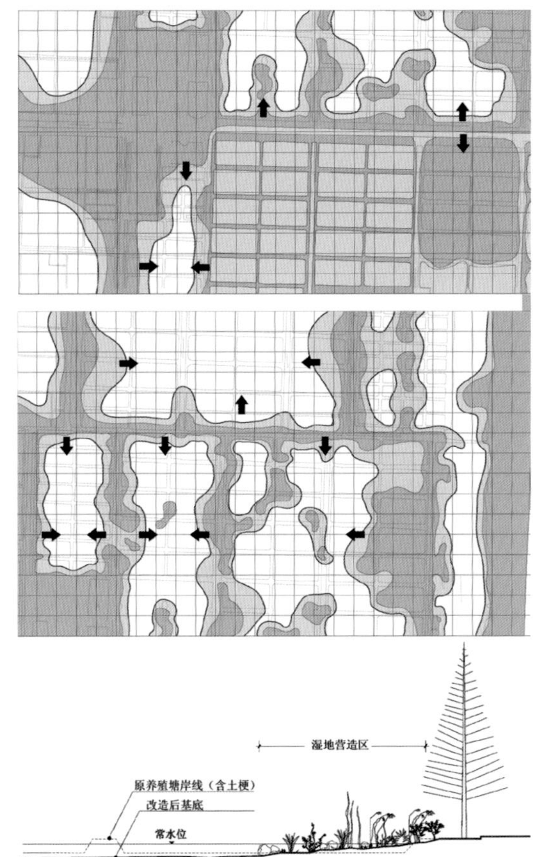

图 7–5　高淳固城湖湿地公园竖向改造技术图

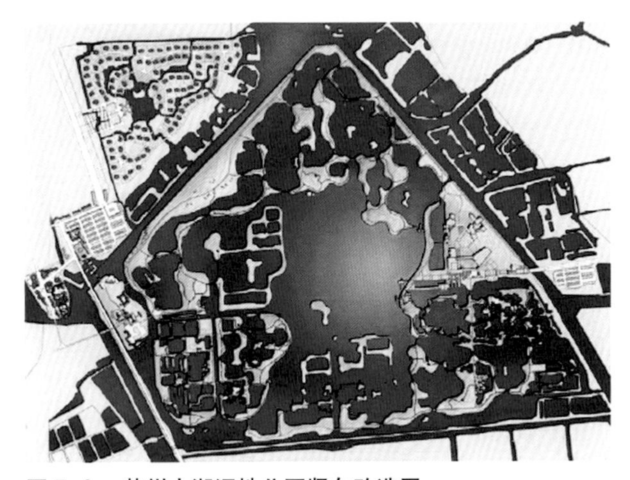

图 7–6　苏州太湖湿地公园竖向改造图

4）常州丁塘河湿地公园

常州丁塘河湿地公园竖向设计中对主要河道以保护为主，适当调整岸线及堤岸，水位自然变化，塑造多层次水位景观效果。其他区域利用现有水面、洼地，适当调整、梳理，形成水位可控的、层次丰富的湿地景观及湿地教育、展示区①（图 7–8）。

5）杭州西溪湿地公园

在杭州西溪湿地公园景观保护与修复过程中，采取以下措施对地形地貌进行适度改造，以适宜湿地植被的需求生长②：

(1) 加强河网之间的沟通，增加水面面积，恢复江浙地区平原河网的湿地景观，扩展局部水面，形成局部湖沼景观；

(2) 保留低洼地形，培育低洼湿地景观；

(3) 保护和恢复“塘—基—渚”湿地景观，保留原有植被；

(4) 保留水质和生态良好的池塘；

(5) 尽量做到土方就地平衡。

① 常州市规划设计院环境所．丁塘河生态湿地公园景观设计竞标方案．2009.

② 国家林业局，易道环境规划设计有限公司．湿地恢复手册 原则·技术与案例分析 [M]．北京：中国建筑工业出版社，2006.

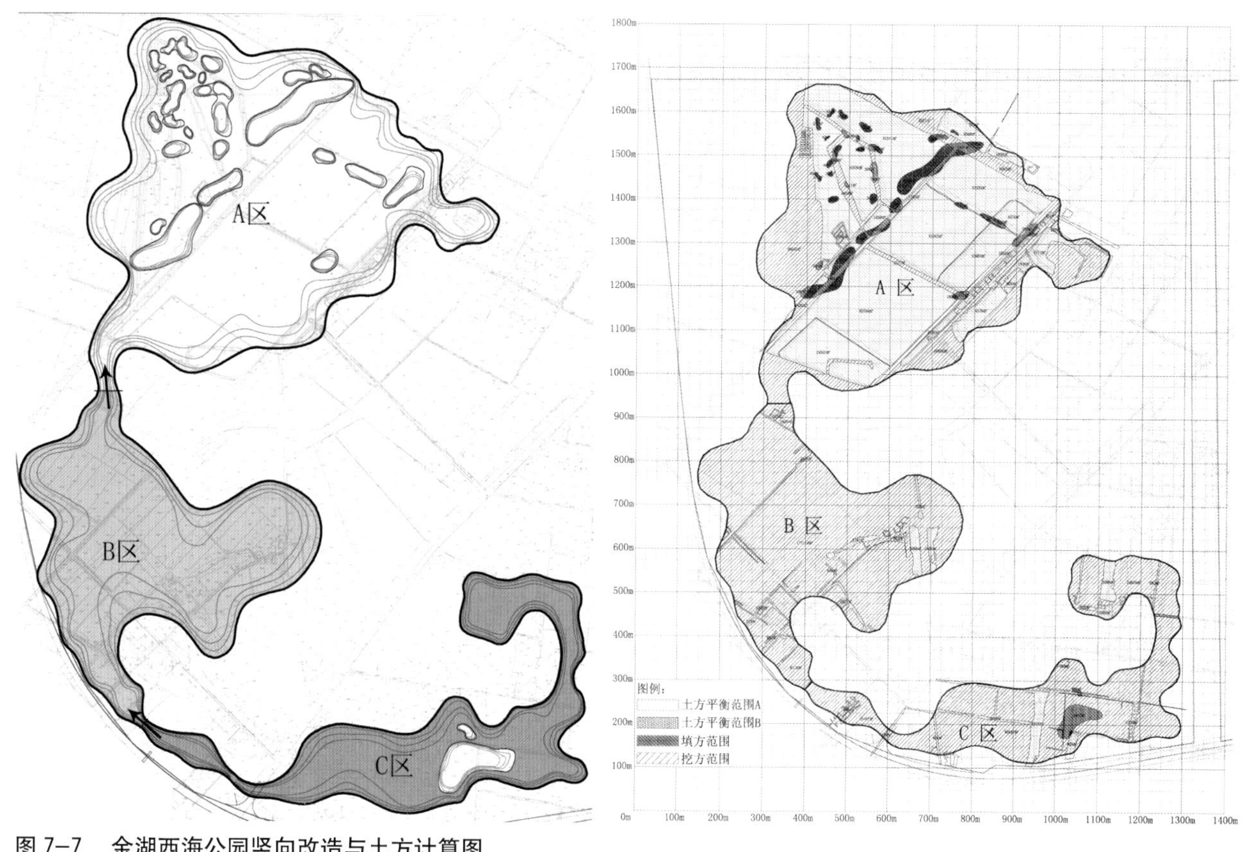

图 7–7 金湖西海公园竖向改造与土方计算图

图 7–8 常州丁塘河湿地公园挖填方设计
（图片来源：丁塘河生态湿地公园景观设计竞标方案）

7.1.1.2 游憩空间塑造

湿地公园的基底一般较为均质，场地竖向变化较小。因此，在湿地公园局部地段的营建中，尤其是人为活动较为频繁的游憩空间塑造，要适当对原地形进行修整以满足景观美学的审美需求以及游憩行为的开展。湿地公园由入口面向道路一侧，向湿地公园内部呈现景观、生态和地势上梯度的渐变序列，通过高大的乔木林、局部造型的地势来分隔空间，成为人工向自然的过渡，同时营造较好的小气候环境。湿地公园本身是为了提供人们接近水的机会，过度的安全保护措施又会使人与水无法接触。水深控制是保证游人安全的措施。在无法满足控制整个水体水深的状况下，可以对游人能够接近的部分水体进行水深控制，如距

图 7-9　苏州石湖大型取土坑破坏次生湿地

离岸边 3m 以内水深不超过 1m，则可以很有效保证游人安全。同时应在临水的边缘和接近水的地带设置人性化的警示标志[①]。

湿地公园中的点状空间主要包括湿地中的各个游憩节点，如入口广场、滨水平台等。这些节点往往承载较大的集散功能，也是游人驻足停留活动的主要区域。线状空间是湿地中的主要游憩渠道，通过水生植物的栽植，使穿梭其间的步行系统独具特色。因此，在线形空间的竖向设计上要凸显湿地景观特色。

1）苏州石湖景区

苏州石湖景区东南角由于大量取土使地形高差变化较大（2 ~ 5m 不等），严重影响了农田型次生湿地景观，并破坏了水生植物的立地条件（图 7-9）。通过化陡壁为缓坡的设计策略，逐级消减水陆交界处的竖向高差。地形堆土设计坡度最陡处不大于 1 ∶ 4；压实度不小于 0.9。同时，充分利用原有道路、田埂作为构建湿地堤、岛的基础，减少土方运输。考虑到湿地环境中的游憩需求，空间形成梯度变化，由东南向西北构成堤、半岛、全岛、大湖面等多种景观形态，成为水上活动的载体。这种梯度配合陆地游线、建构筑物的组织设计形成移步换景的效果（图 7-10）。

2）扬中长江湿地公园

扬中市长江湿地公园中针对现状高差变化，采用以下断面改造技术以营造满足游憩、观赏、栽植等多功能要求的适宜空间（图 7-11）。

（1）针对环江公路和基地高差：改善驳岸结构，台地化处理，以人进入湿地的渐进式体验为设计基础；

（2）针对基地地形普遍低于夹江洪水位标高：通过竖向调整，使主要功能区的标高高于夹江最高平均水位；

（3）针对基地地形平坦：局部结合景点设计营造起伏的地形。

7.1.2　湿地生态岸线设计

7.1.2.1　生态岸线设计

在湿地景观环境中，岸线及岸边环境是一类独特的线性空间，建设量大面广，是湿地系统与其他环境的过渡地带。由于“边缘效应”，区域内生物种类丰富。因此，在对湿地岸线进行设计时应尽量运用自然形式，以取得与周围环境的协调。结合湿地的参观、污水净化、生境保护等功能，将岸线建设成为多种生物栖息地。理想的湿地驳岸生态工程技术应以自然升起的湿地基质的土壤沙砾代替人工砌筑（图 7-12）。

① 王浩，汪辉，王胜永，孙新旺．城市湿地公园规划 [M]．南京：东南大学出版社，2008.

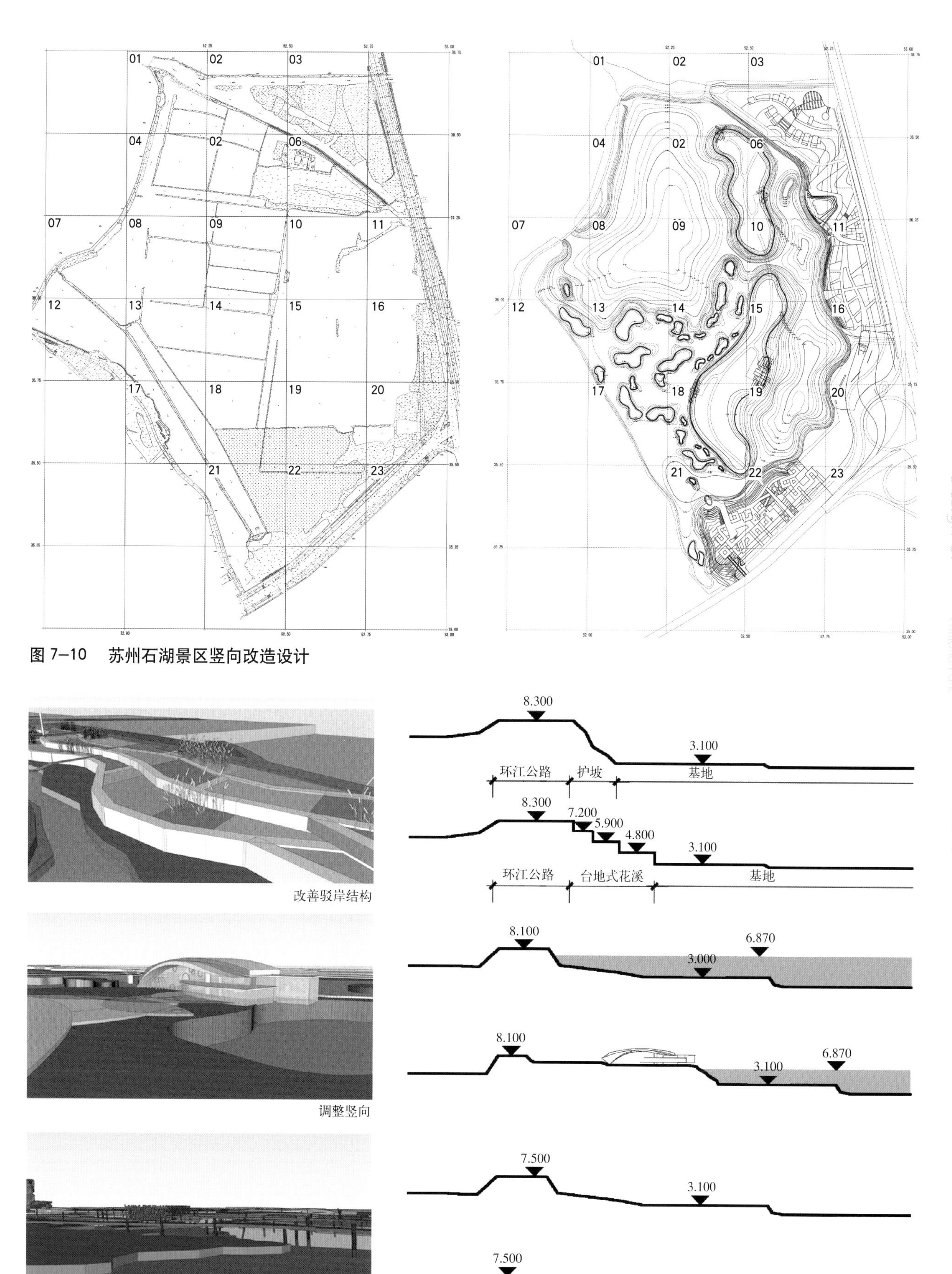

图 7-10　苏州石湖景区竖向改造设计

图 7-11　扬中长江湿地公园断面改造示意图

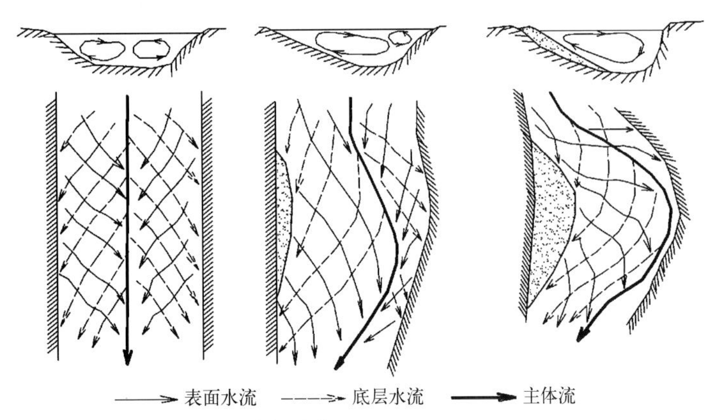

图 7–12 环流对岸体的侵蚀作用

（图片来源：freeweb.nyist.net）

1）生态岸线的功能

（1）补枯、调节水位

（2）增强水体的自净能力

（3）构成生物栖息地的重要组成部分

2）湿地岸线设计原则

（1）结构稳定性

驳岸在限制水体容积时，会受到水流的冲刷和土壤的挤压。稳定的结构是湿地驳岸存在的首要前提，同时它也会影响湿地生态设计的其他方面。因此，驳岸的设计须建立在对基地环境充分了解的基础上，分析岸坡的潜在威胁与崩塌形式等①。湿地驳岸的平面选择要根据水流的特点来确定。由于流水侵蚀的特点，造成凹岸基部侵蚀，坡度较陡，并且继续受侵蚀而后退，凸岸容易堆积泥沙，水流较缓。因此，凹岸宜作陡岸，需要强度和性能较好的材料来加固基脚。凸岸适宜处理为缓坡，护坡手段更为灵活。

（2）景观生态性

湿地与一般城市河道的最大区别在于湿地生境的抗干扰能力。因此，湿地驳岸的设计要建立在对湿地生境扰动最小的基础上，使其融于环境之中。湿地类型多样、土壤地质条件存在差异，驳岸设计要尊重该地域的场所特征，如场所大环境缺水，地下水位低，则构造设计是要设计一定程度的侧防渗。湿地公园承载一定的游憩需求，驳岸的设计也要考虑到游憩行为的开展。

3）生态岸线设计

（1）自然岸线

湿地公园岸线处理尽可能以自然生态驳岸为主，同时充分考虑因水位变化而带来的景观效果变化；在过水量不定的情况下，宜采用变截面形式，以缓解汛期瞬间水量过大而对两岸造成的不利影响，同时，这种自然驳岸能够保证水岸与湿地水体之间的水分交换和调节，从而使得两侧的生境能够满足水生植物的生长需求，有利于湿地生物的栖息。经计算，水深增加一倍，汛期容量 S2 是枯水期容量 S1 的 4 ~ 5 倍（表 7–2，图 7–13，图 7–14）。

（2）自然式岸线

自然式岸线是指通过一些人为的营建方式模拟自然护岸形态，从而达到强度要求与湿地环境要求的和谐统一。这种注重自然形态与亲水性的驳岸形式采用天然石材、木材护底，以增强堤岸抗洪能力，还能够营造生物生长、生活的生境条件（表 7–3，图 7–15 ~图 7–19）。

湿地地形坡度与岸线适宜形式对照表（一） **表 7–2**

岸线类型	湿地岸线适宜形式	适宜坡度	适应范围	主要特点	具体做法
自然岸线	自然堆土种植岸线（湿地的一般形态）	<30°	适用于坡度小于土壤自然安息角且冲刷程度较小的地段	自然式护坡形态自然，能够灵活创造湿地景观。缓坡入水的形式可以促进植物生长，适宜于自然界的各种生物生活繁衍	对局部高差较大的原地形进行修整，以满足土壤的自然安息角；也可以将其改造为台地式湿地种植床形式，满足不同类型水生植物的立地需求

① 李胜．园林驳岸构造研究 [D]．北京林业大学硕士学位论文，2007：22.

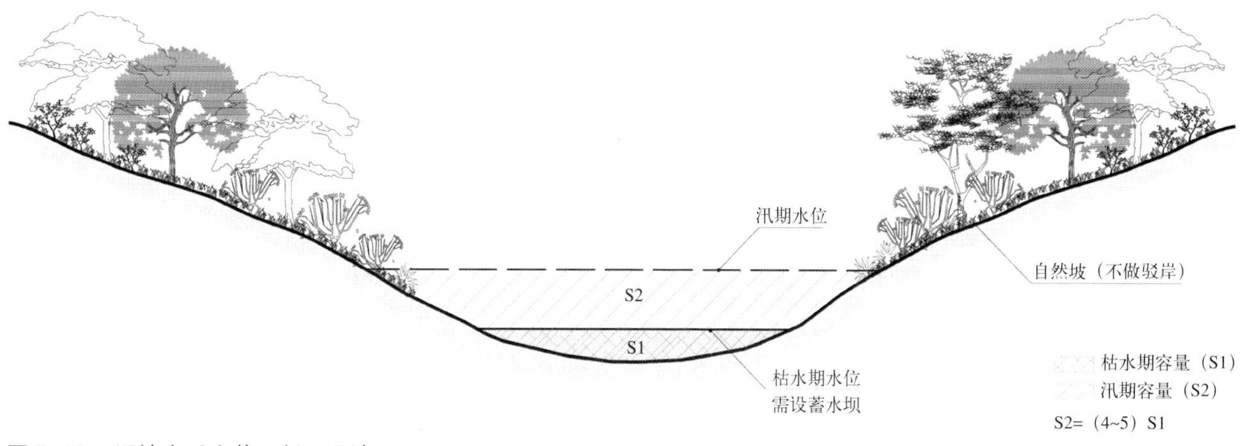

图 7–13　湿地水系变截面断面设计

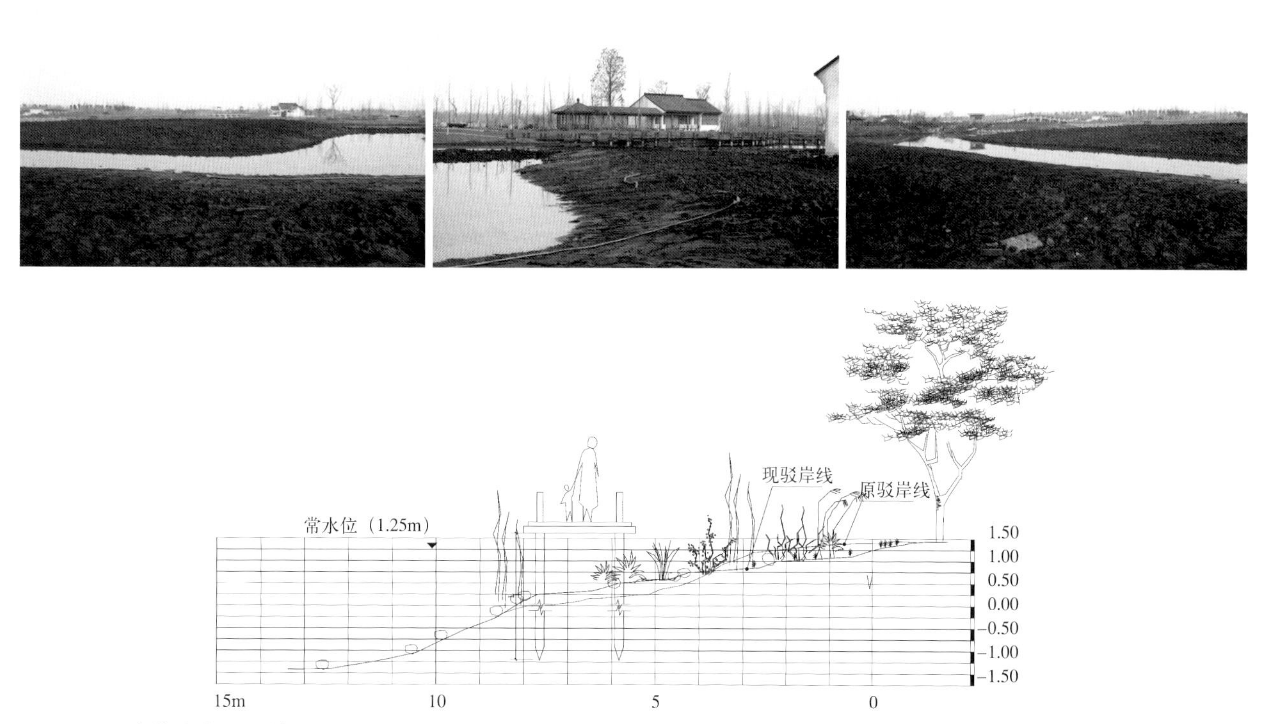

图 7–14　常熟沙家浜湿地驳岸改造

湿地地形坡度与岸线适宜形式对照表（二）　　表 7–3

岸线类型	湿地岸线适宜形式	适宜坡度	适应范围	主要特点	具体做法
自然式驳岸	干抛毛石驳岸	30°～40°	干抛毛石驳岸适用于冲刷程度较高，岸坡角度不大的地段，如湿地岛屿边缘等地	按照一定的级配抛石，结合毛石孔隙可以进行一定的水生植物栽植；大小不一的自然石块使护岸更显自然生动，同时也作为鸟类下降近水的载体	通过机械或人工抛投块石、卵石等人工或天然石料，大小石块相间，留出植物生长和生物活动空隙
	立插木桩驳岸	>40°	常用杉木桩、柳树桩、毛竹等，适用于坡度较陡的地段	以木桩形式进行护岸，其松软质地可以和周边的自然景观较好的融合	以杉木桩为例，将木桩表皮除去，涂沫桐油三度以绑扎的形式插入基底中，深度要求大于 1m，桩顶与水面的距离小于 0.5m
	木质沉床驳岸	>40°	木质沉床可以适用于流水冲刷中等或者严重的地段，对土壤要求不高	将木质沉床置于岸坡坡脚处，可以起到减弱水流对坡脚的直接冲蚀和掏刷作用，为部分水生植物和动物提供栖息地	利用木头做为框架，内填卵石或碎石的结构设施，因其石块之间留有较多的孔隙

图 7–15　干抛毛石驳岸

图 7–16　常熟沙家浜湿地公园东扩工程干抛毛石驳岸

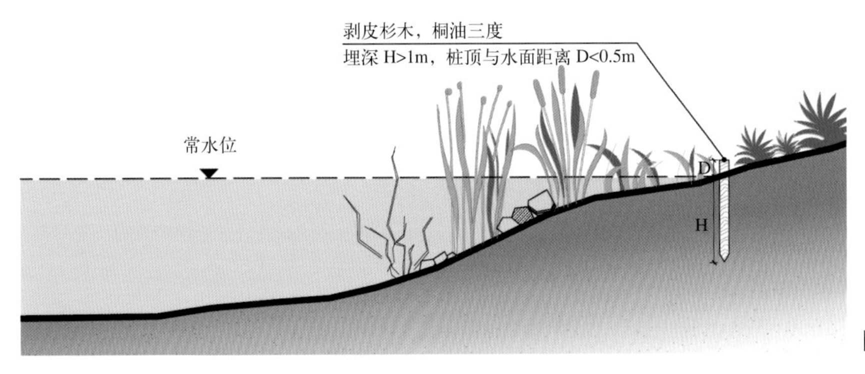

图 7–17　立插木桩驳岸

图 7–18　常州蔷薇湿地公园和泰州溱湖湿地公园立插木桩驳岸

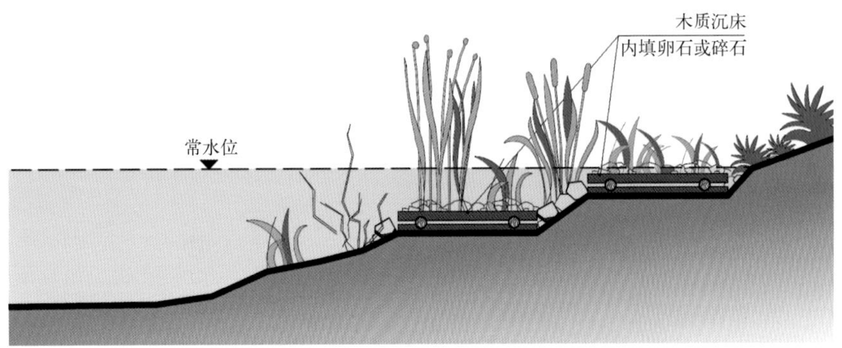

图 7–19　木质沉床驳岸

（3）人工岸线（表 7-4）

湿地地形坡度与岸线适宜形式对照表（三）　　表 7-4

岸线类型	湿地岸线适宜形式	适宜坡度	适应范围	主要特点	具体做法
人工岸线	干砌硬质块石驳岸	>60°	干砌块石一般用于倾斜式园林驳岸，如水体护坡	施工方便，造价较低。这些驳岸和石丛为陆地上需要穴居的生物和逃避追捕的生物提供避难场所，为其提供繁衍生息的空间	就地取材、利用大量存在的建筑废料（石块、砖块），内部多留空洞，为生物存活创造一定条件。平台上用植物进行覆盖，避免裸露。护岸形式可以处理为台阶式以消减体量
	浆砌硬质块石驳岸		浆砌块石强度较大，可以适用于岸坡角度大的地段。在湿地公园中常用于人为游憩活动较为集中的区域，如活动广场、游船码头等	灌浆增加了松散石块对波浪和水流冲击的稳定性，但是这种驳岸形式对湿地生境扰动较大	通过灌浆的形式将块石砌筑成护岸，石材选用以就地取材的自然石块或建筑废料为主。护岸形式可以处理为台阶式以消减体量

7.1.2.2　堤坝设计

恢复工程中对湿地进行水文控制的部分包括筑坝和围堰等（图 7-20）。这些设施的建立有利于创建良好的土壤和水环境，为持续生长湿地植物和吸引野生物种创造条件。堤坝的位置应纳入土地的自然轮廓，其形成的浸水区域应能够使开放水域和湿地的效用达到最大化。堤坝不管大小、其结构都必须符合关于稳定性、承重量、水土流失控制和永久性的工程规格，设计中必须考虑建设原料、坡度、植被、宽度和高度。为了保持堤坝的长期稳定性，选用合适的土壤、坡度等非常重要。低缩水膨胀率、高压缩度的土壤，如黏土、淤泥土和壤土适合于堤坝的修筑。为了巩固堤坝，防止水土流失，可以种植多年生或一年生草本植物。堤坝高度依据水环境的不同而适当增减。

图 7-20　湿地堤坝剖面图

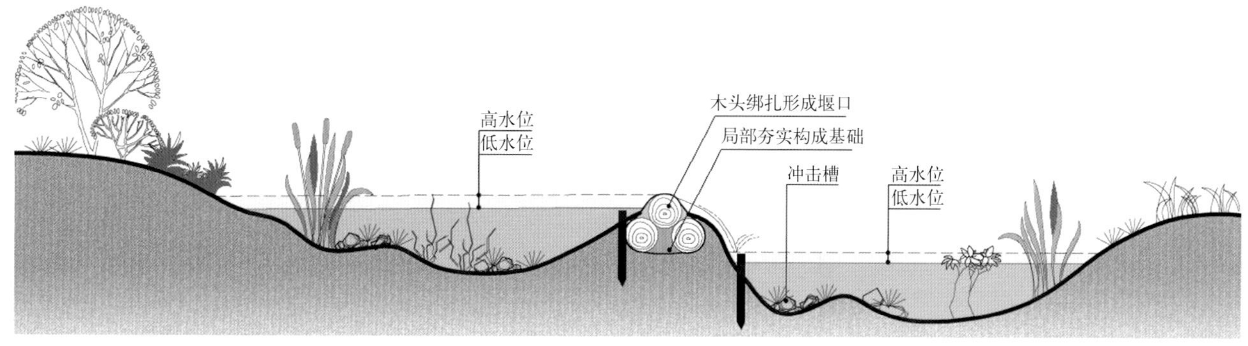

图 7-21　湿地围堰剖面图（一）

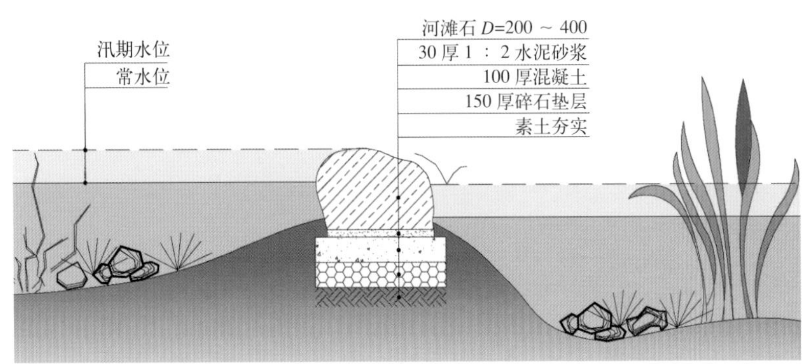

图 7–22　湿地围堰剖面图（二）

图 7–23　杭州茅家埠景区过水围堰

在由地势差异而形成的湿地中，构建围堰是很有效的一种方式，可以保持比湿地原始状态高的水位。堰在湿地中可以形成高差控制结构，具有减小近岸剪应力、流速和能量的作用，增加了水系中心区域能量的作用。堰作为一种栖息地加强结构，主要作用体现在：因靠近河岸区域的水位有所提高，增加了河岸遮蔽，所形成的深槽有助于鱼类等生物的滞留，在洪水期和枯水期为其提供了避难所；河道中心区所产生的激流和缓流的过渡区，并有助于形成摄食通道；深槽平流层是适宜的产卵栖息地（图 7–21 ~图 7–23）。

7.1.3　湿地水环境维护系统

7.1.3.1　湿地水深及水位控制技术

1）水闸

在湿地公园中，水闸作为一种有效调蓄水位的人工设施，对于水环境的控制起到了重要的作用。在香港湿地公园的水域之间，通过小型水闸调节水位，轻巧的设计既能满足功能要求，也可以实现视觉上与湿地环境的协调（图 7–24 ~图 7–27）。

图 7–24　香港湿地公园水闸

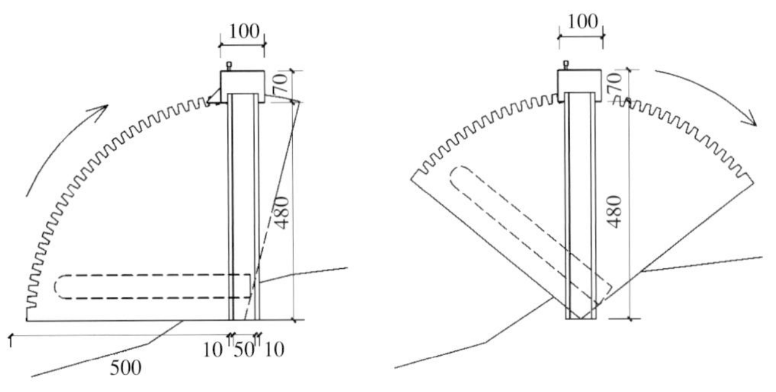

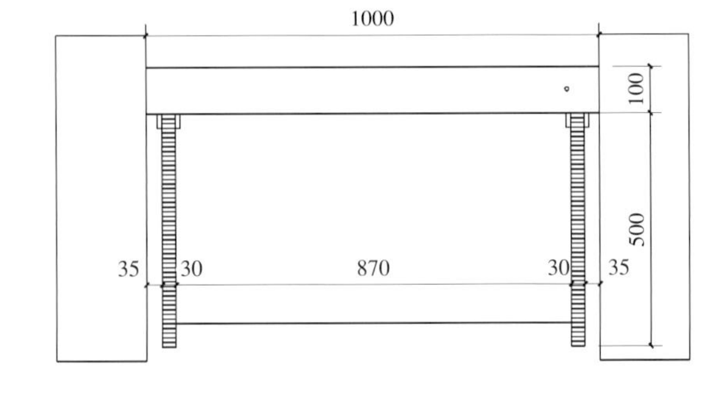

图 7–25　香港湿地公园水闸设计

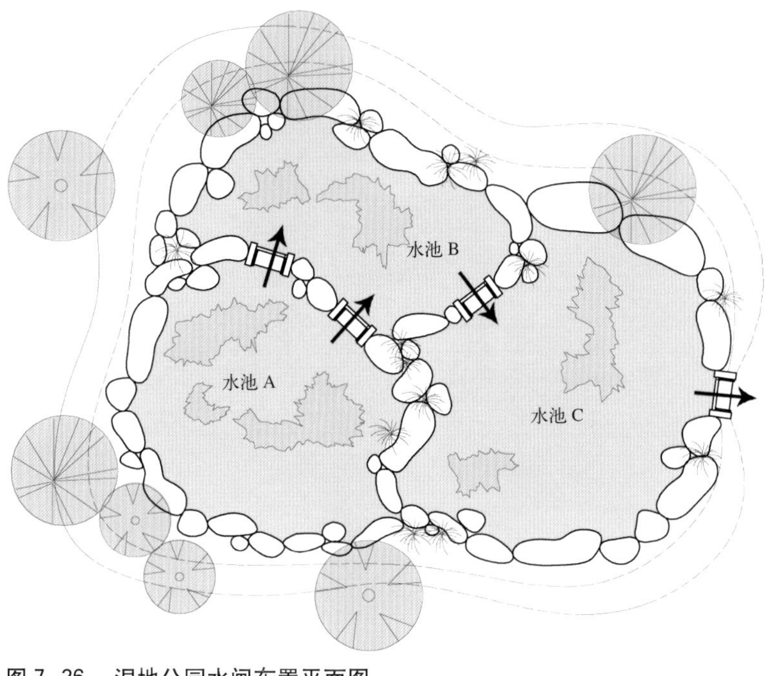

图 7-26　湿地公园水闸布置平面图

图 7-27　杭州西溪湿地公园水闸

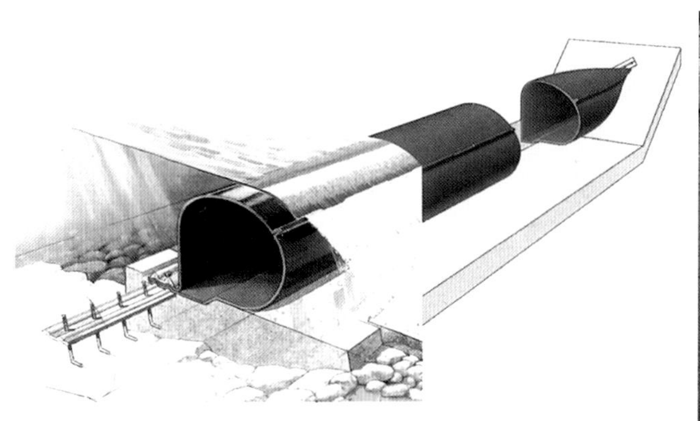

图 7-28　充气水坝工作示意图

2）充气水坝

在湿地公园的营造，尤其是在生态敏感性不强的区域（如人工湿地）内采用弹性的充气基础，可以起到控制大水量分流的作用，迅速将巨大水流调节变小，化整为零（图 7-28）。

7.1.3.2　湿地节水技术

1）地膜衬垫技术

湿地环境中含水量大，导致土壤潜育化，会产生明显的潜育层，甚至有泥炭层。一般在湿地公园的水体底部尽量不做或少做防渗处理。因此，在湿地生境营造中，湿地基底运用人工材料会阻隔水体、植物与深层土壤及地下水的物质交换。另外，沼泽地表由于过湿或薄层积水，大量成炭植物残体在厌氧微生物的作用下不能彻底分解，逐渐累积形成了厚薄不一的潜育层或泥炭层，它是湿地生态系统的组成部分，为植物提供养分，为动物、微生物，厌氧群落提供栖息地等。而地膜覆盖技术主要用于处理城市、工农业废水的湿地以及保护地下水资源免受污染影响、确保水处理有效时间的湿地。一块湿地倘若地下水位较低、土壤沙化、易渗水，其恢复工程常倾向于采取铺设不透水地膜的办法来减少水分流失。在决定是否采取铺设不透水地膜时，必须首先考虑水质要求和地下水保护，其次再考虑水量和渗透，目前常用于湿地基底地膜主要有 HDPE 防渗膜（图 7-29）。

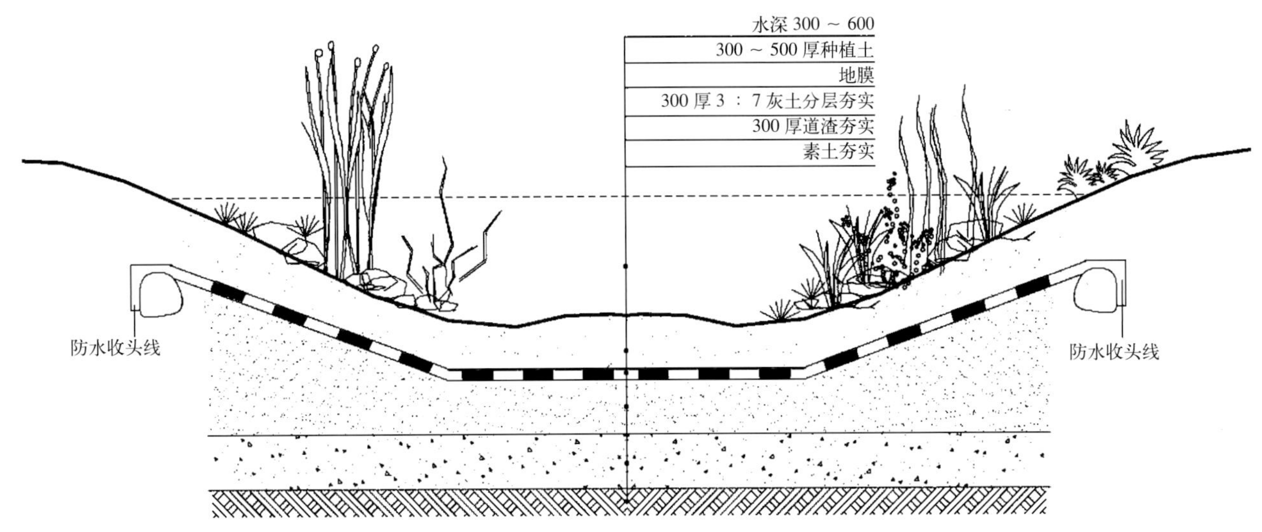

图 7–29　湿地地膜衬垫技术

2）集水技术

在所有关于物质和能量的可持续利用中，水资源的节约是景观设计当前所必须关注的关键问题之一，也是景观设计师需着力解决的方面。景观环境中大量使用硬质不透水材料为铺装面，如传统沥青混凝土、水泥混凝土，湿贴石材等块状铺装材料等，这些铺装均会造成地表水流失。在湿地公园中，沟渠化的河流会导致湿地生态功能的丧失。一方面加剧了湿地中水资源的缺失，导致了土壤环境的恶化，造成“湿地不湿”的尴尬局面；另一方面，需要大量的人工灌溉来弥补湿地环境中水的不足，增加了经济投入。在湿地公园中要改善水环境，首先可利用地表水、雨水、地下水作为一种低成本的利用方式；其次是利用湿地植物的净化功能对中水甚至污染水进行净化利用。

可持续的景观环境应该努力寻求雨水的平衡的方式，雨水平衡也应该成为所有可持续景观环境设计的设计目标。地表水、雨水的处理方法突出将“排放”转为“滞留”，使其能够“生态循环”和“再利用”。在自然景观中，雨水落在基地上，经过一段时间与土地自身形成平衡。而雨水只有在渗入到地下，并使土壤中的水分饱和后才能成为雨水径流。一块基地的地表材料决定了成为径流的雨水量。开发建设会造成可渗水表面减少，使得雨水径流量增加。

湿地景观环境的雨水收集可采取的方式：首先，尽可能截留雨水、就地下渗；其次，通过管、沟将多余的水资源集中贮存，缓释到土壤中；再次，在暴雨期超过土壤吸纳能力的雨水可以排到建成区域外。

• 湿地雨水收集面主要包括：建筑屋面、硬质铺装面、植被面三个方面。

• 硬质铺装面（道路、广场、停车场）雨水收集系统类型与方式

（1）雨水管、暗渠蓄水

采用重力流的方式收集雨水。

（2）明沟导流蓄水

明沟砂石导流和周边植被带种植不仅可以起到减缓雨水流速，承接雨水流量的作用，同时，借助生物滞留技术和过滤设施，还能够有效防止受污染的径流和下水道溢出的污染物流入附近的河流。在这些景观区通过竖向设计调整高程，以便收集雨水，并使雨水经过滤后渗入地下。明沟截流可以降低流速、增加汇集时间、改善透水性并有助于地下水回灌。同时，明沟可以增加动物栖息地，提高生物多样性。

（3）游步道雨洪设施

在湿地公园游步道周边建设的一些生态洼地和池塘能够减轻湿地主体的生态压力（图 7–30）。通过道路

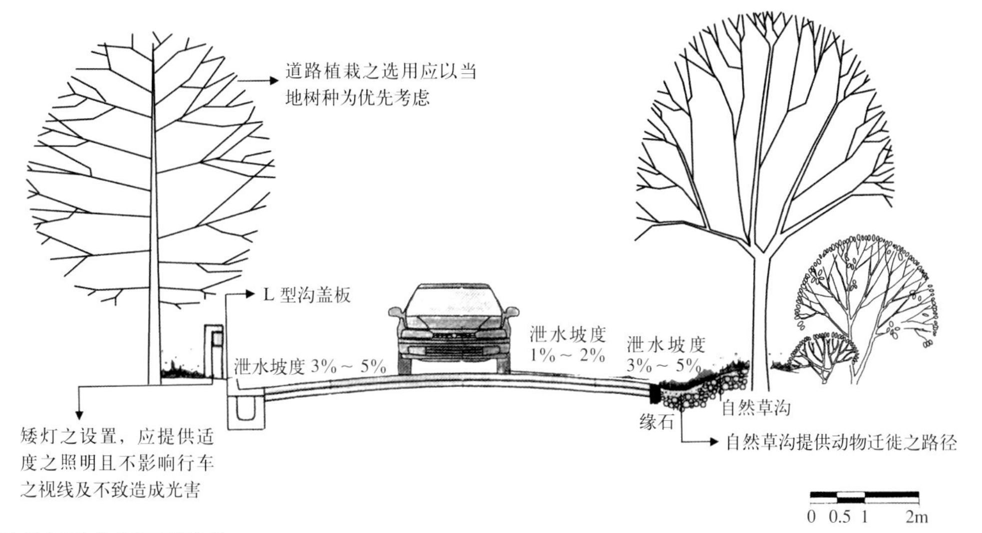

图 7–30　湿地公园游步道雨洪设施

路牙形成企口收集、过滤雨水，将大量雨水流限制在种植池中，通过雨水分流策略，减轻下水道荷载压力。避免将雨水径流集中在几个“点”，要将雨水分布到基地各处的场地中。同时，考虑到人们在湿地公园中的集中活动和车辆的油泄漏等污染问题，通过截污措施后进入雨水井。这样沿路的植被可以过滤掉水中的污染物，也可以增加地表渗透量。线性的生态洼地是由一系列种有耐水植物的沟渠组成，通常出现在停车场或是道路沿线。还有一些通过植物和土壤中的天然细菌吸收污染物来提升水质的系统。洼地和池塘都可以在解除洪水威胁之前储存雨水。

（4）减缓绿地坡度，降低雨水径流速度。绿地的地表坡度最好控制在 5%～10% 范围内，为雨水的慢流、下渗创造条件。短时积水对于水生植物的生长影响不大，而带来的效益确实非常可观的。

7.1.3.3　湿地补水系统

对于一般的自然湿地类型，尽量以其自身的水平衡为补水原则，但对于原生境遭到破坏、基地条件不理想的湿地环境需人为构筑给排水系统以满足湿地内水系统的运行。

（1）地表水的补充

利用雨水进行水源补给也是解决湿地补水问题的途径之一。雨水输水可以通过引力作用排水的方式实现。香港湿地公园水系统的设计体现了可持续发展的理念，利用可以获得的天然水资源，重建了淡水和咸淡水栖息地。咸淡水栖息地依赖于自然的潮汐运动；淡水湖和淡水沼泽以来自于周边城市排放的雨水作为其主要水源，这些雨水需经过三步处理：首先收集在一个沉降池中，然后通过水泵提升到天然芦苇过滤床中净化，最后通过重力作用流入淡水湖和沼泽；这些水体本身也是通过可持续的方式建造的，它们利用了原有鱼塘约 1m 厚的防水砂浆中的黏土；水的流速和水深由一系列简单的手动控制的堰来进行调控。

（2）中水的适度利用

在湿地自净能力之内，可以适度利用中水作为水源补充。通常，通过陆地导流管将中水引入湿地“净化”区。该区域将中水中的泥沙、污染物沉积、吸附，进而汇入湿地的景观水系中。值得注意的是，对于泥沙过量、工业污染严重，超过湿地自净能力的污水不应随意引入湿地环境中，湿地的超负荷将导致湿地走向衰败。

7.1.4　湿地建构筑物设计

在湿地公园中，人类的建造活动势必会对湿地动植物造成一定的影响，如何将人为干扰降到最低，对于建造技术提出了一定的要求，例如湿地中建筑如何架构而不会阻隔动物的活动廊道。在生态较为敏感的湿地环境中，采用架空的建筑形制对于协调人为活动和湿地生态具有较好的适应性和可行性。而从建筑学的角度看来，“建构”应该是“源自建造形式的稳定持久的表现力，而这种表现力又无法仅仅以结构和构造的理由来理解。”但是技术性的连接程序依然应该是最本质的。从木建筑来看，这意味着从木材的材料问题到材料之间的连接而导致的构造问题，再到连接成整体后的体系问题。

湿地公园中建构筑物的营造需要秉承以下几点：

（1）建构筑物与湿地环境协调统一，融入景观环境，对原生境影响最小；

（2）建构筑物的营造体现乡土特色；

（3）营造技术体现经济性；

（4）建构筑物的排污问题能够妥善解决。

7.1.4.1 湿地建筑物的结构形式与适宜技术

湿地公园作为承载游憩活动的场地，科普、游憩休闲服务设施的建设在所难免。建筑物的结构外形、选用材料以及污染排放控制技术能否较好的掌握将会影响到湿地环境的可持续发展。

1）湿地适宜建筑形式

湿地环境中有明显的水湿特征，且其中生物多样复杂。因此，为更好的保护湿地生态环境，通常采用架空和近水岸覆土两种形式。

（1）架空形式

建筑物的适当架空能够更好的适应湿地环境，使湿地生物交流廊道无阻，雨水径流畅通。同时，架空结构建筑抬高了建筑高度，拓展了人们的视野，具有观测和防灾的双重功效。

• 传统架空形式

在中国传统架空建筑中，主要以木材为建筑结构材料，发展了形式各异的架空建筑。但总体而言，结构体系分为支撑框架体系与整体框架体系。传统建筑架空建筑的表现力来自于对材料特性与构造方式的真实的表达，体现了较为朴素的建造方式（表 7–5）。

①材料：为减轻房屋的自重，结构的主体多用杉木、竹子等轻质材料，而墙面围合材料多用板材、涂着泥灰的竹篾板、树皮、蔗壳，进一步减轻房屋自重，屋顶用小青瓦、树皮、茅草等覆盖。

②构造：在传统的架空建筑中，大多仍采用了中国传统的木构节点——榫卯；绑扎的方法也是很常见的，因绑扎的点需要通风与维修带来了节点外露这一形态特征。

③结构单元体：以榫卯或绑扎连接而成的木构框架，作为基本的结构单元和空间围合的单元，在中国建筑的空间尺度上也是极为重要的基本单元——“间”。这一结构的基本单元体，直接影响了架空建筑的外部造型。

• 现代架空形式

从建构的视野分析建筑架空，包含了“架”与“空”两方面的建筑问题，其中“架”既作为手段又作为条件，本身具有很大的可塑性和表现潜力。“空”是建筑架空目的，是建筑架空最终的表现力，它常常表现为轻盈地漂浮于空中的视觉体验。作为条件的“架”具有很大潜在的表现力，这些表现力在建筑师解决“架”的技术层面问题时，不断地被发掘并呈现出来（图 7–31，图 7–32）。

（2）覆土形式

在湿地公园中，大体量的人工建筑不仅影响，甚至威胁鸟类等湿地生物的构成，与湿地的自然野趣也格格不入。建筑须考虑采用环境保护技术，采用覆土形式是消减建筑体量的一种途径，同时建筑的大面积覆土也有利于节能（图 7–33）。

• 杭州西溪湿地公园中国湿地博物馆

中国湿地博物馆位于西溪国家湿地公园东南部，依水而建，总建筑面积（含地下部分）约为 20000m^2（图

传统建筑架空形式 表 7–5

类型	结构体系	结构材料	围合材料	构造形式	结构特征	结构原型
水棚类	支撑框架体系	木材 混凝土 竹子	稻草 树皮 蔗皮	绑扎	易于安装、拆卸；吸湿性能较好；天然材料与环境融合。但结构整体性不强	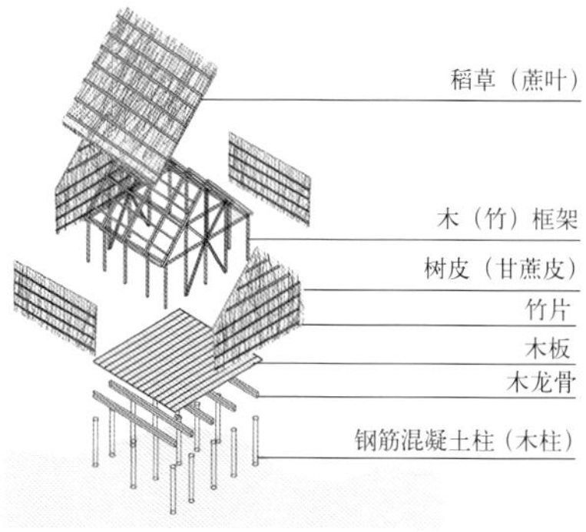 稻草（蔗叶） 木（竹）框架 树皮（甘蔗皮） 竹片 木板 木龙骨 钢筋混凝土柱（木柱）
栅屋类	支撑框架体系	杉木	板材	榫卯	整体性不强。上层的立柱的荷载落于下层的枋	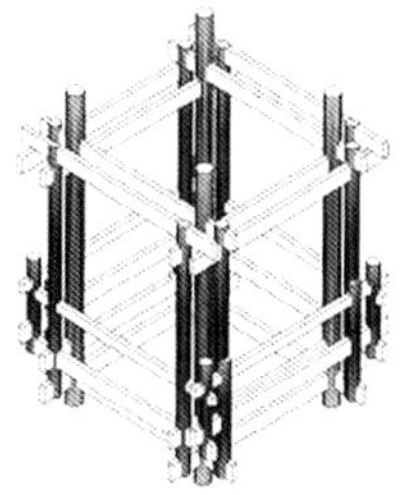
干栏式	整体框架体系	杉木	板材	榫卯	整体性较好。柱子上下贯通	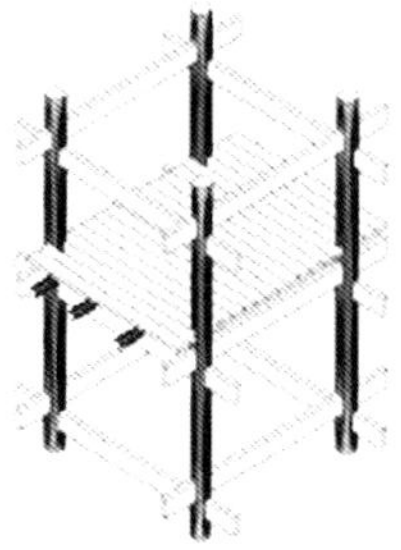
吊脚楼式 A	整体框架体系	杉木	板材 竹篾	绑扎	整体性较好，易于与坡面协调	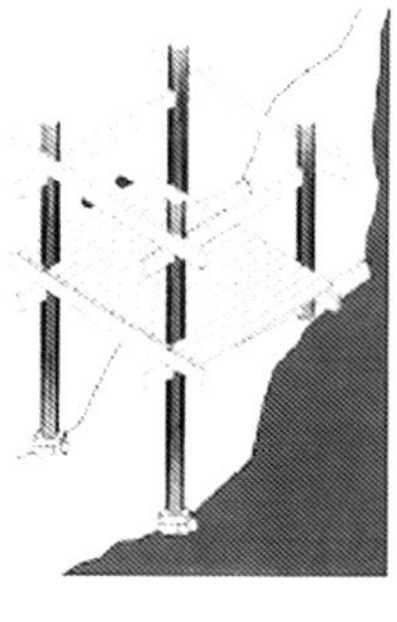
吊脚楼式 B	整体框架体系	杉木	板材 竹篾	榫卯	整体性较好，斜撑的应用使得悬挑成为可能	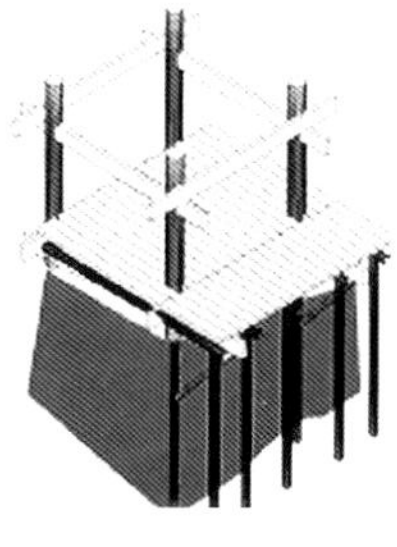

（表格来源：根据《建构视野中的建筑架空》一文改绘）

图 7–31　蔷薇湿地建筑架空（钢结构）

图 7–32　七桥瓮湿地和无锡新安生态湿地建筑架空（木结构）

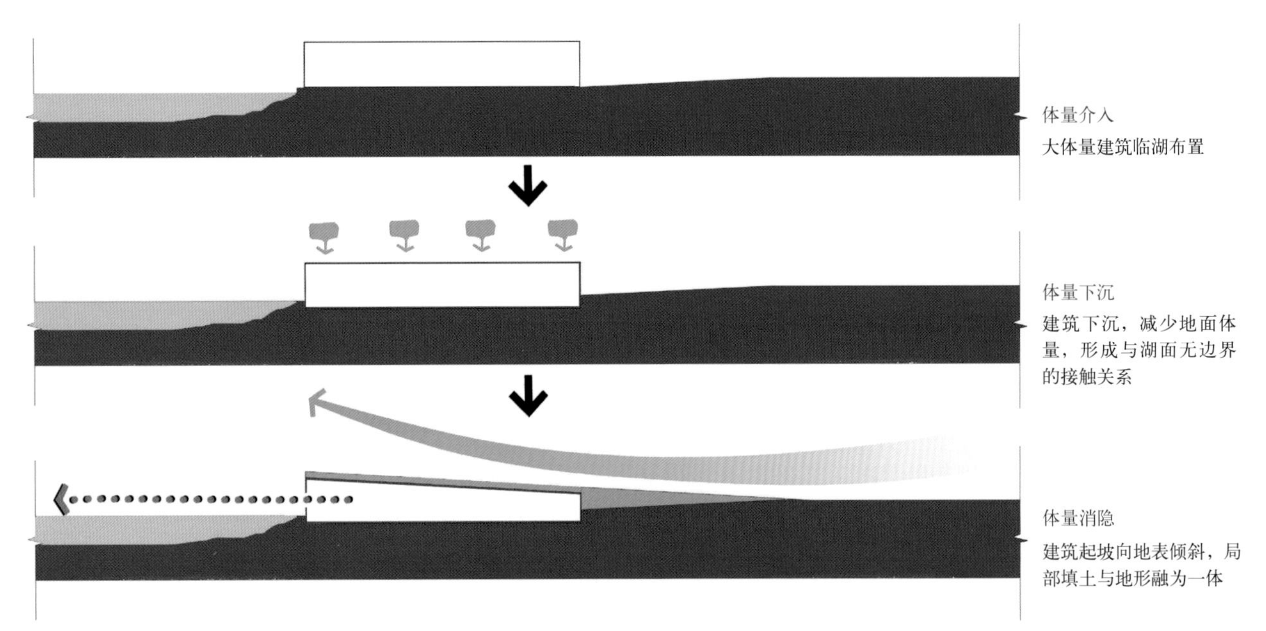

图 7–33　建筑体量的消减

图 7–34　中国湿地博物馆覆土结构
（图片来源：http：//www.xixiwetland.com.cn/）

7–34)，主要包括了序厅、湿地与人类厅、中国湿地厅、西溪湿地厅及其他功能区块，如科普中心、4D 影院等五个部分。建筑既隐于西溪湿地之中，与西溪湿地浑然一体，又傲然挺立于碧波之上，呈现出勃勃生机。博物馆主体的设计以“山丘”作为表现。几乎整个博物馆埋入有机形的山丘中，洞穴似的采光井将光线引入山丘内。山丘内部呈空洞型，通过壳体结构形成大空间。观光标志塔的形象与山丘表面的洞穴刚好相反，似向湿地斜向挑出的圆盘以其独特的造型带来强烈的视觉冲击力，40m 的高度上能够轻易俯瞰西溪湿地的全景，隐喻代表过去和现状的大自然上蹦出活力无比的新芽。二者结合设置在洞穴周围的螺旋坡道及圆盘下的斜向自动扶梯，互相到达延伸。此外，该设计在自然采光、自然通风、水质净化、太阳能利用及建筑绿化上也作了考虑，造型富有创意，山丘的造型与环境较融合，挑盘也别具一格。建筑考虑了采用环境保护技术、建筑的大面积覆土有利于节能。以游客为中心和双螺旋坡道为核心的平面布局功能安排及流线形组织比较合理，大空间展厅有较好的灵活性。作为景观塔挑盘的造型以及整体建筑应在呼应西溪的人文环境方面予以优化，覆土的覆盖面尚可以适当调整，设计还应细化。

• 香港湿地公园访客中心

香港湿地公园中建有占地 10000m² 的室内展览馆"湿地互动世界"，建筑采用覆土形式，在公园入口形成对景"山体"，而建筑面向湿地部分采用落地玻璃，视野开敞。大体量建筑消隐于景观环境中，不显突兀（图 7–35）。

2）湿地建筑的材料选用

（1）乡土材料的运用

建筑材料应尽量采用原生材料，如木材、石材等。这样可以保持景观协调的同时，防止生态污染。水工材料多采用具有结构均匀性、稳定性均好的土和石材，能为植物、昆虫及其他小动物提供良好的栖息空间。水工材料宜选用天然材料，如天然石材、木材等。尽可能减少运用混凝土结构，不但能够减少污染，还能为生物提供良好的生息环境，也提供了必要的生活资源。尽可能采用传统的材料和施工方法，使环境护岸工程能从质量方面得以提高。堤防的侧面用土，尽可能利用现有的表层土和草皮，材料宜多样，以适应各异的生物群体。

• 杭州西溪湿地

夯土、河滩石、碎瓦、稻草构筑了墙体，蒲草、竹子的编织与木板结合成为围护结构，乡土材料的运用并不显得土气，在起到良好的围护结构的同时还增添了建筑的细部和肌理，加强了建筑色彩的"反差"，这种"反差"是和谐而统一的（图 7–36）。

• 常州蔷薇湿地公园

常州蔷薇湿地公园的公共服务建筑采用钢结构作为承重结构，稻碴、树皮、原木、河滩石等材料作为墙面表皮，粗犷的风格与乡野湿地风景高度协调（图 7–37）。

• 香港湿地公园

香港湿地公园优先采用可以更新的软木材而不是硬木材；研磨成粉末的硅酸盐粉煤灰代替了一部分水泥掺入到混凝土中增加其防水性；沿入口坡道南侧设置穿过中庭的循环利用的砖墙，减轻了太阳辐射对建筑的

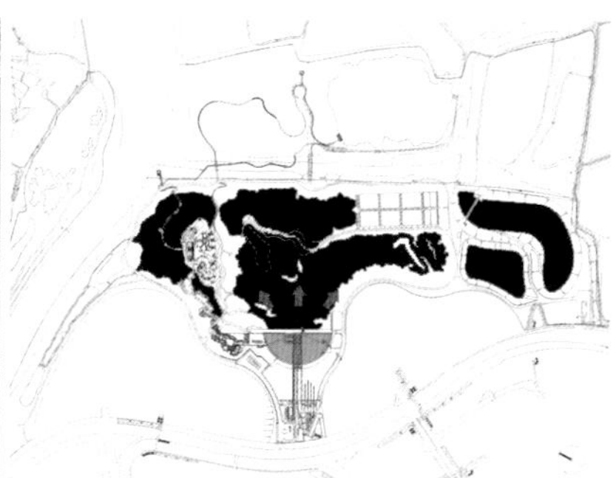

图 7–35　香港湿地公园主体建筑（访客中心）覆土结构

图 7–36　杭州西溪湿地公园河渚街建筑乡土材料的运用

图 7–37 常州蔷薇湿地公园建筑乡土材料的运用

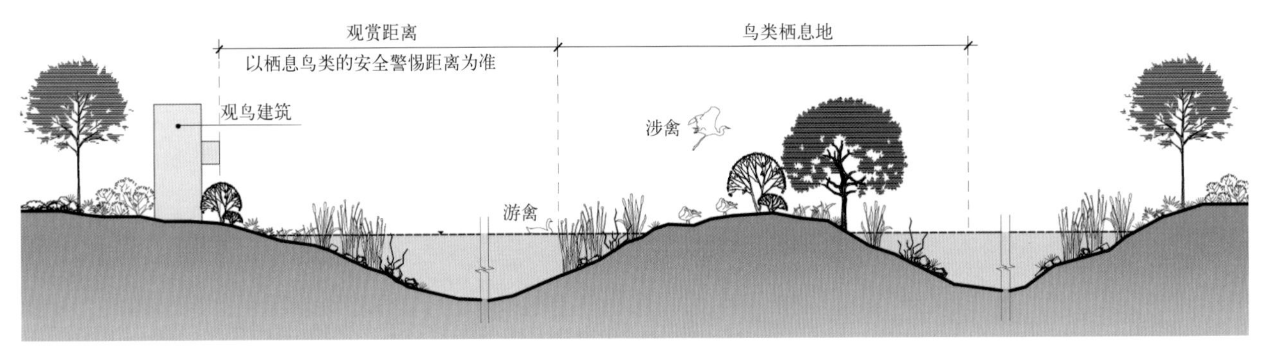

图 7–38 观鸟建筑与栖息地的安全距离

图 7–39 香港湿地公园观鸟建筑

图 7–40 南京七桥瓮湿地公园观鸟台

影响；材料的再利用，包括花岗岩废料、动物折纸造型的雕塑、弃置的蚝壳等，都被巧妙地运用在公园入口景观的设计中。

（2）新旧材料的共同运用

湿地建构筑物材料的选择需考虑湿地生物（如飞行的鸟类）对物体的识别度，减少光洁度较高材料的使用，多用糙面材料。如在香港湿地公园中观鸟台的设计以钢结构为框架，木板和苇草为维护材料，刚性材料与柔性材料的结合使这栋现代建筑在湿地环境中不显突兀（图 7–38，图 7–39）。在南京七桥瓮湿地公园中运用仿生学原理构筑了一组以木结构为主的观鸟台（图 7–40）。

洪泽湖湿地鸟类观察站建筑设计采用仿生学创作手法，以“虾”、“鱼篓”、“螺”为母题，建筑形态基于自然又融于自然。三组观察站均采用木构形式，将观赏、观测流线隐于表皮之内，局部提供远眺平台，有效减少了游憩活动对鸟类的不良影响（图 7–41 ～图 7–43）。

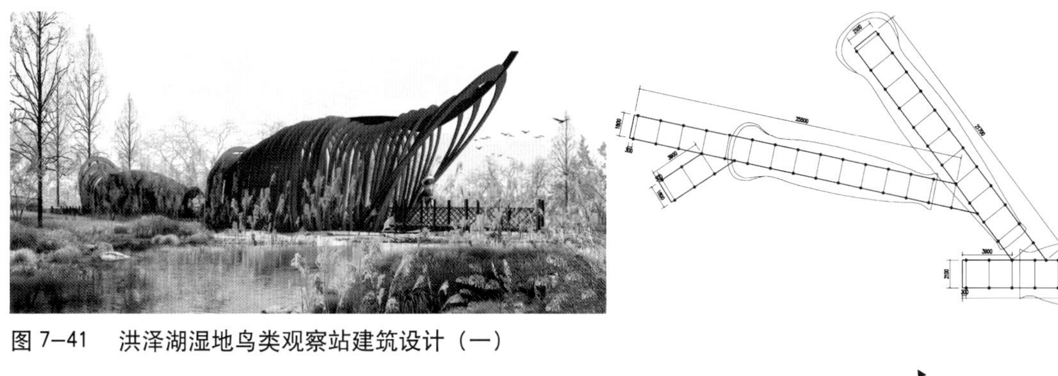

图 7-41　洪泽湖湿地鸟类观察站建筑设计（一）

图 7-42　洪泽湖湿地鸟类观察站建筑设计（二）

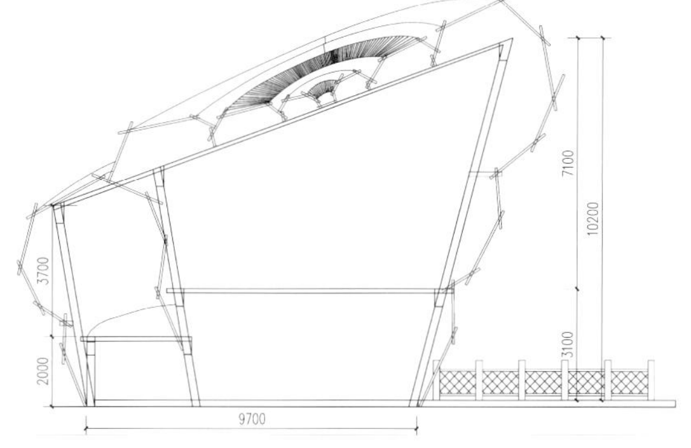

图 7-43　洪泽湖湿地鸟类观察站建筑设计（三）

3）湿地建筑物的污染排放技术

湿地公园作为游憩场所，规模人群会带来一定污染，如何通过技术手段来消减或有效排放这些人为污染对于湿地公园的可持续运营十分重要。譬如采用微生物技术处理污物，经过除臭、分解、酵化等三个步骤，并将产生的污浊气体转换成二氧化碳排放到空气中，把对周围环境的影响降到最小。

7.1.4.2　湿地道桥设计

湿地道桥系统是串联湿地公园各个景点的纽带，相对于其他建设规模来讲，道桥建设相对量大，其实施势必会对湿地生境造成一定的影响。除道桥选线的重要性外，其营造技术的合理性也将直接影响到可持续湿地公园的营造。

1）游步道及桥梁设计

湿地公园的园内交通以人行为主，游览车为辅，严格控制机动车进入生态区域。硬质铺装道路尽量避免穿过湿地保护区，如需硬质铺装道路，则应设有水流涵洞或排水涵管，并在涵洞、管底堆放中小型碎石，增加动物通过速度和局部隐秘性。在香港湿地公园内采取全步行系统，因此桥梁不用采用跨越式，裂纹式铺装与地面等高，中间留有生物迁徙通道。考虑到湿地公园的游憩功能，在建设适宜性评价允许范围内可以适当

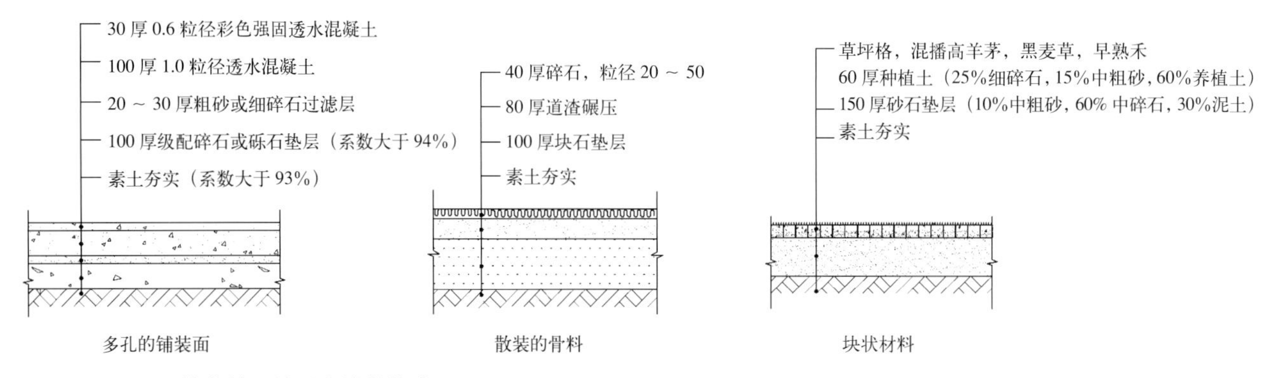

图 7-44　不同荷载的三种透水铺装构造图

图 7-45　奥兰多湿地公园碎石路面

图 7-46　蔷薇湿地公园碎石路面

采用游览电瓶车。但即使是车行道路也应该充分考虑到铺装面的生态化，改善景观环境中铺装的透气、透水性。通过透水材料的运用，迅速分解地表径流，渗入土壤，汇入集水设施。

• 三种铺装材料（图 7-44）

①多孔的铺装面：现浇的透水性铺装面层使用多孔透水性沥青混凝土、多孔性柏油等材料。多孔性铺装的目的是在恢复城市自然环境的循环机能基础上确立的。同时，也是从生态学上处理车辆的汽油，从排水中除去污染物质，把雨水循环成地下水，分散太阳的热能，使树根得到呼吸。但是多孔性柏油的半液体胶粘剂堵塞透气孔，会造成植物根系呼吸不良，影响植物的生长。而多孔性混凝土因为其多孔结构会降低骨料之间的黏结强度进而降低路面的强度及耐久性等性能指标，因此必须注意通过添加特殊改性外加剂改善和提高现浇透水性面层黏结材料的黏结强度。多孔的铺装面能够增加渗透性，形成一个稳定的、有保护作用的面层。

②散装的骨料：如碎石路面、停车场等。在美国奥兰多湿地公园（Orlando wetlands park）中，运用碎石作为路面铺装（图 7-45），有效提高了场地的透水性，减少了硬质材料对自然环境地表水流动的阻隔，无路牙道路伴随着地被物的自然修复降低了人工化痕迹，另外在蔷薇湿地公园中也有采用（图 7-46）。

③块状材料：即采用"干铺"的方式使用块状材料，如道板细石混凝土、石板等整体性块状材料。透水性块材面层的透水性通过两种途径实现，一种是透水性的块材本身就有透水性。另一种透水方式是完全依靠接缝或块材之间预留孔隙来实现透水目的。这种方式中所使用的面层块材本身不透水或透水能力很有限。如：草坪格、草坪砖等。杭州茅家埠景区中汀步石被设置在高差面上，水流流过块石之间的缝隙，既能保证水系统的顺畅，同时增添了湿地"郊野"的游憩趣味（图 7-47，图 7-48）。

上述三种常用的方法均可达到透气、透水的目的，其基本原理是通过面层、垫层、基层的孔洞、空隙实现水的渗透，从而达到透水的目的。在技术层面上应该注意区别道路铺装面的荷载状况而分别采用不同的垫层及基层措施。上述三种方法各有利弊，如透水混凝土整体性最强，其表面色彩、质地变化多，但随着时间的推移，由于灰尘等细小颗粒的填充，透水混凝土的透水率会逐渐降低。比较而言，散状骨料在湿地公园中

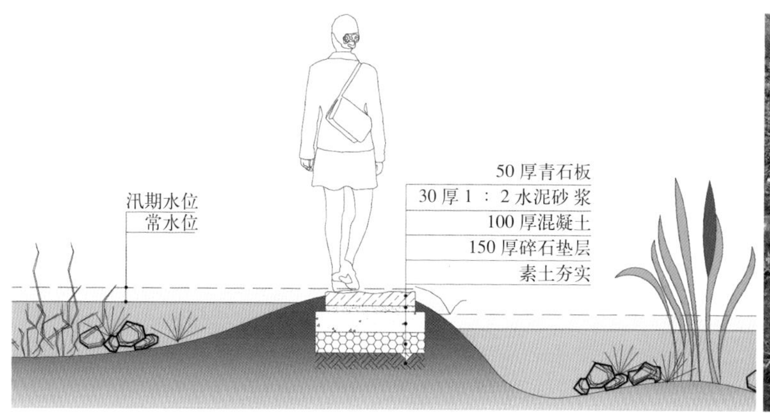

图 7-47　漫水汀步石设计

图 7-48　无锡梁鸿湿地公园漫水汀步

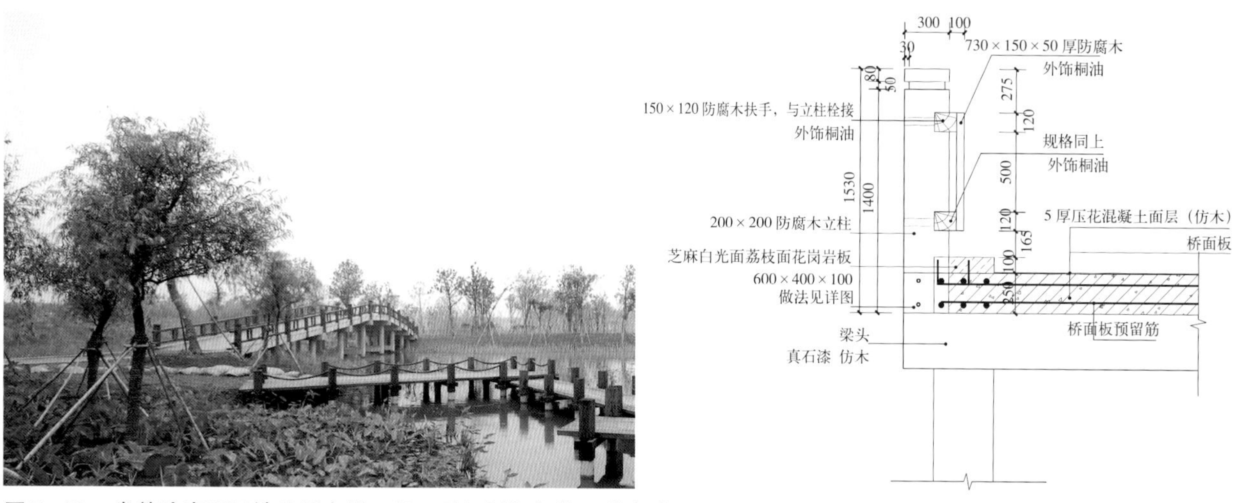

图 7-49　常熟沙家浜湿地公园东扩工程一号桥透视与施工节点详图

适应面最广，具有造价低、构造简单、施工便捷、易维护等多种优点。块状材料透水铺装面主要用于步行场合，不适宜重荷载碾压，否则会由于压力不均而致路面塌陷变形。

• 常熟沙家浜湿地公园东扩工程车行桥设计

在沙家浜湿地公园东扩工程中六座车行桥（游览电瓶车为主）的设计在满足通行功能的基础上更加强调桥梁形式与江南水乡、湿地景观相融合，除主体桥墩、桥面板为混凝土外，其他围护结构、外饰材料均采用乡土材料，如粗麻绳绑扎、粗麻网等（图 7–49，图 7–50）。

2）栈道

以栈道作为游览载体在湿地公园中是一种主要游览方式。栈道多采用全木制，木材的柔性质感可以增强亲水性。栈道的设置灵活多样，可平交亦可斜交，并随着水位、地形的高差而起伏跌落，穿梭于水生植物之间，构成了湿地公园中的特殊景致。在条件适宜的区段内，为了增添游憩的趣味性可以将流线型步道拆分为散点式，如梅花桩等形式。考虑到金属材料易受腐蚀，目前栈道多采用木结构或者混凝土结构作为支撑体系（表 7–6，图 7–51）。

3）浮桥

浮桥的高度可以随水位的高低变化而变化，既是湿地环境中的功能性设施，同时也是一类特殊的游憩设施。在香港湿地公园中，采用浮桥的形式减少下方空间支撑结构物的面积，保护栈道下方原有生物环境。混凝土立柱作为竖向支撑结构，位于栈道两侧，水平木梁可以在电子传感器的操控下随着湿地水位的变化而上下浮动，带动整个桥梁的竖向变化（图 7–52）。

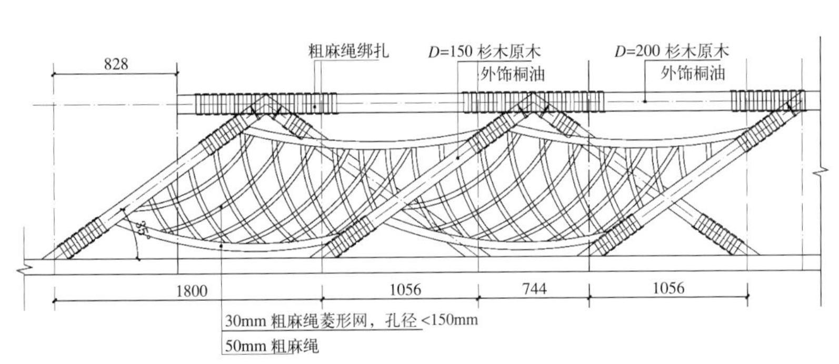

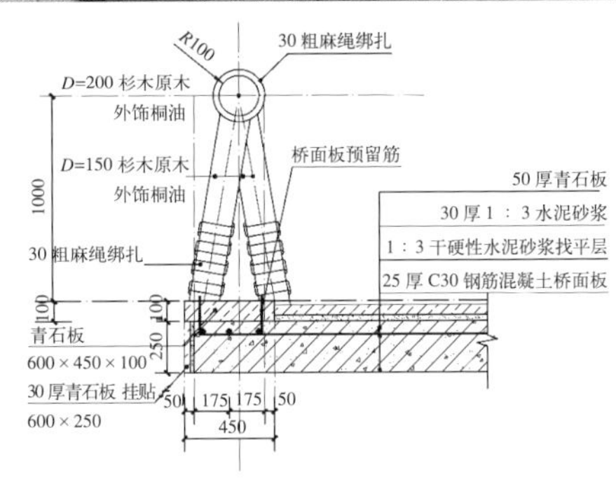

图 7–50　常熟沙家浜湿地公园东扩工程四号桥透视与施工节点详图

湿地栈道结构类型　　表 7–6

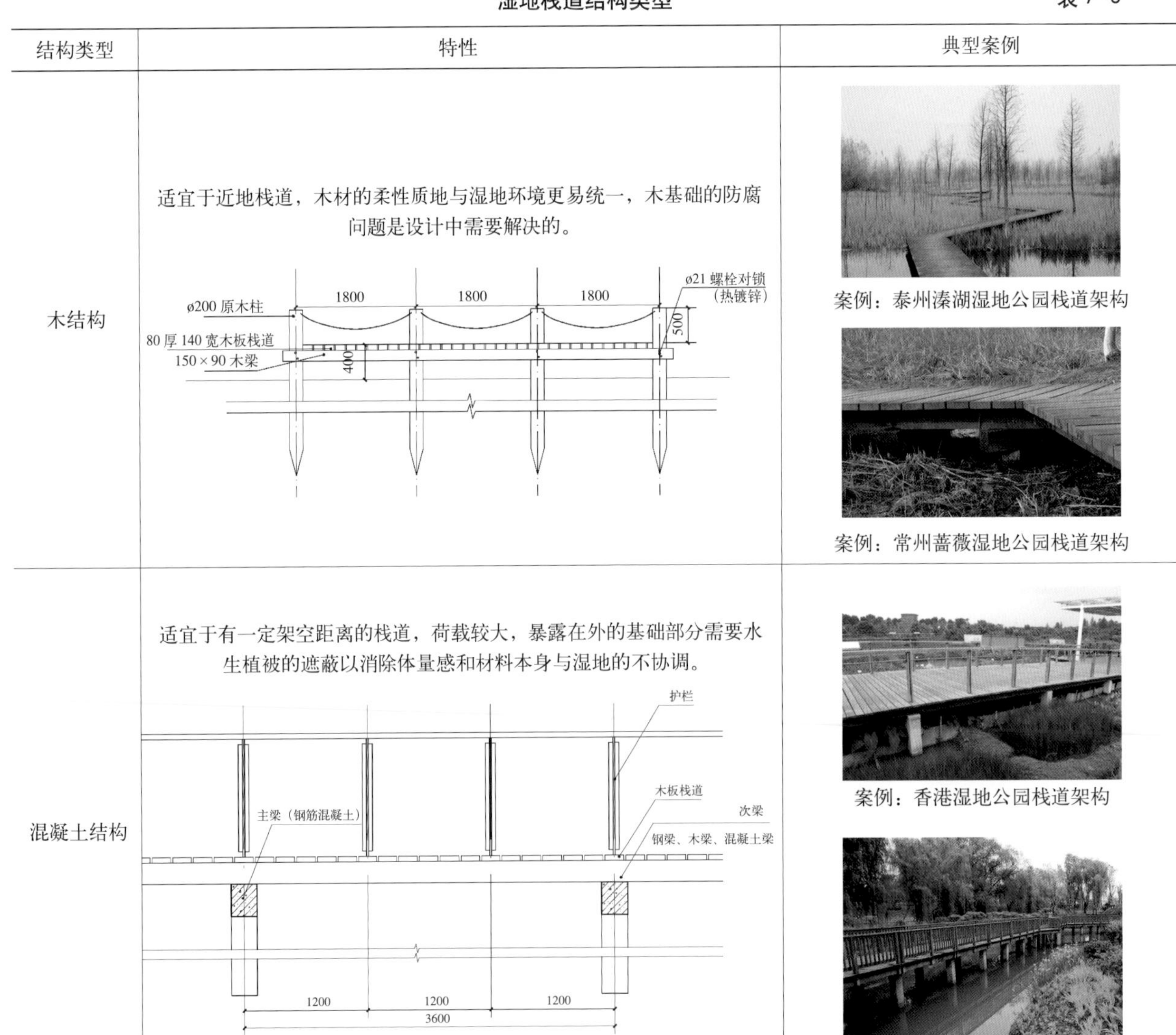

结构类型	特性	典型案例
木结构	适宜于近地栈道，木材的柔性质地与湿地环境更易统一，木基础的防腐问题是设计中需要解决的。	案例：泰州溱湖湿地公园栈道架构 案例：常州蔷薇湿地公园栈道架构
混凝土结构	适宜于有一定架空距离的栈道，荷载较大，暴露在外的基础部分需要水生植被的遮蔽以消除体量感和材料本身与湿地的不协调。	案例：香港湿地公园栈道架构 案例：南京七桥瓮栈道架构

续表

结构类型	特性	典型案例
金属结构	需做好金属表面防腐蚀，可作为梁架、维护结构或者基础套管。在湿地中，栈道采用木质基础往往会存在防腐和稳定性问题，尤其是水陆交界处的木材容易腐烂。因此，采用钢套管与木材结合的形式可以有效的加固基础，延长木栈道的使用时间，圆钢管内填混凝土。 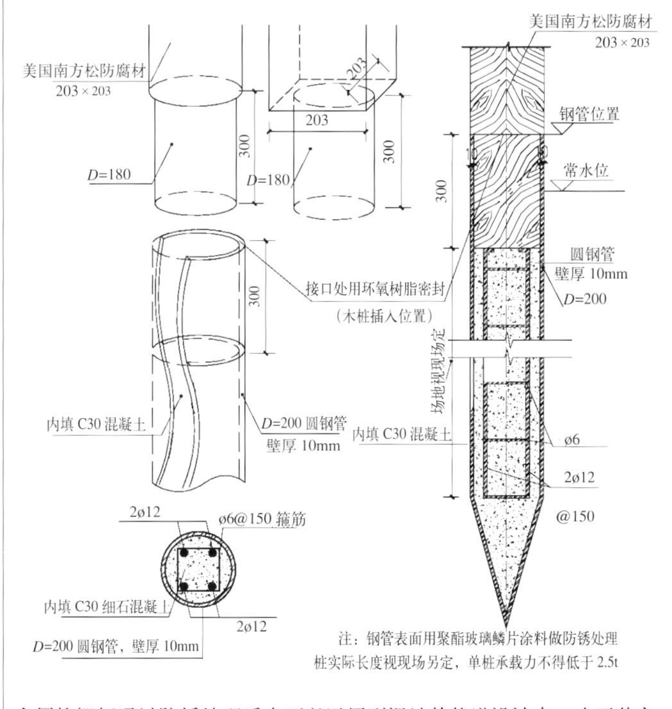 金属格栅板通过防锈处理后也可以运用到湿地的栈道设计中，由于其良好的通水性，在水面升降过程中不会造成泥沙的沉积，便于后期养护管理。	 案例：沙家浜东扩湿地栈道  案例：中关村科技园钢格栅板栈道 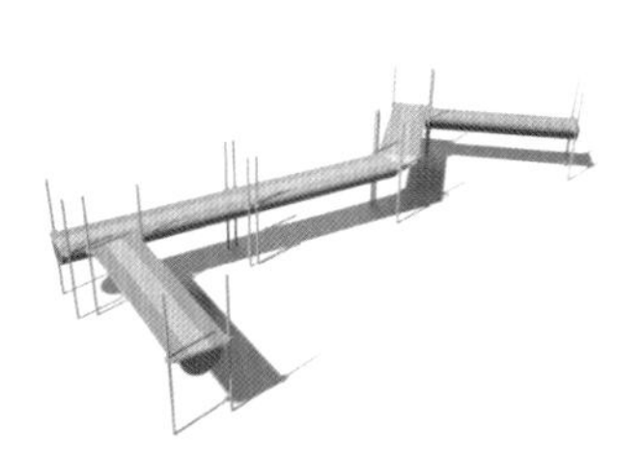 案例：扬中湿地公园钢格栅板栈道
玻璃钢结构	以玻璃钢结构作为栈道基础，现场装配，施工便利。 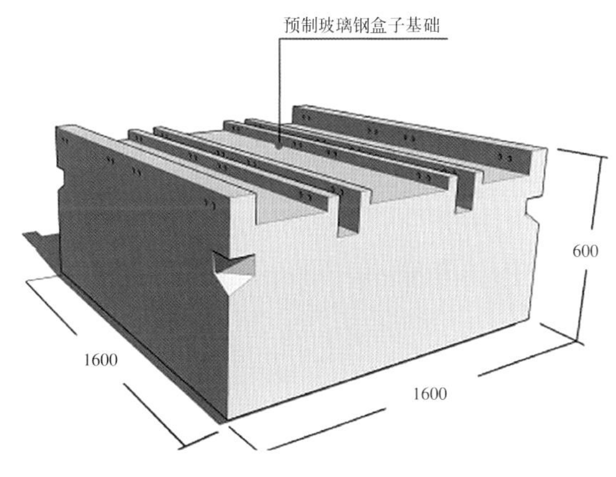 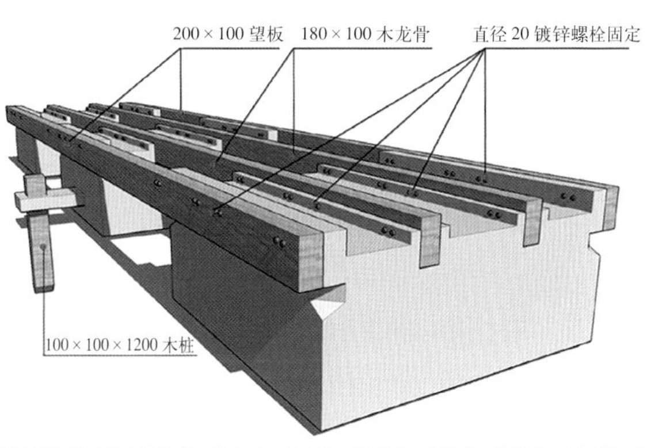 	  案例：秦皇岛滨海湿地栈道架构

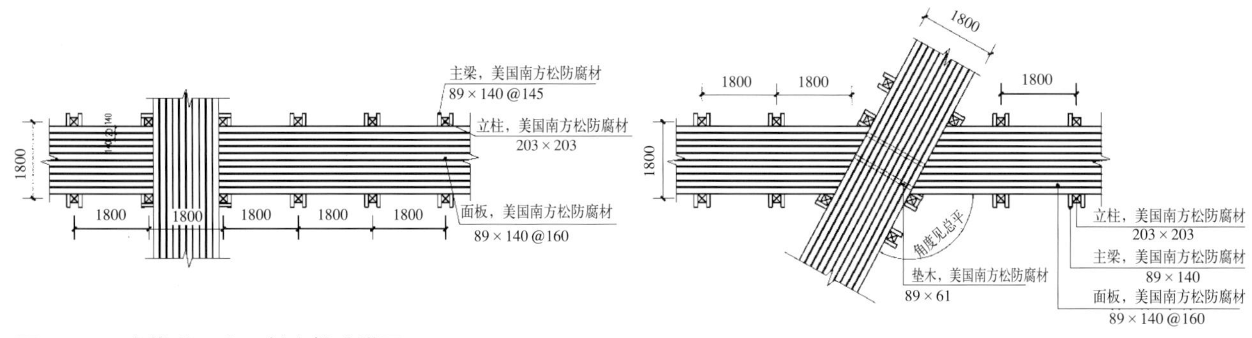

图 7–51　木栈道平交、斜交做法详图

图 7–52　香港湿地公园浮桥设计

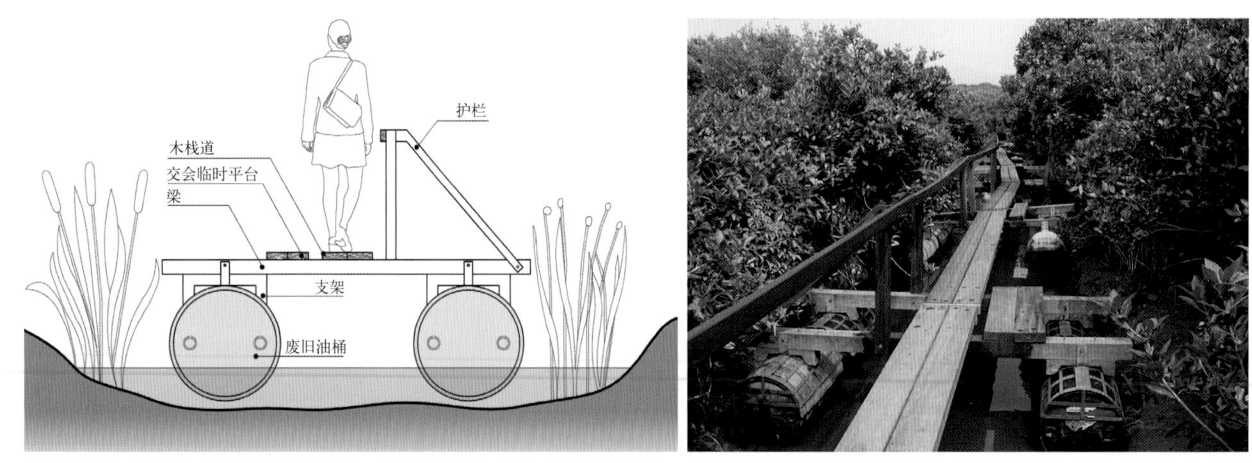

图 7–53　香港米埔湿地公园浮桥设计

香港米埔湿地公园中采用废旧油桶作为栈道上下起伏的媒介，4 个桶组成一个单元。水位上升带动水桶的漂浮，从而使上层结构抬升。浮桥技术在湿地公园中的运用提高了人们游憩活动与湿地生境变化的适应性，对于保护桥面木材也发挥了一定的积极作用。为了降低对周边生境的影响，米埔浮桥的桥面宽度较窄，但不乏人性化的交通组织考虑，在每个单元都架设了一组交会临时停靠点（图 7–53）。

杰克逊弗拉齐耶湿地园区（Jackson-Frazier Wetland Park Area）位于美国俄勒冈州科瓦利斯市东北角。湿地公园中的游憩步道均设计为浮桥形式，全木结构且桥面离地面较近（图 7–54）。

图 7-54　杰克逊弗拉齐耶湿地园区浮桥

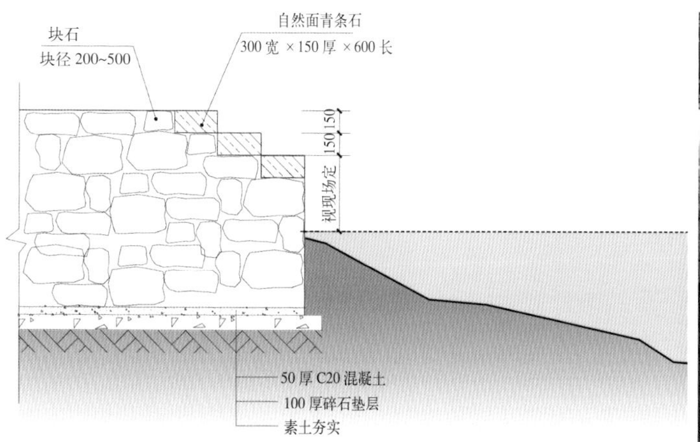

图 7-55　游船码头设计（一）

4）观景平台设计

湿地公园中的观景平台通常采用木栈道局部放大的形式，是游人驻足停留观景之处，其结构类型与栈道基本一致。在苏州太湖湖滨湿地公园中，观景平台被设置于多条木栈道的交汇处或者木栈道的深入水际的终点处。香港湿地公园中，在观景平台之上架设一定的生物观测装置，不仅可以了解湿地生物知识，同时增添了游憩的趣味性。

5）游船码头

湿地公园常在不干扰湿地保护、恢复的前提下组织一定的水上游览，但游船引起的水波动会对水下生物的活动与水生植物的生长造成一定的影响。游船码头作为水陆游线的转换节点，其建造的合理与否将会影响到水陆交界处生境变化。台阶式块石驳岸对小型无动力船可以适用（图 7-55）。但是对于一些体量稍大的动力游船，必须在码头采取一定减震设施（如废旧轮胎、捆扎稻草）来减少船体靠岸形成的冲击力对生境的不利影响。在湿地公园中，建议将游船码头设施于离驳岸一定的安全距离之外（图 7-56）。

7.1.5　可再生材料与清洁能源的运用

7.1.5.1　可再生材料的运用

可持续湿地景观材料和工程技术是指从构成湿地景观的基本元素、材料、工程技术等方面来实现湿地景观的可持续（包括材料和能源的减量、再利用和再生）。湿地景观环境中鼓励使用自然材料，其中的水、土壤、植物材料毋庸置疑，但对于木材、石材为主的天然材料的使用则应慎重。众所周知，石材是不可再生的资源，大量使用天然石材意味着对于自然山地的开采与破坏，以损失自然景观换取人工景观环境显然不足取；而木材虽可再生，但生长周期长，尤其是常用的硬杂木，均非速生树种，从一定程度上看，大量运用这类材料也

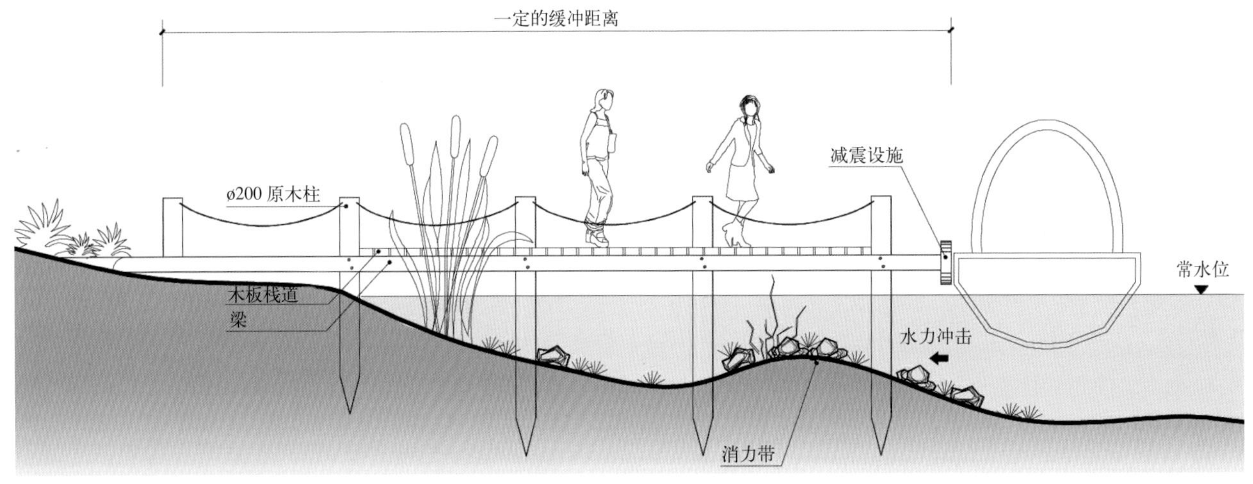

图 7–56　游船码头设计（二）

图 7–57　湿地公园中金属材料与其他材料的运用

是对环境的破坏。不仅如此，景观环境中使用过的石材与木材均难以通过工业化的方法加以再生、利用，一旦重新改建，大量的石材与木材又会沦为建筑“垃圾”而二次污染环境。湿地景观环境中运用的可再生材料主要包括：金属材料、玻璃材料、木制品、塑料和膜材料等几种类型。正如金属材料一样，许多新材料的运用不是从景观设计中开始，所以关注材料行业的发展，关注其他领域材料的应用，有利于我们发现景观中的新材料，或传统景观材料的新用法①。

1）地域材料

湿地环境中呈现出生物多样性，其中一些动植物材料可以作为景观材料的一部分，如蚌壳、蟹壳等。这些材料的运用能够很好的提升湿地景观的乡土特征，具有明显的标志性和趣味性。同时，地域材料取之于湿地，又用于湿地，很好的体现了可持续的景观建设理念。

2）金属材料

景观环境建设中，金属材料应用广泛。与石材等其他材料相比，金属材料具有可再生性、耐候性、易加工性、易施工和维护等特点。在湿地环境中，金属材料与地域材料的搭配组合往往能够出现新奇的效果，常用的金属材料有不锈钢、铝合金、耐候钢等（图 7–57）。

（1）不锈钢不易产生腐蚀、点蚀、锈蚀或磨损，能使结构部件永久地保持工程设计的完整性。含铬不锈钢还集机械强度和高延伸性于一身，易于部件的加工制造，能够满足景观设计需要。

（2）铝合金具有适宜的延伸率、良好的抗腐蚀性能。

（3）耐候钢：在钢材中加入微量元素，使钢材表面形成致密和附着性很强的保护膜，阻碍锈蚀往里扩散

① 成玉宁．现代景观设计理论与方法 [M]．南京：东南大学出版社，2010.

和发展，保护锈层下面的基体，以减缓腐蚀速度，延长了材料的使用寿命。

（4）镀锌钢板是指表面电镀一层约 1mm 金属锌的钢板，具有防腐蚀的作用，在景观建筑中应用比较广泛。

3）木制品

木材和木制品的运用在国内外景观环境中相当丰富。木材往往具有以下材料特性：

（1）热性能：木材的多孔性使其具有较低的传热性以及良好的蓄热能力。

（2）机械弹性：木材是轻质高强材料，具有良好的机械弹性，根据木材的各向异性，在平行于纹理的方向上显示出良好的结构属性。

（3）易加工性：湿地景观环境中的木制小品，可根据需要加工定制。

（4）“废料”运用：如剥落的皮、叶、枝条等也可以直接或间接作为景观材料使用（图 7–58）。

由于木材取材于自然森林，虽属于可再生材料，但是由于成材周期长，大量使用原木并不是很经济，在一定程度上也影响了原产地的生态环境。同时木材天然耐腐蚀性较差，尤其是在湿地环境中养管比较复杂，不利于后期维护与管理。

4）玻璃材料

玻璃属于一种原料态资源，主要成分是二氧化硅，一般玻璃制品不会污染环境。随着技术的发展，玻璃材料在景观环境中运用不仅仅限于围护构件，也可以作为承重构件，从而增添了景观的可变性和趣味性。值得注意的是，在湿地环境中要严格控制高反射玻璃的运用，以减少对湿地生物的干扰。

7.1.5.2 景观材料的防腐蚀表面处理技术

1）木材防腐技术

木材是一种可再生的天然材料，但容易受霉菌、微生物和昆虫的侵蚀。湿地处于水陆交界，易导致木材的腐烂。因此，为了延长木材的使用寿命，大多数木材在长期使用前必须经过防腐处理，且木材的防腐处理成本比起昂贵的维护或替换费用更经济合理。木材的天然耐久性相当程度上取决于材种、边材与心材成分之间的关系，取决于树木被砍伐时的树龄以及树木生长的环境等多种因素。特别需要注意的是，未处理的边材是绝对不耐用的。木材防腐行业一般采用真空加压循环法让防腐剂渗透到木材中，以便符合相关标准对处理木材中防腐剂吸收量和渗透度的要求。由于材种生物性能的区别，在木材防腐处理时对药剂的选择及吸收量等也有不同要求。例如，防腐剂仅能进入普通木材中几毫米深度，但是却能完全渗透落叶松的边材，而欧洲橡胶木等一些木材则易浸渍到材心。木材受干燥、结构或油漆的限制，有时需要采用催化剂来减缓木材内部的张力以使防腐剂能达到木材内部。

2）金属材料防锈蚀技术

金属材料防锈蚀技术可以有以下几种：

（1）材料本身加入耐腐蚀的合金元素，比如不锈钢中加入铬、镍；

（2）钢、铁容易生锈，需要在表面镀上一层防锈膜，比如镀锌钢板；

（3）喷氟碳漆等作为金属保护层；

（4）铝、铜、锌等有色金属本身具有一定的耐腐蚀性。

7.1.5.3 清洁能源的使用

在湿地景观环境设计中，运用太阳能、风能、水能、地源和生物等清洁能源作为景观设施的能源供给系统，一方面减少了市政能源供给，提高湿

图 7–58　树皮在景观环境中的运用

图 7–59　常州蔷薇湿地公园风光互补能源的利用

地环境的能源自给能力；另一方面，在一些陈旧的载体上加装清洁能源工程措施更为方便，避免了在脆弱的湿地生境上挖凿埋线的问题。互补能源的开发运用、清洁能源与低能耗终端设施的配合使用，可以更有效的发挥自然功效。

1）香港湿地公园

香港湿地公园通过提高能源利用效率，降低运营费用，主要措施有以下几点：

（1）运用地温冷却系统供给空调设施，通过埋设于地下50m深的管槽内的聚乙烯管组成的抽送系统，以达到充分利用相对稳定的地温资源；

（2）采用地热系统，防止废热能排入大气和周围生境，避免了对生态产生负面影响的可能，同时还可以节省冷却建筑物所需的大量能源，整个地热系统的安装相比于传统的冷却塔，总体上可节约近1/4的能量；

（3）安装二氧化碳传感器和计算机控制照明系统，根据游客数量自动调节新鲜空气和光照亮度，达到节约和充分利用能源的目的。

2）常州蔷薇湿地公园

常州蔷薇湿地公园中利用风光互补发电作为公园公共服务设施用电的主要来源。风光互补设施利用风力发电机和太阳能电池将风能和太阳能转化为电能。风光互补逆变控制器是集太阳能、风能控制和逆变于一体的智能电源，它可控制风力发电机和太阳能电池对蓄电池进行智能充电，同时，将蓄电池的直流电能逆变成220V的正弦波交流电，供用户使用。太阳能和风能在地域上和时间上的互补性使风光互补发电系统在资源上具有最佳匹配性，并且在资源上弥补了风电和光电独立系统在资源上的缺陷（图7–59）。

7.2　湿地公园生态管理技术

7.2.1　湿地诱发环境问题的控制

湿地公园建成后，合理有序的日常管理对于湿地公园生态系统的正常维持十分重要。除了相应的管理原则和管理制度之外，还应适度增加正面的人工维护工作、排除负面的人类活动干扰。湿地公园中的游憩行为不可避免的会对大气、水体、动植物等产生负面影响，通过统计日常旅游者的数量，可估算其所消耗的环境容量，应与湿地公园所能提供的环境容量进行比较，以达到环境容量上的收支平衡。

1）蚊虫控制

在湿地环境中，蚊虫的大量滋生是一个显著的环境问题。蚊虫虽然是湿地生态食物网中的一环，但是过量的蚊虫会影响到公园中游人的游憩质量。对于蚊虫数量可以通过以下措施进行控制：

（1）保持湿地的“活水”状态：即保持湿地系统中水体流动，使湿地内形成活水环境，有利于减少蚊虫数量。

（2）加强湿地植被管理：湿地中高大的挺水植物成熟后容易发生弯曲或倒伏，这种生境容易造成蚊虫的滋生。因此，植被的定期收割能够有效控制蚊虫。

（3）引入捕食蚊虫的动物，如食蚊鱼、壁虎、蜥蜴或青蛙等。

（4）使用杀虫剂。

2）气味控制

在湿地生境营造中，如果进水负荷过高或氨氮负荷过大，污水在湿地表面会形成厌氧的水域，释放出难闻的气味。因此控制湿地系统散发出难闻的气味就必须降低水体中有机物和氮的负荷。通过利用植物传输氧气的作用，在开阔的水域分散种植较多水生植物。如果湿地出水中含有较多的硫化氢，那些本来用于向出水中传输氧气并作为景观的小瀑布和跌水等结构，会将水中的硫化氢析出来，使难闻的气味弥漫到附近的空气中，形成二次污染。因此，在景观设计时，要对基地的水环境进行系统的处理。

3）游憩活动的控制

湿地公园中的游憩活动对湿地生境会产生一定的干扰，但其游憩范围与活动强度应以生境维护为前提。湿地保育区等各生态核心区应禁止游人进入，另一方面针对不同的湿地生物（如鸟类、两栖类）设定合理的安全距离。

7.2.2 湿地生态预警

湿地生态质量是湿地环境质量的核心。它是以生态学理论为基础，从湿地生态系统层次上研究系统各组成、变化规律和相互间关系，以及人为作用下结构和功能的变化，从而评价湿地环境质量，因此湿地生态质量及其评价的综合性极强。对湿地生态质量进行预警，对湿地生态系统层面上的预警研究具有重要的现实意义。湿地生态质量预警是一项复杂的系统工程，涉及大量数据的收集、汇总与精确运算，在具体操作方面还面临着许多问题。为了高效准确地进行湿地生态质量预警，可借助于地理信息系统平台，开发湿地生态质量预警系统[①]。

7.3 湿地示范园区适宜技术

目前，在湿地公园建设中常会出现一种特殊类型，即通过人工湿地技术对污水进行园区内净化，以达到景观用水的品质要求。这种技术与传统物理化学污水净化系统相比具有明显的生态优势。

传统物理化学污水净化系统（图 7–60）首先采用化学药剂使溶解状态的污染物析出成为悬浮颗粒，然后采用物理方法将污水中析出的固体颗粒凝聚成大块密实的絮体，与水分离；清水经过过滤之后，达到三级处理的水准，出水实现回用；污泥则经脱水之后用以制造人行道地砖。这种净化方式投资建设成本高，化学药剂价格高，后期运营管理成本高。

人工湿地技术由天然湿地发展而来，是由特定的介质（按一定比例设计的填料，如土壤、砂或砾石等）、特定的植物（去污性能好、成活率高、耐水渍性强、生长期长、美观且有经济价值的水生或湿生植物）所组成的复杂、独特的生态系统[②]。与传统工艺相比，人工湿地作用机制及处理系统中物质的变化过程有较大差异。人工湿地净化污水系统的物理、化学以及生物过程除具有土地处理的基础反应和相互作用的一般功能外，该系统还为水生植物提供微生物栖息场所，从而以发挥微生物代谢、吸收作用为主要特征，茂盛的水生植物也具有直接吸收和分解污染物的作用。人

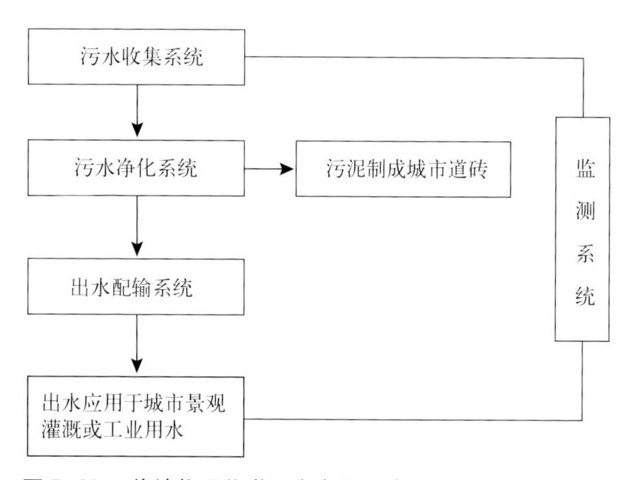

图 7–60 传统物理化学污水净化系统流程图

① 韩钦臣，查良松．中国湿地生态质量预警研究 [J]．资源开发与市场，2007.

② 夏汉平．人工湿地处理污水的机理与效率 [J]．生态学杂志，2002，21（4）：51 ~ 59.

工湿地能够利用基质—微生物—植物这个复合生态系统的物理、化学和生物的三重协调作用，通过过滤、吸附、沉淀、离子交换、植物吸收和微生物分解来实现对污水的高效净化。同时，通过营养物质和水分的生物地球化学循环，促进绿色植物、微生物生长，实现良好的生态效果。

人工湿地技术改变了传统的湿地形态，经由科学的设计与改造，用自然生态系统中的物理、化学和生物的三重协同作用来实现对水体的净化。人工湿地生态工艺与城市景观环境相结合所营建人工湿地不仅有水处理方面的生态工艺要求。同时，作为外部空间，也是景观设计领域、科学艺术领域的研究对象，对生态景观的要求也很高。因此，应因地制宜，将湿地的生态工艺与当地景观环境的生态设计结合起来，在改善水质的同时，舒缓城市绿色空间不足、生态环境恶化的压力。根据污水在湿地中流动的方式不同可分为表面流湿地、潜流型湿地和垂直流湿地三大基本类型，复合型湿地通常由以上三种结合而成（表 7–7）。

人工湿地技术常见类型 表 7–7

类型	主要特点
表面流湿地 （Free Surfane Wetland，FSW）	优点：形态更似自然湿地，地表水流较浅、流速低，基建费用省、基质填料用量较少 缺点：负荷低，处理效果相对较差，夏季异味严重
潜流型湿地 （Subsurface Flow Wetland，SFW）	优点：基质间的水平流动，运行时洁净度高，对周边环境影响小 缺点：占地面积大，投资相对较高
垂直流湿地 （Vertical Flow Wetland，VFW）	优点：垂直纵向流动，硝化能力较强，适宜处理氨、氮含量较高的污水，占地面积较小，处理效果受气候影响较小，冬季运营效果较好 缺点：夏季有异味
复合型湿地	类型多样，可发挥各种工艺的优势，提高了污染物的去除能力

7.3.1　表面流人工湿地模式

表面流人工湿地通常是利用天然沼泽、废弃河道等洼地改造而成的，也可以用池塘或沟渠等构造而成。其底部有由黏土层或其他防渗材料构成的不透水层，或者常用一些不同种类的水下屏障来防止渗漏和预防有害物质对地下水造成的潜在危害。在此基础上填以渗透性较好的土壤或者其他适宜的介质作为基质，生长各种水生植物，污水以较缓慢的流速和较浅的水深流过土壤表面（图 7–61）。

抚顺海新河人工湿地

抚顺采用一级强化处理与表流湿地结合工艺对抚顺海新河河水进行截流处理，其出水水质得到了明显的改善，达到了地面水Ⅳ类水体标准。实践证明，人工湿地处理城市河流污水效果较好，可用于处理 10 万人口

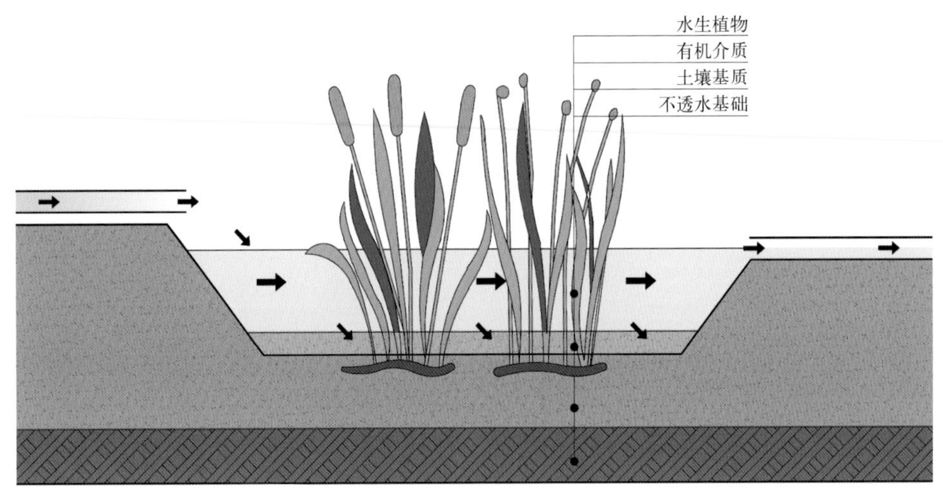

图 7–61　表面流人工湿地系统运作模式图

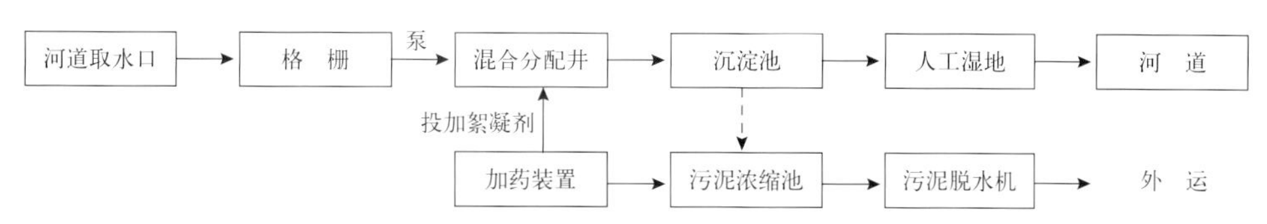

图 7–62 抚顺海新河人工湿地水净化流程图

（图片来源：根据《表面人工湿地污水处理技术在抚顺的应用》一文改绘）

以下的中小城市（镇）的城市污水。中小城市（镇）的水体环境污染严重，亟需治理且污水处理率提升空间较大，因此人工湿地工艺是中小城市（镇）污水处理的适用技术，其发展前景十分广阔。该工艺具有投资节省、处理效果良好、运行灵活且费用低等优点[①]（图 7–62）。

7.3.2 潜流型人工湿地模式

潜流型人工湿地在挖掘的池塘或陆地上建造的池中填以多孔介质，并以此作为挺水植被的立地基础，污水从一端水平流过填料床（图 7–63）。

1）**南京江宁区谷里街道周村污水处理**

南京江宁区谷里街道周村采用生物接触氧化处理工艺对污水进行处理（图 7–64）。设计根据当地情况，在污水汇集处设有地埋式集水井，井中设置潜污泵，可对液味进行自动控制，根据地坪高差自流进入接触氧化塘，在塘中悬挂填料进行曝气，利用微生物的新陈代谢去除污水中的有机污染物和氨氮等，出水自流进入潜流人工湿地系统，湿地基底基质为煤渣垫层，其上栽植水生植物。除了植物本身对污水中氮、氨的吸收外，植物根系富集的大量微生物能够除去水中的污染物质。同时，进入湿地的不溶性有机物和悬浮物质还可以通过沉降、植物拦截和基质过滤等作用而去除（图 7–65）。

2）**深圳石岩河人工湿地**

石岩河人工湿地共有 34 个植物池，面积 $9.3hm^2$，由进水口经格栅间、污泥干化池、接触氧化池、沉淀池、污泥浓缩塘、植物池，最后出水（图 7–66）。

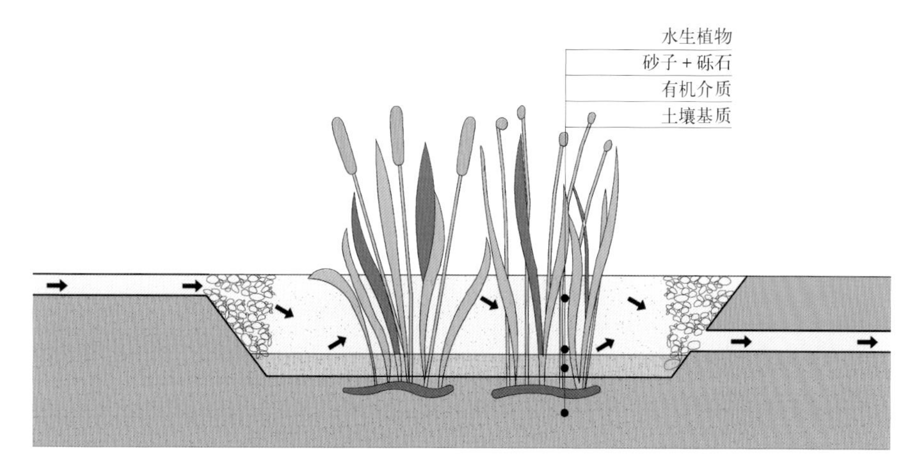

图 7–63 潜流型人工湿地系统运作模式图

图 7–64 南京谷里街道周村潜流人工湿地处理流程

① 唐小囡．表面人工湿地污水处理技术在抚顺的应用 [J]．节能，2008.

图 7-65　南京谷里街道周村潜流人工湿地处理

图 7-66　深圳石岩河人工湿地植物床和净化后的景观水

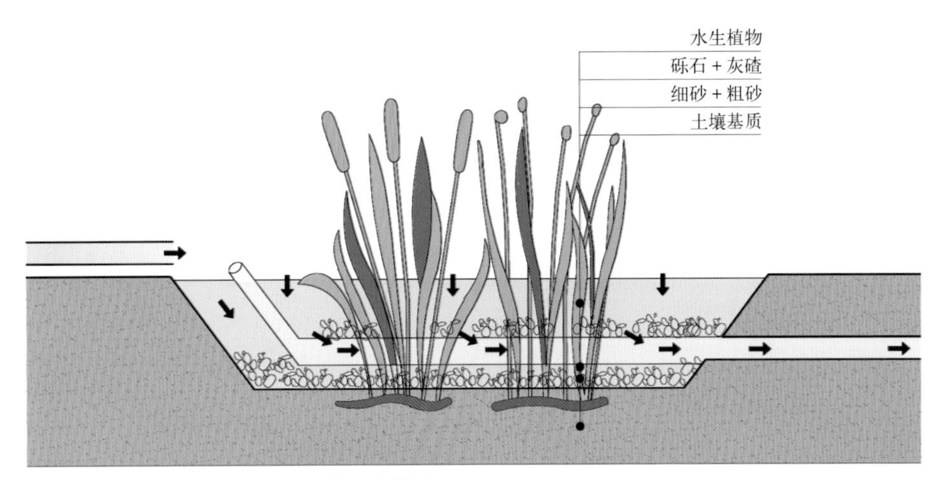

图 7-67　垂直流人工湿地系统运作模式图

7.3.3　垂直流人工湿地模式

垂直流人工湿地是指污水由表面纵向流至床底，床底处于不饱和状态，大气中氧气可以通过灌溉期的排水、停灌期的通风和植物传输进入湿地系统，通过湿地生态系统中基质、湿地植物和基质内的微生物三者的物理、化学和生物作用达到净化污水的目的（图 7-67）。

7.3.4　复合型人工湿地模式

7.3.4.1　塘—湿地构建的复合型湿地

开放的湿地塘床系统就是由人工建造和监督控制的湿地系统，充分利用湿地系统净化污水能力的特点，利用生态系统中的物理、化学和生物的三重协同作用，通过过滤、吸附、沉淀、离子交换、植物吸收和微生物分解来实现对污水的高效净化。这一系统包括前处理单元、人工湿地处理单元和后处理单元[①]（图 7-68）。

① 邓毅．城市生态公园规划设计 [M]．北京：中国建筑工业出版社，2007.

常见的复合人工湿地组合工艺类型[①] 表 7–8

	湿地与湿地组合工艺	湿地与氧化塘（沟渠）组合工艺	湿地与土地处理组合工艺
复合型湿地	表面流—潜流	塘—湿地	土壤渗滤—湿地
	潜流—表面流	湿地—塘	湿地—土壤渗滤
	水平潜流—垂直流	塘—湿地—塘	湿地—土壤渗滤—湿地
	垂直流—水平潜流	湿地—塘—湿地	土壤渗滤—湿地—土壤渗滤
	垂直下流型—上流型	沟渠—湿地	地表漫流—湿地
	潜流—上行垂直流	湿地—沟渠	湿地—地表漫流
	垂直流—表面流	湿地—沟渠—湿地	湿地—地表漫流—湿地
	垂直下行流—下行流	沟渠—湿地—沟渠	地表漫流—湿地—地表漫流

（表格来源：引自《污水处理的人工湿地构建技术》一文）

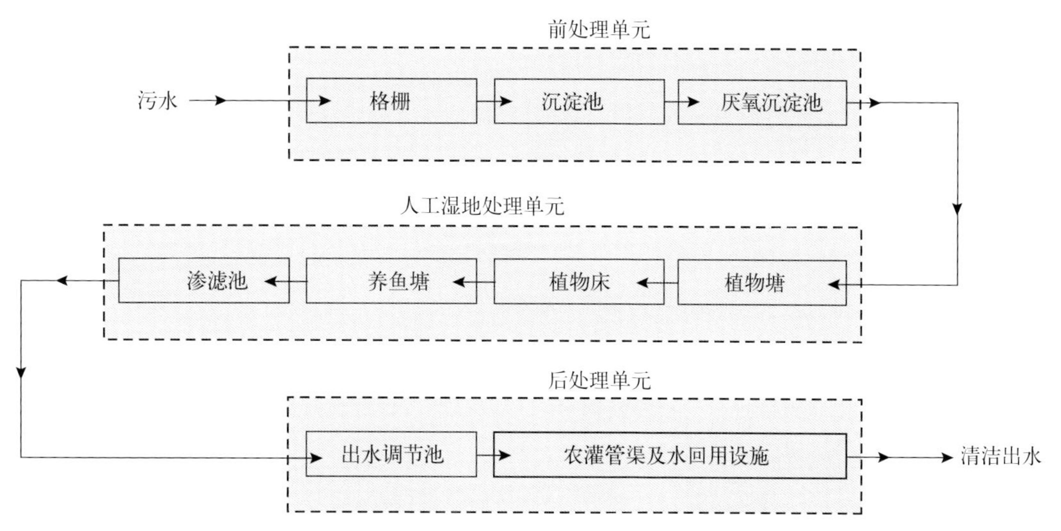

图 7–68 人工湿地塘床的一般工艺流程
（图片来源：根据《人工湿地塘床系统净化污水的机理研究》改绘）

与封闭的生物污水处理系统相比，开放的湿地塘床系统具有许多优点：

（1）建造和运行费用便宜；

（2）易于维护、技术含量低，可进行有效可靠的废水处理；

（3）可缓冲对水力和污染负荷的冲击；

（4）可产生野生动植物栖息、娱乐和教育等多方面的效益。

1）成都府南活水公园

成都活水公园是世界上第一座以“水保护”为主题展示人工湿地污染处理技术的城市生态公园。该公园充分利用湿地中大型植物及其基质的自然净化能力净化污水，并在此过程中促进了大型植物生长，增加绿化面积和野生动物栖息地以利于良性生态环境的建设，它模拟和再现了自然环境中污水是如何由浑变清的全过程。由此展示了人工湿地系统处理污水具有比传统二级处理更优越的新工艺。活水公园主要由“人工湿地生物净水系统”、“模拟自然森林群落”和“环保教育馆”等部分构成（图 7–69 ~ 图 7–71）。

水净化流程大致可以分为五个步骤：

第一阶段：混浊的河水通过水车提水，将水提升到高处，然后泵至蓄水池中；水被泵入这个喷泉池，进行净化的第一道工序。这个喷泉池容积为 780m^3，叫“厌氧沉淀池”。泵入池中的污水一部分经物理沉淀作用，

① 崔理华，卢少勇．污水处理的人工湿地构建技术 [M]．北京：化学工业出版社，2009.

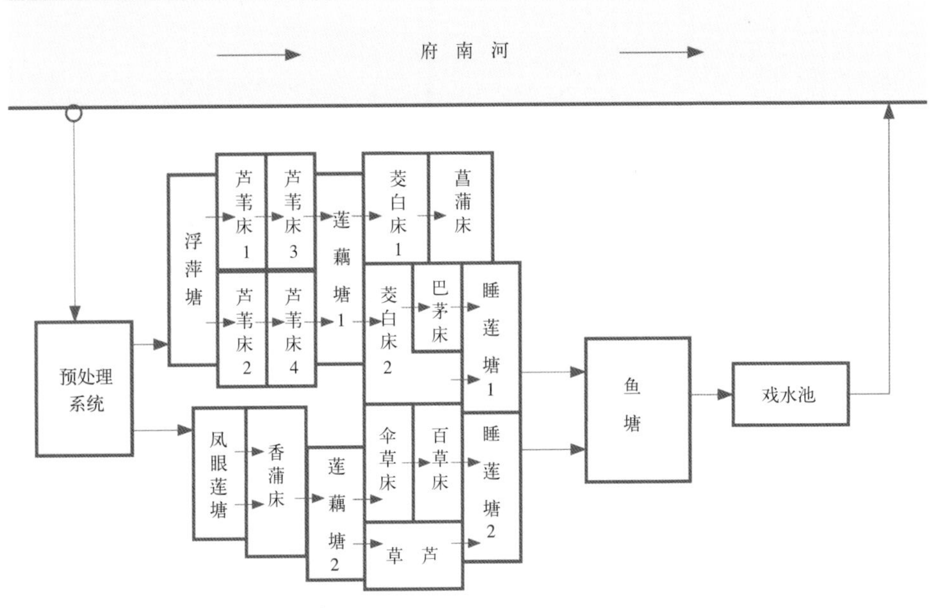

图 7–69　活水公园水净化系统流程图

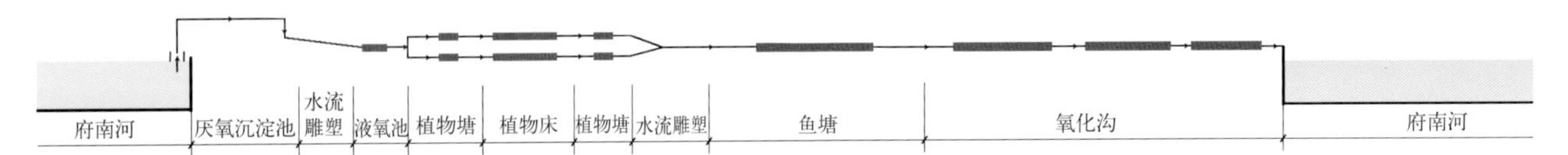

图 7–70　活水公园水净化结构

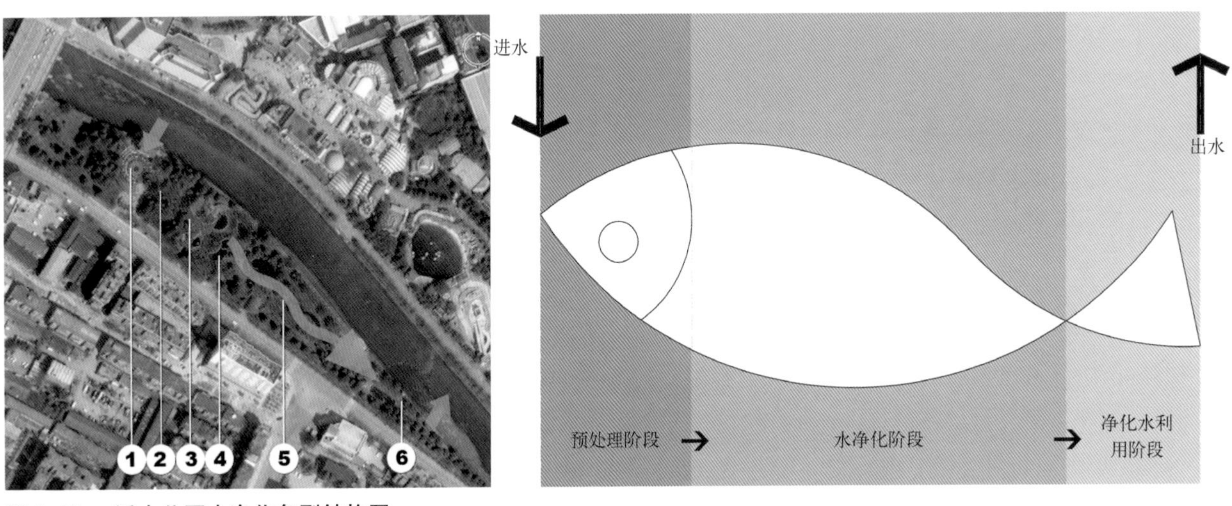

图 7–71　活水公园水净化鱼型结构图

使比水重的悬浮物沉于池底，从排泥管排出。比水轻的悬浮物浮于水面，由人工清理。另一部分经池中的厌氧微生物分解成甲烷、二氧化碳等难溶气体排入大气，或分解成低分子有机物随水流出，进入下一道净化程序。池中的雕塑是一滴山泉在显微镜下的形态，表现的是洁净的水的原始自然状态（图 7–72）。

第二阶段：经过初步沉淀的水，流入一串形似花瓣的莲花石溪，该莲花状石雕水池引入水力学原理，利用落差产生的冲力，使水在一个个石花瓣中活泼欢跳。该造型的水池一方面富有动感和观赏价值，另一方面也使水在回旋、震荡中充分地增强水中的含氧量（图 7–73）。

第三阶段：水通过水流雕塑后，进入微生物池，也叫“兼氧池”。它的深度为 1.6m、容积为 48m^3。污水在池中被微生物部分净化后，从微生物池泵入植物池（图 7–74）。

图 7-72　成都活水公园水净化第一阶段实景图

图 7-73　成都活水公园水净化第二阶段实景图

第四阶段：植物池是一个人工湿地生态系统，是“活水公园”水处理工程的核心部分，由 6 个植物塘、12 个植物床组成，其中栽植数十种植物，还养殖有多种鱼类、昆虫和两栖动物。池中菖蒲、芦苇、茭白、香蒲、伞草、马蹄莲、凤眼莲、浮萍、睡莲等近 30 种适合本地人工湿地塘床系统种植的湿地植物，并由此形成含有高、低等生物的生物群落，与系统各湿地单元共同构成了较为完整的具有净化污水功能的生态滤池。池中的水通过植物池，经过沉淀、吸附、氧化还原、微生物分解、动植物吸收等作用，水质明显改善。改善后的水变得清澈，可以养观赏类鱼种。经过生态净化的水，流经莲花状石台，汇入养鱼塘。鱼塘的水面约 680m^2，水质经过净化，达到Ⅲ类水域标准。鱼类可供观赏，同时其生长状况也是对水质的监测（图 7-75）。

图 7-74　成都活水公园水净化第三阶段实景图

第五阶段：经过生态净化的水，达到直接与人体接触的标准，利用这部分水造景，得到非常好的景观效果。最后在活水公园中得到彻底净化的水流向府南河（图 7-76）。

图 7-75　成都活水公园水净化第四阶段实景图

图 7-76　成都活水公园水净化第五阶段实景图

2）上海梦清园

占地 8.6hm^2 的上海苏州河畔的梦清园也围绕着“污水”做文章，让城市中人与自然的河流回归和谐。上海梦清园构建了一套生态净水的系统，同时建立起国内首座合流制排水系统调蓄池。在梦清园的地下建成了一座 3 万立方米的雨水调蓄池，其中有效容积达 2.5 万立方米。园区内有四座泵站，所辖区域内的初期雨水均被截流，通过管道汇入该调蓄池。雨水经过沉淀、过滤后再排放到苏州河中，从根本上改变了以往冲刷路面后夹杂着大量污物的初期雨水直接排入苏州河，严重污染苏州河水的现象（图 7-77，图 7-78）。

3）宜昌运河公园

宜昌运河公园场地内水资源丰富，运河、鱼塘和丰富的乡土植物共同构成了一处独具特色的生态环境，但由于现状水质较差，设计将原场地特质“鱼塘”的大肌理加以保留，形成了公园生态湿地景观水体的基本结构。场地的特性与设计的改造创造了以人工湿地为特征的公园景观，而湿地潜在的自然生态过程正好是水源净化的措施之一，湿地因此具有了存在的价值。规划利用湿地的净化原理，开辟为不同规模、不同形式的区域，以解决运河、鱼塘水质净化的问题。场地中的水从运河里来，经过净化最终回到运河中去，而改造后的池塘形态自然，体现了公园的地域特色，维护了场地的本质特征。公园在达到生态净水目的的同时，结合景观设施建立科普教育基地，将生态形象化，促进人们生态意识的提高。城市中的生态湿地，在此获得最佳和谐。湿地将承载城市的运河和雨水的净化功能，通过湿地的层层过滤，得到清澈的湖水，这不仅仅是一个生态可持续发展的过程，还标志着科学发展观和循环经济的充分体现（图 7-79，图 7-80，表 7-9）。

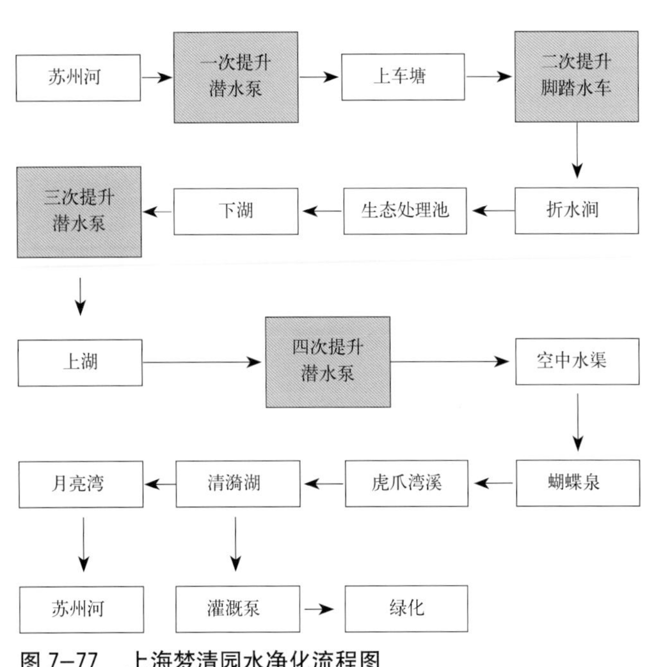

图 7-77　上海梦清园水净化流程图

4）阿克塔废水湿地与野生动物避难所（Arcata Marsh and Wildlife Sanctuary.AMWS）（美国，加利福尼亚）

加利福尼亚的阿克塔废水处理湿地被正式指定和命名为阿克塔湿地及野生动物避难所。作为一个示范性的、具有多功能的城市湿地公园，AMWS 在其 61hm^2 的土地上集合了废水处理与回用、野生动物栖息地、教育以及公众娱乐等多种用途。在 1977 年，为了响应政府对污水排放到封闭海湾的限制，阿克塔市提出将现有的沉积设置同新建的人工湿地相结合形成一个废水处理系统。新建的湿地是由原来的氧化池改造而成的。整个处理系统位于一个退化的城市河滨中。对 12 个处理单元详细的实验性研究持续了 3 年，以寻找用于去除废物的场地

图 7-78　上海梦清园净水实景图

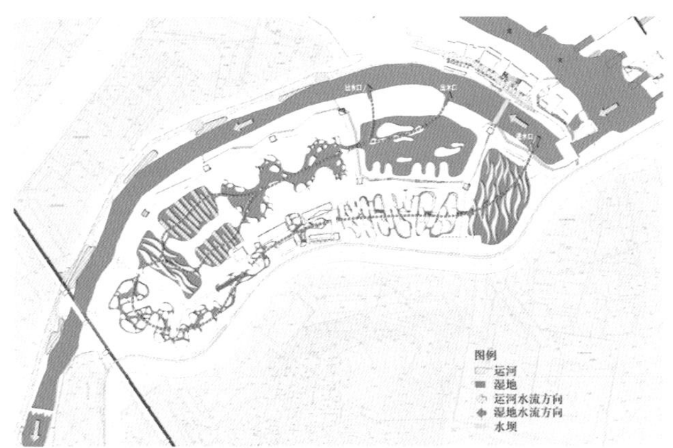

图 7-79　宜昌运河公园水净化分区图（一）
（图片来源：土人景观 宜昌运河公园设计）

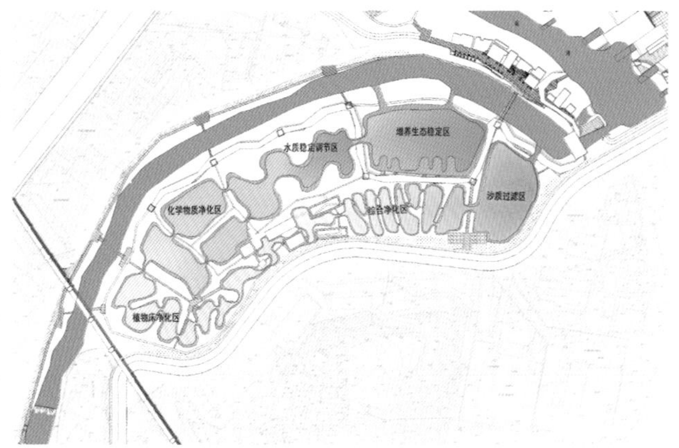

图 7-80　宜昌运河公园水净化分区图（二）
（图片来源：土人景观 宜昌运河公园设计）

宜昌运河公园水净化流程　　表 7-9

水质净化区	叶状沙质过滤区	田状净化区	条状延时净化区	喷泉生态稳定区
形态示意图	叶	田	条	泉
净化过程	沙质过滤	植物净化	深化净化	生态稳定
水质变化				
净化原理	经过垃圾阻拦后的江水含有大量悬浮物，经由沙滩过滤	水生植物吸收氮、磷等污染物，水质得到净化	条状水生植物块可增加水生植物与江水接触时间和面积，提高净化效率	湿地生态系统内各生产者、消费者和分解者均需要氧气，通过喷泉增氧，提高水体稳定性
净化原理示意图	悬浮物　氮磷等污染物　沙滩	氮磷等污染物　水生植物　少量氮磷等	少量氮磷等　净水　水生植物	增氧　湿地生态食物链耗氧过程

图 7–81　阿克塔废水湿地与野生动物避难所

（Gearheart，2002）。除了同位素和消毒率的研究外，研究样本中还包括标准化学物质和沉积物的确定。根据研究的最优结果，原来的几个氧化池被改造成人工湿地（图 7–81）。

整个处理系统的运行流程：来自原来的两个氧化池的废水经新建的沼泽（16hm^2）处理后被引导到泵站，在泵站进行氯化处理，然后再流到一系列的人工湿地中，这些人工湿地还是野生动物的庇护所。经过这 12hm^2 的人工湿地处理后的水又被重新引导到泵站，经过一次循环处理最后释放到海湾中。其中处于过渡区的 16hm^2 沼泽的主要功能是在进行氯化之前去除悬浮颗粒。这个过渡沼泽延伸 14m，共有两个单元，每个单元都是开阔的水面。这些开阔的水面是用来为鱼类提供栖息地的，鱼类反过来又能控制蚊虫的滋长。整个系统运行正常，在废水处理方面取得了一定的成功（图 7–82）。根据规划，新的沼泽区将作为一个观光和教育实习地，同时还是一个主要的观鸟区。

图 7–82　阿克塔废水湿地与野生动物避难所氧化塘技术流程

5）美国俄勒冈公园水之园景区

美国俄勒冈公园内有一块成熟的湿地和水生植物展示园区，水之园占地 2.25hm^2，这里是湿地处理和城市废水再利用的典范。水之园的设计有机地将公园的科普、示范、生境及湿地水景营造结合起来，完美的将野生动植物栖息地和水的再利用处理融合在一起。水之园根据地势被设计为标高层，土方基本实现挖填平衡。最高标高层的水池拥有很多原生植物，园内原有的石头或是干木为野生动植物构建栖息地。污水从高一层的水池流入一个 0.45m 深的黏土池，即污水处理池。中间地带有多个水池，污水在其间被逐层过滤[①]。

7.3.4.2 不同湿地构建的复合型湿地

一些城市湿地公园的正常运作离不开水源的补给。目前，我国湿地公园的补水常采用市政供水或从城市内河取水两种模式。市政供水费用过高，补水工程难以普及；而中国城市内河普遍受到污染，因此从城市内河取水会导致湿地公园内水环境的富营养化，严重影响公园的生境条件和生物栖息。因此，补水模式问题已经成为限制部分城市湿地公园发展建设的瓶颈。

1）常州市蔷薇湿地公园

以江苏省常州市蔷薇湿地公园新型生态补水工程为例，该湿地公园以受污染河水作为补给水源，采用“垂直流 + 水平流”的生态补水模式，解决了苏南城市湿地公园水质性缺水问题，同时具有一定的环境效应和经济效益。蔷薇湿地公园内的水经由垂直流人工湿地的分层净化后进入景观区，景观 A、B 两区大量栽植水生植物，具有较强的水污染物去除能力，从 A 至 C 区沿水流方向污染物呈逐级降低的趋势，水质由不可接触的观赏类水体逐渐演替为可触可游的景观水体。该公园采用垂直流人工湿地床与景观水体修复相结合的补水模式，运行成本仅为直接用城市自来水或常规工艺的 5% ~ 25%，经济性较强[②]（图 7−83 ~图 7−85）。

2）唐山南湖湿地公园

南湖湿地公园中由垃圾山流出的垃圾渗出液经由抽水设备先引入沉积水域，进行一段时间的预处理。由于渗出液中氮磷含量高，曝气预处理阶段会有不良气味散出，因此在沉积水域周围栽植密林，并种植适合本地区生长的香味水生植物。废水经过预处理后先进入人工湿地过滤系统，再流入具有宽阔水面的自然湿

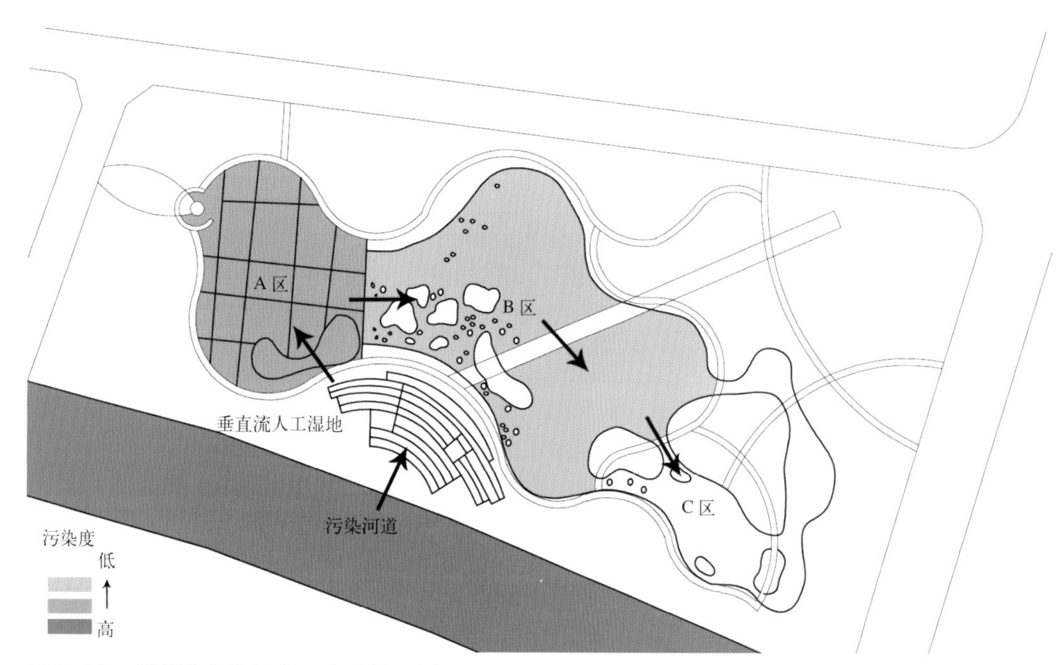

图 7−83　常州蔷薇湿地公园水净化区划图

① Mayer，Reed．奇异水之园 [J]．国际新景观，2008.8.

② 张丽，朱晓东，陈洁，朱兆丽，潘寿，李杨帆．城市湿地公园的生态补水模式及其净化效果和生态效益 [J]．应用生态学报，2008.

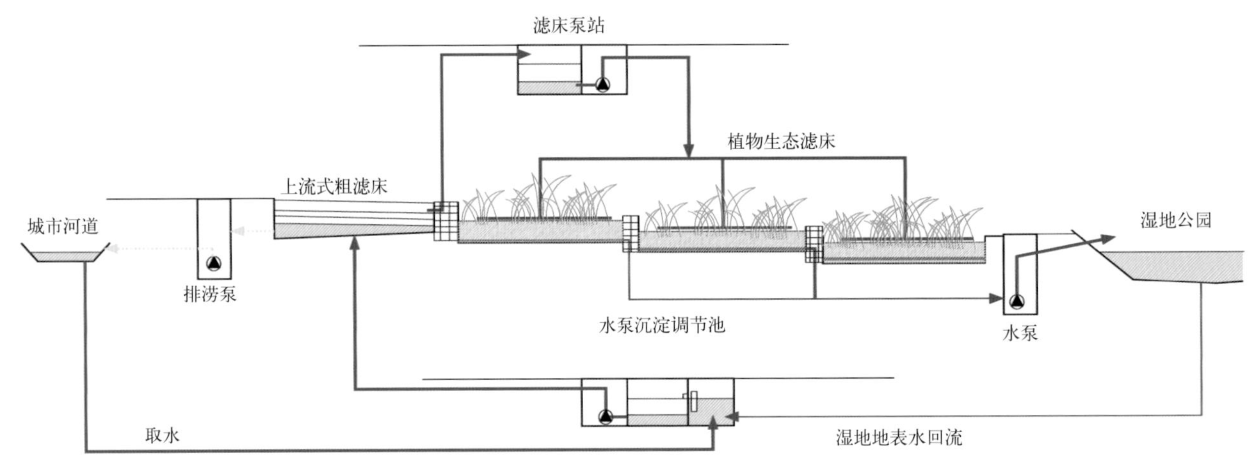

图 7-84　常州蔷薇湿地公园人工湿地净水流程图

图 7-85　常州蔷薇湿地公园人工湿地净水系统照片

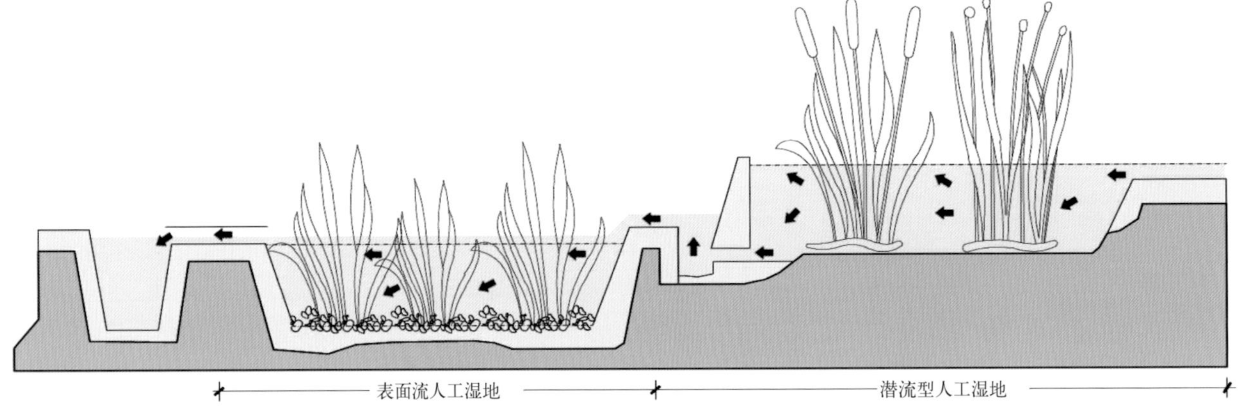

图 7-86　唐山南湖湿地公园垃圾山人工湿地处理技术流程图
（图片来源：根据《以湿地系统为核心的矿区生态改造——以唐山南湖生态区为例》改绘）

地；这里的过滤湿地系统由一个水平潜流的芦苇床过滤单元和两个平行的自由水流单元组成，以缓解单个过滤系统的压力并保证出水流入自然湿地系统时的水质①（图 7-86）。

3）北京翠湖湿地公园

北京翠湖湿地公园位于北京西郊近山的平原地区，西高东低，以南沙河为主要水源，总面积 666.67hm^2，其中湿地恢复的核心区约占 266.67hm^2。翠湖湿地的恢复采用生态工程的技术方法，重建食物链，恢复生态系统内良性的生物地球化学循环过程；并采用生物净化技术，对翠湖湿地进行综合修复（表 7-10，图 7-87）。

① 杨叶．以湿地为核心的生态系统改造—以唐山南湖生态区为例 [D]．天津大学，2008（06）．

北京翠湖湿地公园水净化流程图[①]　　表 7–10

两大阶段	工艺类型	技术措施	
水体自净化湿地处理系统	物理措施	河流清淤、人工开挖的河道	
	复合型人工湿地技术	建布水墙	流量测定结构和给排水结构
		污水塘前的隔断	污水塘设计水位低于废弃鱼塘内的水位，因此废弃鱼塘内的水可自流进入污水塘，并通过隔断墙内的直角三角计量堰计量进入湿地的水量。在废弃鱼塘向污水塘的进水口处建立一隔断墙，并以天然石材做装饰，使其与自然环境协调，并加以计量控制流入水量，将废弃鱼塘与污水塘分开
		污水塘	为系统的预处理单元，具有稳定水质、去除可降解颗粒物、降低污水中的有机物和氮磷物质含量的作用。以原河床体作为污水塘塘底，污水塘种植漂浮型植物凤眼莲和附着型浮叶植物睡莲、菱等。污水塘和表面流湿地及芦苇湿地间没有分隔墙，但需要建立坡度工程以利水流
		表面流湿地（三梯级处理湿地：芦苇湿地、水葱湿地、香蒲湿地）	表面流湿地的水体中生长着大量具有降解有机物功能的微生物，它们以生物膜的形式附着在水生植物侵入的植株表面，与流水体充分接触中，可以高效去除有机物。芦苇等水生植物的生长过程中，也可吸收氮、磷营养物质。因此，对污水中各类污染物质都有较强的净化能力
		潜流型湿地	在沿潜流湿地水流方向一侧建 15 ㎝的管道，使潜流湿地的水流可以流过，并进入水草湿地。首先在原地基上铺以砾石作为进出水滤料，然后填充介质层，最后填充厚表土作为基质层。水从湿地表面以下流过，过程中与介质层充分接触，具有良好的除磷效果。同时，芦苇的根系可以聚集硝化菌，有利于生物脱氮过程
		水草湿地	湿地平面呈直角梯形形状，在原地面用素土垫高夯实，加上砾石滤层，再将穿孔管埋在其中，把出水导入综合生物塘，最后填充表层土壤作为植物生长基质。水草湿地是以沉水植物为特征的表面流湿地，植株浸没于水中，茎叶完全从水体中吸收营养元素，以此实现净化功能
综合生物塘	自然状态下形成的大规模群落，面积约 5.2hm²，经过多年生物塘发育已经成熟，有鱼、虾等水生动物生长。在出水口处建集水池和泵水系统，以利湿地的水体循环 设计原理：处理湿地从水力学流态出发，加上导流墙和布水配水装置，同时以计流器在净化处理系统的水流路径上控制流量		

（表格来源：根据《湿地恢复手册 原则·技术与案例分析》一书改绘）

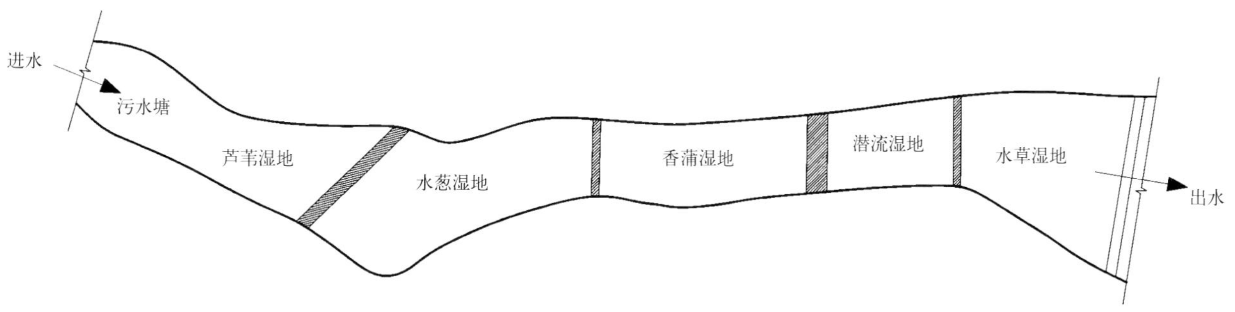

图 7–87　北京翠湖湿地公园人工湿地运作流程图
（图片来源：根据《湿地恢复手册 原则·技术与案例分析》改绘）

7.3.5　人工湿地系统常用水生植物

人工湿地系统作为一种新型生态污水净化处理方法，其基本原理是在人工湿地填料上种植特定的湿地植物，从而建立起一个人工湿地生态系统。当污水通过湿地系统时，其中的污染物质和营养物质被系统吸收或分解，从而使水质得到净化。人工湿地系统水质净化的关键在于工艺的选择和对植物的选择及应用配置。我国南方地区气候温润，水生植物能够全年生长，适宜采用水生植物生态工程的方法进行河水净化和景观水体修复。

① 国家林业局，易道环境规划设计有限公司．湿地恢复手册 原则·技术与案例分析 [M]．北京：中国建筑工业出版社，2006.

1）水生植物在人工湿地系统中的重要作用

（1）通过植物的根、茎、叶显著增加微生物的附着；

（2）湿地植物可将大气氧传输至根部，使根在厌氧环境中生长；

（3）增加或稳定土壤的透水性。

2）人工湿地植物的选择原则

（1）净化能力强

净化能力是选择湿地植物另一个考量因素，即单位面积的污染物去除率要高。主要从两方面考虑：一方面是植物的生物量较大；另一方面是植物体内污染物的浓度较高。经研究发现，茭白、慈菇、灯心草等综合净化率较高。

（2）根系发达

植物的根系在固定床体表面、笼络土壤和保持植物与微生物旺盛生命力等方面发挥着重要作用，对保持湿地生态系统的稳定性具有重要作用。同时，发达的植物根系可以分泌较多的根分泌物，为微生物提供良好的生存条件，促进根际的污染物生物降解。水麦冬具有明显发达的根系和较高的地下生物量，对氮、磷的去除效果是芦苇的5倍。长苞香蒲和水烛等大型水生植物具有粗壮的根系和许多发达的不定根，是较好的净水植物；而小型种类，如小香蒲的根系发达程度无法与前者相比拟，净化污水的效果则差一些[①]。

（3）根据基质特性和湿地类型

湿地基质的理化性质影响了植物的生长，同时也影响了植物根际微生物的活性。人工湿地设计过程中应根据基质的特性而配置不同的植物，如对一些含盐比较高的土壤，应选用一些抗盐性比较强的植物。此外，还应该根据不同的湿地类型配置植物。对于表面流人工湿地可配置沉水植物、浮叶植物和漂浮植物以及挺水植物，而对潜流和垂直流人工湿地可配置沼生植物和挺水植物。

7.3.6 小结

在城市湿地公园的营造中，人工湿地技术对污水的净化作用在一定的流域、区段内具有典型的科普和示范意义，能够起到一定的功能性作用。但是，由于湿地本体生境条件和周边环境均存在差异性，倘若将人工湿地减污功效过分的夸大，反而会使湿地承载过多的负荷，最终不利于湿地的保护与恢复。因此，目前城市湿地公园中对于人工湿地技术的运用尚不具备普适性。

① 王圣瑞，年跃刚，侯文华，金相灿，人工湿地植物的选择[J]，湖泊科学，2004.

参考文献

[1] 成玉宁. 现代景观设计理论与方法 [M]. 南京：东南大学出版社，2010.

[2] 陆健健，何文珊，童春富等. 湿地生态学 [M]. 北京：高等教育出版社，2006.

[3] 建城 [2005]16 号. 国家城市湿地公园管理办法（试行）[S]. 中华人民共和国建设部，2005.

[4] 建城 [2005]97 号. 城市湿地公园规划设计导则 [S]. 中华人民共和国建设部，2005.

[5] 林护发 [2005]118 号. 国家林业局关于做好湿地公园发展建设工作的通知 [S]. 国家林业局，2005.

[6] LY/T 1755—2008. 国家湿地公园建设规范 [S]. 国家林业局，2008.

[7] 崔丽娟. 中国的湿地保护和湿地公园建设探索 [A]. 湿地公园——湿地保护与可持续利用论文交流文集 [C].

[8] 黄成才，杨芳. 湿地公园规划设计的探讨 [J]. 中南林业调查规划，2004（3）：26—29.

[9] 崔心红，钱又宇. 浅论湿地公园产生、特征及功能 [J]. 上海建设科技，2003（3）：43—50.

[10] 张玲，李广贺，张旭等. 滇池人工湿地的植物群落学特征研究 [J]. 长江流域资源与环境，2005（9）：570—573.

[11] 王向荣，林箐. 湿地的恢复与营造 [J]. 景观设计，2006（4）.

[12] 陈云文，李晓文. 红树林湿地的生态恢复与景观营造 [J]. 中国园林，2009（3）.

[13] 但新球，骆林川. 湿地公园规划新理念及应用 [J]. 湿地科学与管理，2006（9）.

[14] 吴江，周年兴，黄金文等. 湿地公园建设与湿地旅游资源保护的协调机制研究 [J]. 人文地理，2007（5）.

[15] 周国忠. 绍兴镜湖生态旅游开发与保护 [J]. 湖泊科学，2007.19（5）.

[16] 侯国林，黄震方等. 江苏盐城海滨湿地社区参与生态旅游开发模式研究 [J]. 人文地理，2007（6）.

[17] 栾春凤，林晓. 城市湿地公园中的人类游憩行为模式初探 [J]. 南京林业大学学报，2008（3）.

[18] 张建春. 杭州西溪湿地公园旅游者行为特征调查与分析 [J]. 地域研究与开发，2008（2）.

[19] A. H. Lewis. 香港湿地公园——一个在可持续性方面的多学科合作项目 [J]. 城市环境设计，2007（7）：36—41.

[20] 朱建宁. 法国风景园林大师米歇尔高哈汝及其苏塞公园 [J]. 中国园林，2000（6）：58—61.

[21] 张维亮，吴相利. 无锡市长广溪国家城市湿地公园开发研究 [J]. 国土与自然资源研究，2007（4）：57—58.

[22] 董哲仁. 保护和恢复河流形态多样性 [J]. 中国水利，2003（6）：53—57.

[23] 刘昉勋，黄致远. 江苏省湖泊水生植被的研究 [J]. 植物生态学与地植物学丛刊，1984（7）：207—216.

[24] 徐雪清. 低洼圩田治理小格局方案选择及在湖州市郊的应用 [J]. 浙江水利科技，1995（4）：44—46.

[25] Bradshaw AD. Restoration of mined lands——Using natural process [J]. Ecol Eng，1997（8）: 255—269.

[26] 邬建国. 景观生态学——格局、过程、尺度与等级 [M]. 北京：高等教育出版社，2000.

[27] 潘响亮，邓伟，张道勇等. 东北地区湿地的水文景观分类及其对气候变化的脆弱性[J]. 环境科学研究，2003(1)：14—18.

[28] 吕宪国，刘红玉等. 湿地生态系统保护与管理 [M]. 北京：化学工业出版社，2004.

[29] 吴春笃，孟宪民等. 北固山湿地水文情势与湿地植被的关系 [J]. 江苏大学学报（自然科学版），2005.26（4）：331—335.

[30] 王浩，汪辉，王胜永等．城市湿地公园规划 [M]．南京：东南大学出版社，2008．
[31] 唐承佳，陆健健．围垦堤内迁徙鸻群落的生态学特性 [J]．动物学杂志，2002.37（2）：27−33．
[32] 葛振鸣，王天厚等．上海崇明东滩堤内次生人工湿地鸟类冬春季生境选择的因子分析 [J]．动物学杂志，2006.27（2）：144−150．
[33] 黄群芳，董雅文，陈伟民．基于景观生态学的天目湖湿地公园规划 [J]．农村生态环境，2005（21）：12−16．
[34] 鞠美庭，王艳霞，孟伟庆等．湿地生态系统的保护与评估 [M]．北京：化学工业出版社，2009．
[35] 王世岩．三江平原退化湿地土壤物理特征变化分析 [J]．水土保持学报，2004（6）：168−174．
[36] 邓毅．城市生态公园规划设计方法 [M]．北京：中国建筑工业出版社，2007．
[37] 吴家骅著．景观形态学 [M]．叶楠译．北京：中国建筑工业出版社，2000：308．
[38] [美] 克雷尔．S. 坎贝尔，迈克尔．H. 奥格登．湿地与景观 [M]．吴晓芙译．北京：中国林业出版社，2004．
[39] 赵思毅，侍菲菲．湿地概念与湿地公园设计 [M]．南京：东南大学出版社，2006．
[40] Forman，R.T. T. Land Mosaics:The Ecology of Landscapes and Regions[M]. Cambridge: Cambridge University Press, 1995．
[41] Kananpen JP，Scheffer M and Harms B. Estimating habitat isolation in landscape planning[J]． Landsacpe and Urban Plan，1992（23）：1−16．
[42] Hey D L，Barret K R，Biegen C. The hydrology of four experimental marshes[J]. Ecol. Eng.，1994（3）：319−343．
[43] Shan B，Yin C，Li G．Transport and retention of phosphorus pollutants in the landscape with atraditional multipondsystem[J]．Water Air Soil Poll.，2002（139）：15−34．
[44] 陈水华，丁平．城市鸟类对斑块状园林栖息地的选择性 [J]．动物学研究，2002.23（1）：31−38．
[45] 葛云健，张忍顺，杨桂山．创建盐城国家滨海湿地公园的构想——江苏淤泥质海岸生态旅游发展的新思路 [J]．资源科学，2007.29（1）．
[46] 朱强，俞孔坚，李迪华．景观规划中的生态廊道宽度 [J]．生态学报，2005.25（9）：2406−2412．
[47] 黄妮，刘殿伟，王宗明．1954—2005 年三江平原自然湿地分布特征研究 [J]．湿地科学，2009.7（1）：33−39．
[48] 姚红梅．关于当代乡土的几点思考 [J]．建筑学报，1999（11）：52．
[49] 赵德祥．我国历史上沼泽的名称、分类及描述 [J]．地理科学，1982（01）．
[50] 汤学虎，赵小艳．香港湿地公园的生态规划设计 [J]．华中建筑，2008（03）．
[51] 刘海音，张明娟．江苏南京市城市湿地滨水空间特点研究 [J]．湿地科学与管理，2009.5（3）．
[52] 闵婕．沈阳浑河北滩地湿地公园规划设计 [J]．城市建筑，2007（5）．
[53] 易道．浙江绍兴市镜湖新区国家城市湿地公园的规划设计 [J]．园林，2009（5）：36−39．
[54] 姜磊，舒畅，陈方慧．西溪湿地仿古建筑设计 [J]．华中建筑，2008.26（8）．
[55] 高乙梁．西溪国家湿地公园模式的实践与探索 [J]．湿地科学与管理，2006.2（1）．
[56] 侯晓蕾，齐岱蔚．探讨风景园林规划中的生态规划途径——以镜湖国家城市湿地公园为例 [J]．中国园林，2006.22（3）．
[57] 赵建波．湿地方舟 [J]．建筑学报，2003（6）．
[58] 夏国元．景观生态学在湿地风景区规划中的应用——以浙江下渚湖湿地风景区规划为例 [J]．中国园林，2008.24（9）．
[59] 崔丽娟，王义飞，张曼胤等．国家湿地公园建设规范探讨 [J]．林业资源管理，2009（2）．
[60] 王保忠，何平，安树青等．南洞庭湖湿地景观文化的结构与特征研究 [J]．湿地科学，2005.3（4）．
[61] 潘桂娥．浙江省滨海滩涂湿地开发中的保护对策 [J]．水利规划与设计，2009（4）．

[62] 芦建国，徐新洲．城市湿地植物景观设计——以杭州西溪湿地公园、西湖西进湿地为例 [J]．林业科技开发，2007.21（6）．

[63] 李华，左俊杰，蔡永立．基于 EI 理念的湿地公园规划探讨——以淮河三汊河湿地公园为例 [J]．上海交通大学学报（农业科学版），2008.26（2）．

[64] 贺凤春，俞隽．多学科合作的苏州太湖湿地公园规划设计 [J]．风景园林，2009（2）：80−85．

[65] 文祯中，陆健健．应用生态学（第二版）[M]．上海：上海教育出版社，2004．

[66] 李凌浩，刘庆，任海．恢复生态学导论（第二版）[M]．北京：科学出版社，2008．

[67] 安树青．湿地生态工程——湿地资源利用与保护的优化模式 [M]．北京：化学工业出版社，2003．

[68] 陶思明．湿地生态与保护 [M]．北京：中国环境科学出版社，2003．

[69] 国家林业局，易道环境规划设计有限公司．湿地恢复手册—原则·技术与案例分析 [M]．北京：中国建筑工业出版社，2006．

[70] 汪松年．上海湿地利用和保护 [M]．上海：上海科学技术出版社，2003．

[71] 蔡友铭，史家明，王天厚，张瑞云．上海西郊湖泊湿地修复的理论与实践 [M]．北京：科学出版社，2007．

[72] 吕宪国．湿地生态系统观测方法 [M]．北京：中国环境科学出版社，2005．

[73] 丁圣彦，梁国付，姚孝宗，牛明功．河南沿黄湿地景观格局及其动态研究 [M]．北京：科学出版社，2007．

[74] 吴振斌．复合垂直流人工湿地 [M]．北京：科学出版社，2008．

[75] 中国湿地植被编辑委员会．中国湿地植被 [M]．北京：科学出版社，1999．

[76] 王叶林．湿地生态系统保护与管理实务全书 [M]．北京：中国土地科学出版社，2005．

[77] 崔理华，卢少勇．污水处理的人工湿地构建技术 [M]．北京：化学工业出版社，2009．

[78] 喻国良，李艳红，庞红犁，王协康．海岸工程水文学 [M]．上海：上海交通大学出版社，2009．

[79] 金相灿，（日）稻森悠平，（韩）朴俊大．湖泊和湿地水环境生态修复技术与管理指南．北京：科学出版社，2007．

[80]（美）河川治理中心编．滨水自然景观设计理念与实践 [M]．刘云俊译．北京：中国建筑工业出版社，2004．

[81] Mark B. Bush. ECOLOGY of a Changing Planet（third Edition）生态学——关于变化中的地球（第三版）影印版 [M]．北京：清华大学出版社，2003．

[82] 里埃特·玛格丽丝，亚历山大·罗宾逊著．朱强，刘博琴，涂先明译．生命的系统——景观设计材料与技术创新．大连：大连理工大学出版社，2009．

[83] 高凤霞．湿地环境保护的思考．污染防治技术，2006．

[84] 崔保山，杨志峰．湿地生态环境需水量等级划分与实例分析 [J]．资源科学，2003．

[85] 于世龙，韩玉林，付佳佳，黄苏珍．富营养化水体植物修复研究进展 [J]．安徽农业科学，2008.36（31）．

[86] 张丽，朱晓东，陈洁，朱兆丽，潘涛，李杨帆．城市湿地公园的生态补水模式及其净化效果和生态效益 [J]．应用生态学报，2008．

[87] 陈煜初．水生植物的种植密度 [J]．杭州天景水生植物园，2010．

[88] 梅晓阳，秦启宪，（日）铃木美湖．崇明东滩国际湿地公园规划设计 [J]．中国园林，2005（2）．

[89] 卜菁华，王洋．伦敦湿地公园运作模式与设计概念 [J]．华中建筑，2005（2）．

[90] 朱建宁．以生态为主规划城市湿地公园 [N]．中国建设报，2005．

[91] 韩钦臣，查良松．中国湿地生态质量预警研究 [J]．资源开发与市场，2007．

[92] 王凌，罗述金．城市湿地景观的生态设计 [J]．中国园林，2004（3）．

[93] 杨莉莉．浅谈湿地景观中乔灌木资源 [J]．农业科技与信息（现代园林），2008．

[94] 屈亚潭．湿地公园植被专项规划 [J]．榆林学院学报，2008．
[95] 王小芹，申小芹，韩梅红，章霞．溱湖国家湿地公园植物资源和配置之探讨 [J]．上海农业科技，2008．
[96] 夏汉平．人工湿地处理污水的机理与效率 [J]．生态学杂志，2002.21（4）：51–59．
[97] 唐小囡．表面人工湿地污水处理技术在抚顺的应用 [J]．节能，2008．
[98] 关午军，李路平．城市湿地生态景观营造探索 [J]．重庆建筑，2006．
[99] 于敬磊，鞠美庭，邵超锋．城市湿地管理与恢复 [J]．湿地科学与管理，2007．
[100] 杨姿新，吴刘萍．湛江绿塘河湿地公园植物配置研究 [J]．广东园林，2007．